“十二五”职业教育国家规划教材
经全国职业教育教材审定委员会审定

普通高等教育“十一五”国家级规划教材

模具制造技术

第 2 版

主编　成　虹
参编　江秉华　王　静
主审　彭志平　李学锋

机 械 工 业 出 版 社

本书是“十二五”职业教育国家规划教材，经全国职业教育教材审定委员会审定。全书共九章，内容包括：模具制造工艺规程、模具零件的机械加工、模具数控加工、模具零件电火花加工、模具的研磨与抛光、模具的快速成型及快速制模技术、模具制造中的测量技术、模具装配工艺、模具的热处理及表面强化技术。同时，每章后均有与课程内容紧密相关的思考题与习题。本书在内容上注重模具制造工艺的实用性和先进性。书中的案例主要取自模具制造工程实践，加工方法来自于实际模具生产过程。

为了便于教师的教学和读者的助学，在本教材的附录中还提供有本课程建议的教学指南，教材还配有助学课件。

本书适合应用型、技能型人才培养的各类高等教育的模具专业、材料成型与控制工程专业使用，也可供模具企业有关工程技术人员和自学者参考。

本书配套有电子课件及习题参考答案，凡选用本书作为教材的教师可登录机械工业出版社教育服务网 www.cmpedu.com 注册后免费下载。咨询邮箱：cmpgaozhi@sina.com。咨询电话：010-88379375。

图书在版编目（CIP）数据

模具制造技术/成虹主编. —2版. —北京：机械工业出版社，2016.2（2025.6重印）

“十二五”职业教育国家规划教材

ISBN 978-7-111-52498-4

Ⅰ.①模… Ⅱ.①成… Ⅲ.①模具—制造—高等职业教育—教材 Ⅳ.①TG76

中国版本图书馆CIP数据核字（2015）第302602号

机械工业出版社（北京市百万庄大街22号 邮政编码100037）

策划编辑：于奇慧 责任编辑：于奇慧

封面设计：路恩中 责任校对：张 薇

责任印制：李 昂

涿州市般润文化传播有限公司印刷

2025年6月第2版第13次印刷

184mm×260mm · 17.25印张 · 424千字

标准书号：ISBN 978-7-111-52498-4

定价：48.00元

凡购本书，如有缺页、倒页、脱页，由本社发行部调换

电话服务	网络服务
服务咨询热线：010-88379833	机 工 官 网：www.cmpbook.com
读者购书热线：010-88379649	机 工 官 博：weibo.com/cmp1952
	教育服务网：www.cmpedu.com
封面无防伪标均为盗版	金 书 网：www.golden-book.com

前 言

本书是“十二五”职业教育国家规划教材，经全国职业教育教材审定委员会审定。本书是在普通高等教育“十一五”国家级规划教材的基础上修订的。本书的教学参考时数为45~60学时。

模具制造技术是综合性、应用性、实践性很强的先进制造技术。随着我国现代制造技术的发展，模具制造技术也在飞速发展。本书在修订过程中力求结合模具制造技术近年的发展，注重反映先进制造技术在模具实际生产制造中的应用，力求案例新而实用。

全书共分9章，内容包括：模具制造工艺规程、模具零件的机械加工、模具数控加工、模具零件电火花加工、模具的研磨与抛光、模具的快速成型及快速制模技术、模具制造中的测量技术、模具装配工艺、模具的热处理及表面强化技术。

本书以冲压模具和塑料模具零件的制造为研究对象。本书在阐述机械加工共性问题的同时，重点强调模具制造技术的特点。一般机械加工方法从简，精密异型模具零件加工、特种加工方法从详，使学生在掌握一般机械常规和成熟的制造方法的基础上，掌握正确选择模具零件制造工艺的方法。

本书在介绍模具制造设备时，主要讲述设备在模具制造中的应用，设备结构和原理不作为重点，重点突出制造设备在模具加工中的工艺实用性、加工特点、加工精度，以培养学生应用设备的能力和工艺分析能力，确保加工的质量、效率和成本；同时，能从设计、设备、材料和工艺等全方位考虑问题，寻求工艺设计的整体优化。

本书以现代制造技术为主线，兼顾传统制造技术，突出模具的数控加工技术、特种加工技术，并适当介绍了模具的快速成型和表面强化技术。

本书注重模具制造的实际应用，以适应培养模具制造生产一线技术应用型人才的需要，注重模具工程能力的培养。书中的案例均来自于模具制造企业的生产实践。

本书由成都工业学院成虹任主编，成都工业学院彭志平教授、成都航空职业技术学院李学锋教授任主审。成虹编写第1~4章、第8章；江秉华编写第5~7章，王静编写第9章。在本书的编写、修订过程中还得到成都工业学院模具教研室全体教师的支持和帮助，并参考了一些兄弟院校的反馈意见，在此一并表示诚挚的感谢。同时，感谢所引用文献的作者，他们的辛勤研究的成果为本书增色不少。

由于编者水平有限，书中难免会有不妥之处，恳切希望读者批评指正。

编 者

目　录

专业化的毛坯生产工厂来承担；模具上的导柱、导套、顶杆等零件，由专业化的标准件厂来完成。这既有利于保证模具上各种零件的质量，也有利于降低成本。

2. 工艺过程

在模具制造过程中，直接改变工件形状、尺寸、物理性质和相对位置的过程称为工艺过程。按照零件制造过程中采用的工艺方法不同，工艺过程可以分为铸造、锻造、冲压、焊接、热处理、机械加工、表面处理和装配等。以机械加工方法（主要是切削加工方法）直接改变毛坯的形状、尺寸和表面质量，使其成为合格模具零件的过程，称为模具机械加工工艺过程。合理的机械加工工艺过程确定后，以文字形式记录为加工的技术文件，称为模具机械加工工艺规程。

1.1.2　模具的机械加工工艺过程

模具的机械加工工艺过程是比较复杂的。在这个过程中，根据零件的结构特点和技术要求不同，常需采用各种不同的加工方法和设备，并通过一系列加工步骤，才能将毛坯转变成所需的零件。为了客观地反映和分析这一过程，并对这一过程作比较准确的描述，需要研究这一过程的组成，并对其组成单元做出科学的定义。机械加工工艺过程是由一个或若干个工序组成的，每个工序又可分为安装、工位、工步和走刀。

1. 工序

一个或一组工人在同一个工作地点，对一个或同一批工件所连续完成的那一部分工艺过程称为工序。

工序不仅是组成工艺过程的基本单元，也是组织生产、核算成本和进行检验的基本单元。工序划分的基本依据是加工对象或加工地点是否变更，加工内容是否连续。工序的划分与生产批量、加工条件和零件结构特点有关。例如，图1.1所示的有肩导柱（表1.1所示为该导柱的尺寸及制造精度要求），当生产数量很少或单件生产时，其工序的划分见表1.2。而当批量生产时，各工序内容可划分得更细，如表1.2工序3中倒角和切槽都可在专用车床上进行，从而成为独立的工序。

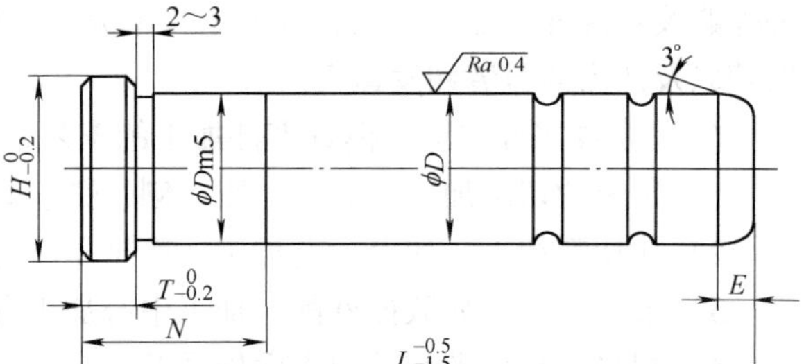

图1.1　有肩导柱

表1.1　导柱尺寸　（单位：mm）

D		Dm5		T	H	E
8	-0.015 -0.020	8	+0.012 +0.006	5	11	3
10		10			13	4
12	-0.020 -0.025	12	+0.015 +0.007		17	5
13		13		6	18	
16		16			21	
20	-0.025 -0.030	20	+0.017 +0.008		25	
25		25		8	30	
30		30			35	
35	-0.030 -0.040	35	+0.020 +0.009		40	
40		40		10	45	8

注：N为装配压入尺寸，根据导柱固定板尺寸选择，推荐尺寸为10～20mm。

第1章 模具制造工艺规程

1.1 模具制造工艺规程编制的基本概念

1.1.1 生产过程与工艺过程

1. 生产过程

制造模具时，将原材料或半成品转变成为成品的各有关劳动过程的总和称为生产过程。具体地讲，模具制造是在一定的工艺条件下，改变模具材料的形状、尺寸和性质，使之成为符合设计要求的模具零件，再经装配、试模和修整而得到整副模具产品的过程。广义的模具生产制造过程包括生产技术准备、模具零件加工和模具装配等阶段。

（1）生产技术准备　生产技术准备阶段的主要任务包括分析模具图样，制订工艺规程；编制数控加工程序；设计和制造工装夹具；制订生产计划；制订并实施工具、材料、标准件等外购及零件外协加工计划；各种生产服务活动中的原材料、半成品和工具的供应、运输、保管以及产品的包装和发运等。

（2）模具零件加工　模具零件加工的工艺方法非常多，基本可以概括为：

1）传统的切削加工，如车、钳、刨、铣、磨等。

2）非切削加工，如电火花加工、冷挤压、铸造等。

3）数控加工，如数控铣削、加工中心加工等。

4）焊接、热处理和其他表面处理等。

根据模具零件的分类加工对象可以分为两种：

1）非成形零件加工。这些零件大多是模具的结构零件，且具有国家或行业标准，部分实现了标准化批量生产。在模具工艺规划中，可根据设计要求和企业的生产情况选择外购或由本企业加工。

2）成形零件加工。成形零件一般结构比较复杂，精度要求也高，有些模具型腔表面要求有纹饰图案。其加工过程主要由成形零件的机械加工、热处理和表面处理加工等环节构成。特种加工、数控加工在模具成形零件加工中应用得非常普遍。

（3）模具装配　模具装配是根据模具装配图样要求的质量和精度，将加工好的零件组合在一起构成一副完整模具的过程。装配阶段的任务还包括清洗、修配模具零件、试模及修整等。

由上述过程可以看出，模具产品的生产过程是相当复杂的。为了便于组织生产和提高劳动生产率，现代模具工业的发展趋势是自动化、专业化生产。这样，各工厂的生产过程就变得比较简单、专业化，有利于保证质量、提高效率和降低成本。如模具零件毛坯的生产，由专业化的毛坯生产工厂来承担；模具上的导柱、导套、顶杆等零件，由专业化的标准件厂来完成。这既有利于保证模具上各种零件的质量，也有利于降低成本。

2. 工艺过程

在模具制造过程中，直接改变工件形状、尺寸、物理性质和相对位置的过程称为工艺过程。按照零件制造过程中采用的工艺方法不同，工艺过程可以分为铸造、锻造、冲压、焊接、热处理、机械加工、表面处理和装配等。以机械加工方法（主要是切削加工方法）直接改变毛坯的形状、尺寸和表面质量，使其成为合格模具零件的过程，称为模具机械加工工艺过程。合理的机械加工工艺过程确定后，以文字形式记录为加工的技术文件，称为模具机械加工工艺规程。

1.1.2　模具的机械加工工艺过程

模具的机械加工工艺过程是比较复杂的。在这个过程中，根据零件的结构特点和技术要求不同，常需采用各种不同的加工方法和设备，并通过一系列加工步骤，才能将毛坯转变成所需的零件。为了客观地反映和分析这一过程，并对这一过程作比较准确的描述，需要研究这一过程的组成，并对其组成单元做出科学的定义。机械加工工艺过程是由一个或若干个工序组成的，每个工序又可分为安装、工位、工步和走刀。

1. 工序

一个或一组工人在同一个工作地点，对一个或同一批工件所连续完成的那一部分工艺过程称为工序。

工序不仅是组成工艺过程的基本单元，也是组织生产、核算成本和进行检验的基本单元。工序划分的基本依据是加工对象或加工地点是否变更，加工内容是否连续。工序的划分与生产批量、加工条件和零件结构特点有关。例如，图 1.1 所示的有肩导柱（表 1.1所示为该导柱的尺寸及制造精度要求），当生产数量很少或单件生产时，其工序的划分见表 1.2。而当批量生产时，各工序内容可划分得更细，如表 1.2 工序 3 中倒角和切槽都可在专用车床上进行，从而成为独立的工序。

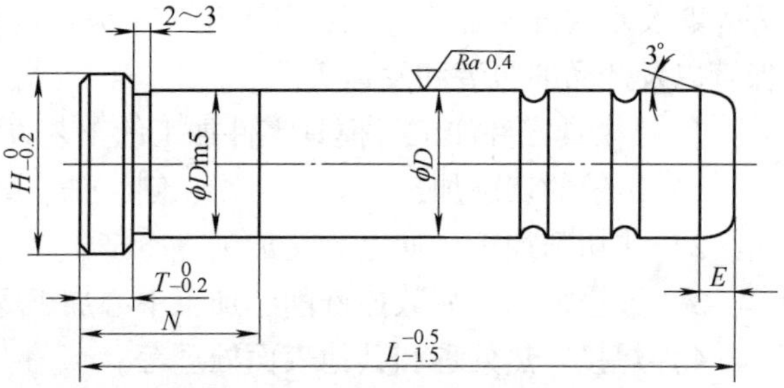

图 1.1　有肩导柱

表 1.1　导柱尺寸　（单位：mm）

D		Dm5		T	H	E
8	-0.015	8	+0.012		11	3
10	-0.020	10	+0.006	5	13	4
12		12			17	
13	-0.020 -0.025	13	+0.015 +0.007		18	
16		16		6	21	
20		20			25	5
25	-0.025 -0.030	25	+0.017 +0.008		30	
30		30		8	35	
35	-0.030	35	+0.020		40	
40	-0.040	40	+0.009	10	45	8

注：N 为装配压入尺寸，根据导柱固定板尺寸选择，推荐尺寸为 10 ~ 20mm。

表1.2　有肩导柱加工工序的划分

序　　号	工　　序	工序要求
1	锯	切割 $\phi H\times$（$L+4$mm）棒料（材料T10A）
2	车	车端面至长度（$L+2$mm），钻中心孔；调头车端面，长度至 L，钻中心孔
3	车	车外圆 $\phi H\times T$ 至尺寸要求；粗、精车外圆 $\phi D\times$（$L-T$），留磨量；倒角、切槽、车3°角等
4	热	热处理55～60HRC
5	研磨	修研中心孔，调头修研另一中心孔
6	磨	磨 ϕD（$N-T$），ϕD（$L-N$）至各自的尺寸要求

2. 安装

使工件在机床或夹具上占有一个正确位置的过程，称为定位。工件定位后将其固定，使之在加工过程中保持位置不变，即夹紧。工件的定位和夹紧过程称为装夹。在某一工序中，有时需要对工件进行多次装夹，工件经一次装夹后所完成的那部分工序内容称为一次安装。如表1.2工序2中，先装夹工件一端，车端面至长度（$L+2$mm），钻中心孔，称为装夹1；再掉头装夹工件，车端面，长度至 L，钻中心孔，称为装夹2。加工过程中，应尽量减少安装次数，以减少安装误差和辅助时间。

3. 工位

为了完成一定的工序内容，一次装夹工件后，工件与夹具或设备的可动部分一起相对于刀具和设备的固定部分所占据的每一个位置，称为工位。利用回转工作台对模板上圆周分布的孔系的加工，即是多工位加工。

4. 工步

对工序进一步划分即为工步。一道工序（一次安装或一个工位）中，可能只需要一把刀即可加工若干个表面，也可能虽只加工一个表面，但却要用若干把不同刀具。在加工表面和加工工具不变的情况下，连续完成的那一部分工序，称为一个工步。如上述两项中有一项改变，就成为另一工步。如表1.2工序3中，包括车外圆、倒角、切槽等几个工步。

为了提高加工效率和加工质量，用几把刀同时加工几个表面的工步称为复合工步，在工艺文件上可看作一个工步。

5. 走刀（行程）

有些工步，由于余量较大或其他原因，需要用同一刀具，对同一表面进行多次切削，则刀具对工件每进行一次切削就是一次走刀（行程）。走刀是工步的一部分，一个工步可包括一次或多次走刀。

1.1.3　生产纲领与生产类型

1. 生产纲领

机械产品在计划期内应当生产的产品产量和进度计划称为该产品的生产纲领。机械产品中某零件的生产纲领除了该产品在计划期内的产量以外，还需包括一定的备品率和平均废品率。零件生产纲领的计算公式为

$$N_0 = Nn(1+\alpha+\beta)$$

式中　N_0——机械零件的生产纲领（件）；

N——机械产品在计划期内的产量（件）；

n——每种机械产品中该零件的数量（件）；

α——该零件的备品率（%）；

β——该零件的废品率（%）。

2. 生产类型

根据产品的生产纲领，模具零件机械加工的生产类型可分为单件生产和成批生产。

（1）单件生产　单件生产是指生产的产品品种较多，每种产品的产量很少，同一个工作地点的加工对象经常改变，很少重复生产。一般来讲，模具的生产大多属于单件生产。

（2）成批生产　产品的品种不是很多，但每一种产品均有一定的数量，同一个工作地点的加工对象周期性地更换，这种生产称为成批生产。如模具的标准模架、导柱导套等属于成批生产。

生产类型不同，则生产组织、生产管理、车间机床布置、毛坯制造方法、机床选用、工具使用、加工或装配方法，以及对工人技术要求等均有所不同。为此，制订模具零件的机械加工工艺和模具的装配工艺时，必须考虑不同生产类型的特点，以取得最大的经济效益。

1.1.4　制订工艺规程的原则和步骤

1. 工艺规程的性质和作用

模具零件机械加工工艺规程就是以规范的表格形式和必要的图文，将模具制造的工艺过程以及各工序的加工顺序、内容、方法和技术要求，所配置的设备和辅助工装，所需加工工时和加工余量等内容，按加工顺序，完整有序地编入所形成的模具制造过程的指导性技术文件。因此，模具制造工艺规程的作用是组织、指导、管理和控制模具制造的各个工序。与模具设计图样一样，模具制造工艺规程一经编制、审核和批准并签字之后，即具有企业法规的性质，任何人未经填报“更改通知单”，说明更改原因并证明更改的必要性和正确性，未经审核和批准者确认更改并签字，均不得进行任何改动。

2. 制订工艺规程的要点

制定工艺规程的目的就是有效地指导并控制各工序的加工质量，使之能有序地按要求实施，最终能以先进而又可靠的技术和最低的生产成本、最短的生产周期制造出质量符合用户要求的模具。因此，制订工艺规程时必须做到：

1）技术上具有先进性，尽可能采用国内外的先进工艺技术和设备，取人之长补己之短。

2）选择成本最低，即能源、物资消耗最低，最易于加工的方案。

3）既要选择机械化、自动化程度高的加工方法以减轻工人的体力劳动，又要适应环保要求，为工人创造一个安全、良好的工作环境。

3. 制订工艺规程的步骤

1）首先应对模具的设计意图和整体结构、各零部件的相互关系和功能以及配合要求等有详尽透彻的了解，准确分析每个零部件的加工工艺性和装配性，方能制订出切合实际、正确无误、行之有效的工艺规程。

2）根据每个零件的生产纲领，确定其生产类型。

3）根据所采用的毛坯类型确定毛坯的下料尺寸。

4）根据图样的技术要求，选定主要加工面的加工方法和定位基准，并确定该零件的加工顺序。

5）确定各工序的加工余量，即各工序尺寸公差、表面粗糙度，以及技术要求等。

6）配置相应的机床、刀具、夹具、工具和量具。

7）确定各工序的切削参数和工时定额。

8）完成工艺过程综合卡的制订，经审批后下达实施。

4. 工艺规程的内容和常用格式

（1）工艺规程的内容要求

1）工艺规程应包括模具或零件的名称、图号、材料、加工数量和技术要求等，有编制、审核、批准者的签字和签字日期。

2）工艺规程必须明确毛坯尺寸和供货状态（锻坯、型坯）。

3）工艺规程必须明确工艺定位基准，该基准力求与设计基准一致。

4）工艺规程必须确定成形件的加工方法和顺序，确定各工序的加工余量、工序尺寸和公差要求，以及工装、设备的配置。

5）工艺规程必须确定各工序的工时定额。

6）工艺规程必须确定装配基准（应力求与设计、工艺基准一致）、装配顺序，以及装配方法和要求。

7）工艺规程必须确定试模要求和验收标准。

（2）工艺规程的常用格式　工艺规程包括机械加工工艺规程、装配工艺规程和检验规程三部分，但通常以机械加工工艺规程为主，而将装配工艺规程和检验规程的主要内容加入其中。而生产中常以工艺规程卡和工序卡来指导、规范生产。

表 1.3 是某工厂使用的工艺规程卡实例，加工的零件如图 1.2 所示凹模材料为 Cr12MoV。

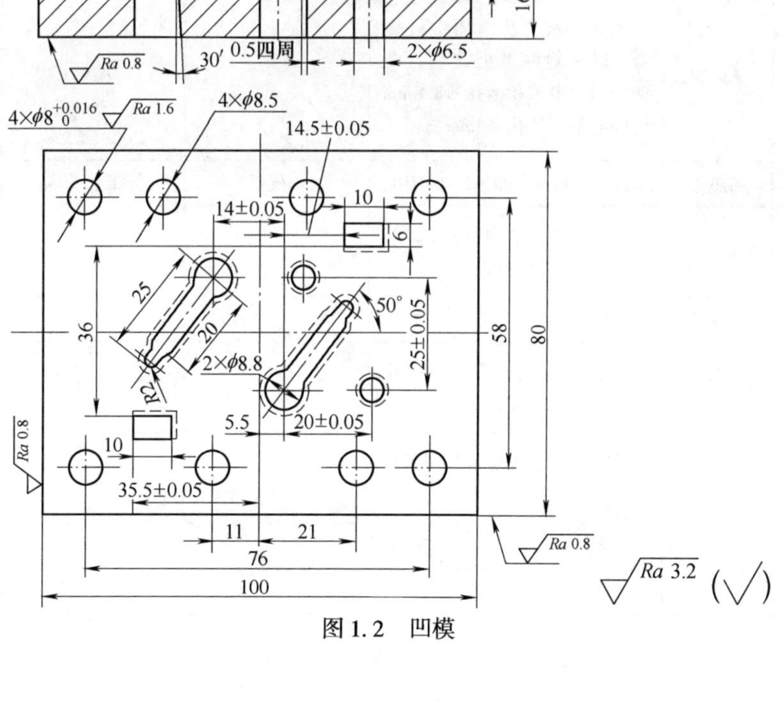

图 1.2　凹模

表1.3 工艺规程卡实例

<table>
<tr><td colspan="2" rowspan="2">编　制</td><td>签　字</td><td>日　期</td><td>模具名称</td><td>焊片级进模</td><td colspan="2">加工件名称</td><td colspan="2">凹　模</td></tr>
<tr><td></td><td></td><td>模具编号</td><td>HPD7804</td><td colspan="2">加工件图号</td><td colspan="2">HPD7804-10</td></tr>
<tr><td colspan="2">校　审</td><td></td><td></td><td>材料名称</td><td>高合金工具钢</td><td colspan="2">材料牌号</td><td colspan="2">Cr12MoV</td></tr>
<tr><td colspan="2">批　准</td><td></td><td></td><td>毛坯尺寸</td><td>105mm×85mm×20mm</td><td>重量/kg</td><td>1.42</td><td>件数</td><td>1</td></tr>
<tr><td>工序号</td><td>工序名称</td><td>设　备</td><td colspan="2">加工内容及工序要求</td><td>检　具</td><td colspan="2">工时定额/h</td><td>制造者</td><td>检验者</td></tr>
<tr><td>1</td><td>下料</td><td>锯床</td><td colspan="2">ϕ60mm×72mm（棒料尺寸含烧损率）</td><td>钢直尺</td><td colspan="2">0.1</td><td></td><td></td></tr>
<tr><td>2</td><td>锻造</td><td>锻锤</td><td colspan="2">105mm×85mm×20mm</td><td>钢直尺</td><td colspan="2">0.5</td><td></td><td></td></tr>
<tr><td>3</td><td>退火</td><td>加热炉</td><td colspan="2"></td><td></td><td colspan="2">按工艺要求</td><td></td><td></td></tr>
<tr><td>4</td><td>铣（刨）六面</td><td>铣（刨）床</td><td colspan="2">100.2mm×80.2mm×16.2mm</td><td>游标卡尺</td><td colspan="2">1</td><td></td><td></td></tr>
<tr><td>5</td><td>平磨</td><td>平面磨床</td><td colspan="2">1）磨上、下平面留精磨余量0.1～0.2mm；2）磨直角侧基面（可与卸料板、凸模固定板一起磨），并对角尺</td><td>游标卡尺</td><td colspan="2">0.5</td><td></td><td></td></tr>
<tr><td>6</td><td>钳工</td><td>钻床</td><td colspan="2">1）划销孔、螺钉过孔及漏料孔中心位置线；2）钻、铰销孔4×$\phi 8^{+0.015}_{0}$mm；3）钻螺纹过孔4×ϕ8.5mm</td><td>游标卡尺、塞规</td><td colspan="2">0.5</td><td></td><td></td></tr>
<tr><td>7</td><td>铣</td><td>立铣</td><td colspan="2">铣各漏料孔</td><td>游标卡尺</td><td colspan="2">1</td><td></td><td></td></tr>
<tr><td>8</td><td>镗</td><td>坐标镗</td><td colspan="2">与卸料板、凸模固定板叠合，以一对侧基面定位，在两侧刃的中心和型孔ϕ8.8mm的圆心钻穿丝孔ϕ4mm</td><td></td><td colspan="2">0.5</td><td></td><td></td></tr>
<tr><td>9</td><td>热处理</td><td>加热炉</td><td colspan="2">淬火、回火硬度60～64HRC</td><td>硬度仪</td><td colspan="2">按工艺要求</td><td></td><td></td></tr>
<tr><td>10</td><td>平磨</td><td>平面磨床</td><td colspan="2">1）磨两大平面到达尺寸；2）磨一对侧基面</td><td></td><td colspan="2">0.5</td><td></td><td></td></tr>
<tr><td>11</td><td>退磁</td><td>退磁机</td><td colspan="2"></td><td></td><td colspan="2"></td><td></td><td></td></tr>
<tr><td>12</td><td>线切割</td><td>线切割机</td><td colspan="2">按程序切割各型孔，型孔留研磨余量0.015mm</td><td></td><td colspan="2">3</td><td></td><td></td></tr>
<tr><td>13</td><td>钳工</td><td></td><td colspan="2">研磨销孔、研磨型孔到图样尺寸</td><td></td><td colspan="2">0.5</td><td></td><td></td></tr>
<tr><td colspan="3" rowspan="2">现场工艺情况</td><td>签字</td><td>日期</td><td rowspan="2">质量情况</td><td colspan="2" rowspan="2"></td><td rowspan="2">备注</td><td rowspan="2"></td></tr>
<tr><td></td><td></td></tr>
</table>

1.2 模具零件图的工艺分析

模具零件图是制订工艺规程最主要的原始资料，在制订工艺时必须认真分析。为了正确理解零件的结构特征和主要技术要求，通常还需要研究模具的总装图、部件装配图及验收标准，从而明确该零件在模具中的位置、功用，了解其与相关零件间的配合，找出其主要技术要求制订的依据，以便正确制订工艺规程。

1.2.1 零件的结构分析

模具零件的结构由于使用要求不同而具有各种形状和尺寸。但是，如果从形状上加以分析，各种零件都是由一些基本表面和特形表面组成的。基本表面有内、外圆柱表面、圆锥表面和平面等，特形表面主要有螺旋面、渐开线齿形表面及其他一些成形表面等。

在研究具体零件的结构特点时，首先要分析该零件是由哪些表面组成的，因为表面形状是选择加工方法的基本因素。例如，外圆表面一般由车削和磨削加工出来，内孔则多通过钻、扩、铰、镗和磨削等加工方法获得。除表面形状外，表面尺寸对工艺也有重要的影响。以内孔为例，大孔与小孔、深孔与浅孔在工艺上均有不同的特点。

在分析零件的结构时，不仅要注意零件的各个构成表面本身的特征，还要注意这些表面的不同组合。正是这些不同的组合才形成零件结构上的特点。例如，以内、外圆为主的表面，既可组成盘、环类零件，也可构成套筒类零件。对于套筒类零件，既可以是一般的轴套，也可以是形状复杂的薄壁套筒。而不同结构的零件在工艺上往往有着较大的差异。在模具制造中，通常按照零件结构和加工工艺过程的相似性，将各种零件大致分为轴类零件、套类零件、板类零件和型腔类零件等。

1.2.2 零件的技术要求分析

模具零件的技术要求包括下列几个方面：

1）加工表面的尺寸精度。

2）主要加工表面的形状精度。

3）主要加工表面之间的相互位置精度。

4）各加工表面的粗糙度，以及表面质量方面的其他要求。

5）热处理和表面处理要求。

根据零件结构特点，在认真分析了零件主要表面的技术要求之后，即可初步确定零件加工工艺的方案。首先，根据零件主要表面的精度和表面质量的要求，可初步确定最终的加工方法以及相应的中间工序、粗加工工序的加工方法。例如，对于孔径不大的公差等级为IT7的内孔，最终加工方法取精铰时，在精铰孔之前，通常要经过钻孔、扩孔和粗铰孔等工序。

加工表面之间的相对位置要求，包括表面之间的距离尺寸联系和相对位置精度。认真分析零件图上尺寸的标注及主要表面的位置精度，即可初步确定各加工表面的加工顺序。

零件的热处理会影响加工工艺方法和加工余量的选择，并且对零件加工工艺路线的安排也有一定的影响。例如，要求渗碳淬火的零件，热处理后一般变形较大。这时，对于零件上精度要求较高的表面，工艺上要安排精加工工序（多为磨削加工），而且要适当加大精加工工序的加工余量。

在研究零件图时，如发现图样上的视图、尺寸标注、技术要求有错误或遗漏，或结构工艺性不好时，应提出修改意见。修改时必须征得设计者的同意，并经过一定的批准手续。

1.3　零件的基准选择和安装

模具设计人员为保证模具工作性能，设计零件时都需确定设计基准，工艺人员在编制工艺时应按设计基准选择合理的定位基准、装配基准、测量基准、工序基准，以保证零件加工后达到设计要求。

在制订零件加工工艺规程时，正确地选择基准具有十分重要的意义。定位基准的选择，不仅影响零件加工的位置精度，而且对零件各表面的加工顺序也有很大的影响。

1.3.1　基准的概念

零件是由若干表面组成的，各表面之间有一定的尺寸和相对位置要求。模具零件表面间的相对位置要求包括两方面内容：表面间的距离尺寸精度和相对位置精度（如同轴度、平行度、垂直度等）。研究零件表面间的相对位置关系是离不开基准的，没有基准就无法确定零件表面的位置。一般来讲，基准就是零件上用以确定其他点、线、面位置的那些点、线、面。按其作用不同，基准可分为设计基准和工艺基准两大类。

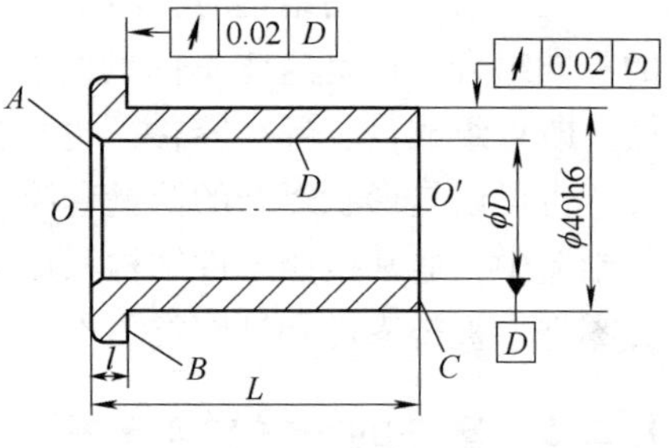

图1.3　导套

1. 设计基准

在零件图上用以确定其他点、线、面的基准，称为设计基准。如图1.3所示的零件导套，轴心线 O—O'是各外圆和内孔的设计基准，端面 A 是端面 B、C 的设计基准，内孔表面 D 的轴心线是 ϕ40h6 外圆表面径向圆跳动和端面 B 端面圆跳动的设计基准。

2. 工艺基准

零件在加工和装配过程中所使用的基准，称为工艺基准。工艺基准按用途不同，又分为定位基准、测量基准、工序基准和装配基准。选择工艺基准时应尽量使工艺基准与设计基准一致，但工艺基准需随不同的加工方法而变更。

1）定位基准是加工零件时确定刀具与被加工表面相对位置的基准。

2）工序基准是工序图上用来表示被加工表面位置的基准，即加工尺寸的起点。表示被加工表面位置的尺寸称为工序尺寸。

3）测量基准是测量零件已加工表面位置及尺寸的基准。

4）装配基准是装配时用于确定零件在模具中位置的基准，零件的主要设计基准常作为零件的装配基准。

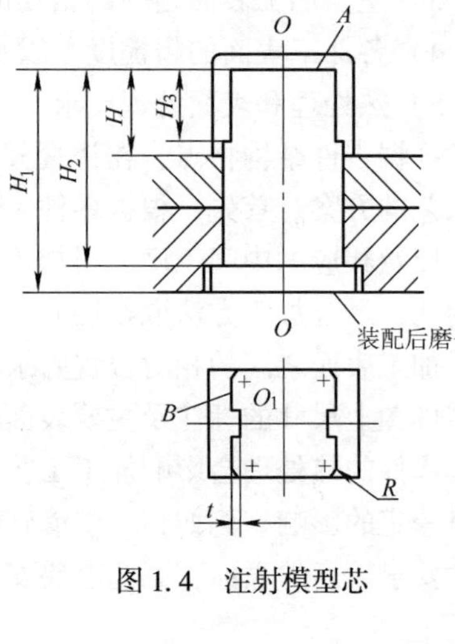

图1.4　注射模型芯

图1.4所示零件是经铣削、磨削加工后的注射模型芯。为了便于型芯加工，型芯与推料板和固定板配合部分采用基轴制配合，H及H_3尺寸均留有组装修配余量。零件的A平面为尺寸H、H_3的设计及工艺基准，中心线$O—O$是零件外形的设计及工艺基准，圆心O_1是半径R的设计及工艺基准，平面B是尺寸t的设计及工艺基准。

1.3.2 工件的安装方式

工件的安装是模具加工过程中的一个重要方面，它不仅直接影响工件的加工精度，还因为工件安装的快慢而影响生产率。为了保证加工表面与设计基准间的相对位置精度，工件在加工前应以工艺基准找正、定位并夹紧（总称为装夹）。

常用装夹方式有三种，如图1.5所示。

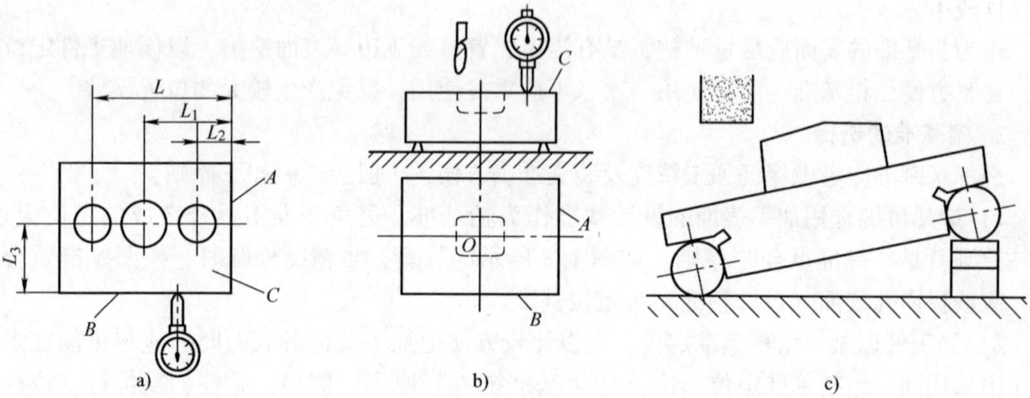

图1.5 工件装夹方式

（1）直接找正装夹 如图1.5a所示，利用千分表检查工件A、B、C三个基面，靠平后夹紧，并以此为工序基准，移动刀具加工型腔。

（2）按划线装夹 如图1.5b所示，以A、B两平面为基准找平工件，以平面C及划线中心点O为定位基准，移动刀具加工型腔。

（3）夹具装夹 如图1.5c所示，工件直接装夹到已调整好角度的正弦夹具上，不必找正即可磨出要求的斜度。

1.3.3 定位基准的选择

设计基准由零件图样给定，而定位基准可以有多种不同的方案。正确选择定位基准是设计工艺过程的一项重要内容。

在最初的工序中只能选择未经加工的毛坯表面（即铸造、锻造或轧制等表面）作为定位基准，这种基准称为粗基准。用已加工的表面作定位基准，称为精基准。另外，有时为了满足工艺需要而在工件上专门设计的定位面，称为辅助基准。

1. 粗基准的选择

粗基准的选择会影响各加工面加工余量的分配以及非加工面与加工面之间的位置精度。而这两方面的要求常常是相互矛盾的，因此在选择粗基准时，必须先明确哪一方面是主要的。

如果必须首先保证工件上加工面与非加工面之间的相对位置要求时，一般应选择非加工面为粗基准。如果在工件上有很多不需加工的表面，则应以其中与加工面位置精度要求较高的表面作为粗基准。

如果必须首先保证工件重要表面的加工余量均匀，则应选择该表面作粗基准。图1.6所示为冲压模模座粗基准的选择。此时应以下平面为粗基准，然后以下平面为定位基准，加工上表面与模座其他部位，这样可减少毛坯误差，使上、下平面基本平行，最后再以上平面为精基准加工下表面，这时下平面的加工余量就比较均匀，且较小。

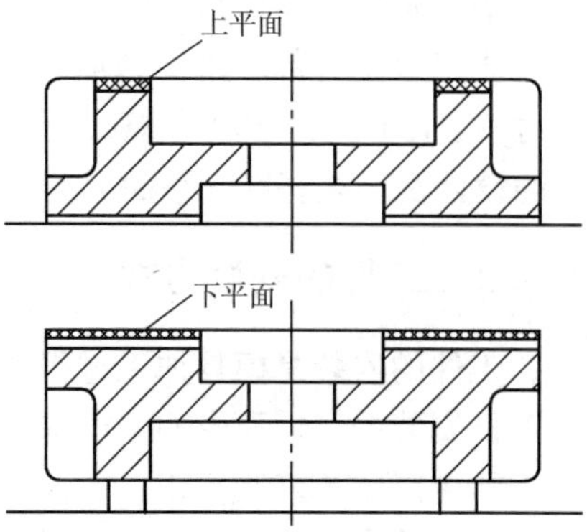

图1.6　冲压模模座粗基准的选择

作为粗基准的表面应尽量平整，没有浇口、冒口或飞边等表面缺陷，以便使工件定位可靠，夹紧方便。粗基准一般只使用一次，不应重复使用，以免产生较大的位置误差。

2. 精基准的选择

选择精基准应考虑保证加工精度及装夹准确方便，一般应遵循如下原则：

1）应尽可能选用加工表面的设计基准作为精基准，避免基准不重合造成的定位误差。这一原则就是“基准重合”原则。如图1.3所示的导套，当精磨外圆时，按照基准重合原则，应选择内孔表面（设计基准）为定位基准。

2）当工件以某一组精基准定位，可以比较方便地加工其他各表面时，应尽可能在多数工序中采用同一组精基准定位，这就是“基准统一”原则。例如，导柱、复位杆、拉杆等轴类零件的大多数工序都采用顶尖孔为定位基准。

3）当精加工和光整加工工序要求余量尽量小而均匀时，应选择加工表面本身作为精基准，而该加工表面与其他表面之间的位置精度则要求由先行工序保证，即遵循“自为基准”的原则。

4）为了获得均匀的加工余量或较高的位置精度，在选择精基准时，可遵循“互为基准”的原则。

5）精基准的选择应使定位准确，夹紧可靠。为此，作为精基准的表面面积与被加工表面相比，应有较大的长度和宽度，以提高其位置精度。

1.4　工艺路线的拟订

具体工作中，应该在充分调查研究的基础上提出多种工艺方案，并进行分析、比较，正确制订模具加工工艺规程。工艺路线不但影响加工的质量和生产效率，而且影响工人的劳动强度、设备投资、车间面积和生产成本等。

拟订工艺路线就是制订工艺规程的总体布局，其主要任务包括选择各个加工表面的加工方法和加工方案，确定各个表面的加工顺序以及整个工艺过程的工序等。

关于工艺路线的拟订，目前还没有一套通用而完整的方法。但多年来的生产实践，已总结出一些综合性原则。在应用这些原则时，要结合生产实际，分析具体条件，避免生搬硬套。在合理选择定位基准后，拟订工艺路线还要考虑以下几个方面。

1.4.1 表面加工方法的选择

零件表面加工方法的选择，取决于该加工表面的技术要求。但应注意，有时由于工艺上的原因，某些方面的技术要求可能高于零件图上的要求。

明确了各加工表面的技术要求后，即可据此选择能保证该要求的最终加工方法，并确定所需工序及工序的加工内容、加工方法。所选择的加工方法，应满足零件的质量、加工经济性和生产效率等方面的要求，选择时应考虑下列因素：

1）首先要保证加工表面的加工精度和表面粗糙度的要求。由于获得同一精度及表面粗糙度的加工方法往往有若干种，实际选择时应结合零件的结构、形状、尺寸以及材料和热处理要求全面考虑。例如加工公差等级为IT7的孔，采用镗削、铰削、拉削和磨削均可达到要求，但对于型腔体上的孔，一般不宜选择拉削和磨削，而常选择镗削或铰削，孔径大时选择镗削，孔径小时选择铰削。

2）工件材料的性质对加工方法的选择也有影响。如淬火钢精加工应采用磨削；而对于非铁金属零件，为避免磨削时堵塞砂轮，一般都采用高速镗削或高速精密车削进行精加工。

3）表面加工方法的选择，除了保证质量要求外，还应考虑生产效率和经济性的要求。大批大量生产时，应尽量采用高效率的先进工艺方法。任何一种加工方法，可以获得的加工精度和表面质量均有一个比较大的范围，但只在一定的精度范围内才是经济的，这种加工精度范围，即为该种加工方法的经济加工精度。选择加工方法时，应根据工件的精度要求选择与经济加工精度相适应的加工方法。例如，对于公差等级为IT7、表面粗糙度 *Ra* 值为0.4μm的导柱外圆，通过精密车削虽然可以达到要求，但在经济上就不如选择磨削合理。

4）为了能够正确地选择加工方法，还要考虑本厂、本车间现有设备情况及技术条件，应该充分利用现有设备、挖掘企业潜力、发挥工人及技术人员的积极性和创造性。

零件上精度较高的表面，是通过粗加工、半精加工和精加工逐步达到的。对这些表面，仅仅根据质量要求选择最终加工方法是不够的，还应正确地确定从毛坯到最终成形的加工路线（即加工方案）。表1.4、表1.5、表1.6分别为常见的外圆、平面和内孔的加工方案，可供制订工艺时参考。

表1.4 外圆表面加工方案

序号	加工方案	经济精度(标准公差等级)	表面粗糙度 *Ra*/μm	适用范围
1	粗车	IT11以下	50~12.5	适用于淬火钢以外的各种金属
2	粗车—半精车	IT10~IT8	6.3~3.2	
3	粗车—半精车—精车	IT8	1.6~0.8	
4	粗车—半精车—精车—滚压(或抛光)	IT8	0.2~0.025	
5	粗车—半精车—磨削	IT8~IT7	0.8~0.4	主要用于淬火钢，也可用于未淬火钢，但不宜加工非铁金属
6	粗车—半精车—粗磨—精磨	IT7~IT6	0.4~0.1	
7	粗车—半精车—粗磨—精磨—超精加工	IT5	0.1	
8	粗车—半精车—精车—金刚石车	IT7~IT6	0.4~0.025	主要用于非铁金属加工

（续）

序　号	加工方案	经济精度(标准公差等级)	表面粗糙度 Ra/μm	适用范围
9	粗车—半精车—粗磨—精磨—研磨	IT6～IT5	0.16～0.08	极高精度的外圆加工
10	粗车—半精车—粗磨—精磨—超精磨或镜面磨	IT5 以上	<0.025(Rz0.05)	

表 1.5　平面加工方案

序　号	加工方案	经济精度(标准公差等级)	表面粗糙度 Ra/μm	适用范围
1	粗车—半精车	IT9	6.3～3.2	主要用于端面加工
2	粗车—半精车—精车	IT8～IT7	1.6～0.8	
3	粗车—半精车—磨削	IT9～IT8	0.8～0.2	
4	粗刨（或粗铣）—精刨（或精铣）	IT10～IT9	6.3～1.6	一般不淬硬平面
5	粗刨（或粗铣）—精刨（或精铣）—刮研	IT7～IT6	0.8～0.1	精度要求较高的不淬硬平面，批量较大时宜采用宽刃精刨
6	以宽刃刨削代替上述方案中的刮研	IT7	0.8～0.2	
7	粗刨（或粗铣）—精刨（或精铣）—磨削	IT7	0.8～0.2	精度要求高的淬硬平面或未淬硬平面
8	粗刨（或粗铣）—精刨（或精铣）—粗磨—精磨	IT7～IT6	0.4～0.2	
9	粗铣—拉削	IT9～IT7	0.8～0.2	大量生产，较小的平面(精度由拉刀精度而定)
10	粗铣—精铣—磨削—研磨	IT6 以上	<0.1（Rz0.05）	高精度的平面

表 1.6　内孔加工方案

序　号	加工方案	经济精度(标准公差等级)	表面粗糙度 Ra/μm	适用范围
1	钻	IT11～IT12	12.5	加工未淬火钢及铸铁，也可用于加工非铁金属
2	钻—铰	IT9	3.2～1.6	
3	钻—铰—精铰	IT7～IT8	0.8～1.6	
4	钻—扩	IT10～IT11	6.3～12.5	同上，孔径可大于15～20mm
5	钻—扩—铰	IT8～IT9	3.2～1.6	
6	钻—扩—粗铰—精铰	IT7	1.6～0.8	
7	钻—扩—机铰—手铰	IT6～IT7	0.1～0.4	
8	钻—扩—拉	IT7～IT9	0.1～1.6	大批大量生产（精度由拉刀的精度而定）
9	粗镗（或扩孔）	IT11～IT12	6.3～12.5	除淬火钢以外的各种材料，毛坯有铸出孔或锻出孔
10	粗镗（扩）—半精镗（精扩）	IT8～IT9	1.6～3.2	
11	粗镗（扩）—半精镗（精扩）—精镗（铰）	IT7～IT8	0.8～1.6	
12	粗镗（扩）—半精镗（精扩）—精镗—浮动镗刀精镗	IT6～IT7	0.4～0.8	

（续）

序　号	加工方案	经济精度(标准公差等级)	表面粗糙度 Ra/μm	适用范围
13	粗镗（扩）—半精镗磨孔	IT7 ~ IT8	0.2 ~ 0.8	主要用于淬火钢，也可用于未淬火钢，但不宜用于非铁金属
14	粗镗（扩）—半精镗—精镗—金刚镗	IT6 ~ IT7	0.1 ~ 0.2	
15	粗镗—半精镗—精镗—金刚镗	IT6 ~ IT7	0.05 ~ 0.4	
16	钻—（扩）—粗铰—精铰—珩磨 钻—（扩）—拉—珩磨 粗镗—半精镗—精镗—珩磨	IT6 ~ IT7	0.025 ~ 0.2	主要用于精度高的非铁金属 用于精度要求很高的孔
17	以研磨代替上述方案中的珩磨	IT6 以上	0.2 ~ 0.025	

1.4.2　成形零件加工方法的确定原则

成形零件是模具中的关键零件，确定加工方法时，在保证尺寸、形位精度及表面质量的前提下应以工时最短、成本最低为目的。为达此目的，必须对成形件的结构特点、加工工艺、材质等进行深入透彻的分析，根据各成形件的具体情况，确定恰当的加工方法。比如粗加工时，多采用高速、大切削量加工，以节约工时，加快进度。回转体类工件多选用高速车削；箱体类工件多采用高速铣削加工；小孔的粗加工多采用钻削，精加工则用铰削；大孔则多采用镗削加工。而热处理后的精加工多采用磨削加工，如采用平面精密磨床，内圆、外圆磨，工具磨，以及成形磨床等加工方法。不规则的异形面也可以采用电化学、超声波等特种加工方法。形状较简单且不很深的多型腔可考虑用冷挤压成形或压印修磨加工；深腔、不规则的异形不通孔可采用电火花加工；有镜面要求的凹腔可选用混粉电火花加工技术；通孔采用线切割加工；对于不规则的异形镶拼组合型腔，可采用线切割加工与磨削加工组合的方法，也可用慢走丝镜面加工技术成形，或用数控铣床或加工中心成形后，再用特种加工方法抛光，以加快速度，保证质量。而0.3mm以下的深腔微型孔，则可采用激光加工完成。

提高加工速度，保证加工质量，不仅要选择恰当的加工方法，还应选择恰当的材料。例如，有镜面要求的塑料模成形件，可选用 20CrNi3AlMnMo（SM2）、1Ni3Mn2CuA1Mo（PMS）两种时效硬化型塑料模具钢，在预硬化后进行时效硬化（精加工前），硬度可达 40 ~ 45HRC，易于加工，精车、铣削均可。还有马氏体时效钢 06Ni6CrMoVTiAl（06Ni）等都易于加工，精加工后在 480 ~ 520℃进行时效处理，硬度可达 50 ~ 57HRC，适于制造高精度中、小型成形零件，并可作镜面抛光。

1.4.3　加工阶段的划分

零件表面的加工方法确定之后，就要安排加工的先后顺序，同时还要安排热处理、检验等其他工序在工艺过程中的位置。零件加工顺序安排得是否合理，对加工质量、生产率和经济性等有较大的影响。

1. 工艺规程划分阶段的原则

模具零件加工时，往往不是依次加工完各个表面，而是将各表面的粗、精加工分开进行。为此，一般都将整个工艺过程划分为几个加工阶段，这就是在安排加工顺序时所遵循的工艺规程划分阶段的原则。

1）粗加工阶段以高速大切削量切去零件毛坯的大部分切削余量，使工件尺寸接近于成品，只留较少的余量作为半精加工或精加工的加工余量。粗加工的加工余量为1.6～2mm。

2）半精加工阶段用以消除粗加工留下的误差，达到接近于精加工要求的精度，仅留少许加工余量，以进一步提高加工精度。半精加工的加工余量是0.8～1mm。

3）精加工阶段对半精加工留下的少许加工余量进行加工，以完全达到图样规定的零件尺寸精度、位置精度和表面粗糙度要求。精加工的加工余量为0.5～0.8mm。

4）对于表面粗糙度 Ra 值要求≤0.4μm的成形件，应进行光整加工即镜面抛光。光整加工只用于降低成形面的表面粗糙度，不用于修正几何形状和相互位置精度。

2. 工艺规程划分阶段的原因

1）合理使用设备，发挥设备各自的特点。粗加工时采用精度低但功率大、刚度高、效率高的机床，可实现大切削量的高速加工，提高生产率，缩短加工时间。

2）粗、精加工分开，可将粗加工中产生的误差、变形等，在半精或精加工阶段去除，从而达到所需的精度要求。

3）便于合理安排热处理工序。粗加工后进行调质处理或时效处理，用以消除内应力，利于精加工后精度的稳定。淬火等热处理工序是保证零件性能必不可少的工序，应安排在半精加工后进行，以便在精加工中将热处理过程中产生的少许变形连同预留的精加工余量一起去除，达到产品精度要求。

4）毛坯中残存的缺陷，如暗伤、裂痕、夹杂等能在粗加工中及早发现并处理，以减少损失。

但存在下述情况之一的零件不宜进行分段加工，而宜于一次校正定位后完成所有加工面的粗、精加工。

1）刚度好、配合精度尤其是位置精度要求高的零件，其示例如图1.7所示。

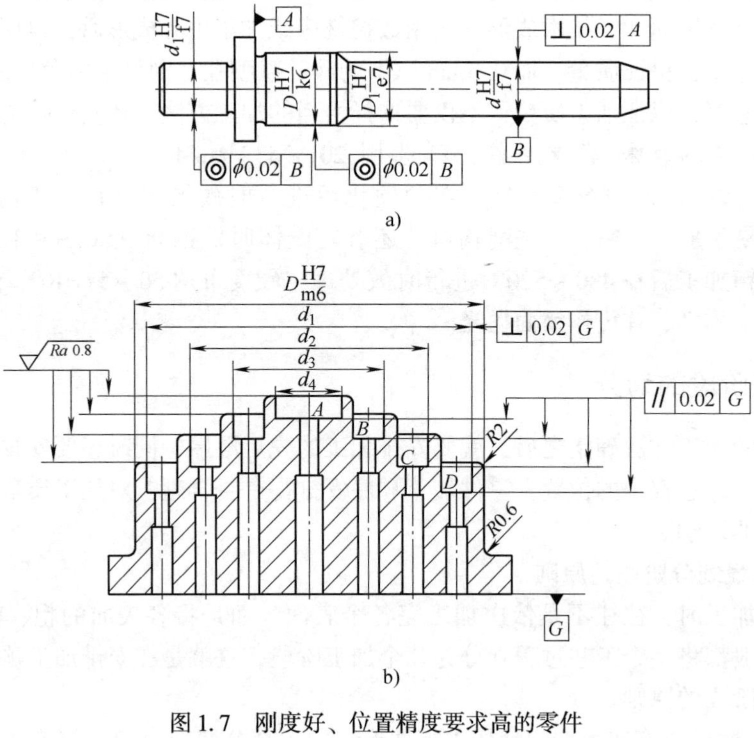

图1.7　刚度好、位置精度要求高的零件

图1.7a所示为塑料模具中常用的导柱，配合精度，尤其是位置精度要求很高。既要求d_1、D与d的同轴度，还要求d与A面的垂直度。

图1.7b所示为热固性注射模的动模型芯镶件。呈“出”字形的环形槽的各圆中心，其同轴度要求控制在0.02~0.01mm范围内，而且A、B、C、D四槽底的平面也要求与G面平行，平行度0.02mm，并且d_1、d_2、d_3、d_4和D的垂直度也要求控制在0.02mm的范围内。该零件不宜分段加工，只能在进行必需的热处理后（比如调质、时效处理、预硬处理等），一次定位校正后完成各加工面的粗加工、半精加工和精加工，以减少重复装夹、定位的误差，提高定位和加工精度，保证零件加工精度的要求。

2）刚度好但精度要求较低的零件及刚度好的大型、重型零件均不必分为粗加工、半精加工和精加工阶段，以减少工序间的转换及装夹次数，降低成本。尤其是大型（重型）件，装夹和工序间的传送吊运均不方便，能一次装夹定位，完成全部或大部分表面的加工最好，但仍必须以保证零件的加工精度要求为前提。

1.4.4 工序的集中与分散

工序集中即每一工序中能加工尽可能多的加工面，以减少总的加工工序，减少重复装夹所需的工、夹具，以及重复装夹、定位造成的定位积累误差，提高加工精度。图1.7所示也是工序集中的典型示例。工序集中利于选用高效的设备，如高速车床、铣床等，还可以节约装夹及校正定位工时、转序工时，有利于提高生产率。加工中心即是工序集中、高效自动化生产的典型设备。

工序分散是将零件的各加工部位分别由多个工序来完成，使各工序的加工面单一而相对简单、易于加工，因而对工人的技术水平要求相对较低。自动生产线和传统的流水生产线、装配线是工序分散的典型实例。

1.4.5 加工顺序及其确定原则

合理确定加工顺序对保证工件质量、提高工效、降低制造成本具有至关重要的作用。加工工序的确定应遵循下述原则：

1. 机械加工工序应遵循的原则

1）先粗后精的加工原则。粗加工要求精度不高，而且工件的刚度相对于精加工时好，可进行高速、大切削用量加工。即使会产生一些变形，也可在半精加工或精加工时去除，仍可保证工件的精度要求，还可以大大提高生产效率。

2）先加工基准面后加工其余面的原则。为使后序加工的各面有良好的定位基准，应先确定并加工基准面，从而减小定位误差以提高定位和加工精度。

3）先加工主要面后加工次要面的原则。主要面即基准面、定位面以及主要的工作面，如导柱，导套的内、外圆表面，模板的分型面，与其他零件有配合要求的配合面等。

4）先加工划线表面（平面），后加工孔的原则。

2. 热处理工序应遵循的原则

1）退火、回火、调质与时效处理应在粗加工后进行，以消除粗加工产生的内应力。

2）淬火或渗碳淬火应在半精加工后进行，用以提高耐磨性和硬度的淬火和渗碳淬火所引起的变形可在精加工中去除。

3）渗氮或碳氮共渗等工序也应在半精加工后进行。因为渗氮或碳氮共渗处理时温度低、变形小，精加工时，可将变形去除。另外，渗氮或碳氮共渗的深度浅，只能进行精加工。

3. 辅助工序及其应遵循的原则

辅助工序包括检验、清洗整理（去毛刺）和涂覆等，其中检验工序为辅助工序中的主要工序，应遵循如下原则：

1）应在粗加工及半精加工之后、精加工之前进行检验。不合格的工件不得进入下一工序。

2）重要工序加工前后应进行检验。

3）热处理前应进行检验。

4）特种性能检验（如磁力探伤）前应进行检验。

5）工件从某一车间转送另一车间前后应进行检验。

6）完成全部加工，送装配前或入库（成品库）前应对尺寸精度、形位精度、表面质量以及技术要求等进行全面检验。不符合图样要求的，不得进行装配，也不准进入成品库。

1.4.6 确定模具组装件的配加工方案

模具是由许多零件组装而成的，各零件间的相对位置都有较高的要求，例如，注射模中动模与定模的同轴度、精密冲压模的凸模与卸料板间的精密配合、冲压凸模与凹模组装后的间隙等。因此，模具制造时常采用配制、组合加工或修配等方法来解决上述问题，这样既可降低零件加工时的精度要求，又可保证较高的装配精度，但钳工的修配工作量较大。

对于高精度的模具，工作零件均需淬火处理，若采用钳工修配方法不仅工作量大，而且很难达到高精度的要求，此时模具均采用镶拼结构，并用高精度机床加工，加工误差为微米级，从而保证零件的互换性。

在用配制法加工时，工艺人员要根据模具的要求及本厂的技术条件决定哪些零件及哪些部位要采用配制或修配工艺，在编制工艺时要写清楚。配制工艺的形式很多，现介绍几种常用的方法。

1. 利用统一定位基准进行加工

如图1.8所示，定模型腔必须与型芯固定板型孔保持同心，为此划线时两模板应统一利用合模时的 *A*、*B* 侧基面为基准，并将两模板同时划出每一尺寸线，加工时都以 *A*、*B* 侧基面为定位基准和工序基准。

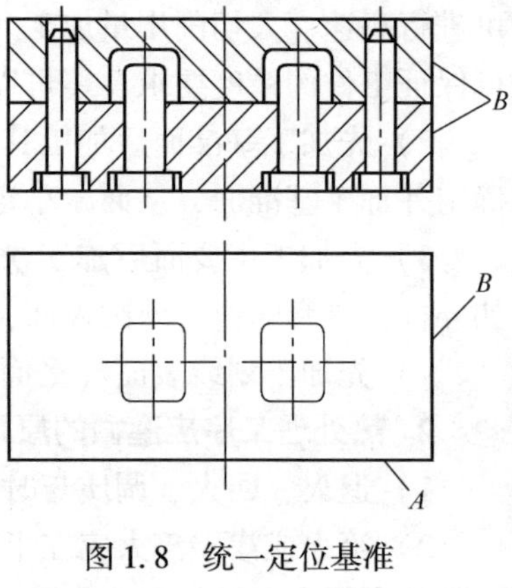

图1.8 统一定位基准

2. 利用样板划线进行加工

如图1.9所示，要求合模后的凹、凸模必须同心，以保证成形件壁厚均匀。加工时先按凹模和凸模尺寸作样板，然后按图示加工凸、凹模定位工艺孔，再以工艺孔定位，分别在凹、凸模分型面上划出型腔及型芯的加工线，并利用槽形样板进行铣削加工。

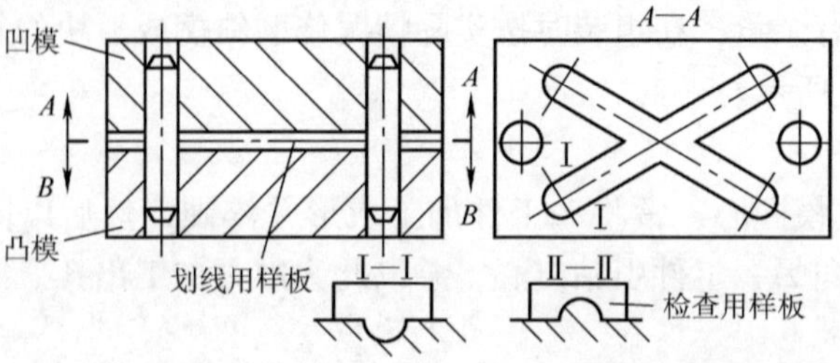

图 1.9　利用样板划线进行加工

3. 组合加工

图 1. 10a 所示为上下模板以销孔为基准组合后一次装夹加工上下型芯固定孔，上下型芯均一次装夹加工内外型孔，以保证上下模同心。图 1. 10b 所示为一次装夹加工上下模不同尺寸型孔的组合加工示例。图 1. 10c 所示为保证两侧型孔一致的组合加工示例。

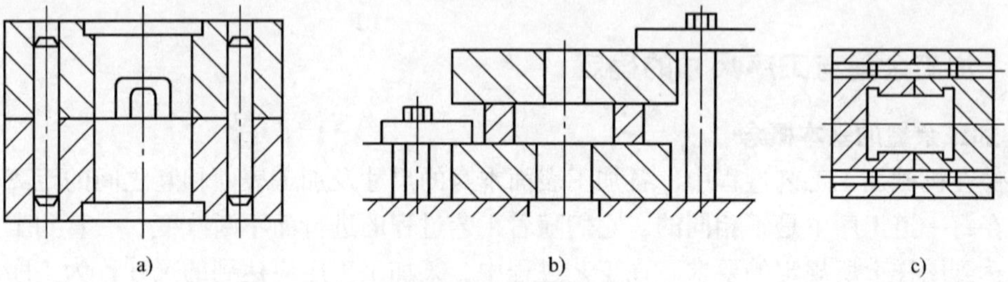

图 1. 10　组合加工

4. 复印法

图 1. 11a 所示为保证安装齿轮轴的孔与齿轮型腔同心的方法，利用齿形复印顶尖，合模时在上下板上印出中心孔，然后以此为基准加工嵌件固定孔。图 1. 11b 所示为保证型腔侧孔与侧抽芯滑块上的型芯孔同心的复印示例。

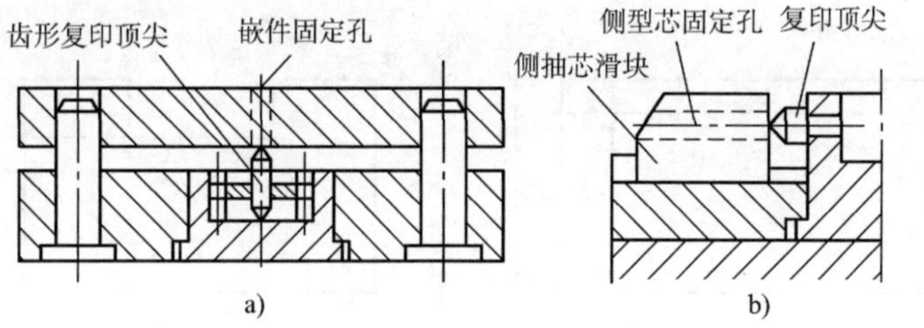

图 1. 11　复印法

5. 压印法

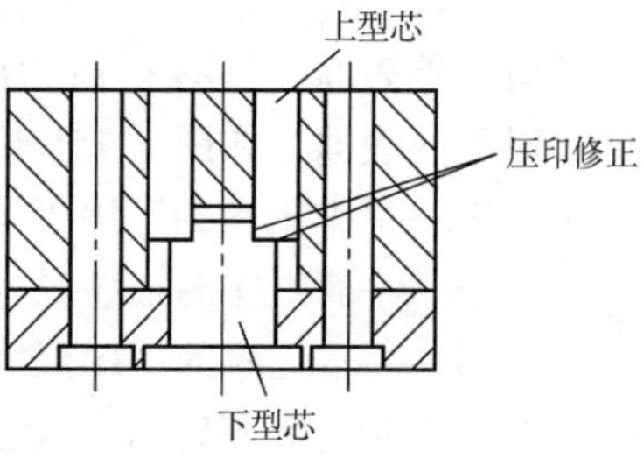

图 1. 12　压印法

如图 1. 12 所示，上下型芯侧面与端面必须保证紧密配合，以防止产生飞边。加工时预先在型芯侧面端面留一定修配余量，上型芯淬火后利用合模，可在下型芯上压出印痕，然后钳工按印痕修正下型芯，保证上下型芯紧密配合。

6. 组装修配法

为保证斜楔与滑块斜面的合理接触，经常采用组装修配的方法。首先在一个零件上留有余量，在组装时按实际情况修磨斜楔或滑块的斜面，直至达到合适的配合为止，如图1.13所示。

7. 引孔加工

如图1.14所示，为保证上下模同心，常将一工件加工成形并淬硬，然后以同一基准组合后以所淬硬件上的孔为导向，向另一工件引钻定心，并以此为准再加工出孔。

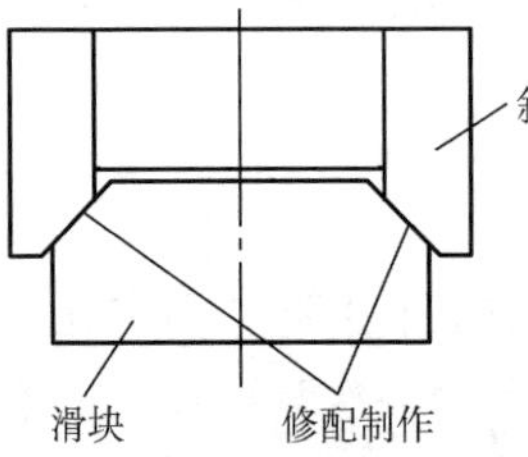

图1.13 组装修配法

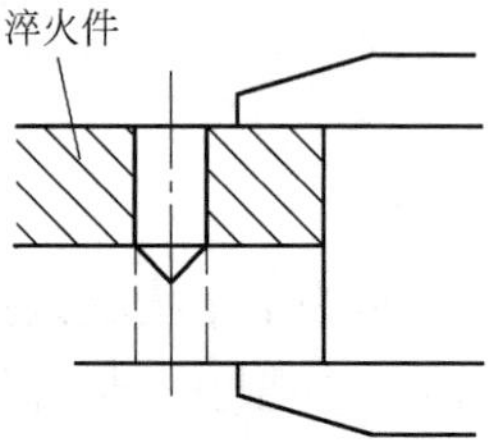

图1.14 引孔加工

1.4.7 加工余量与工序尺寸的确定

1. 加工余量的基本概念

工件在机械加工工艺过程中，各加工表面本身的尺寸及加工表面相互之间的距离和位置关系，在每一道工序中是不相同的，它们随着工艺过程的进行而不断改变，一直到工艺过程结束，达到图样上所规定的要求。在工艺过程中，某加工工序应达到的尺寸称为工序尺寸。

工艺路线确定之后，在进一步安排各个工序的具体内容时，应正确地确定工序尺寸。工序尺寸的确定与工序的加工余量有着密切的关系。加工余量是指加工过程中从加工表面切去的金属层厚度。加工余量可分为工序加工余量和总加工余量。

工序加工余量是指某一表面在一道工序中所切除的金属层厚度，它取决于同一表面相邻工序前后工序尺寸之差。加工余量分为单边加工余量和双边加工余量。如平面的加工，加工余量是单边余量，它等于实际切除的金属层厚度，如图1.15所示。

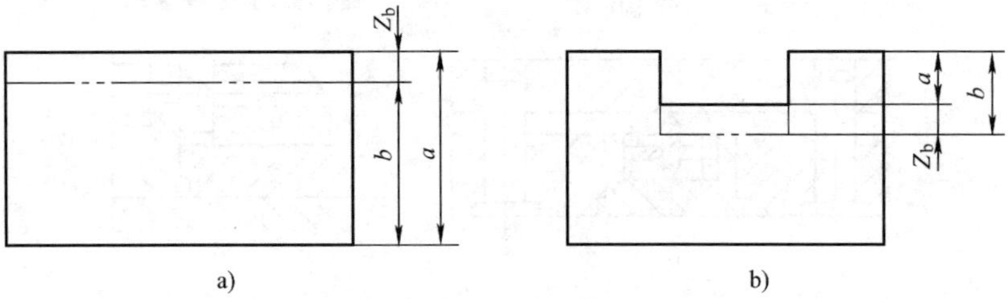

图1.15 平面加工余量

对于外表面，如图1.15a所示，有 $Z_b = a - b$。

对于内表面，如图1.15b所示，有 $Z_b = b - a$。

式中 Z_b——本工序的工序加工余量；

a——前工序的工序尺寸；

b——本工序的工序尺寸。

对于轴和孔等回转面，加工余量为双边余量，实际切除的金属层厚度为工序余量的一半。如图1.16所示。

对于轴类，如图 1.16a 所示，有 $2Z_b = d_a - d_b$。

对于孔类，如图 1.16b 所示，有 $2Z_b = d_b - d_a$。

式中　Z_b——本工序的工序加工余量；

d_a——前工序的工序尺寸；

d_b——本工序的工序尺寸。

毛坯尺寸与零件图设计尺寸之差称为总加工余量（毛坯余量），其值等于各工序的加工余量总和。即

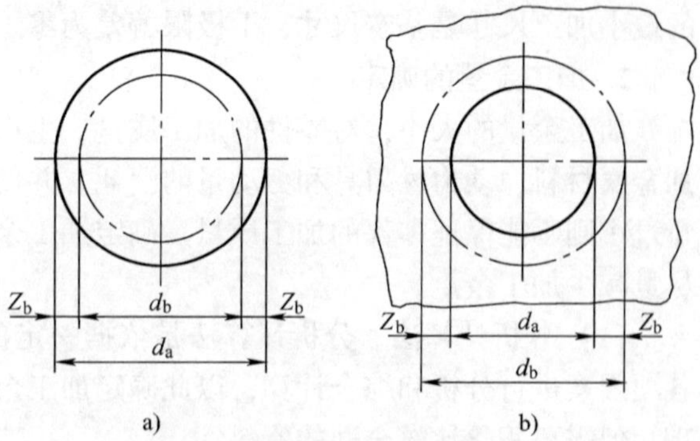

图 1.16　旋转表面加工余量

$$Z_t = \sum_{i=1}^{n} Z_i$$

式中　Z_t——总加工余量；

Z_i——第 i 道工序的基本加工余量；

n——该表面总共加工的工序数。

由于毛坯制造和工序尺寸都有误差，各工序实际切除的余量值是变动的，所以工序加工余量有标称余量（简称余量 Z_b）、最大余量和最小余量之分。相邻两工序的公称尺寸之差即是公称余量。如图 1.17 所示。

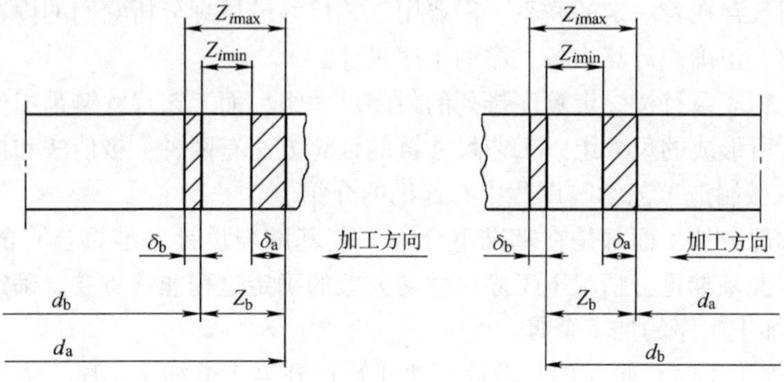

图 1.17　工序余量与工序尺寸及其公差

a）被包容面（轴）　b）包容面（孔）

从图 1.17 可知：被包容件的余量 Z_b 包含上道工序的尺寸公差，余量公差可表示为

$$\delta_Z = Z_{max} - Z_{min} = \delta_b + \delta_a$$

式中　δ_Z——工序余量公差；

Z_{max}——工序最大余量；

Z_{min}——工序最小余量；

δ_b——加工面在本道工序的工序尺寸公差；

δ_a——加工面在上道工序的工序尺寸公差。

一般情况下，工序尺寸公差按“入体原则”标注。即被包容的尺寸（轴的外径，实体的长、宽、高）的最大加工尺寸是基本尺寸，上极限偏差为零；而包容尺寸（孔径、槽宽）

的最小加工尺寸是基本尺寸，下极限偏差为零。毛坯的尺寸公差按双向对称偏差形式标注。

2. 加工余量的确定

加工余量的大小，对零件的加工质量、生产率及经济性均有较大的影响。余量过大将增加金属材料、动力、刀具和劳动量的消耗，并使切削力增大，从而使工件产生较大变形。余量过小则不能保证零件的加工质量。确定加工余量的基本原则是，在保证加工质量的前提下尽量减少加工余量。

（1）分析计算法　分析计算法是依据一定的试验资料和计算公式，对影响加工余量的各项因素进行分析和综合计算，以此确定加工余量的方法。这种方法确定的加工余量比较合理，但需要积累比较全面的资料。

（2）经验估计法　经验估计法是根据工艺人员的经验确定加工余量的方法，但这种方法不够准确。为了防止加工余量不够而产生废品，所估计的加工余量一般偏大，此法常用于单件小批生产。

（3）查表修正法　通过查阅有关手册来确定加工余量的方法，称为查表修正法，应用比较广泛。在查表时应注意表中数据是公称值。对称表面（如轴或孔）的加工余量是双边的，非对称表面的加工余量是单边的。

3. 工序尺寸与公差的确定

在工件的机械加工工艺过程中，各工序的工序尺寸及工序余量在不断地变化，其中一些工序尺寸在零件图上往往不标出或不存在，需要在制订工艺过程时予以确定。这些不断变化的工序尺寸之间又存在着一定的联系，需要用工艺尺寸链原理分析它们的内在联系，以掌握它们的变化规律，正确地计算出各工序的工序尺寸。

尺寸链是互相联系且按一定顺序排列的封闭尺寸组，而工艺尺寸链是工件加工过程中的各有关工艺尺寸所形成的尺寸组。工艺尺寸链的计算方法有两种：极值法和概率法。具体的计算方法在“机械制造工艺学”课程中有详细的介绍。

生产上绝大部分加工面都是在基准重合（工艺基准与设计基准重合）的情况下进行加工的，所以，掌握基准重合情况下工序尺寸与公差的确定过程非常重要。确定步骤如下：

1）确定各加工工序的加工余量。

2）从最终加工工序开始（即从设计尺寸开始）到第2道加工工序，依次加上每道加工工序的加工余量，可分别得到各工序的基本尺寸（包括毛坯尺寸）。

3）除最终加工工序以外，其他各加工工序按各自所采用加工方法的经济加工精度确定工序尺寸公差（最终加工工序的公差按设计要求确定）。

4）填写工序尺寸，并按“入体原则”标注工序尺寸公差。

例如，某型芯的直径为50mm，其尺寸公差等级为IT5，表面粗糙度为$Ra0.04\mu m$，并要求高频感应加热淬火，毛坯为锻件。其加工工艺路线为：粗车—半精车—高频感应加热淬火—粗磨—精磨—研磨。下面确定各工序的工序尺寸及公差。

1）通过查表法确定加工余量。由工艺手册查得：研磨余量为0.01mm，精磨余量为0.1mm，粗磨余量为0.3mm，半精车余量为1.1mm，粗车余量为4～5mm。从而得到总加工余量为6.01mm，圆整取总加工余量为6mm，相应地把粗车余量修正为4.49mm。

2）计算各加工工序的基本尺寸。研磨后工序的基本尺寸为50mm（设计尺寸）。其他各工序的基本尺寸依次为：

精磨　(50 + 0.01) mm = 50.01mm

粗磨　(50.01 + 0.1) mm = 50.11mm

半精车 (50.11 + 0.3) mm = 50.41mm

粗车　(50.41 + 1.1) mm = 51.51mm

毛坯　(51.51 + 4.49) mm = 56mm

3）确定各工序的经济加工精度和表面粗糙度。由工艺手册查得：研磨后公差等级为 IT5，表面粗糙度 *Ra* 为 0.04μm（设计要求）；精磨后选定为 IT6，*Ra* 为 0.16μm；粗磨后选定为 IT8，*Ra* 为 1.25μm；半精车后选定为 IT11，*Ra* 为 2.5μm；粗车后选定为 IT13，*Ra* 为 16μm。

4）公差的确定与标注。根据上述经济加工精度查公差表，将查得的公差数值按“入体原则”标注在工序的基本尺寸上。例如，查工艺手册可得锻造毛坯的公差为 ±2mm。

1.4.8　机床与工艺装备的选择

拟订工艺路线过程中，机床与工艺设备的选择也是很重要的，它对保证零件的加工质量和提高生产率有着直接作用。

1. 机床的选择

选择机床时，应注意以下几点：

1）机床的加工范围应与零件的外廓尺寸相适应。即小零件应选小的机床，大零件应选大的机床，做到合理使用机床。

2）机床精度应与工序要求的加工精度相适应。对于高精度的零件，在缺乏精密设备时，可通过设备改造和利用工夹具来加工。

3）机床的生产率与所加工零件的生产类型相适应。单件小批生产选择通用机床，大批大量生产选择高生产率的专用机床。

4）机床选择还应考虑现场的实际情况。例如，机床的类型、规格及精度状况、机床负荷的平衡状况，以及机床的分布排列情况等。

2. 夹具的选择

单件小批生产，应尽量选用通用夹具，如各种卡盘、台虎钳和回转台等。为提高生产率，应积极推广使用组合夹具。大批大量生产，应采用高生产率的气、液传动的专用夹具。夹具的精度应与零件的加工精度相适应。

3. 刀具的选择

刀具的选择主要取决于工序所采用的加工方法、加工表面的尺寸、工件材料、所要求的精度和表面粗糙度、生产率及经济性等因素。一般应尽可能采用标准刀具，必要时也可采用各种高生产率的复合刀具及其他一些专用刀具。刀具的类型、规格及精度等级应符合加工要求。

4. 量具的选择

量具主要根据生产类型和被检工件的精度来确定。在单件小批生产中，应采用通用量具量仪，如游标卡尺与百分表等；大批大量生产中，应采用各种量规和一些高生产率的专用检具。量具的精度必须与加工精度相适应。

思考题与习题

1. 什么是生产过程和工艺过程？
2. 什么是工序、安装、工步、工位和走刀？构成工序和工步的要素各有哪些？
3. 模具零件的毛坯主要有哪些类型？哪些模具零件的毛坯必须进行锻造？
4. 模具零件的工艺分析主要有哪些方面的内容？
5. 什么是加工余量、工序余量和总余量？
6. 锻件下料尺寸如何确定？
7. 什么是基准？基准一般分成哪几类？
8. 粗、精定位基准的选择原则有哪些？
9. 工艺尺寸链有哪些特征？在什么情况下要进行工艺尺寸计算？
10. 经济精度和经济粗糙度的含义是什么？它们在工艺规程设计中起什么作用？
11. 编制工艺规程时，为什么要划分加工阶段？在什么情况下可以不划分加工阶段？
12. 工序集中和工序分散各有什么特点？
13. 机械加工工序顺序安排的原则是什么？
14. 试述机械加工过程中安排热处理工序的目的及安排的顺序。
15. 常用的模具工艺卡片包括哪些内容？
16. 图1.18所示零件，$A_1=70_{-0.07}^{-0.02}$mm，$A_2=60_{-0.04}^{0}$mm，$A_3=20_{0}^{+0.19}$mm，因A_3不便测量，试重新标出测量尺寸及其公差。
17. 图1.19所示的零件，在车床上已经加工好外圆、内孔及各面，现需在铣床上铣削端槽，并保证尺寸$8_{-0.06}^{0}$mm及（36±0.2）mm，求试切调刀的测量尺寸H、A及上、下极限偏差。

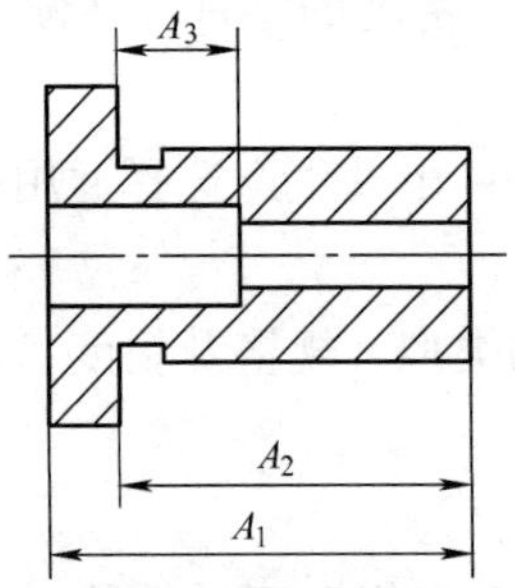

图 1.18

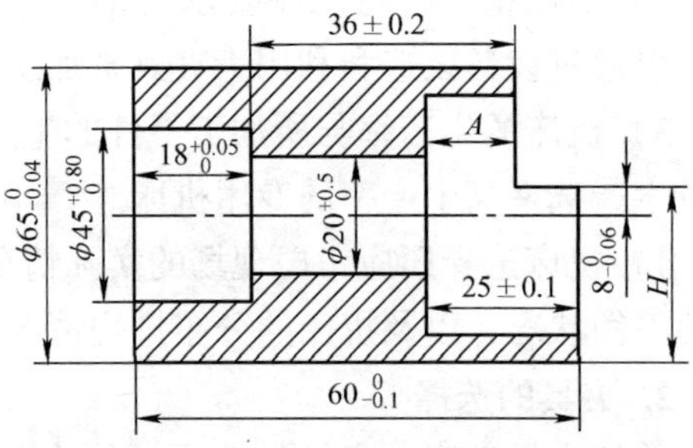

图 1.19

第2章 模具零件的机械加工

机械加工方法广泛应用于模具零件的制造。根据模具设计图样中的模具零件结构要素和技术要求，制造完成一副完整模具，其工艺过程一般可分为：毛坯外形的加工、工作型面的加工、模具零部件的再加工及模具装配等。即使采用其他工艺方法（如特种加工），也仍然需要采用机械加工完成模具的粗加工、半精加工，为模具的进一步加工创造条件。

模具零件的机械加工方法有以下几种情况：普通精度零件用通用机床加工，例如，车削、铣削、刨削、钻削、磨削等，这些加工方法对工人的技术水平要求较高，加工完成后需进行必要的钳工修配后再装配；精度要求较高的模具零件用精密机床加工；形状复杂的空间曲面，采用数控机床加工；特殊零件可考虑其他加工方法，如挤压成形加工、超塑成形加工、快速成形技术等。

用于模具机械加工的精密机床有坐标镗床、数控铣床、加工中心、精密平面磨床、坐标磨床等。由于数控加工具有对工人的操作技能要求低、成品率高、加工精度高、生产率高、节省工装、易于管理、对设计改动的适应性强、可以实现多机床管理等一系列优点，使模具生产更加合理、省力，改变了模具机械加工的传统方式，对实现机械加工自动化具有十分重要的意义，成为今后模具发展的方向。

用机械加工方法制造模具，在工艺上应充分考虑模具零件的材料、结构形状、尺寸、精度和使用寿命等方面的要求，采用合理的加工方法和工艺路线，以保证模具的加工质量，提高生产效率、降低生产成本。尤其应注意，在模具设计和制造中，不应过分追求加工精度和使用寿命的提高，否则就会导致模具生产成本提高，降低企业经济效益。

2.1 模具导向零件的加工

导向零件在各类模具中均有广泛应用，这些零件的制造质量将直接影响模具的制造质量和最后成形制件的质量。因此，模具导向零件的制造在模具生产中有着重要的作用。模具导向零件是指在组成模具的零件中，能够对模具运动零件的运动方向和位置起着限定作用的零件。模具中设置导向零件的目的，是保证模具中有相对运动的零件具有正确的运动方向，且当运动停止后，与其他零件保持准确的相对位置。

本节以典型的标准导向零件为重点予以介绍。

2.1.1 模具导向零件的结构及分类

1. 常用模具导向零件的分类

不同种类的模具，有着不同结构形状的导向零件，一般可分为滑动导向零件和滚动导向零件。导柱、导套和滑块是模具中应用最多的导向零件，它们的种类和结构形状也是多种多样的。如冲压模具用的导柱、导套按配合形式分为滑动式和滚动式；按照装配形式又分为固定式和可拆卸式。除上述导柱外，还有卸料、顶出用的杆类导向零件及小型导柱、导套等。塑料注射模具中除了导柱、导套外，还有抽芯机构中应用的斜导柱、顶出板用的小型导柱、限位用的导柱等。各种导柱的形状、大小、用途各异，但其主要功能都是起导向作用。

目前，冲压模具、金属压铸模具和塑料模具中的导柱、导套等导向零件都已标准化，可进行批量制造，应用时可根据不同的要求选择。斜滑块和导滑槽在成形或抽芯机构中起导向作用，需根据模具的具体结构进行设计制造。

图2.1所示为冲压模具常用的标准导柱、导套；图2.2所示为塑料模具中常用的滑块和导滑形式。

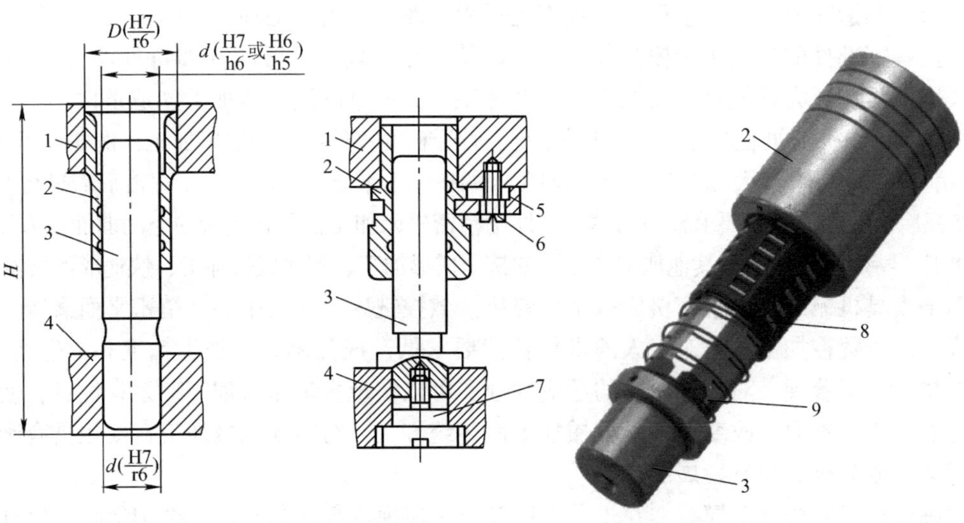

图2.1　冲压模具常用的标准导柱、导套

a）压入式导柱、导套　b）装卸式导柱、导套　c）滚动式导柱、导套

1—上模座　2—导套　3—导柱　4—下模座　5—压板　6—压板螺钉　7—挡块　8—保持器　9—弹簧

2. 导向零件的基本要求

模具运动零件借助导向零件之间精密的尺寸配合和位置精度，来保证运动零件的相对位置和平稳、无阻滞的运动。所以，导向零件的配合表面都必须进行精密加工，而且要有较好的耐磨性。一般导向零件配合表面的精度可达IT6，表面粗糙度为$Ra0.63 \sim 0.32\mu m$；精密的导向零件配合表面的公差等级可达IT5，表面粗糙度为$Ra0.16 \sim 0.08\mu m$。

常用导向零件的材料，一般为20钢、T8A、T10A、GCr15等。因其配合表面要求有较好的耐

图2.2　塑料模具中常用的滑块和导滑形式

磨性，表面硬度一般要求达到56～60HRC，所以，导向零件都要进行热处理。用20钢制造的导向零件，需进行表面渗碳后再进行淬火处理，才能达到硬度要求。对T8A、T10A、GCr15等工具钢材料，进行淬火处理即可达到表面硬度要求。

导向零件的形状比较简单，一般采用普通机床进行粗加工和半精加工后再进行热处理，最后用磨床进行精加工，消除热处理引起的变形，提高配合表面的尺寸精度，减小配合表面的表面粗糙度值。对于配合要求高、精度高的导向零件，还要对配合表面进行研磨，才能达到要求的精度和表面粗糙度。

虽然导向零件的形状比较简单，加工制造过程中不需要复杂的工艺、设备及制造技术，但其质量将直接影响模具的导向精度和成形制件的质量。所以，应充分重视模具导向零件的制造。

2.1.2　导柱的加工

各种模具应用的导柱结构种类虽然很多，但其主要构成表面大多为不同直径的同轴圆柱表面。因此，可根据它们的结构形状、尺寸和材料要求，直接选用适当尺寸的热轧圆钢为毛坯料。

在机械加工过程中，除保证导柱配合表面的尺寸和形状精度外，还要保证各配合表面之间的同轴度要求。导柱的配合表面很容易磨损，因此，其配合表面应有一定的硬度要求。所以，在精加工之前要安排热处理工序，以达到导柱要求的硬度。

1. 导柱加工的工艺过程及技术要求

图2.3所示为一塑料注射模导柱，其加工工艺过程如表2.1所示。

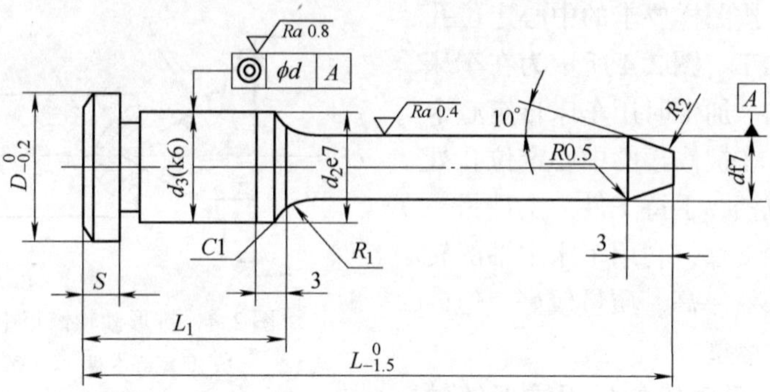

图2.3　塑料注射模导柱

表2.1　塑料注射模导柱加工工艺过程

工序号	工序名称	工序内容	设备	检验
1	下料	按图样尺寸：长度留余量2～3mm	锯床、砂轮切割机	自检
2	粗车	外圆定位：① 车端面和所有外圆面 ② 车锥面 ③ 倒出45°角和圆角 R	车床	自检
3	钻、锪中心孔	外圆定位：① 钻端面中心孔（ϕ3.6～ϕ4.6mm） ② 锪中心锥形孔	车床	自检
4	半精车、精车	中心孔定位：① 半精车、精车各外圆面 ② 精车锥面，倒锥面 R 角	车床	专职检验员

（续）

工 序 号	工 序 名 称	工 序 内 容	设 备	检 验
5	热处理	热处理：① 20 钢渗碳 0.8 ~ 1.2mm（或渗氮） ② 淬火 50 ~ 55HRC 或 55 ~ 60HRC	热处理炉	检验硬度、检验变形量并校直
6	研磨中心孔	外圆定位：研磨中心定位孔	车床	
7	磨外圆	中心孔定位：粗磨、精磨各段外圆 直导柱可采用无心磨床加工	磨床	自检
8	研磨、抛光	① 研磨导柱导向部分外圆（固定部分不磨） ② 抛光 *R*2mm、10°角		
9	检验			专职检验员
10	入库	清洗、喷涂防锈润滑油后，分类用塑料薄膜包封后入库		

2. 导柱加工过程中的定位

导柱的加工过程中，为了保证各外圆柱面之间的位置精度和均匀的磨削余量，对外圆柱面的车削和磨削，一般采用设计基准和工艺基准重合的两端中心孔定位。所以，在半精车、精车和磨削之前需先加工中心定位孔，为后续工序提供可靠的定位基准。中心孔加工的形状精度，对导柱的加工质量有着直接影响，保证中心定位孔与机床顶尖之间的良好配合是非常重要的。在热处理后必须修正导柱中心定位孔，目的是消除热处理过程中产生的变形和其他缺陷，使磨削外圆柱面时能获得精确定位，保证外圆柱面的形状和位置精度要求。

中心定位孔的钻削和修正，是在车床、钻床或专用机床上按图样要求的中心定位孔的类型进行钻削加工。图 2.4 所示为在车床上修正中心定位孔。加工时用车床自定心卡盘夹持锥形砂轮，在被修正的中心定位孔处加入少量煤油或机油，手持工件，工件另一端由车床尾座顶尖支撑，利用车床主轴的转动进行磨削。此法效率高、质量较好，但砂轮易磨损，需经常修整。

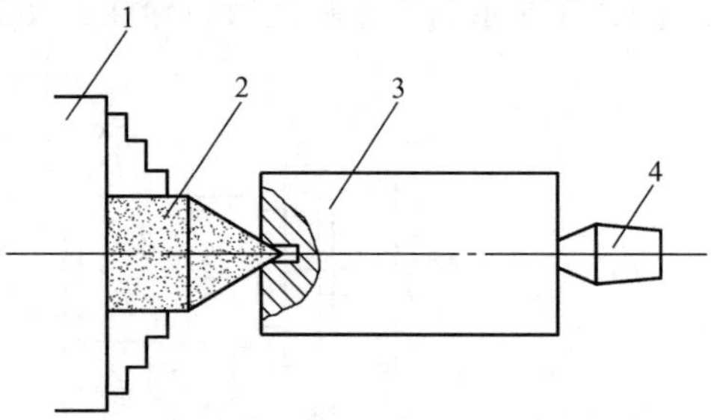

图 2.4　锥形砂轮修正中心定位孔
1—自定心卡盘　2—锥形砂轮
3—工件　4—尾座顶尖

图 2.4 中的锥形砂轮如果用锥形铸铁研磨头代替，在被研磨中心定位孔表面涂以研磨剂进行研磨，可达到更高的配合精度。

采用图 2.5 所示的硬质合金梅花棱顶尖修正中心定位孔，可得到较高的效率，但质量稍差，一般用于大批量生产、要求不高的顶尖孔修正。它是将梅花棱顶尖装入车床或钻床的主轴锥孔内，利用机床尾座顶尖将工件压向梅花棱顶尖，通过硬质合金梅花棱顶尖的挤压作用，修正中心定位孔的几何误差。

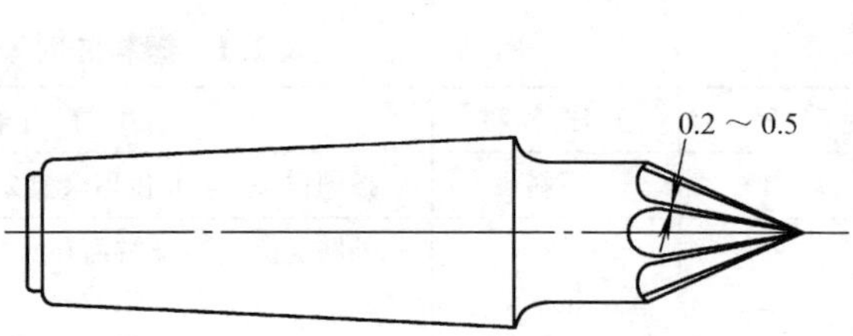

图 2.5　硬质合金梅花棱顶尖

3. 导柱表面的研磨

导柱研磨加工的目的是进一步提高导柱的表面质量，即提高导柱表面的尺寸精度、降低表面粗糙度值，以达到设计的要求。为了保证导柱表面的尺寸精度和表面粗糙度 $Ra0.63 \sim 0.16\mu m$，增加了研磨工序。

在生产量大的情况下，研磨加工可以在专用研磨机床上进行。在单件、小批量生产中，可采用图2.6所示的研磨工具在卧式车床上进行研磨。研磨时将被研磨表面涂上研磨剂，把研磨套装在被研磨表面上，利用滑板的往复运动和主轴的旋转运动进行研磨。通过研磨套上调整螺柱的轴向调节来调整研磨套直径的大小，以控制研磨量，达到精度要求。研磨套用铸铁制造，其内径比工件的外径大0.02～0.04mm，研磨套的长度一般取工件研磨表面长度的25%～50%。

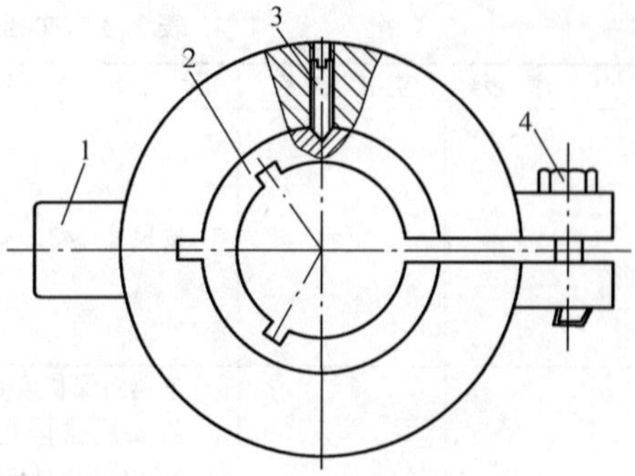

图2.6　研磨工具

1—研磨架　2—研磨套　3—限位螺钉　4—调整螺栓

一般粗研磨时，工作压力取为100～200kPa；精研磨时，工作压力取为10～100kPa。粗研磨时，取研磨速度为30～50m/min；精研磨时，取研磨速度为6～15m/min。工件材质较软或精度要求高时研磨速度取小值。导柱的研磨余量一般为0.05～0.012mm。

研磨剂由氧化铝或氧化铬（磨料）与机油或煤油（磨液）混合而成。市售的研磨膏是由磨料、粘结剂（混合脂）、润滑剂和油酸等按一定比例调制而成的，使用时要加入煤油或汽油稀释。研磨料的粒度一般在粗研磨和半精研磨时选用F280～F500，精研磨选用F600以下。研磨前，要将工件表面和研磨工具表面用汽油或煤油洗净，并将工件边缘的毛刺去除干净。

不同粒度的磨料研磨后能达到的表面粗糙度值见表2.2。

表2.2　研磨后能达到的表面粗糙度值

研磨方法	研磨料粒度	能达到的表面粗糙度 $Ra/\mu m$
粗研磨	F150～F360	>0.16～1.25
半精研磨	F360～F500	>0.08～1.25
精研磨	F600～F800	<0.08
精密件精研磨	F800～F1200	>0.01～0.04

2.1.3　导套的加工

导套是一种典型的筒形零件，与导柱一样，是模具中应用最广泛的导向零件。因其应用部位不同，结构形状也不同。构成导套的主要表面是内、外圆柱表面，因此，可根据它们的结构形状、尺寸和材料的要求，直接选用适当尺寸的热轧圆钢为毛坯。

在机械加工过程中，除保证导套配合表面的尺寸和形状精度外，还要保证内、外圆柱配合表面的同轴度要求。

导套的内表面和导柱的外圆柱面为配合表面，使用过程运动频繁，必须具有一定的硬度及耐磨性，因此，在精加工之前必须安排热处理工序，提高其性能。在不同的生产条件下，制造导套所采用的加工方法和设备不同，制造工艺也不同。

1. 导套的典型加工工艺过程

表2.3为图2.7所示的冲压模具滑动式导套的加工工艺过程。

表2.3　冲压模具滑动式导套的加工工艺过程

工序号	工序名称	工序内容	设备	工序简图
1	下料	按尺寸 ϕ42mm×85mm 切断	锯床	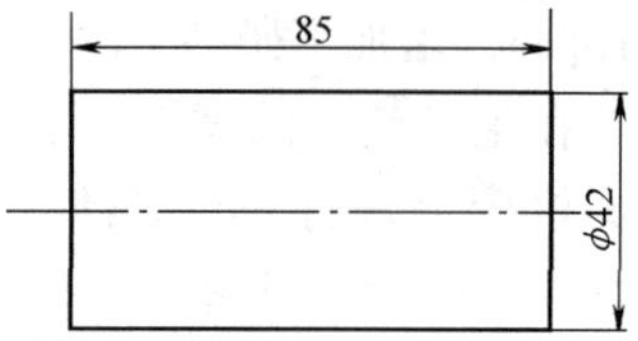
2	车外圆及内孔	车端面保长度 82.5mm 钻 ϕ25mm 内孔至 ϕ23mm 车 ϕ38mm 外圆至 ϕ38.4mm，并倒角 镗 ϕ25mm 内孔至 ϕ24.6mm，并镗油槽至尺寸 镗 ϕ26mm 内孔至尺寸并倒角	车床	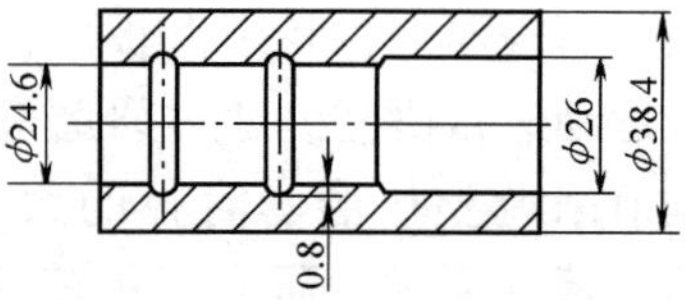
3	车外圆倒角	车 ϕ37.5mm 外圆至尺寸，车端面至尺寸	车床	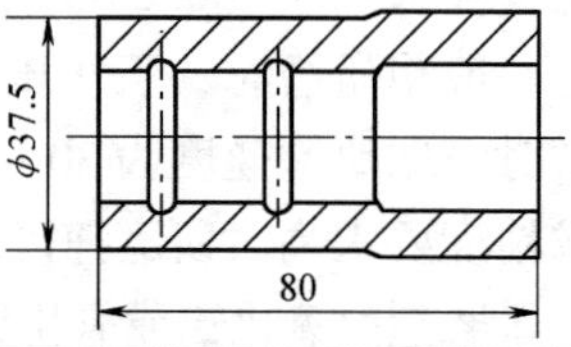
4	检验			
5	热处理	按热处理工艺进行，保证渗碳层深度 0.8～1.2mm，硬度 58～62HRC		
6	磨削内、外圆	磨 ϕ38mm 外圆达图样要求 磨内孔 ϕ25mm 留研磨余量 0.01mm	万能磨床	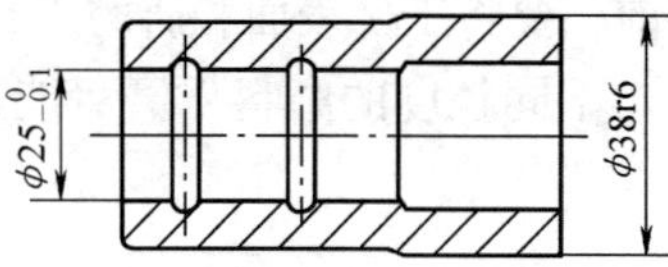
7	研磨内孔	研磨 ϕ25mm 内孔达图样要求，研磨 R2mm 圆弧	车床	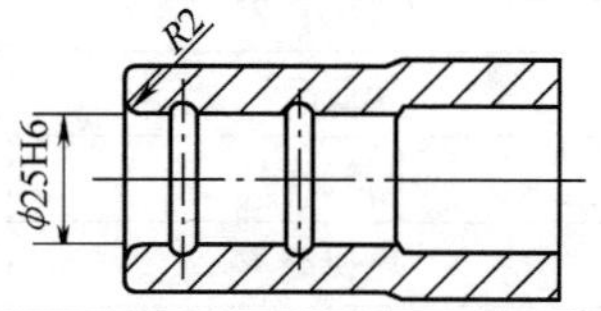
8	检验			

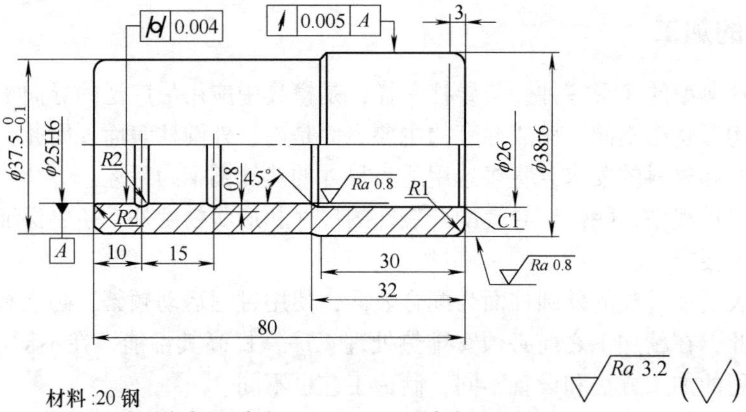

材料：20钢
热处理：表面渗碳层深度为 0.8～1.2mm，硬度为 58～62HRC

图2.7　冲压模具滑动式导套

2. 导套加工工艺过程中的定位

磨削导套时，正确选择定位基准，对保证内、外圆柱面的同轴度要求是非常重要的。在上述加工工艺过程中，工件热处理后，在万能内外圆磨床上利用自定心卡盘夹持 ϕ37.5mm 外圆柱面。一次装夹后，磨出 ϕ38mm 的外圆和 ϕ25mm 的内孔，这样可以避免多次装夹而造成的误差，能保证内、外圆柱配合表面的同轴度要求。它适用于单件或小批量生产。

大批大量生产同一尺寸的导套时，可以先磨好内孔，再将导套套装在专用小锥度磨削心轴上，如图 2.8 所示。以心轴两端中心孔定位，使定位基准和设计基准重合。借助心轴和导套内表面之间的摩擦力带动工件旋转，磨削导套的外圆柱面，能获得较高的同轴度。该方法操作简便、生产率高，但需制造专用的具有高精度的心轴，且其硬度在 60HRC 以上。

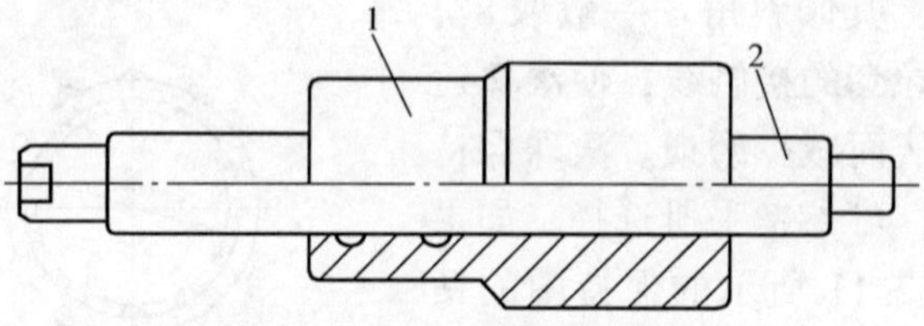

图 2.8　小锥度心轴安装导套

1—导套　2—心轴

3. 导套的研磨

导套内孔的精度和表面粗糙度有较高的要求，应对其进行研磨，以提高表面的精度、降低表面粗糙度值，从而达到设计要求。

大批大量生产时，可以在专用研磨机床上进行研磨。单件或小批量生产时，可采用研磨工具进行研磨。图 2.9 所示为常用的导套研磨工具，它由锥度心轴、铸铁研磨套和调整螺母组成。使用时将锥度心轴两端的中心孔装夹在车床主轴顶尖和尾座顶尖之间，由车床主轴带动心轴旋转。导套内孔涂上研磨剂，借助车床滑板的往复运动进行研磨，直至达到要求。在研磨过程中，通过调整锥度心轴两端调整螺母的轴向位移改变研磨套 2 的外径，从而控制研磨进给量。一般研磨内孔的余量为 0.01 ~0.02mm，研磨套的长度为导套研磨长度的 2 ~4 倍。

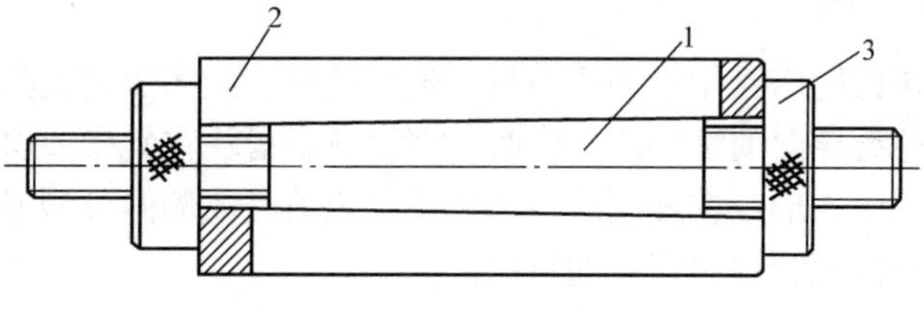

图 2.9　导套研磨工具

1—锥度心轴　2—铸铁研磨套　3—调整螺母

导套研磨前的准备工作，研磨时的工作压力、研磨速度、研磨剂、研磨膏，以及研磨后达到的精度和表面粗糙度等可参见导柱的研磨。

4. 滚珠导套保持圈的加工和组装

滚珠模架用保持圈如图 2.10 所示，滚珠保持圈内装有可自由滚动的滚珠。为提高导向精度，滚珠与导柱导套间不仅无间隙，且有 0.01 ~0.02mm 过盈量，即

$$D_{导套}=d_{导柱}+2d_{滚珠}-(0.01\sim0.02)\text{mm}$$

为了提高导向的刚性，滚珠尺寸必须严格控制，以保证接触均匀。滚珠直径 $d_{滚珠}=3\sim5\text{mm}$，其直径公差不超过 0.002 ~ 0.003mm，圆度不超过 0.0015mm。滚珠在保持圈内应以等间距平行倾斜排列，其倾斜角 α 一般取 8°，以增加滚珠与导柱、导套的接触线，使滚珠运动的轨迹互不重合，从而减少磨损。滚珠保持圈和滚珠都是标准件，可参考手册选择。如果自行加工，要利用图 2.11 所示的保持圈的钻孔工具和图 2.12 所示的保持圈铆口工具。

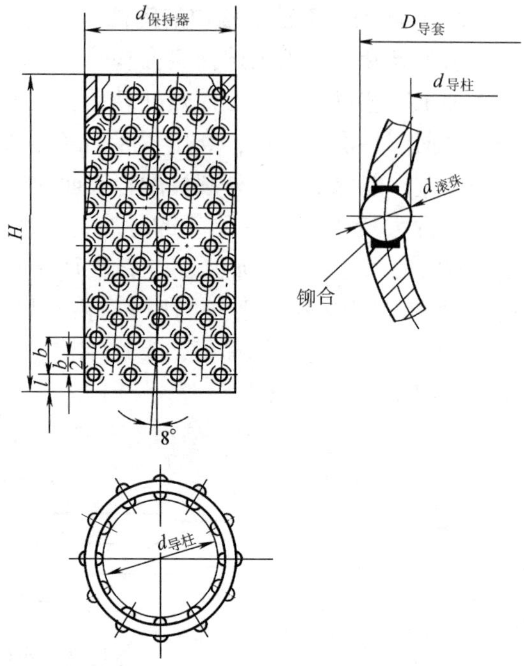

图 2.10 滚珠模架用保持圈

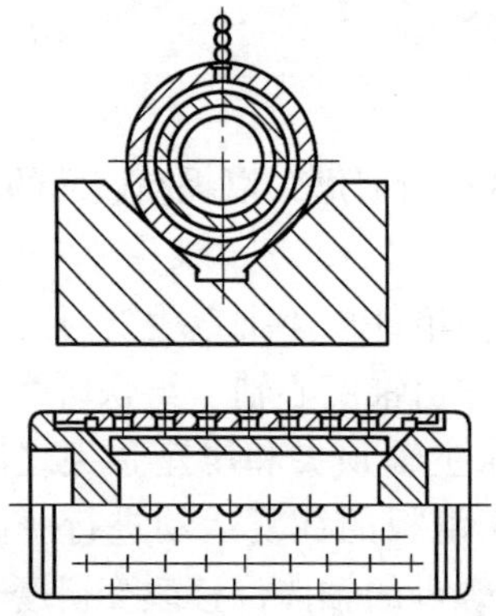

图 2.11 保持圈的钻孔工具

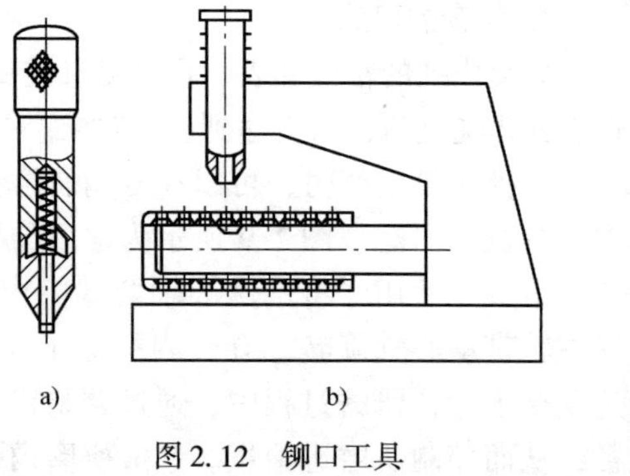

图 2.12 铆口工具

2.1.4 滑块和导滑槽

滑块和斜楔滑块机构广泛用于冲压模具、塑料模具、金属压铸模具中，是用于转换成形方向、侧向抽芯及分型导向的零件。工作时，滑块或斜滑块在斜楔或斜导柱的带动下，在导滑槽内运动，进行侧向成形或在开模后、制件顶出之前完成侧向分型或抽芯工作，达到模具成形方向转换或将制件顺利顶出模具的目的。

模具的种类不同，滑块和斜滑块的作用有较大的差别，其结构、形状、大小也不相同。大多数情况下制造成组合式，如图 2.13 所示；也可以和成形的型芯制造为整体式（主要用于塑料模具侧向分型或抽芯）。

滑块和斜滑块多为平面和圆柱面的组合，根据使用的模具不同，一般都具有配合要求高的斜面、斜孔及成形表面，其形状、位置等精度要求也较高。所以，在机械加工过程中，除保证尺寸、形状精度外，还应保证相互位置精度。对于滑动表面和成形表面还要保证较低的

表面粗糙度值。

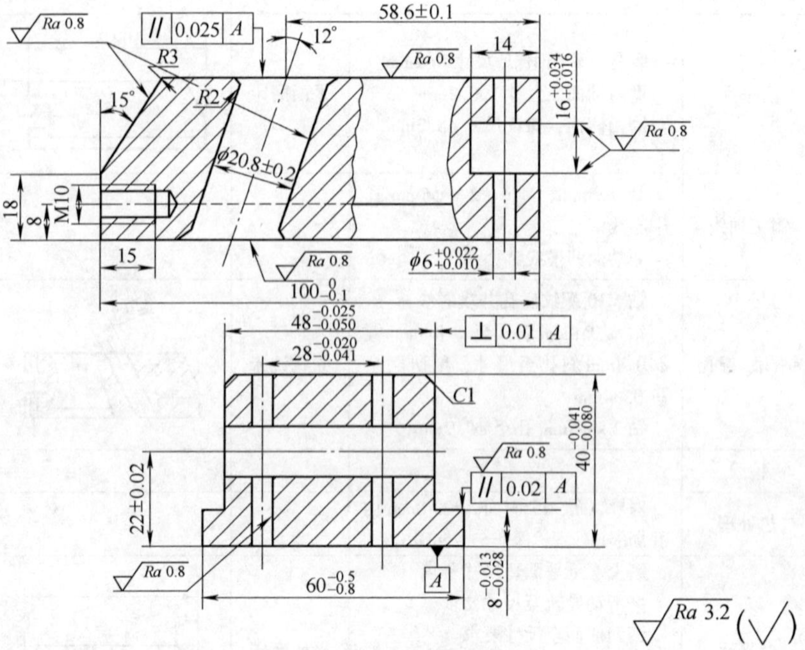

图 2.13　组合式滑块

滑块和斜滑块的导向表面及成形表面要求有较好的耐磨性和较高的硬度。常选用的材料为工具钢或合金工具钢，经锻造制成毛坯。在精加工前要安排热处理工艺，以达到硬度要求。目前，塑料模具中还广泛采用自润滑导板。

现以图 2.13 所示组合式滑块为例，介绍其加工过程。组合式滑块的加工工艺见表 2.4。

表 2.4　组合式滑块的加工工艺

工序号	工序名称	工序内容	设备	工序简图
1	备料	锻造毛坯		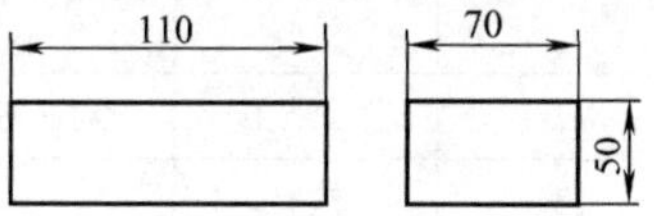
2	热处理	退火，表面硬度≤240HBW		
3	刨平面	刨上、下平面，保证尺寸 40.6mm 刨削两侧面尺寸 60mm，达图样要求 刨削两侧面，保证尺寸 48.6mm 和导轨尺寸 8.5mm 刨削 15°斜面，保证与底面尺寸 18.4mm 刨削两端面，保证尺寸 101mm 刨削端面凹槽，保证尺寸15.8mm，槽深达图样要求	刨床	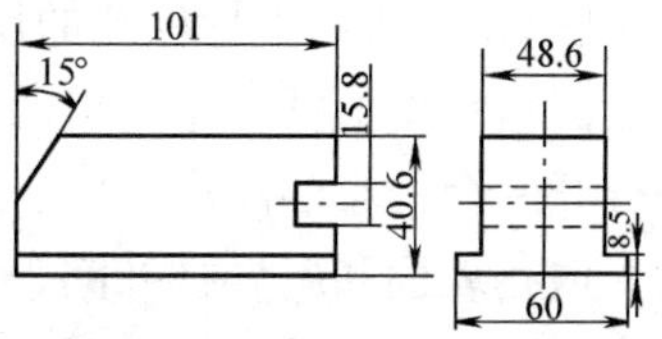

（续）

工　序　号	工 序 名 称	工 序 内 容	设　　备	工 序 简 图
4	磨平面	磨上、下平面保证尺寸 40.2mm 磨两端面至尺寸 100.2mm 磨两侧面，保证尺寸 48.2mm	平面磨床	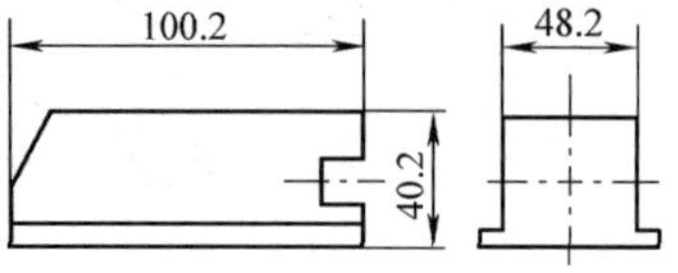
5	钳工划线	划 ϕ20mm、M10、2×ϕ6mm 孔中心线 划端面凹槽线		
6	钻孔、镗孔	钻 M10 螺纹底孔并攻螺纹 钻 ϕ20.8mm 斜孔至 ϕ18mm，镗 ϕ20.8mm 斜孔至尺寸，留研磨余量 0.04mm 钻 2×ϕ6mm 孔至 ϕ5.9mm	立式铣床	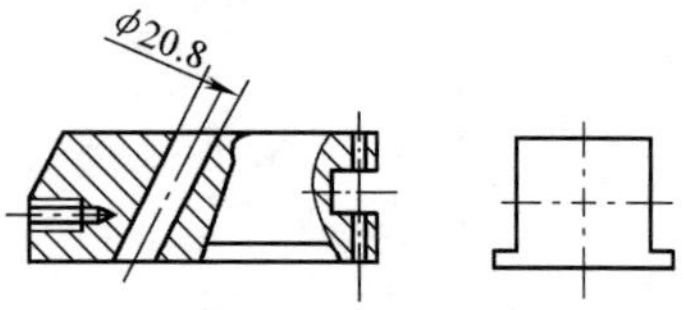
7	检验			
8	热处理	对导轨面、15°斜面、ϕ20.8mm 内孔局部热处理，保证 53～58HRC		
9	磨平面	磨上、下平面达尺寸要求 磨滑动导轨至尺寸要求 磨两侧面至尺寸要求 磨凹槽至尺寸要求 磨斜角 15°至尺寸要求 磨端面至尺寸要求	平面磨床	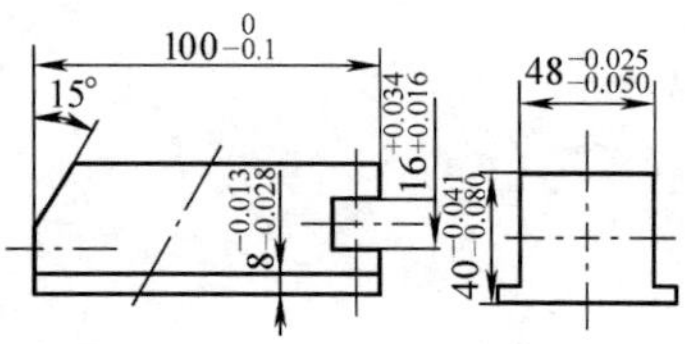
10	研磨内孔	研磨 ϕ20.8mm 孔至要求（可与模板配装研磨）		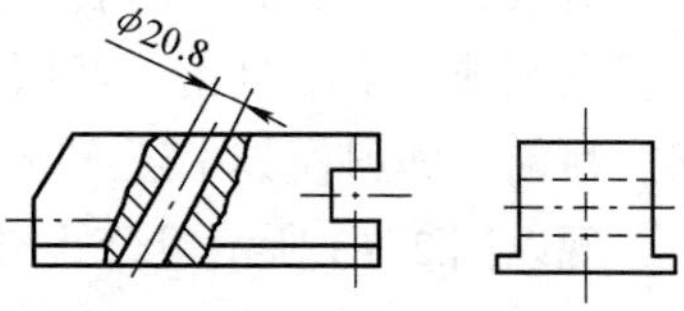
11	钻孔、铰孔	与型芯配装后钻 2×ϕ6mm 孔并配铰孔	钻床	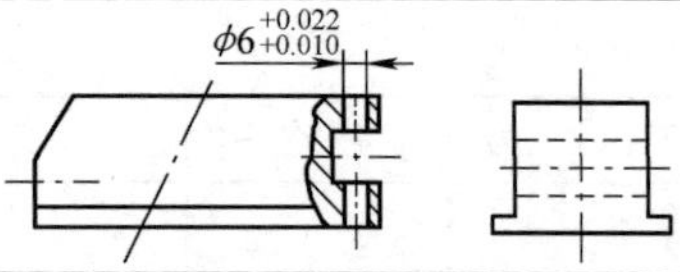
12	钳工装配	对 2×ϕ6mm 孔安装定位销		
13	检验			

2.1.5　斜导柱孔的研磨

图 2.13 所示斜导柱孔的尺寸公差值较大，它和斜导柱在工作过程中为间隙配合，内孔的表面粗糙度值低。主要目的是在开模之初使滑块的抽芯运动滞后于开模运动，即在动、定模分开一个很小的距离之后，斜导柱才开始接触滑块的斜导柱孔内表面，开始抽芯运动。此时，内孔表面和斜导柱外圆表面为滑动接触。设计时，内孔表面的表面粗糙度值较低并且有一定硬度要求。因此，应对内孔进行研磨，目的是修正热处理造成的变形、降低表面粗糙度值。斜导柱内孔的研磨方法与导套的研磨方法基本相同。为了保证斜导柱内孔与模板导柱孔的同轴度，亦可与模板装配后进行配加工。

2.1.6　导轨（滑槽）的加工

导轨和滑块是模具横向分型的抽芯导向装置。抽芯运动中要求滑块在导轨内运动平稳、无上下窜动和卡紧现象。

导轨常用的结构如图 2.14 所示。模具的结构不同，导轨的结构也不同。一般可分为整体式和组合式两种。

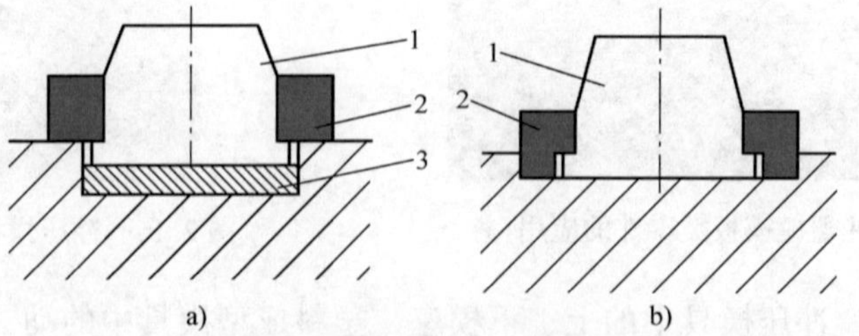

图 2.14　导轨常用的结构

a）无导槽的导轨　b）导槽型导轨

1—滑块　2—导轨　3—自润滑滑板

制造导轨常用的材料为 45、T8A、T10A、GCr15 等，经热处理使其硬度达到 52 ~ 56HRC。由于大多数导轨都是由平面组成的，结构比较简单，因此，机械加工比较容易，可采用刨削、铣削、磨削的方法进行加工。其加工方案的选择及加工工艺过程，可参阅本书模板类零件和滑块的有关内容。

导轨和滑块的配合，在上、下和左、右两个方向各有一对平面是间隙配合，配合精度一般为 H7/f6 或 H8/f7，表面粗糙度为 Ra0.63 ~ 1.25μm。

2.2　模板类零件的加工

模板是组成各类模具的重要零件。在任何一套模具中，模板类零件都有着大量的应用，在冲压、塑料制品成形、金属压铸等模具中，模板类零件所占的比例高达 80% 以上。因此，如何设计、制造模板类零件，使其满足模具结构、形状、成形等各方面要求，并达到所需要的制造精度和性能，取得较高的经济效益，是模具制造的重要问题。为此，本节将对模板类零件的制造技术、加工方法进行系统的介绍。

2.2.1　模板类零件的概述

模板类零件是指模具中所应用的平板状的零件，如图 2.15 所示的塑料制品成形模具中的定模板、定模固定板、动模板、动模固定板、型腔板、推料板、推杆固定板和支撑板等。图 2.16 所示的金属冲压模具中的上、下模座，凸、凹模固定板、卸料板、垫板等都大量应用了模板类零件。所以，模板类零件是组成模具的重要零件。正确地选择、掌握模板类零件的制造技术和加工工艺是高速、优质地制造模具的重要途径。

模板类零件的形状、尺寸、精度等级等各有不同的要求，但它们的作用概括起来有以下几个方面。

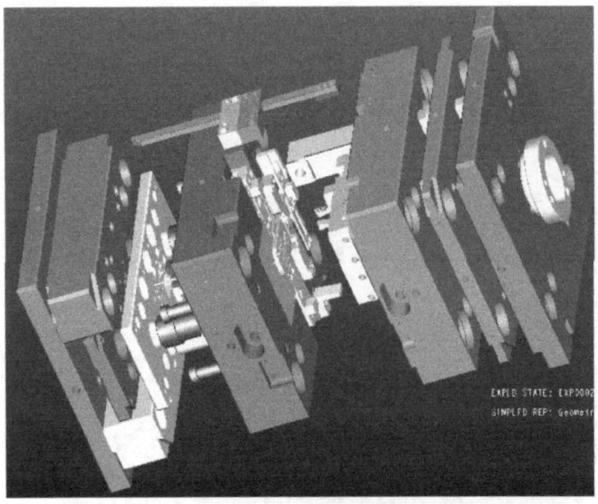

图 2.15 注塑模模板类零件的应用

图 2.16 冲压模模板类零件的应用

（1）连接作用 冲压模具中的上、下模座，塑料成型模具中的动、定模板等具有将模具的其他零件连接起来，以保证模具工作时具有正确的相对位置的作用，同时也起着与使用设备相连接的作用。

（2）定位作用 冲压模具中的凸、凹模固定板，塑料成型模具中的动、定模固定板能够对凸模、凹模和动、定模中的镶件的相对位置进行定位，以保证模具工作过程中相对位置的准确。

（3）导向作用 模板类零件与导柱、导套相配合，在模具工作过程中沿开合模方向进行往复直线运动，对模具上所有零件的运动方向起导向作用。

（4）卸料和顶出制品 模具中的卸料板、推板及推杆固定板在模具完成一次工作过程后，借助设备的动力及时地将成形的制品顶出或将毛坯料卸下，以便使模具顺利进行下一次工作。

2.2.2 对模板类零件的要求

模板类零件种类繁多，对不同种类的模板有着不同形状、尺寸、精度及材质的要求，根据模板类零件的主要作用，在不考虑形状和尺寸大小的情况下可概括为以下几个方面。

1. 材料的质量

根据模板在模具中的不同应用，以及模具的精度和使用要求，对模板的制造材料有不同种类和质量的要求。一般精度的冲压模具的上、下模座用铸铁、铸钢制造，高精度、高速冲压模具模板可根据不同的要求使用中碳结构钢和低合金工具钢制造，塑料成型模具的模板大多为中碳结构钢制造。

2. 制造精度

模板类零件虽然尺寸和形状各有不同，但均是由平面和孔系组成的，工作时处于闭合或开起的运动状态。因此，对模板的加工精度有如下要求：

（1）模板上、下平面的平行度和垂直度要求 为了保证模具装配后各模板能够紧密配合，对于不同功能和尺寸的模板，其平行度和垂直度均按 GB/T 1184—1996 等标准执行。

（2）模板平面的表面粗糙度和精度等级要求 对一般模板平面的表面，要求达到 IT7 ~ IT8，表面粗糙度为 $Ra0.63 \sim 2.5\mu m$。对于平面为分型面的模板，要求达到 IT6 ~ IT7，表面

粗糙度为 Ra0.32 ~ 1.25μm。

（3）模板上各孔的精度、垂直度和孔间距的要求　常用模板各孔径的配合尺寸公差等级一般为 IT6 ~ IT7，Ra 值为 0.32 ~ 1.25μm。孔轴线与上、下模板平面的垂直度公差等级相对于安装滑动导柱的模板为 IT4。模板上各孔之间的孔间距应保持一致，一般要求在 ±0.02mm 以下，以保证各模板装配后达到装配要求，各运动模板沿导柱移动应平稳、无阻滞现象。

3. 选用标准模架

模架是模具不可缺少的重要组成部分，冲压模、塑料模、压铸模和粉末冶金模等模具都要通过模架才能把模具的其他结构零件和成形零件组装起来，模具才能使用。现在模具制造厂一般已不自制模架，除特殊情况之外，均采用标准模架与模具标准件。这样做的优点如下：

1）能简化模具设计，方便模具加工。

2）缩短模具制造周期，降低成本，促进产品更新换代。

3）能提高模具质量，便于模具维修。

目前，我国模具工业在实现专业化、标准化方面已取得了很大成就，相继制定了一系列模架与模具标准件国家标准，引进了一些国际通用的标准，建立了许多专门生产标准模架与模具标准件的工厂，每年要生产几百万副至几千万副各种标准模架及大量的模具标准件，供模具生产厂选用。

在选用标准模架时要查阅有关模具标准，如《冲模模架技术条件》（JB/T 8050—2008），《塑料注射模模架技术条件》（GB/T 12556—2006）等，了解该模架及其零件的技术条件。

2.2.3　模板上一般孔的加工

模板上的孔种类较多，由于孔的功能不同，对孔的精度要求也不同，因此加工方法也不同。常用的孔机械加工方法有钻、扩、铰、镗、磨等。

1. 钻孔

模具零件上有许多孔，如螺纹孔、螺栓过孔、销钉孔、顶杆孔、电热管安装孔、冷却水孔，都需要经过钻孔加工。由于钻头钻孔时容易偏斜，导致孔径扩大，孔的表面质量差，因此钻孔属粗加工，公差等级一般可达 IT10 ~ IT12，表面粗糙度为 Ra12.5 ~ 50μm。模板上的孔大部分都在划线后加工。如果多个模板孔距相同，可将多件用平行夹或螺钉组合成一体，以划线为准同时进行钻孔及铰孔，以保证多个模板零件孔距相同。

2. 铰孔

模具中常有一部分销钉孔、顶杆孔、型芯固定孔等需在划线或组装时加工，其加工公差等级一般为 IT6 ~ IT8，表面粗糙度 Ra 值不大于 3.2μm。加工直径小于 10mm 的孔时，由钳工钻铰加工（粗钻及粗铰）；直径为 10 ~ 20mm 的孔采用钻、扩、铰等工序加工；直径大于 20mm 的孔则在铣床、镗床上预钻孔后镗孔；对淬火件的孔，铰孔时应留 0.02 ~ 0.03mm 的研磨量，热处理时还要加以保护，待组装时再研磨。

不同材料的零件组合铰孔时，应从材料硬度较大的一方铰入；铰不通孔时，铰孔深度应增大，留出铰刀切削部分的长度，以保证有效直径部分的孔径。小直径的铰刀（ϕ3mm 以下）及锥孔铰刀（30′ ~ 2°），一般都由钳工自制。

2.2.4　模板上深孔和小孔的加工

1. 深孔加工

塑料模具中的冷却水道、加热器孔及一部分顶杆孔等都需进行深孔加工。冷却水孔的精度一般要求不高，但要防止倾斜。为保证热传导率，加热器孔孔径和表面粗糙度都有一定的要求，孔径一般比加热棒大0.1～0.3mm，表面粗糙度为Ra6.3～12.5μm；而顶杆孔则要求较高，孔径公差等级一般为IT8，并有垂直度及表面粗糙度要求。常用的加工方法有：

1）中小型模具的冷却水孔及加热孔，常用普通钻头或加长钻头在立钻、摇臂钻床上加工，加工时要及时排屑、冷却，进给量要小，防止孔偏斜。

2）中、大型模具的孔一般在摇臂钻床、镗床及深孔钻床上加工，较先进的方法是在加工中心上与其他孔一起加工。

3）过长的低精度孔可采用划线后从两面对钻的方法加工。

4）垂直度要求较高的孔应采取工艺措施予以导向，如采用钻模等。

2. 小孔加工

模具制造中常需加工ϕ2mm以下的小孔，加工时易发生孔偏斜及折断钻头等现象，因此模具设计时小孔不宜过深，孔径应尽量选择标准尺寸。

（1）常用的加工方法

1）ϕ0.5mm以上的孔常采用精钻及铰孔加工，加工淬火孔时应留0.01～0.02mm研磨量待热处理后研磨，也可留余量，待热处理后在坐标磨床或精密电火花机床上加工。

2）ϕ0.5mm以下的小孔加工极为困难，目前可采用精密电火花穿孔加工及激光加工工艺。在国外，在专用机床上加工的最小孔径可达0.04mm。

（2）注意事项

1）正确选择钻头的形状。一般常用直柄麻花钻头或中心钻头，前者刚性差，但钻孔深度大；后者刚性好，钻孔深度小。为此，当需要经常加工深度不大的小孔时，应采用切削部分加长的中心钻等专用工具进行加工。

2）正确选择钻头尺寸并精心刃磨。小孔钻头必须事先挑选，首先要选择合适的直径，一般钻头直径比孔的基本尺寸小，其差值随工件材料、钻床及夹具的精度、有无导向措施，以及钻头刃磨质量等因素而变，常采用试验方法选定。

3）正确安排钻孔顺序。一般钻孔前，应在机床上选用直径较小的中心钻确定中心，并钻入一定深度，然后再用钻头加工小孔，当孔径大而不深时可一次加工完成，反之则需分几次钻孔。

（3）正确选择机床、夹具及操作方法　钻孔用的机床主轴刚性应好，轴向窜动及径向圆跳动小，工作台应能灵活移动，最好选用精度及转速较高（加工孔系时应选用设有精密坐标尺的工作台）的铣、钻、镗床及坐标镗床等。

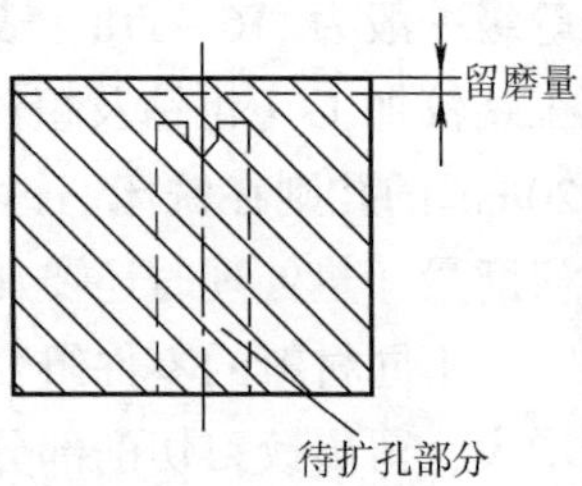

图2.17　正确选择操作方法

夹持钻头的夹具一般采用弹簧夹头，必须保持与机床主轴同心。夹持钻头时，钻头伸出长度只要保证钻孔深度即可。钻孔时钻头最好从正面钻入，钻入深度应比要求深度略深，端面应留磨量待加工后磨平，扩孔部分应在钻孔后加工，如图2.17所示，这样可防止钻头折断。钻孔时应将工件固定牢，进给量应小并及时排屑，切削速度及进给量应配合好。切削速度太高会导致切削刃磨损加快、被加工材料硬化、发热量大等，且容易折断钻头。切屑以呈连续螺旋状为佳。

2.2.5　模板孔系的坐标镗削加工

现代模具制造，对模板精度的要求越来越高，传统的普通机床已无法满足某些模板类零件的加工要求，因此，需要采用精密机床进行加工。精密机床的种类很多，在模板类零件孔系的精密加工机械中，应用广泛的是坐标镗床和坐标磨床。

1. 坐标镗床的应用及加工精度

坐标镗床主要用来加工孔间距离精度要求高的模板类零件，因此在多孔冲模、级进模及塑料成型模具的制造中得到广泛的应用。采用坐标镗床加工，不但加工精度高，而且节省了大量的辅助时间，经济效益显著。坐标镗床既可进行系列孔的精镗加工，又可钻孔、扩孔、铰孔、锪沉孔，还可进行坐标测量、划线等。

坐标镗床的定位精度一般为0.002~0.012mm，坐标定位精度直接影响模板上各系列孔中心距的尺寸精度，尤其是级进模的步距要求。数控坐标镗削加工的导柱导套孔，其同轴度可达0.006~0.008mm，孔的极限偏差可达0.002~0.012mm。

2. 坐标镗削加工前的准备

坐标镗削加工前应做好以下几方面的准备工作：

（1）模板的放置　模板零件加工前应放在恒温室内保温一段时间，以减小模板受环境温度影响而产生的变形。

（2）模板的预加工　将模板进行预加工，并将基准面精度加工到0.01mm以上。

（3）确定基准并找正　在坐标镗削加工中，根据模板的形状特点，其定位基准主要有以下几种：

1）工件表面上的线。

2）圆形件已加工好的外圆或孔。

3）矩形件、不规则外形工件的已加工孔或已加工好的相互垂直的面。

对外圆、内孔和矩形工件侧基准面的找正方法：

1）用外圆柱面、内孔找正。

2）用标准槽块或专用槽块找正矩形工件侧基准面。

3）用块规辅助找正矩形工件侧基准面。

根据以上基准找正的方法可以看出，一般对回转形工件的基准找正是使工件的轴线与机床主轴轴线相重合。对矩形工件的基准找正是使工件的侧基面与机床主轴轴线对齐，并与工作台坐标方向平行，具体说明见表2.5。

表2.5　基准面找正

方　式	简　图	说　明
外圆柱面找正	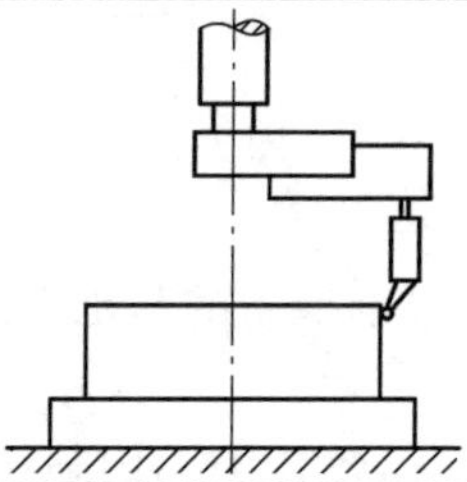	千分表架装在主轴孔内，转动主轴找正外圆，使机床主轴轴线与工件外圆轴线重合

（续）

方　式	简　图	说　明
内孔找正	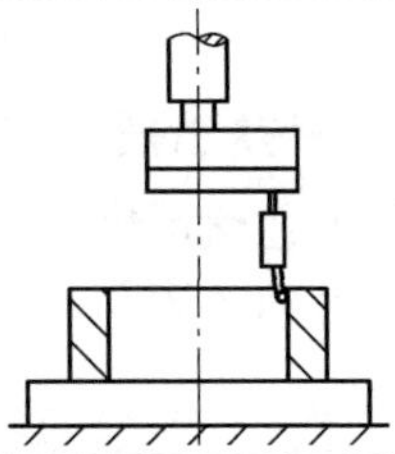	千分表架装在主轴孔内，转动主轴找正内孔，使机床主轴轴线与工件内孔轴心线重合
用标准槽块找正矩形工件侧基准面	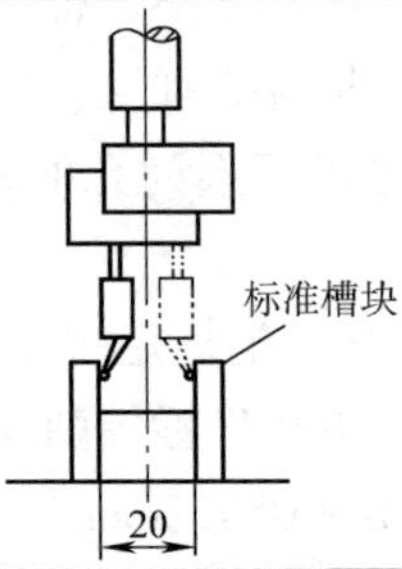	千分表在相差180°方向上找正标准槽块，记下表的读数。移动工作台，使千分表靠上工件侧基准面。转动主轴得表的极值读数，使表的极值读数与找正槽块的读数相等，此时主轴轴线与侧基准面的距离为1/2槽宽。在此之前，应先找正侧基准面与工作台坐标方向平行
用专用基准槽块找正矩形工件侧基准面	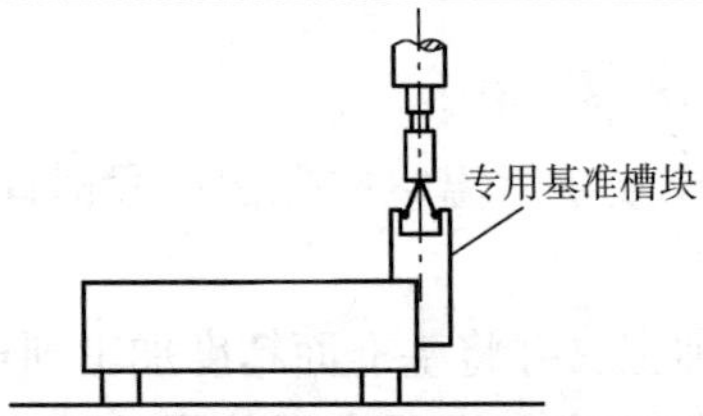	千分表在相差180°方向上找正专用槽块，此时主轴轴线便与侧基准面对齐
用块规辅助找正矩形工件侧基准面	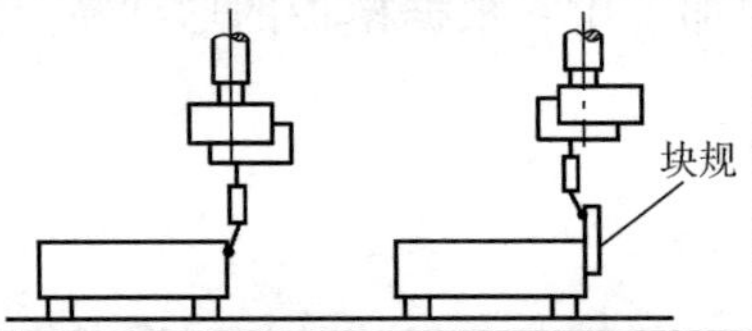	千分表靠上工件侧基准面，转动主轴得一极值读数。主轴转过180°，让表靠上与侧基准面贴紧的块规表面，又得一极值读数，两读数之差的1/2便是此时主轴轴线与侧基准面之间的距离

（4）确定原始点位置　原始点可以选择相互垂直的两基准线（面）的交点（线），也可以利用光学显微镜对模板上的线来确定，还可以用中心找正器找出已加工完成的孔的中心作为原始点。

（5）坐标值的转换计算　为了保证孔的位置精度，通常需要对工件已知尺寸以已确定的基准为原始点进行坐标值的转换计算。对模板孔的镗削，需根据模板图样计算出需要加工的各孔的坐标值并记录。模板平面孔系孔距坐标尺寸的换算如图2.18所示。

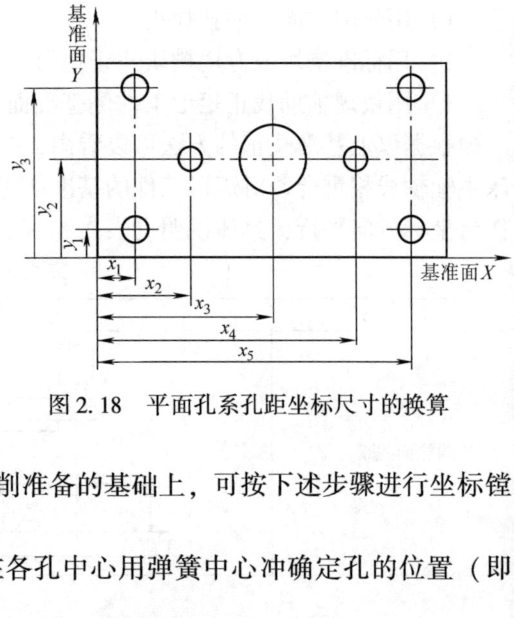

图2.18　平面孔系孔距坐标尺寸的换算

3. 坐标镗削加工

在模板已经安装、定位和装夹结束并作好镗削准备的基础上，可按下述步骤进行坐标镗削加工。

（1）孔中心定位　根据已换算的坐标值，在各孔中心用弹簧中心冲确定孔的位置（即

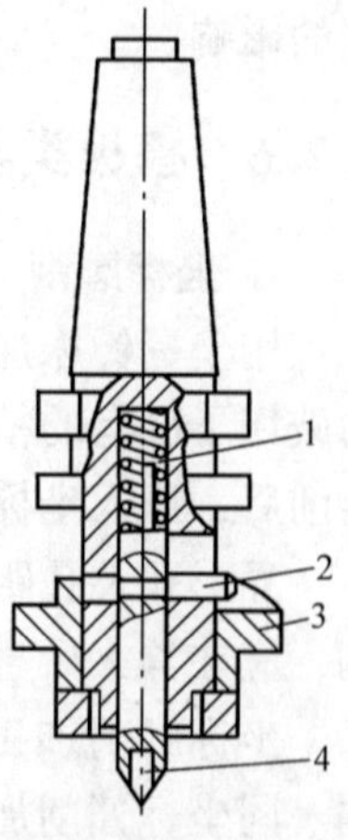

图 2.19　弹簧中心冲
1—弹簧　2—柱销
3—手轮　4—顶尖

打样冲眼)，弹簧中心冲如图 2.19 所示。打中心冲时转动手轮 3 使手轮上的斜面将柱销 2 向上推，从而使顶尖 4 被提升并压缩弹簧 1。当柱销 2 达到斜面最高位置时继续转动手轮 3，则弹簧 1 将顶尖 4 弹下即打出中心点。

(2) 钻定心孔　根据孔中心的定位对各个要求加工的孔钻出适当大小的定心孔，以防止后续钻孔时因轴向力引起钻孔质量下降。

(3) 钻孔　根据已钻出的定心孔进行钻孔。钻孔时应按照孔径从大到小的顺序钻出所有的孔，以减少工件变形对加工精度的影响。

钻孔加工的质量要高，以便为钻孔后的镗削打下良好的基础。钻孔时要按加工性质要求合理安排粗加工、半精加工、精加工的顺序，因此，应按孔径的大小及时更换钻头。为了提高生产效率、减少工作台移动的时间，应优先考虑加工相邻的孔。

(4) 镗孔　对于直径小于 20mm，公差等级要求为 IT7 以下、表面粗糙度 *Ra* 大于 1.25μm 的孔，钻孔后可以铰孔代替镗孔。对于公差等级要求高于 IT7、表面粗糙度 *Ra* 小于 1.25μm 的孔，在钻孔后应安排半精镗和精镗加工。

(5) 坐标镗削加工孔的切削用量　坐标镗削的加工精度和生产率与工件材料、刀具材料及镗削用量有直接关系。表 2.6 为坐标镗床加工孔的切削用量，可在镗削加工时参考。

表 2.6　坐标镗床加工孔的切削用量

加工方工	刀具材料	背吃刀量/mm	进给量/(mm/min)	切削速度/(m/min)			
				软钢	中硬钢	铸铁	铜合金
钻孔	高速钢		0.08～0.15	20～25	12～18	14～20	60～80
扩孔	高速钢	2～5	0.1～0.3	22～28	15～18	20～24	60～90
半精镗	高速钢	0.1～0.8	0.1～0.3	18～25	15～18	18～22	30～60
	硬质合金	0.1～0.8	0.08～0.25	50～70	40～50	50～70	150～200
精钻精铰	高速钢	0.05～0.1	0.08～0.2	6～8	5～7	6～8	8～10
精镗	高速钢	0.05～0.2	0.02～0.08	25～28	18～20	22～25	30～60
	硬质合金	0.05～0.2	0.02～0.06	70～80	60～65	70～80	150～200

镗刀的几何形状与工件材料、刀具材料及加工质量要求有关。坐标镗床加工时，应备有回转工作台、倾斜工作台、块规、镗刀头、千分表等多种辅助工具，才能适应轴线不平行的孔系、回转孔系等不同工件的加工需要。

4. 影响镗削加工精度的其他因素

坐标镗床是高精度机床，其静态精度和动态精度的计量单位是 μm。因此，坐标镗床应在恒温（20℃）、恒湿（湿度55%）的室内环境中安装和使用，以减少外界环境对其产生的不良影响。

影响数控镗床加工精度的因素有：机床本身的定位精度，测量装置的定位精度，加工方法和所选工具的正确性，操作工人技术熟练程度，工件和机床的温差，切削力和工件质量所引起的机床、工件热变形及弹性变形等。因此，在镗削加工过程中应尽量克服和降低上述因素的影响。

2.2.6　模板类零件的坐标磨削

1. 坐标磨削

用坐标镗床加工出的孔，其位置与尺寸精度已比较高，但对模具来说，往往因淬火变形而破坏了已有的精度，所以有高硬度要求的冲模，一般都制有尺寸较小的筒形衬套，经淬火磨削后，压入坐标镗床加工好的孔内。

异形孔及孔距小而孔径又大的孔系，就不能使用衬套结构，应在淬火后直接磨削，坐标磨床就是在这时使用。

坐标磨削加工和坐标镗削加工的有关工艺步骤基本相同。同坐标镗削加工一样，坐标磨削也是按准确的坐标位置来保证加工尺寸的精度，只是将镗刀改为砂轮。坐标磨削是一种高精度的加工工艺方法，主要用于淬火工件、高硬度工件的加工，对消除工件热处理变形、提高加工精度尤为重要。坐标磨削加工范围较大，可以加工直径小于1mm至200mm的高精度孔，加工精度可达0.005mm，表面粗糙度为 $Ra0.32 \sim 0.08\mu m$。

坐标磨削时，有三种基本运动，即砂轮的高速旋转运动、行星运动（砂轮回转轴线的圆周运动）及砂轮沿机床主轴方向的直线往复运动，如图2.20所示。

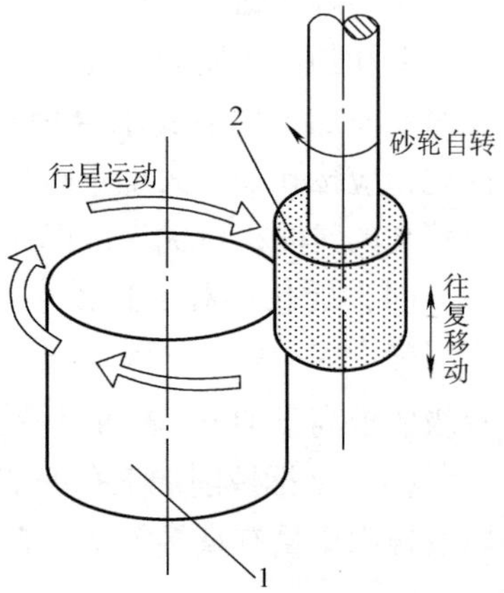

图2.20　坐标磨削的基本运动
1—工件　2—砂轮

坐标磨削主要用于模具精加工，如高精度间距的孔系、精密型孔、轮廓等。在坐标磨床上，可以完成内孔磨削、外圆磨削、锥孔磨削（需要专门机构）、直线磨削等。坐标磨削对于位置、尺寸精度和硬度要求高的多孔、多型孔的模板和凹模，是一种较为理想的精密加工方法。

坐标磨床磨削有手动和数控连续轨迹两种。前者用手动点定位，无论是加工内轮廓还是外轮廓，都要把工作台移动或转动到正确的坐标位置，然后由主轴带动磨头高速旋转，进行磨削。数控连续轨迹坐标磨削是由计算机控制坐标磨床，使工作台根据数控系统的加工指令进行移动或转动。

数控坐标磨床由于设置了CNC系统和交直流伺服驱动多轴系统，可磨削连续轨迹的复杂的模具型面，所以称为连续轨迹坐标磨床。其特点是可以连续进行高精度的轮廓形状加工。如凸轮形状的凸模，如果没有专用磨床，很难进行磨削，但在连续轨迹坐标磨床上就可以进行加工。连续轨迹坐标磨床还可以加工由曲线组合而成的型槽，可用于精密级进模、精冲模、精密塑料模等高精度零件的加工。

2. 坐标磨削时工件的定位与找正

坐标磨床磨削时工件的定位和找正方法与坐标镗床类似，常用的定位找正工具及其操作方法如下：

(1) 千分表找正　千分表找正的目的是找正工件侧基准面与主轴轴线重合的位置。将千分表装于主轴上，移动工件被测侧基准面与千分表接触，将工件被测侧基准面在180°方向上测量两次，取读数值的一半作为移动工件（工作台）的距离。再用上述方法复测一次，如两次读数相等，则工件侧基准面与主轴轴线重合。找正后即可固定工件位置。

（2）用定位角铁和光学中心测定器找正　与坐标镗床加工一样，坐标磨削也是按照坐标法加工工件孔系的，即将各孔之间的尺寸转化成直角坐标尺寸进行加工，因此工件必须有正确的装夹位置，使其基准方向与机床坐标系一致。利用机床坐标测量系统，在坐标磨床主轴上安装找正工具，可对工件进行三坐标和角度的找正及测量。

图2.21所示为用定位角铁和光学中心测定器找正的方法。光学中心测定器2的锥尾安装在主轴的锥孔内，目镜3的视场内有两对十字线，如图2.21b所示。定位角铁1的两个内表面相互垂直，一个外表面上固定有一观测圆台，台面上的刻线与角铁内垂直面重合。找正工件时，将角铁的内垂直面紧贴工件4的基准面（b面或a面），从目镜观察，并移动工作台，使角铁的刻线恰好落在显微镜的两观测线之间，表示工件的基准面已对准主轴中心。

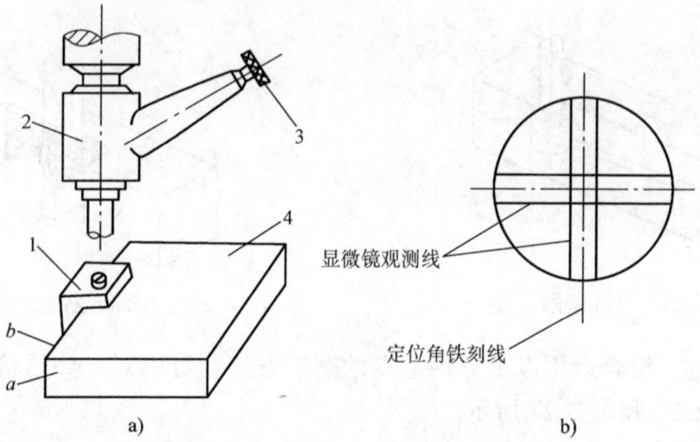

图2.21　定位角铁和光学中心测定器

1—定位角铁　2—光学中心测定器　3—目镜　4—工件

（3）芯棒、千分表找正　用芯棒、千分表找正，主要是为了确定小孔的孔位。由于千分表不能直接用于小孔孔位的找正，因此需借助与小孔相配的芯棒，如钻头柄等。将芯棒插入小孔后，再用千分表找正芯棒和机床主轴轴线的重合位置，使小孔孔位处于正确的位置。

3. 坐标磨削的方法

在坐标磨床上进行坐标磨削加工的基本方法有以下几种：

（1）内孔磨削　利用砂轮的高速自转、行星运动和轴向的直线往复运动，即可完成内孔的磨削，如图2.22所示。进行内孔磨削时，由于砂轮的直径受到孔径大小的限制，磨小孔时多取砂轮直径为孔径的3/4左右。砂轮高速回转（主运动）的线速度一般不超过35m/s，行星运动（圆周进给）的速度大约是主运动线速度的15%。行星运动速度小将减小磨削量，但有利于提高加工表面质量。砂轮的轴向往复运动（轴向进给）的速度与磨削的精度有关，粗磨时行星运动每转1周，往复行程的移动距离略小于砂轮高度的2倍，精磨时应小于砂轮的高度，精加工结束时要用很低的行程速度。

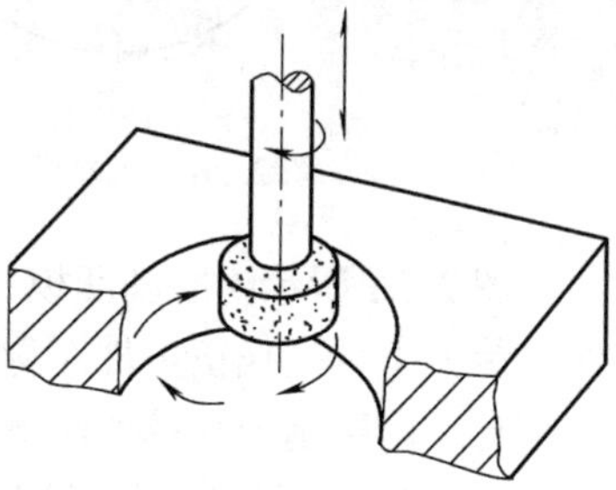

图2.22　内孔磨削

（2）外圆磨削　外圆磨削也是利用砂轮的高速自转、行星运动和轴向直线往复运动实现的，如图2.20所示，其径向进给量是通过行星运动直径的缩小完成的。

（3）锥孔磨削　磨削锥孔是由机床上的专门机构使砂轮在轴向进给的同时连续改变行星运动的半径，锥孔锥顶角的大小取决于两者的变化比值，一般磨削锥孔的最大锥顶角为12°，如图2.23所示。磨削锥孔的砂轮应当修正出相应的锥角。

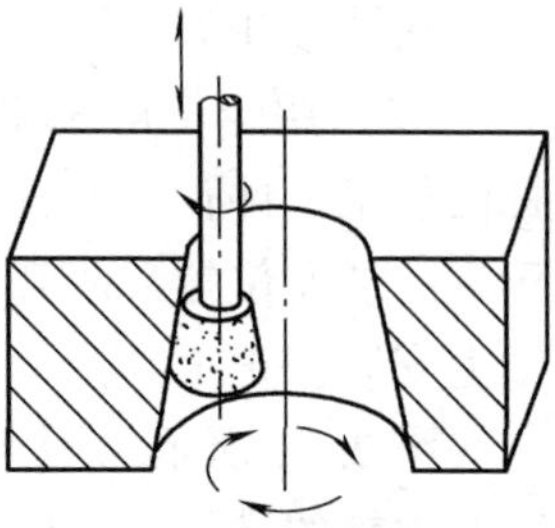

图2.23　锥孔磨削

（4）直线磨削　磨削直线时，砂轮仅高速自转而不作行星运动，由工作台实现进给运动。直线磨削适用于平面轮廓的精密加工，如图2.24所示。

（5）侧磨　侧磨主要是对槽形、方形及带清角的内表面进行磨削加工，需要用专门的磨槽附件进行。砂轮在磨槽附件上的装夹和运动情况如图2.25所示。

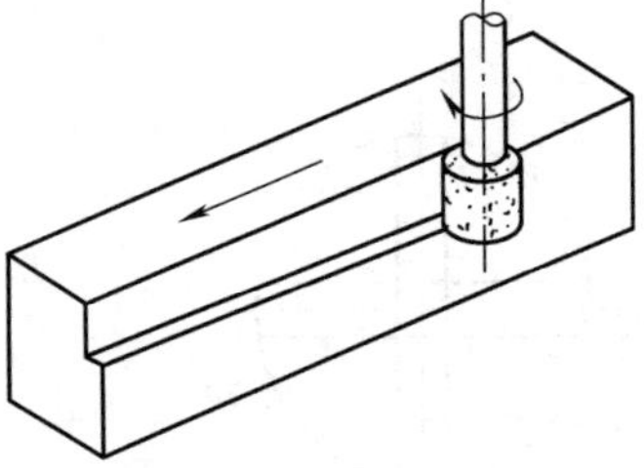

图2.24　直线磨削

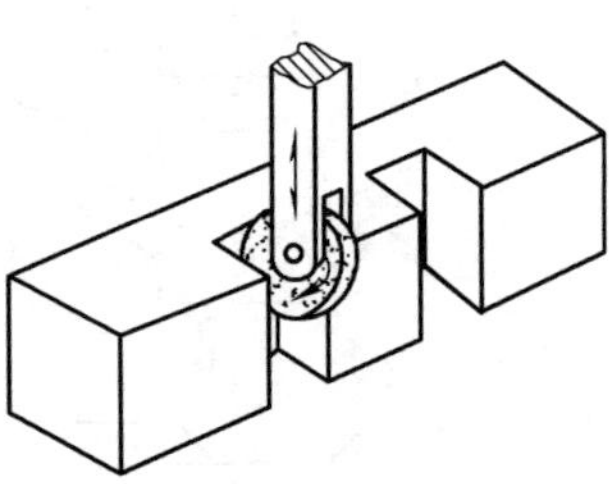

图2.25　侧磨

（6）综合磨削　综合运用以上五种基本的磨削方法，可以对一些形状复杂的型孔进行磨削加工，如图2.26和图2.27所示。

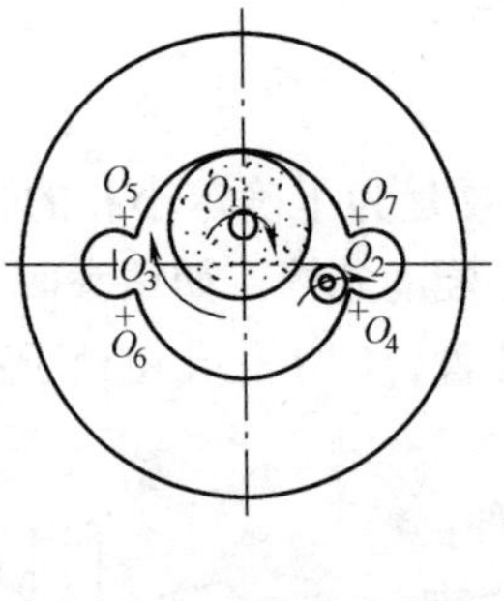

图2.26　凹模型孔磨削

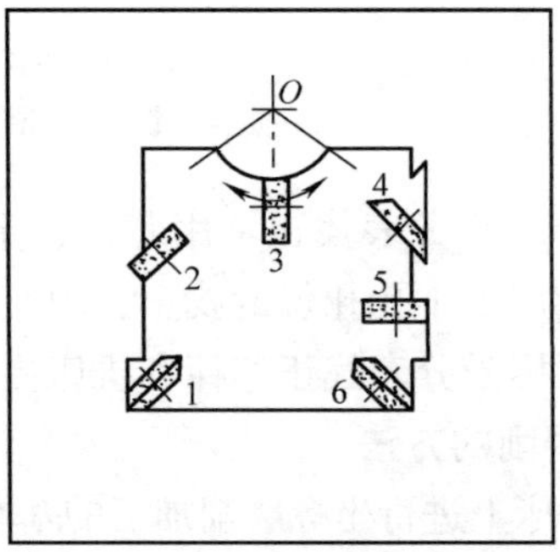

图2.27　清角型孔磨削

图2.26所示为磨削凹模型孔。磨削时先将回转工作台固定在机床工作台上，用回转工作台装夹工件。找正工件对称中心与回转工作台中心重合，调整机床主轴轴线和孔O_1的轴线重合，用磨削内孔的方法磨出O_1的圆弧段，达到要求尺寸后再调整工作台使工件上的O_2与主轴中心重合，磨削圆弧段到达尺寸。利用回转工作台将工件回转180°，磨削O_3的圆弧到要求尺寸。使O_4与机床主轴轴线重合，磨削时停止行星运动，操纵磨头来回摆动磨削O_4的凸圆弧，砂轮的径向进给方向与磨削外圆相同。磨削时注意凸、凹圆弧连接处应光滑平整。回转工作台换位，用磨削O_4的方法逐次磨削O_5、O_6、O_7的圆弧，即完成对凹模型孔的磨削。

图2.27所示为利用磨槽附件对清角型孔轮廓进行磨削加工。磨削中1、4、6采用成形砂轮进行磨削，2、3、5利用平砂轮进行磨削。磨削中心O的圆弧时，要使中心O与主轴轴

线重合，操纵磨头来回摆动磨削至要求尺寸的圆弧。

（7）型腔的磨削　型腔的磨削如图 2. 28 和图 2. 29 所示。砂轮修成所需的形状，加工时工件固定不动，主轴高速旋转作行星运动，并逐渐向下走刀。这种运动方式也称为径向连续切入，径向是指砂轮沿工件的孔的半径方向作少量的进给，连续切入是指砂轮不断地向下走刀。

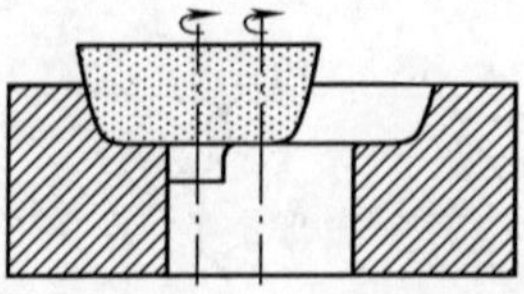

图 2. 28　成形孔磨削

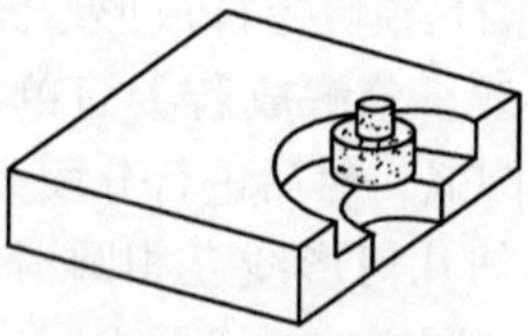

图 2. 29　沉孔磨削

（8）连续轨迹磨削　二维轮廓磨削是采用圆柱或成形砂轮，工件在 xOy 平面作插补运动，主轴逐渐向下走刀，如图 2. 30 所示。三维轮廓磨削是采用圆柱或成形砂轮，砂轮运动方式与数控铣削相同，如图 2. 31 所示。

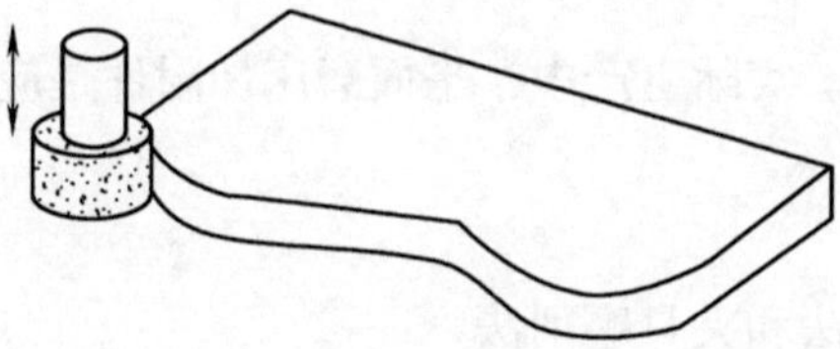

图 2. 30　二维轮廓磨削

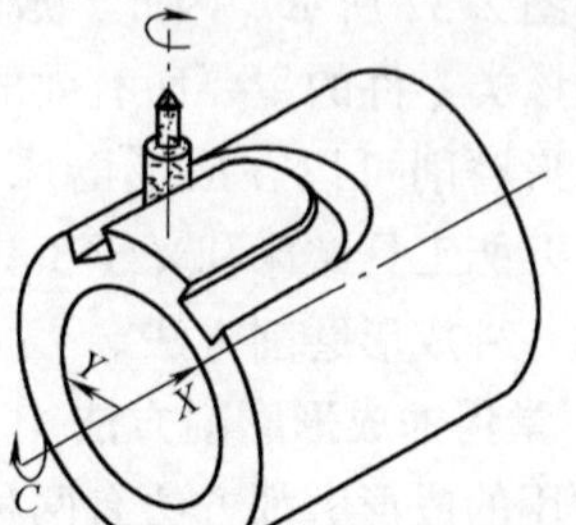

图 2. 31　三维轮廓磨削

4. 数控坐标磨削的主要工艺参数

磨削余量：单边余量 0. 05 ~ 0. 3mm。视前道工序可保证的形位公差和热处理情况而定。

进给量：径向连续切入时为 0. 1 ~ 1mm/min；磨削轮廓时，始磨为 0. 03 ~ 0. 1mm/次，终磨为 0. 004 ~ 0. 1mm/次。视工件材料和砂轮性能而定。

进给速度：10 ~ 30mm/min。视工件材料和砂轮性能而定。

5. 坐标磨削时需注意的问题

进行坐标磨削时，除掌握以上基本知识和技术外还应注意以下几方面问题：

（1）安全检查　在磨削前要对坐标磨床进行一系列的安全检查。如检查砂轮轴的强度是否足够、安装是否合适、主轴轴承的配合间隙是否适当、砂轮的高度是否合适、安全罩是否牢固可靠等。

（2）砂轮行程控制　磨削刚开始时，应先对砂轮的上下往复行程进行试调，即切入和切出行程不应超过砂轮高度的一半，以免造成被磨削孔的口缘直径扩大。调试合适后再进行磨削，以免造成质量事故。

（3）正确选择砂轮　工件硬度高，应选择软质砂轮；工件硬度低，应选择硬质砂轮。不同材料的工件应选择不同材质的砂轮。

2.3　凸模与凹模拼块型面的成形磨削加工

2.3.1　成形磨削原理与应用

成形磨削是模具零件成形型面精加工的一种主要方法，其基本原理是把构成零件轮廓的复杂几何形线，分解成若干简单的直线、斜线和圆弧，然后进行分段磨削，使构成零件的几何形线互相圆滑、光整连接，达到图样的技术要求。

由于冲裁模具的凸模、凹模镶块等零件的几何形状，一般都是由若干平面、斜面和圆柱面组成，即其轮廓由直线、斜线和圆弧等简单线条所组成，如图2.32所示。因此，成形磨削是加工该类零件的主要而有效的方法。

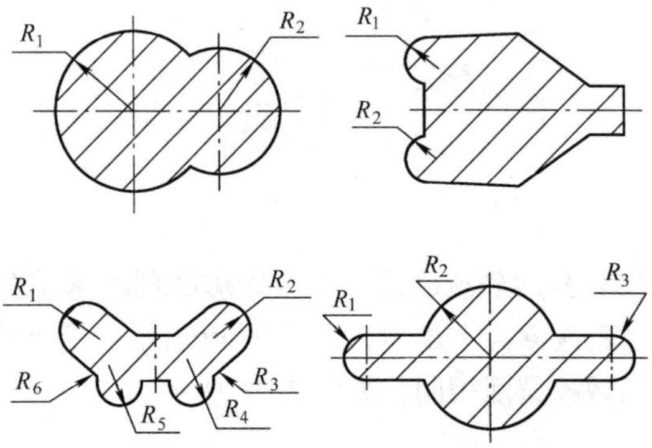

图2.32　模具刃口几何形状

成形磨削可以在成形磨床、平面磨床、万能工具磨床和光学工具曲线磨床上进行。实际生产中，平面磨床加附件是应用比较广泛的一种成形磨削方法。

1. 常用的成形磨削方法

常用的成形磨削方法有两种：成形砂轮磨削法和夹具磨削法

(1) 成形砂轮磨削法　利用修整砂轮的夹具把砂轮修整成与工件型面完全吻合的反型面，然后再用此砂轮对工件进行磨削，获得所需形状的加工方法，称为成形砂轮磨削法，如图2.33a所示。利用成形砂轮对工件进行磨削是一种简便有效的方法，可提高磨削生产率，但砂轮消耗较大。此法一次磨削的表面宽度不能太大，修正砂轮时必须保证必要的精度。

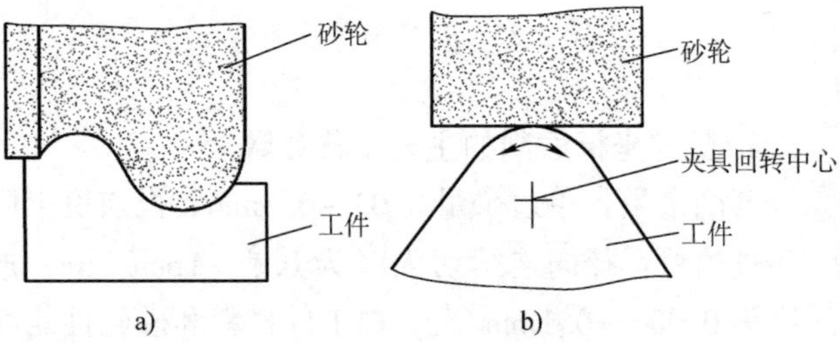

图2.33　常用的成形磨削方法
a）成形砂轮磨削法　b）夹具磨削法

修整砂轮的夹具主要有修整角度砂轮夹具、修整圆弧砂轮夹具、万能修整砂轮夹具及靠模修整砂轮夹具等。

(2) 夹具磨削法　将工件按一定的条件装夹在专用夹具上，在加工过程中通过夹具的调节使工件固定或不断改变位置，从而使工件获得所需的形状的加工方法，称为夹具磨削法，如图2.33b所示。夹具磨削法的加工精度很高，甚至可以使零件具有互换性。成形磨削的专用夹具主要有磨平面及斜面用夹具、分度磨削夹具、万能夹具及磨大圆弧夹具等。

上述两种磨削方法各有特点，在加工模具零件时，为了保证零件质量，提高生产率、降低成本，往往需要二者联合使用。将专用夹具与成形砂轮配合使用，常可方便地磨削出形状复杂的工件。

2. 砂轮的选择

砂轮在磨削过程中起切削刀具的作用，它的性能直接影响加工精度、表面粗糙度和生产效率等。为了获得良好的磨削效果，正确选择砂轮十分重要。

砂轮的特性由磨料、粒度、结合剂、硬度、组织、强度、形状和尺寸等因素所决定。每一种砂轮根据其本身的特性，都有一定的适用范围，所以在磨削加工时，必须根据具体情况，综合考虑工件的材料、热处理方法、加工精度和表面粗糙度、形状尺寸、磨削余量等要求，选用合适的砂轮。

常用砂轮外径一般不小于 150mm，最大可达 200mm，厚度根据工件形状决定。成形磨削常用砂轮形状见表 2.7。

表 2.7　成形磨削常用砂轮形状

砂轮名称	代号	砂轮断面形状	用途
平面砂轮	P	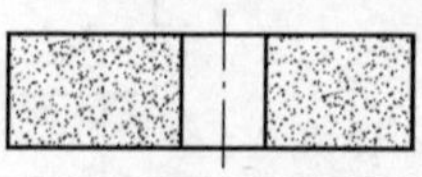	用于各种平面、角度面、圆弧面的磨削
双面凹锥砂轮	PSZA	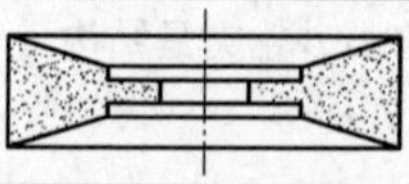	用于清角、直角、端面磨削
双面凹砂轮	PSA	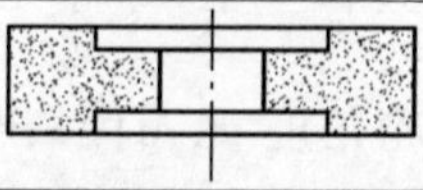	用于清角、直角、端面磨削
碟形砂轮	D	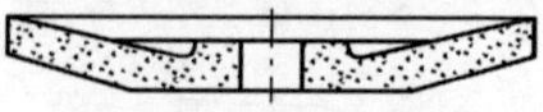	用于各种凹圆弧面磨削
碗形砂轮	BW	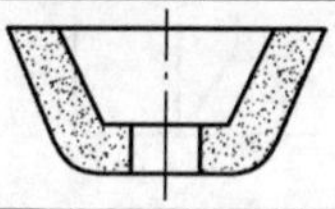	用于清角、端面及直角磨削
薄片砂轮	PB	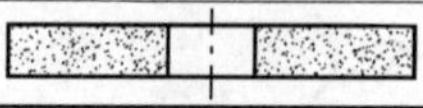	用于磨沟槽、切断

2.3.2　成形磨削修整成形砂轮的夹具

成形磨削使用的设备，可以是专用磨床，如成形磨床，也可以是普通平面磨床。由于设备条件的限制，利用普通平面磨床并借助专用夹具及成形砂轮进行成形磨削的方法，在模具零件的制造中占有很重要的地位。在一般大中型企业及专业模具生产企业中，常利用成形磨床进行磨削，即在成形磨床的夹具工作台上，安装有万能夹具，必要时再配合成形砂轮，可磨削由圆弧及直线组成的复杂模具零件表面，其加工精度高、表面粗糙度值低。

1. 角度修整砂轮夹具

角度修整砂轮夹具结构如图 2.34 所示，可修整 0°～100°各种角度的砂轮。当旋转手轮 11 时，通过齿轮 5 和滑块上齿条 4 的传动，使装有金刚石刀 2 的滑块 3 沿着正弦尺座 1 的导轨作直线移动。正弦尺座可以绕心轴 6 转动，转动的角度是利用在圆柱 10 与平板 8 或侧面垫板 9 之间垫一定尺寸量块的方法来控制的。正弦尺座转到所需的角度后，拧紧螺母 12 将正弦尺座压紧在支架 13 上。

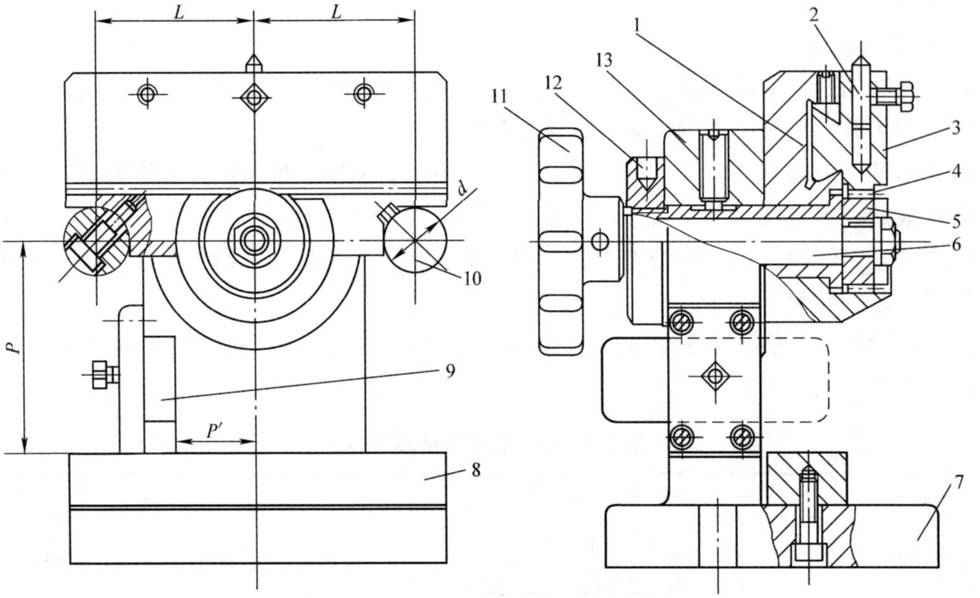

图 2.34　角度修整砂轮夹具结构

1—正弦尺座　2—金刚石刀　3—滑块　4—齿条　5—齿轮

6—心轴　7—底座　8—平板　9—垫板　10—圆柱　11—手轮　12—螺母　13—支架

使用这种夹具时，先根据所要修正的砂轮角度 α，计算出应垫量块的厚度值 H，如图 2.35 所示。

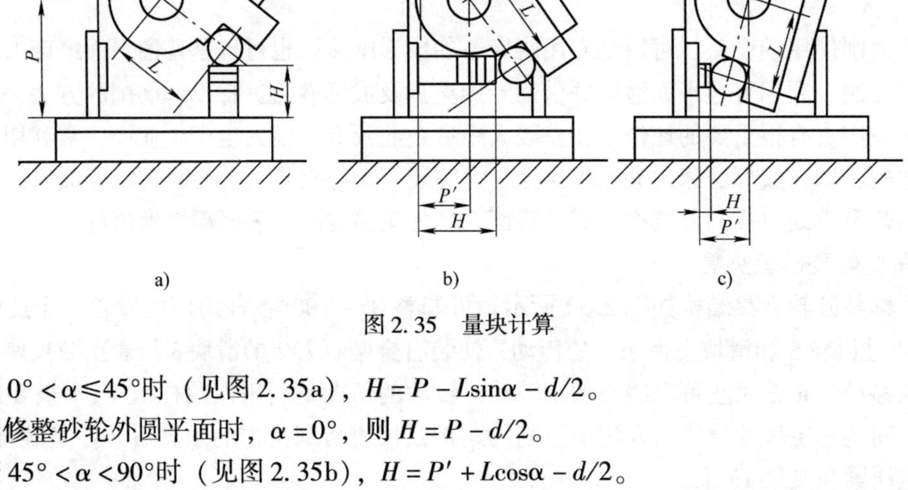

图 2.35　量块计算

当 $0° < \alpha \leqslant 45°$ 时（见图 2.35a），$H = P - L\sin\alpha - d/2$。

当修整砂轮外圆平面时，$\alpha = 0°$，则 $H = P - d/2$。

当 $45° < \alpha < 90°$ 时（见图 2.35b），$H = P' + L\cos\alpha - d/2$。

当修整砂轮垂直侧面时，$\alpha=90°$，$H=P'-d/2$。

当 $90°<\alpha\leqslant100°$ 时（见图 2.35c），$H=P'-L\cos\alpha-d/2$。

式中　P——心轴回转中心至平板表面的距离；

P'——心轴回转中心至侧面垫板表面的距离；

L——圆柱中心至心轴回转中心的距离；

d——圆柱直径。

由以上计算可知，当 α 小于 45°时，适合在图 2.34 圆柱 10 与平板之间垫量块；当 α 大于 45°时，适合在圆柱 10 与侧面垫板 9 之间垫量块。而当 α 小于 45°不需要使用侧面垫板 9 时，可将它推进去，使其不妨碍正弦尺座的转动，也不妨碍在平板 8 上垫放量块。

2. 圆弧修整砂轮夹具

圆弧修整砂轮夹具包括卧式圆弧修整砂轮夹具、立式圆弧修整砂轮夹具、摆动式圆弧修整砂轮夹具等。图 2.36 所示为卧式圆弧修整砂轮夹具结构。该夹具可修整各种不同半径的凹、凸圆弧，或由圆弧与圆弧相连的型面。主轴 7 的左端装有滑座 4，金刚石刀 1 固定在金刚石刀支架 2 上。通过螺杆 3 可使金刚石刀架沿滑座上下移动，以调整金刚石刀尖至夹具回转中心的距离，使之获得所修整砂轮的不同圆弧半径。当转动手轮 8 时，主轴 7 及固定在其上的滑座等均绕主轴轴线回转，回转的角度可用固定在支架上的刻度盘 5、挡块 9 和角度标 6 来控制。

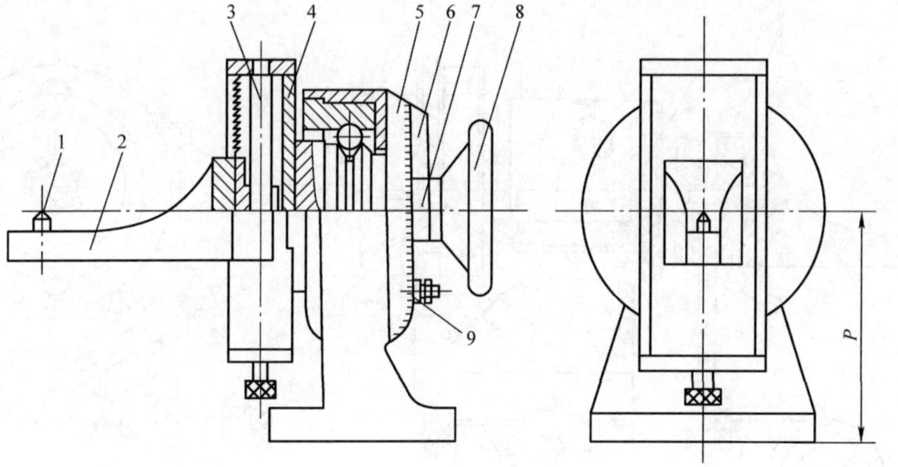

图 2.36　卧式圆弧修整砂轮夹具

1—金刚石刀　2—金刚石刀支架　3—螺杆　4—滑座　5—刻度盘　6—角度标　7—主轴　8—手轮　9—挡块

金刚石刀尖到主轴回转中心的距离就是所修整的圆弧半径 R，此值是用在金刚石刀尖与基准面之间垫量块的方法来调整。

当修整半径为 R 的凸圆弧砂轮时（见图 2.37a），金刚石刀尖应高于主轴中心，其垫量块值 H 为

$$H=P+R$$

当修整半径为 R 的凹圆弧砂轮时（见图 2.37b），金刚石刀尖应低于主轴中心，其垫量块值 H 为

$$H=P-R$$

式中　P——主轴的中心高。

修整砂轮时，应先根据所修整砂轮的情况（凸形或凹形）及半径大小计算量块值，并通过量块调整好金刚石刀尖的位置，图2.37所示为圆弧半径的调整。然后转动手轮使刀尖处于砂轮下面，根据砂轮圆弧修整角度调好图2.36中挡块9的位置。在砂轮高速回转的情况下，旋转手轮使金刚石刀绕主轴中心来回摆动，即可修整出图2.38所示的圆弧砂轮。

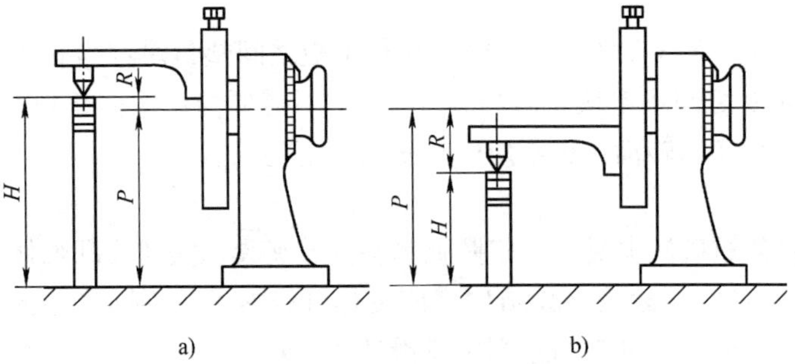

图2.37　圆弧半径的调整

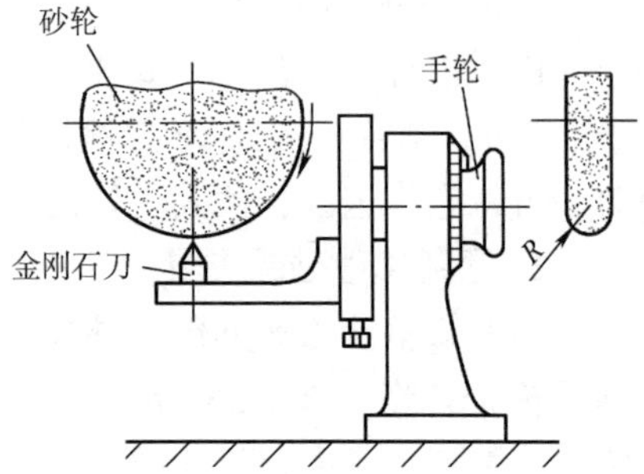

图2.38　修整圆弧

3. 万能修整砂轮夹具

万能修整砂轮夹具结构如图2.39所示，可修整凸、凹圆弧及角度砂轮，并可修整圆弧与圆弧或直线相连的型面砂轮。

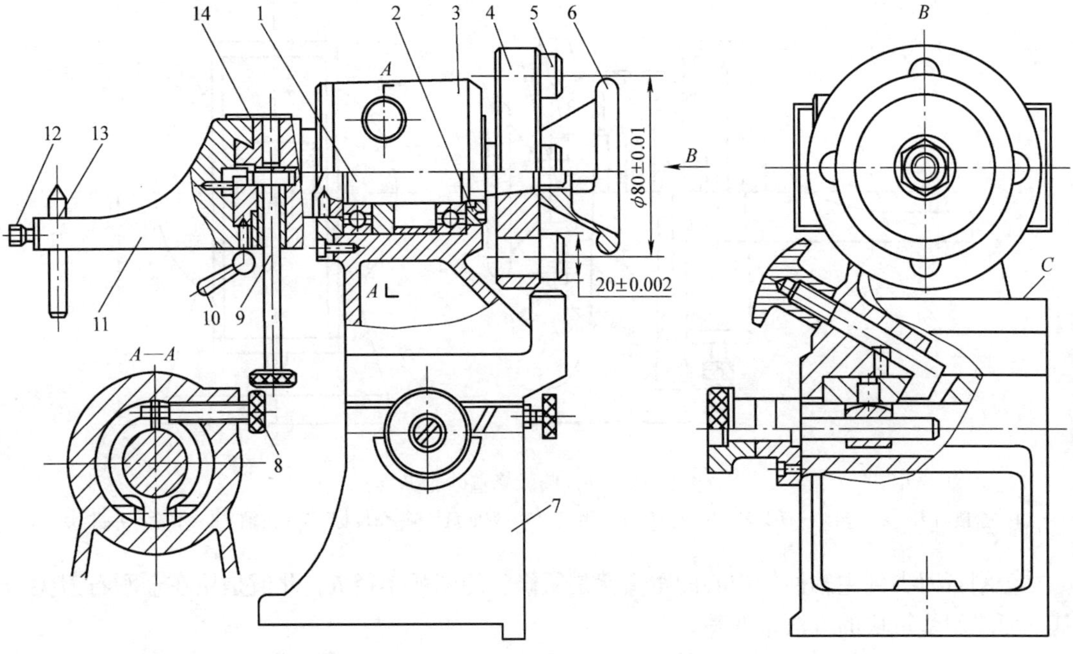

图2.39　万能修整砂轮夹具结构

1—主轴　2—调整螺母　3—主体　4—正弦分度盘　5—正弦圆柱　6—手轮　7—底座
8、10—锁紧手柄　9—齿轮杆　11—刀杆滑板　12—螺钉　13—金刚石刀杆　14—横滑板

主轴1装在两只精密的深沟球轴承上，由调整螺母2预紧，以消除轴承的轴向和径向间隙。主轴一端装有正弦分度盘4和4个正弦圆柱5，确定精密角度时使用。主轴另一端装有

横滑板14，刀杆滑板11可在横滑板的燕尾导轨上作直线移动。金刚石刀杆13由螺钉12锁紧在刀杆滑板11上，当利用正弦圆柱和垫入量块使横滑板燕尾导轨与水平位置倾斜成一定角度时，拧紧锁紧手柄8把主轴固定在该角度上，转动齿轮杆9，通过齿轮齿条机构可使刀杆滑块带动金刚石刀尖作往复直线运动，进行砂轮的修整。当刀杆滑板在横滑板的正中位置时，即金刚石刀杆中心通过主轴回转中心，拧紧锁紧手柄10把刀杆滑板固定在该位置上，调整金刚石刀尖到主轴回转中心的距离，转动手轮6就可以进行砂轮圆弧的修整。

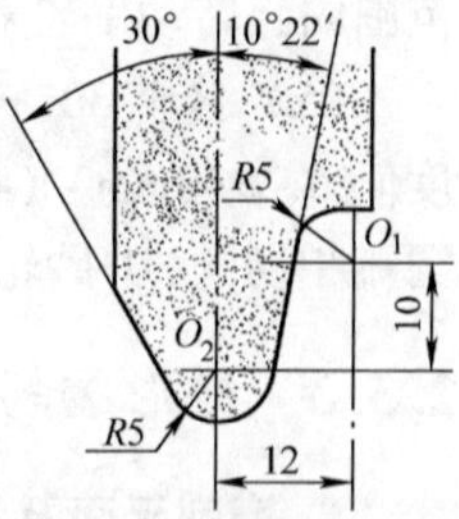

图2.40　砂轮要求修整的形状及尺寸

主体3可利用螺杆沿底座7的导轨作整体横向移动，以便在修整连续轮廓的型面砂轮时，调整夹具轴线与砂轮轴向的位置。

为便于本夹具的使用及计算，现给出修整连续轮廓砂轮的使用实例。砂轮要求修整的形状及尺寸，如图2.40所示。修整的方法及步骤如下：

(1) 修整砂轮外圆　在修整连续轮廓的型面砂轮时，应先进行金刚石刀尖与砂轮的接触修整，以确定两者之间的初始相对位置，如图2.41a所示。金刚石刀尖与砂轮轴向的初始位置应对着凸圆弧的圆心 O_2（见图2.40），为后续修整凹圆弧对刀方便，将金刚石刀尖调整至距主轴回转中心垂直向上5mm的位置，砂轮高速旋转对外圆进行接触修整。

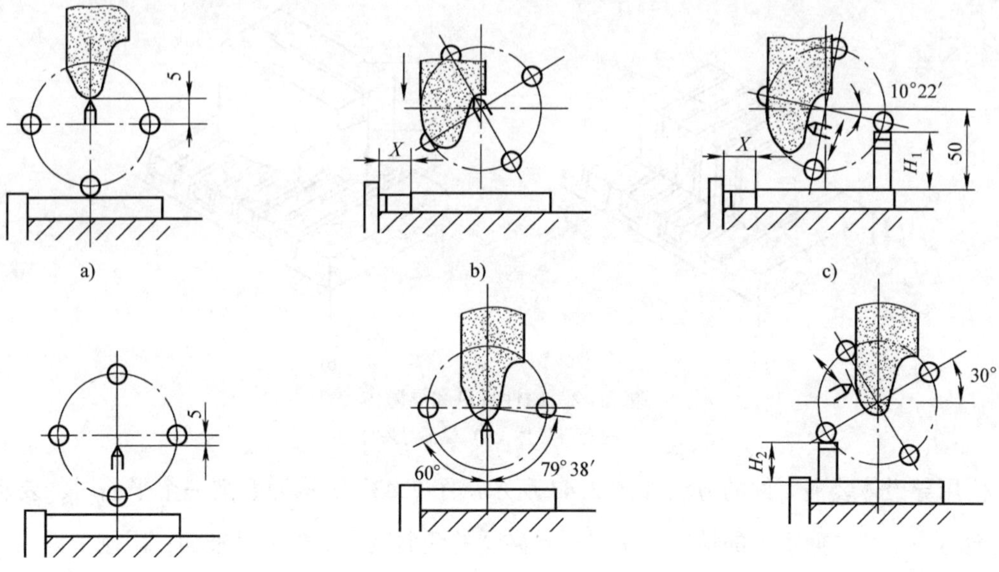

图2.41　万能修整砂轮夹具应用实例

(2) 修整 $R5$mm 凹圆弧及小平面　如图2.41b所示。调整夹具主体作横向移动，移动量 $X=12$mm。使金刚石刀尖对准凹圆弧的圆心 O_1（见图2.40），砂轮下降20mm并高速旋转，转动手轮6即可进行砂轮凹圆弧的修整。调整正弦分度盘使横滑板导轨处于水平位置，拧紧锁紧手柄8，转动齿轮杆，金刚石刀尖右移，修整与凹圆弧相切的小平面。

(3) 修整10°22′斜面　如图2.41c所示。调整正弦分度盘使金刚石刀尖指向斜面，在刀尖后侧的正弦圆柱下面垫入量块，量块的厚度 $H=50\text{mm}-(40\sin 10°22'+10)\text{mm}=32.802\text{mm}$，即可保证10°22′的斜面角度。拧紧锁紧手柄，转动齿轮杆对砂轮的斜面进行修整。

(4) 修整 $R5$mm 凸圆弧　将金刚石刀尖调整至距主轴回转中心垂直向下5mm的位置，如图2.41d所示。砂轮上升20mm回到图2.41a时的位置，夹具回转中心再回到 $X=0$ 处。利用正弦分度盘外圆上的刻度或用垫量块的方法，控制主轴的回转角度在如图2.41e所示的范围内，转动手轮对砂轮的凸圆弧进行修整。

(5) 修整30°斜面　如图2.41f所示，在刀尖后侧的正弦圆柱下面垫入量块，量块的厚度值 $H_2=50\text{mm}-(40\sin30°+10)\text{mm}=20\text{mm}$。拧紧锁紧手柄，转动齿轮杆即可修整出与凸圆弧相切的30°砂轮斜面。

2.3.3　成形磨削常用的夹具

1. 磨削平面及斜面用夹具

(1) 磁性吸盘和导磁体　磁性吸盘和常用的导磁体如图2.42所示。图2.42a所示的磁性吸盘上为平行导磁体，平行导磁体的 a、b 四个表面是经过精磨并相互垂直的。图2.42b所示的磁性吸盘上为端面导磁体，端面导磁体的 c、d 四个表面也是经过精磨并相互垂直的。导磁体可做成几种不同的尺寸，一般相同的尺寸做成两件或四件为一套。磁性吸盘和与工件加工相适应的导磁体配合，可装夹工件进行平面磨削，与平口钳相比，能够扩大平面磨削的加工范围，适于磨削扁平的工件。

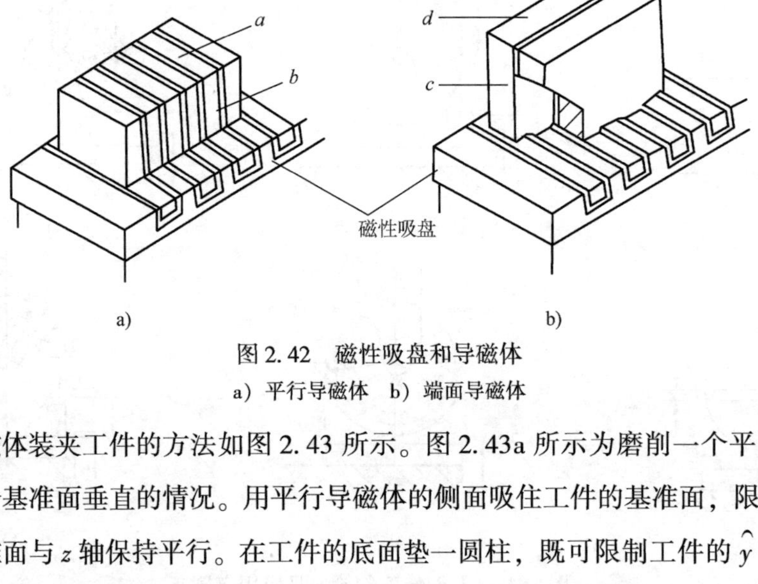

图2.42　磁性吸盘和导磁体

a) 平行导磁体　b) 端面导磁体

使用导磁体装夹工件的方法如图2.43所示。图2.43a所示为磨削一个平面时，要求被磨削面与一个基准面垂直的情况。用平行导磁体的侧面吸住工件的基准面，限制工件的 $\hat{x}$ 自由度，使基准面与 z 轴保持平行。在工件的底面垫一圆柱，既可限制工件的 $\hat{y}$ 自由度，又解决工件 $\hat{x}$ 的超定位问题。砂轮旋转对工件上平面磨削加工，其进给方向与 z 轴垂直，因此可保证加工后上平面与基准面垂直。

图2.43b所示为磨削一个平面时，要求被磨削面与两个基准面垂直的情况。用平行导磁体的侧面吸住工件的端基准面，限制工件 $\hat{x}$ 的自由度，使侧基准面与 z 轴保持平行。用端面导磁体的端面吸住工件的端基准面，限制工件 $\hat{y}$ 的自由度，使端基准面也与 z 轴保持平行。另外，在工件的底面垫一圆球，以解决工件 $\hat{x}$、$\hat{y}$ 的超定位问题。砂轮磨削工件上平面，以垂直于 z 轴的方向进给，可保证工件加工后，上平面与两个基准面垂直。

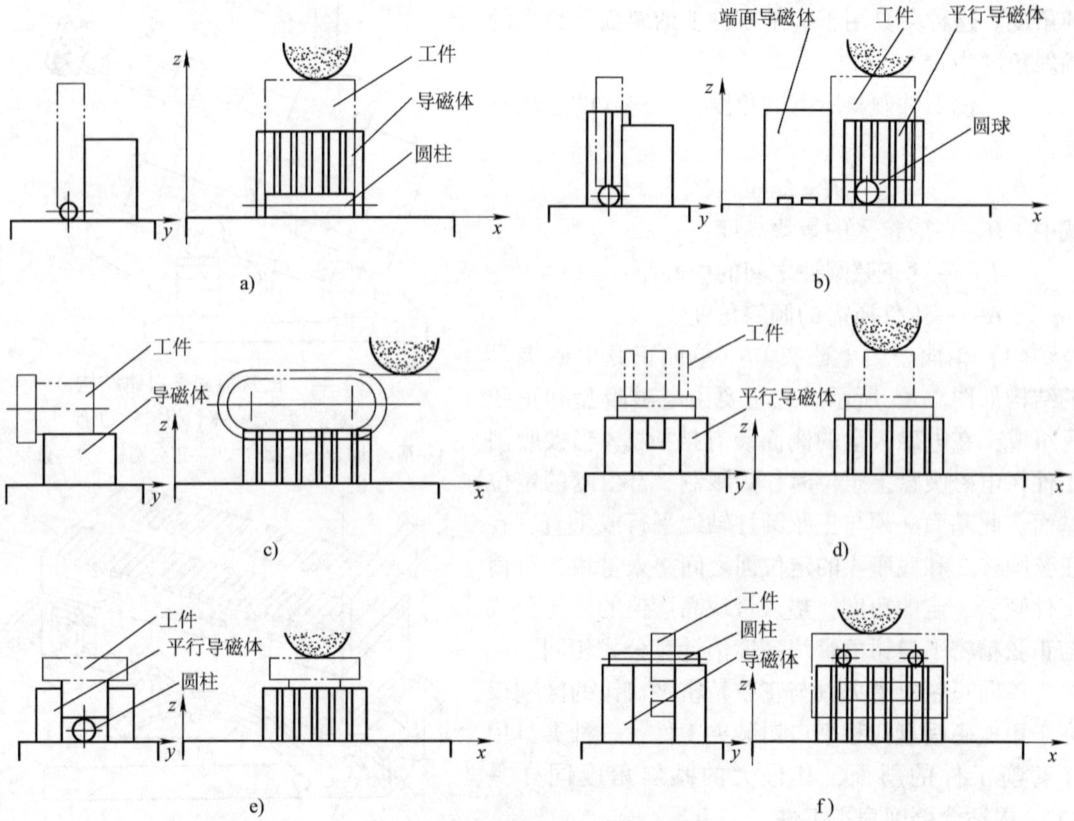

图 2.43　导磁体装夹工件的举例

图 2.43c 所示为磨削带凸缘工件的情况。用平行导磁体的上面吸住工件的底面，限制工件 $\widehat{x}$、$\widehat{y}$ 的自由度，让出凸缘部分使工件定位不受影响，即可使磨削后工件的上平面与底面平行。

图 2.43d 所示为装夹带有下突起的工件，并要求磨削平面与下台肩面平行。为使下台肩面与磁性吸盘面平行，用两块高度相等的平行导磁体吸住工件的下台肩面，限制工件 $\widehat{x}$、$\widehat{y}$ 的自由度，让出下突起部分使工件定位不受影响，磨削工件上平面即可保证其平行度。

图 2.43e 所示为要求工件被磨削的上平面与两下侧基准面垂直的情况。用两块平行导磁体的侧面分别吸住工件的两侧基准面，限制工件 $\widehat{x}$ 的自由度，并使两基准面与 x 轴保持平行。在工件的底面垫一圆柱，既可限制 $\widehat{y}$ 的自由度，又可解决 $\widehat{x}$ 的超定位。砂轮磨削工件上平面，即可保证与其侧基准面的垂直。

图 2.43f 所示为磨削工件外形表面，要求外形表面与已加工的内形基准面平行且与侧基准面垂直的情况。将两根直径相等且与工件已加工内形基准面相配合的圆柱插入工件内形基准面，并将圆柱露出的两端放在两块等高的平行导磁体上，这样可限制工件 $\widehat{y}$ 的自由度。同时，用其中的一块平行导磁体吸住工件的一个侧基准面，限制工件 $\widehat{x}$ 的自由度，砂轮磨削工件上面，即可保证其位置精度。

（2）正弦精密平口钳　正弦精密平口钳的结构如图 2.44 所示。它主要由带有正弦尺的精密平口钳和底座组成。使用时，旋转螺杆 5 使活动钳口 4 沿精密平口钳 2 上的导轨移动，以装夹被磨削的工件 3。在正弦圆柱 6 和底座 1 的定位面之间垫入量块，可使工件倾斜一定的角度。这种夹具用于磨削零件上的斜面，最大的倾斜角度为45°。

为了使工件倾斜所需的角度，应垫入的量块高度值

$$H = L\sin\alpha$$

式中　H——应垫入的量块高度；

L——两正弦圆柱之间的中心距；

α——工件所需的倾斜角度。

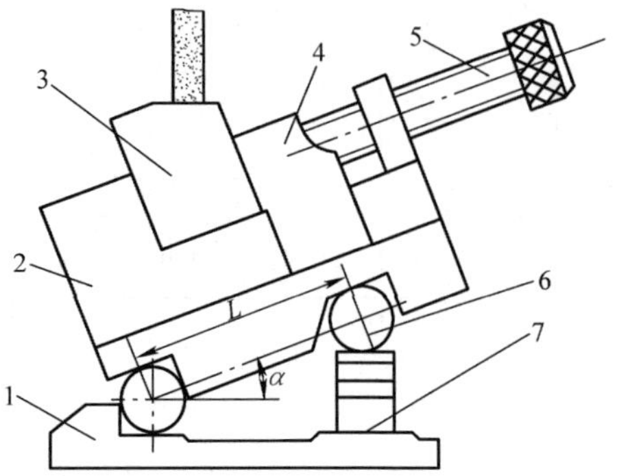

图2.44　正弦精密平口钳结构

1—底座　2—精密平口钳　3—工件　4—活动钳口　5—螺杆　6—正弦圆柱　7—量块

（3）单向正弦电磁夹具　单向正弦电磁夹具的结构如图2.45所示。它主要由电磁吸盘和正弦尺组成，在电磁吸盘的侧面装有挡板7，当被磨削工件在电磁吸盘上定位时作为限制$\widehat{z}$自由度的定位基面，此基面必须与正弦圆柱轴线平行或垂直。在正弦圆柱2和底座4的定位面之间垫入量块，可使工件倾斜一定的角度，垫入量块高度值的计算公式与正弦精密平口钳的量块高度值计算公式相同。

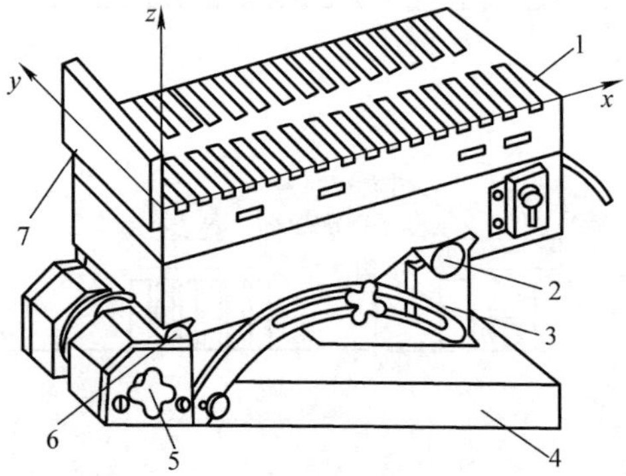

图2.45　单向正弦电磁夹具结构

1—电磁吸盘　2、6—正弦圆柱　3—量块　4—底座　5—偏心锁紧器　7—挡板

单向正弦电磁夹具与正弦精密平口钳的区别仅在于用电磁吸盘代替平口钳装夹工件，这种夹具用于磨削工件的斜面，其最大的倾斜角度同样是45°，更适合磨削扁平工件。

2. 分度零件磨削夹具

常用的分度零件磨削夹具有正弦分中夹具、旋转夹具等。正弦分中夹具可磨削具有一个回转中心的凸圆弧面、多角体、分度槽等工件，如图2.46a所示。旋转夹具适于磨削以圆柱面定位并带有台肩的多角体、等分槽，以及带一个或两个凸圆柱的工件，如图2.46b所示。

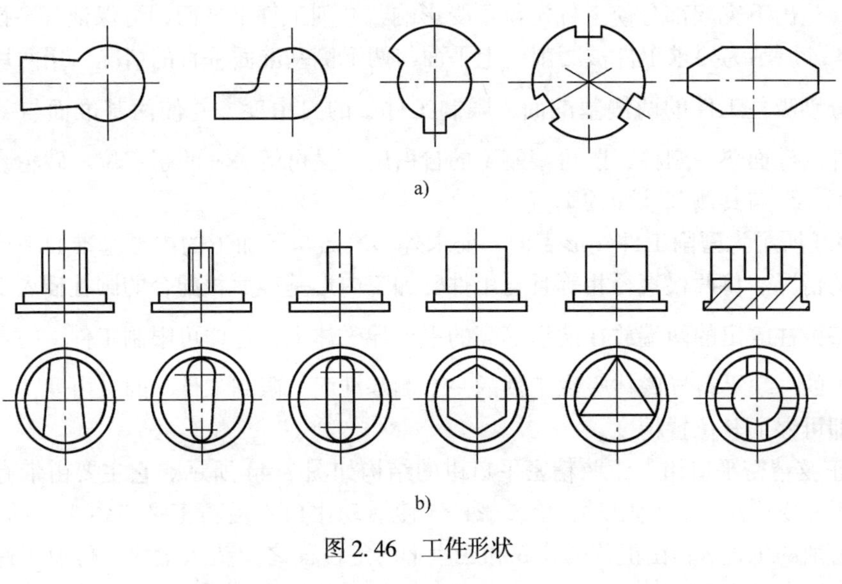

图2.46　工件形状

图2.47所示为旋转夹具结构示意图。旋转夹具的主轴一端装有正弦分度盘3，另一端装有滑板10，滑板上带有V形块6，工件的圆柱面在V形块上定位，通过旋转螺杆9调整工件的圆柱中心，使其与夹具主轴回转中心重合，钩形压板12和夹紧螺钉13是用来将工件夹紧固定在V形块上的。旋转正弦分度盘时，可利用定位块1、撞块2控制回转角度，从分度盘圆周的刻度上读得回转角度，或在正弦圆柱4与精密垫板5之间垫以一定尺寸的量块，以精确地获得所需的角度。

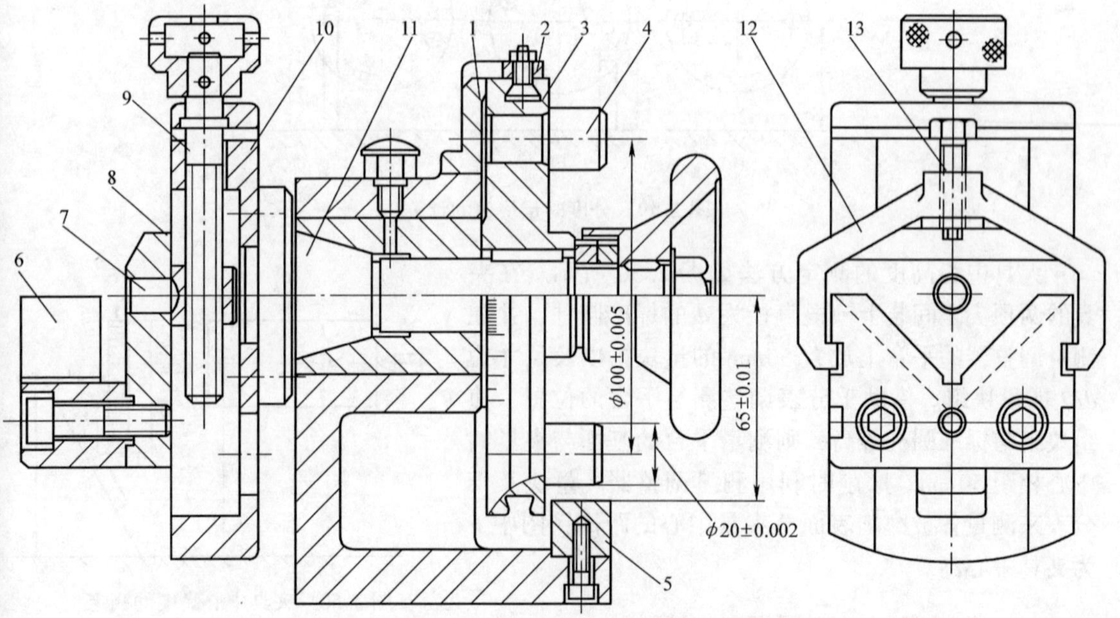

图2.47　旋转夹具结构示意图

1—定位块　2—撞块　3—正弦分度盘　4—正弦圆柱　5—精密垫板　6—V形块
7—螺母　8—滑座　9—螺杆　10—滑板　11—主轴　12—钩形压板　13—夹紧螺钉

工件圆柱中心与夹具中心的调整方法如图2.48所示。在图2.48a、b所示的两个位置，分别用千分表测量工件外圆柱面，根据两读数值之和的一半，调整V形块以达到两个中心重合，如图2.48c所示。当夹具需回转精确角度时，量块值的计算公式为（见图2.49）

$$H_1 = H_0 - L\sin\alpha - d/2$$

$$H_2 = H_0 + L\sin\alpha - d/2$$

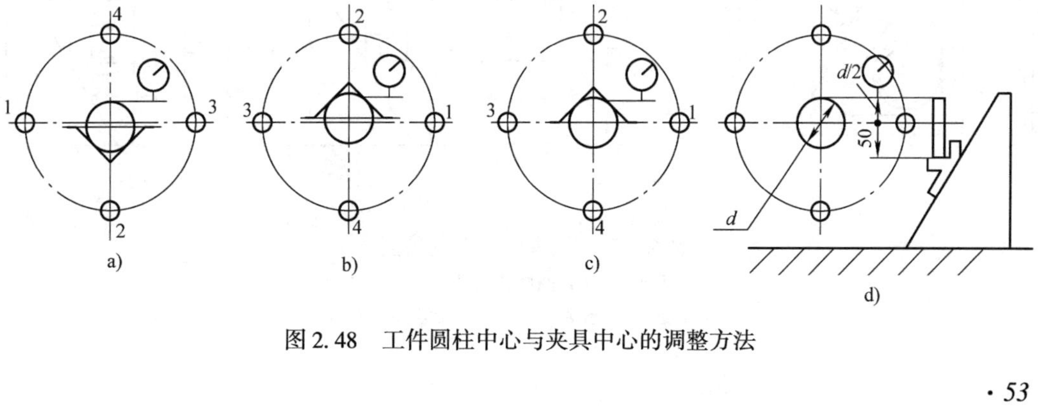

图2.48　工件圆柱中心与夹具中心的调整方法

式中　H_0——夹具主轴中心至精密垫板的距离；

L——夹具主轴中心至正弦圆柱中心的距离；

α——回转的角度；

d——正弦圆柱直径。

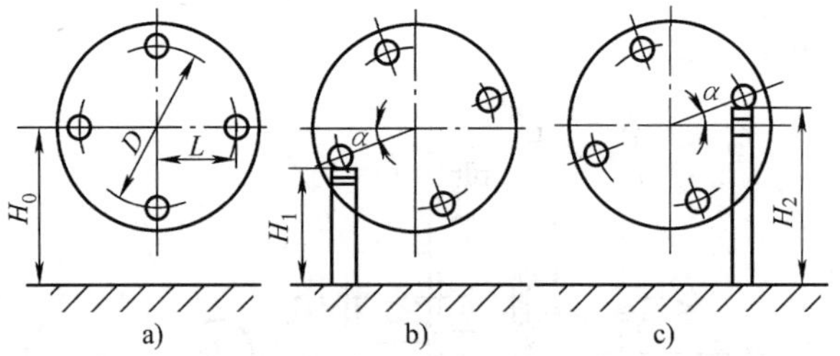

图 2.49　分度时量块值的计算

夹具中心高度的测定方法如图 2.50 所示。在夹具的两顶尖之间装上一根直径为 d 的标准圆柱，并在测量调整器的平台上放置 50mm 的量块，以及尺寸为 $d/2$ 的量块组。借助千分表调整测量平台的位置，使量块组与标准圆柱等高，则测量平台的基面与夹具的中心相距 50mm。磨削时利用测量调整器、量块及千分表来测量各被磨削表面至夹具中心的距离，图中 P 为夹具中心高。

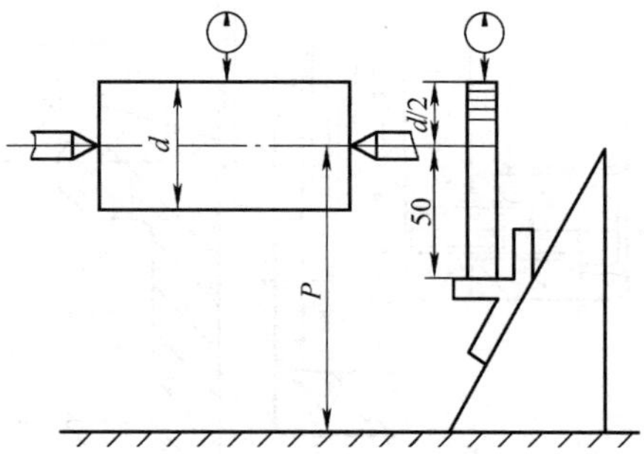

图 2.50　夹具中心高度的测定

2.3.4　成形磨削时测量调整工具

成形磨削工件时，被磨削表面的尺寸往往是利用测量调整器、量块和千分表等根据已测定出的夹具中心高进行比较测量。测量调整器的结构如图 2.51a 所示，主要由三角架 1、测量平台 2、滚花螺母 3 及螺钉 4 组成。测量时可在测量平台上垫放适量的量块，测量平台能沿着三角架斜面上的 T 形槽移动。当移动到测量位置时，利用滚花螺母及螺钉使其固定。为

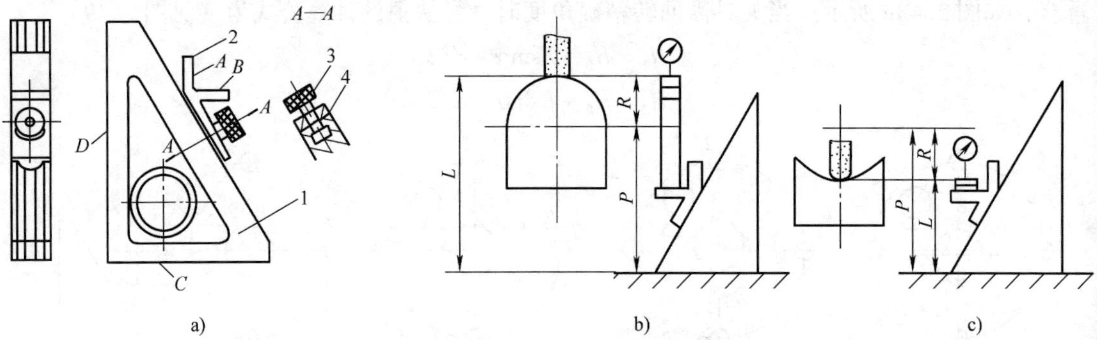

图 2.51　测量调整器作比较测量

a）测量调整器　b）凸圆弧测量　c）凹圆弧测量

1—三角架　2—测量平台　3—滚花螺母　4—螺钉

了保证测量精度，测量平台的 A、B 面必须与三角架的 C、D 面保持平行。

使用测量调整器、量块、千分表进行比较测量的方法是：首先在测量平台上垫放适量高度 P 的基础量块，然后调整测量平台的位置。通过千分表对工件基准面和基础量块上表面进行测量，使两者的高度相等。当工件被测表面高于其基准面时，在测量平台基础量块的上面再垫入量块组，使量块组上表面与被测表面千分表的读数相同。

磨削凸圆弧时，被加工表面的测量高度 $L=P+R$，如图 2.51b 所示；磨削凹圆弧时，被加工表面的测量高度 $L=P-R$，如图 2.51c 所示。

2.3.5　成形磨削实例

1. 单向正弦电磁夹具磨削实例

表 2.8 为电机硅钢片冲槽凸模分段磨削工艺过程。该工件是以单向正弦电磁夹具定位、夹紧，并配以成形砂轮，顺次、分段磨削各加工面以达设计要求。

表 2.8　电机硅钢片冲槽凸模分段磨削工艺过程

工件图、工艺尺寸图	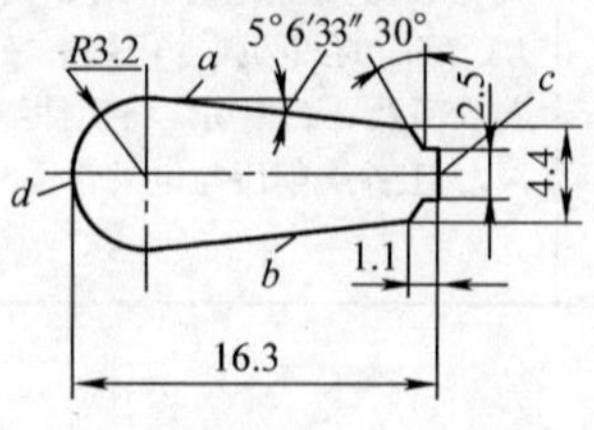 a)工件图 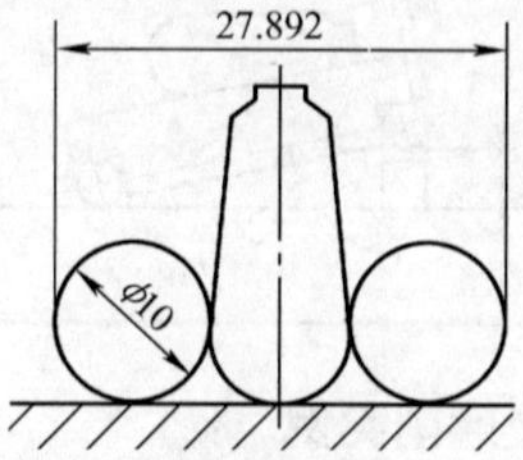 b)工艺尺寸图	
工　　序	磨削工艺过程	说　　明
1. 粗磨削 a、b 面	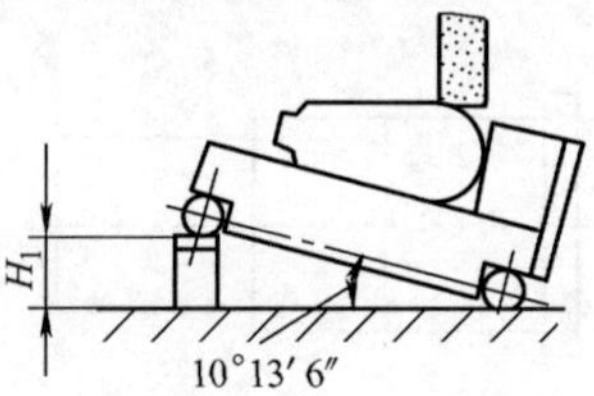	1. 以 a、b 面互为基准在电磁吸盘面上定位，使工件的 d 端在斜度为 5°6′33″导磁铁斜面上定位 2. 为磨出 a、b 斜面的角度 5°6′33″，垫入的量块值 $H_1=150\sin 10°13'6''\text{mm}=26.61\text{mm}$ 3. 反复磨削 a、b 面至粗磨的工序尺寸，并留精磨余量
2. 磨削 d 面	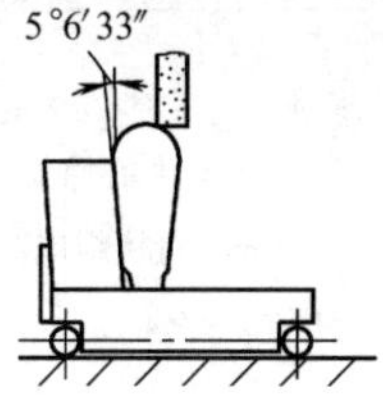	1. 在挡板处放置一端斜度为 5°6′33″的专用导磁铁，以工件的 a、b 面在导磁铁的斜面上定位，并以 c 面在吸盘面上定位 2. 磨削 d 面成一小平面
3. 磨削 c 面	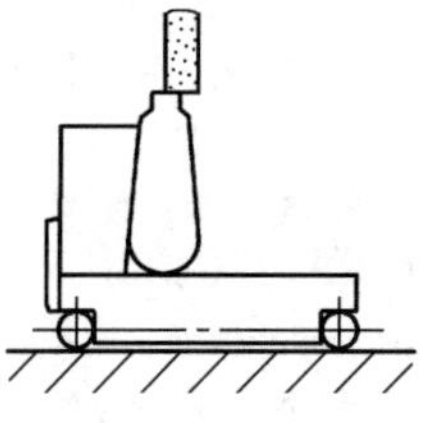	1. 将工序 2 的电磁铁倒置，工件的 a 或 b 面在其斜面上定位，并以 d 面在吸盘面上定位 2. 磨削 c 面达到工序尺寸 16.3mm

（续）

工　序	磨削工艺过程	说　明
4. 精磨 a、b 斜面	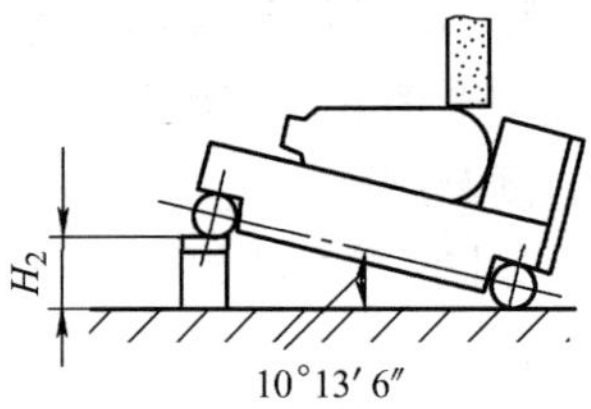	1. 以 a、b 面互为基准在电磁吸盘面上定位，使工件的 d 端在斜度为5°6′33″导磁铁斜面上定位 2. 为磨出 a、b 斜面的角度5°6′33″，垫入的量块值 $H_2=150\sin10°13'6''\text{mm}=26.61\text{mm}$ 3. 精磨 a、b 斜面 4. 用两根 ϕ10mm 圆柱辅助测量，达到尺寸27.892mm，如工艺尺寸图所示
5. 磨小台肩及斜面	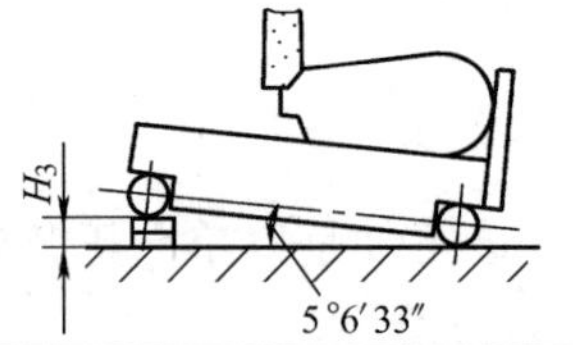	1. 为使工件的对称中心线置于水平位置，垫入的量块值 $H_3=150\sin5°6'33''\text{mm}=13.349\text{mm}$。将砂轮修整成0°与30°相交的斜面，用修整好的成形砂轮磨削两侧小台肩和30°斜面 2. 按零件图的尺寸，用光学投影仪进行测量
6. 磨削 R3.2mm 圆弧	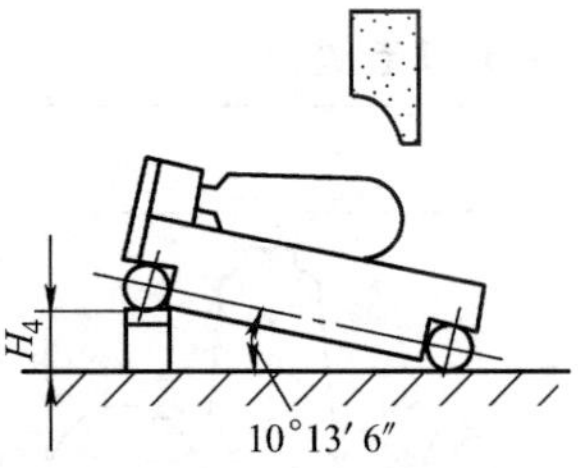	1. 垫入量块值 $H_4=150\sin10°13'6''\text{mm}=26.61\text{mm}$，以工件 a 面在吸盘面上定位，则 b 面处于水平位置。将砂轮修整成 R3.2mm 的凹圆弧，用修整好的成形砂轮磨削工件，至圆弧面与 b 面及 d 面相切。将工件翻置再磨削另一侧圆弧 2. 工件磨削后与电机转子凹模对合检查

2. 旋转夹具磨削实例

表2.9为一带台肩异型凸模磨削工艺过程，该凸模有两个凸圆弧及斜面。

表2.9　带台肩异型凸模磨削工艺过程

工件图	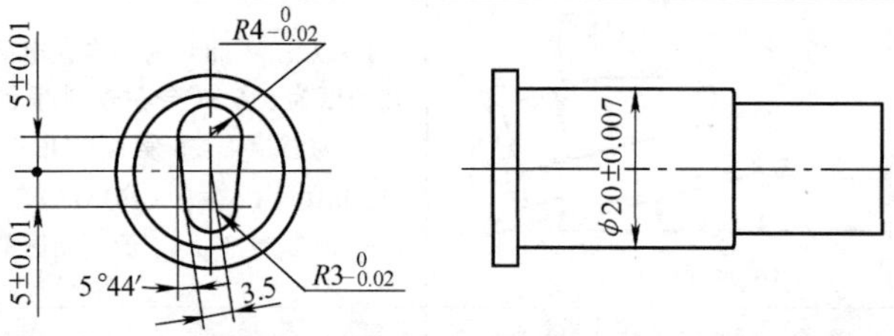	
工件的安装定位	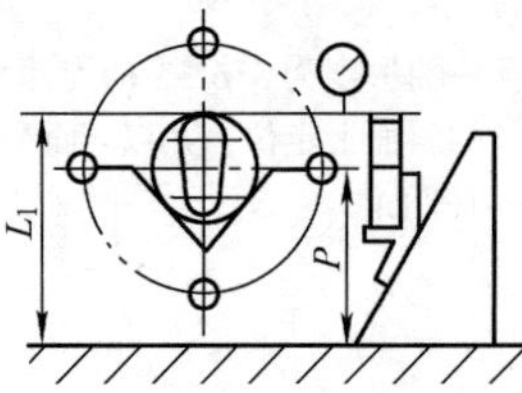	按示意图将工件定位装夹。工件以 ϕ20mm 外圆在V形块上定位，并调整工件外圆中心与夹具中心重合，测量夹具中心高度。使测量平台上垫放50mm + 10mm量块组的高度与工件 $\phi20^{+0.007}_{\ \ 0}$mm 外圆高度相等，即测量高度 $L_1=P+10\text{mm}$
工序1. 磨削两个5°44′斜面	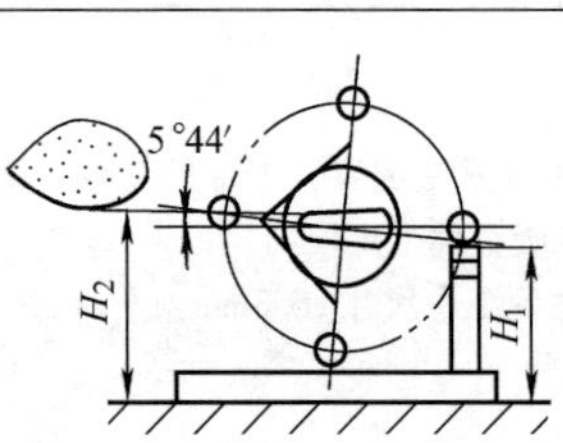	1. 在正弦圆柱与基准板之间垫入量块 $H_1=H_0-50\sin5°44'\text{mm}-10\text{mm}=H_0-14.99\text{mm}$，可使工件上两凸圆中心连线在水平的基础上倾斜5°44′的角度 2. 调整测量平台上的量块组，使其上表面高出夹具中心3.5mm，即测量高度 $L_2=P+3.5\text{mm}$ 3. 用砂轮的圆周磨削工件的斜面，磨至斜面的高度与量块组上表面高度相等。将工件调头磨削另一斜面，方法相同

（续）

调整工件位置	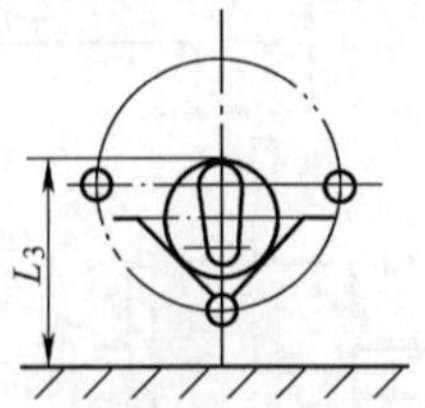	调整工件的位置如图所示。将工件两凸圆中心连线置于垂直，转动图 2.47 中的螺杆 9 使 V 形块带动工件下降，工件外圆的高度高出夹具中心 5mm，即测量高度 $L_3=P+5\text{mm}$，这时 $R4\text{mm}$ 凸圆弧中心与夹具中心重合
工序 2. 磨削 $R4\text{mm}$ 的凸圆弧	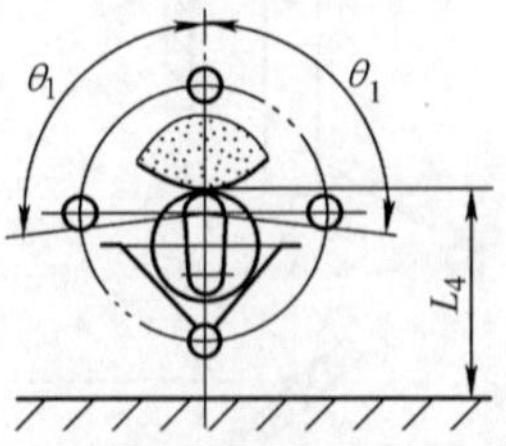	1. 调整测量平台上的量块组，使其上表面高出夹具中心 4mm，即测量高度 $L_4=P+4\text{mm}$，顺逆时针转动夹具主轴相同的角度 $\theta_1=90°+5°44'=95°44'$，如图所示 2. 用砂轮磨削工件凸圆弧，磨至凸圆弧边缘与量块组上表面高度相等
调整工件位置	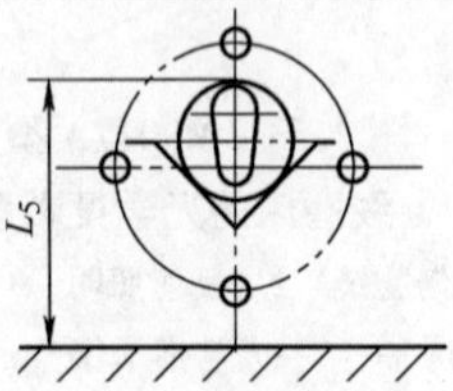	调整工件的位置如图所示。转动图 2.47 的螺杆 9 使 V 形块带着工件上升，至工件外圆的高度高出夹具中心 15mm，即测量高度 $L_5=P+15\text{mm}$，这时 $R3\text{mm}$ 凸圆弧中心与夹具中心重合
工序 3. 磨削 $R3\text{mm}$ 凸圆弧	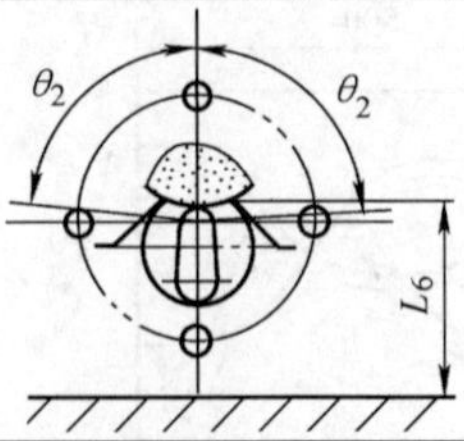	1. 将工件翻转 180°调整测量平台上的量块组，使其上表面高出夹具中心 3mm，即测量高度 $L_6=P+3\text{mm}$，顺、逆时针转动夹具主轴相同的角度 $\theta_2=90°-5°44'=84°16'$，如图所示 2. 用砂轮磨削工件凸圆弧至半径为 $R3\text{mm}$

2.3.6　光学曲线磨削

1. 光学曲线磨削原理与方法

（1）磨削原理与磨床组成　采用成形磨削夹具进行成形磨削时，需进行工艺设计、工艺计算，绘制工艺尺寸图，并需使用测量调整器、量块和千分表对工件各加工面与加工基准进行比较测量，调整工件各加工面与基准到位。采用光学曲线磨床磨削，可降低人工操作对加工精度的影响，能较直观地进行成形零件的磨削成形，简化了操作过程。

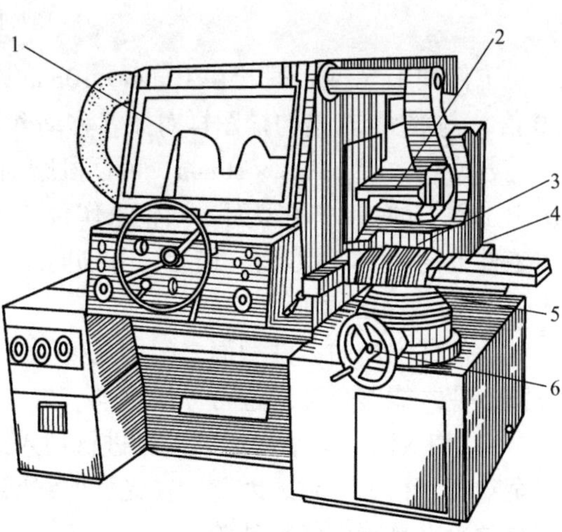

图 2.52　光学曲线磨床

1—投影屏幕　2—砂轮架　3、5、6—手柄　4—工作台

光学曲线磨床由两部分组成，如图 2.52 所示。

1）光学投影系统。包括由放大镜、成像系统等组成的投影放大系统，以及由透射照明和反射照明等组成照明系统。光学投影系统如图 2.53 所示。

2）工件装夹与磨削装置。包括床身、工作台、砂轮架，以及手柄等传动与操作机构，工作台可作纵、横、垂直升降和回转运动，主要用于调整工件加工面的位置；砂轮架也有纵、横滑板，用以实现磨削进给运动。

（2）磨削方法

1）轨迹法。光学曲线磨床主要是采用砂轮沿工件加工（型）面连续展成磨削成形。其工艺过程为：将工件的型面放大50倍，采用精密绘图机绘制在“描图样”上，并夹在投影屏幕上。M9017A型光学曲线磨床的投影屏幕尺寸为500mm×500mm，因此，其上只能看到小于10mm×10mm的工件加工（型）面的轮廓。若工件尺寸超过此范围，可对型面进行分段，如每段均放大50倍，并重叠绘制在同一幅描图样上（见图2.54），并夹在投影屏幕上。

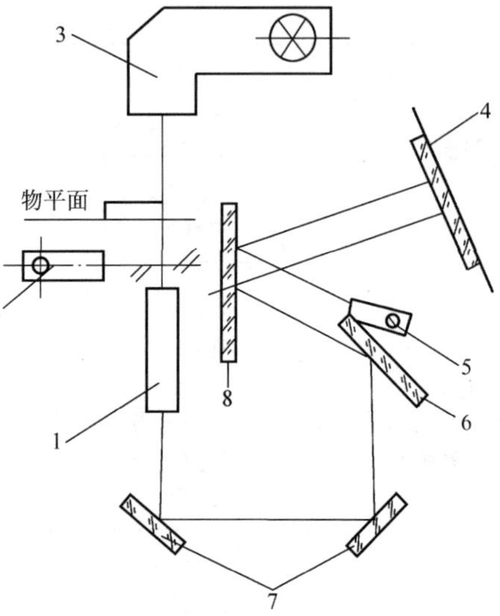

图2.53　M9017A型光学曲线磨床的光学投影系统
1—50倍物镜　2—反射照明　3—透射照明　4—投影屏幕　5—光学指示仪　6、7、8—反射镜

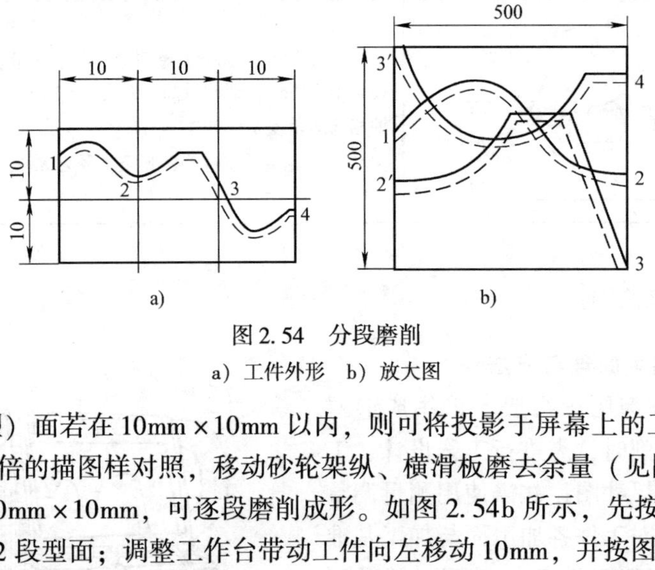

图2.54　分段磨削
a）工件外形　b）放大图

工件加工（型）面若在10mm×10mm以内，则可将投影于屏幕上的工件型面（也放大50倍）与放大50倍的描图样对照，移动砂轮架纵、横滑板磨去余量（见图2.54a中虚线）。

若型面大于10mm×10mm，可逐段磨削成形。如图2.54b所示，先按图中1~2段曲线磨出工件上的1~2段型面；调整工作台带动工件向左移动10mm，并按图中2′~3段曲线磨出工件上的2~3段型面；最后，分别向左、向上移动工件10mm，按图中3′~4段曲线磨出工件上的3~4段型面。

为使磨削出的工件型面之间能光整、平滑、精确地连接，常按几何元素对工件型面进行分割，使之能够合理地进行分段磨削。

2）切入法。即采用成形砂轮进行切入式磨削，成形砂轮的型面须与工件加工（型）面完全吻合、精确一致。因此，在光学曲线磨床上采用切入法磨削工件时首先需使用金刚石和修整砂轮夹具精密修整砂轮。

2. 光学曲线磨削的工艺方法

光学曲线磨削应用于精密、小型冲裁模的凸模与凹模拼块的精密成形磨削加工；可用于平面、圆弧面或非圆弧面成形磨削加工。

光学曲线磨削的尺寸精度≤0.01mm；磨削型面的表面粗糙度 $Ra0.8 \sim 1.6\mu m$。因此，提高光学曲线磨削的加工精度和表面质量以适应精密冲模的更高要求，非常必要。其具体工艺措施如下：

(1) 绘制放大图时，比例和尺寸尽可能精确　线条应很细，一般需在精密绘图机上进行，线宽为0.05~0.08mm，手工绘制时，则为0.1~0.2mm。同时，绘制放大图的材料要求受空气温度变化的影响小，变形小，图形精度高；牢固、易于保存。表2.10为常用绘制放大图的材料与性能比较。

表2.10　常用绘制放大图的材料与性能比较

材　质	绘制方法	使用效果
优质描图纸	用墨汁或优质铅笔绘制	随空气温度化有涨缩，尺寸精度不高，适于一次性使用
涤纶薄膜（厚0.125mm）	采用绘图刀划线后涂色，精度高	受空气温度变化影响小，薄膜有一定牢度，易于收藏，可多次使用
有机玻璃薄板	材料表面需打毛，可绘制或在样板铣床上刻画	变形小，精度高，但成本也高

(2) 工件装夹、定位方法和顺序

1）将放大图的十字中心线对准机床投影屏幕上的中心标记，表明十字中心线已与机床工作台的纵、横运动方向平行。

2）将装夹工件的专用夹具的测量棱边精确对准放大图的十字中心线或分割线。

3）当工件尺寸小于10mm×10mm时，直接用工件外形精确对准放大图基准线进行定位。

4）当工件尺寸大，需分段磨削时，工件的定位方法与顺序如图2.55所示，先使工件上的拼合面 b 对准放大图上的拼合线 b'；然后，移动工作台，使工件外形基准面 a 对准放大图上中心线 a'；再将尺寸为 A 的量块垫入机床纵向滑板，以控制机床纵向的移动距离。

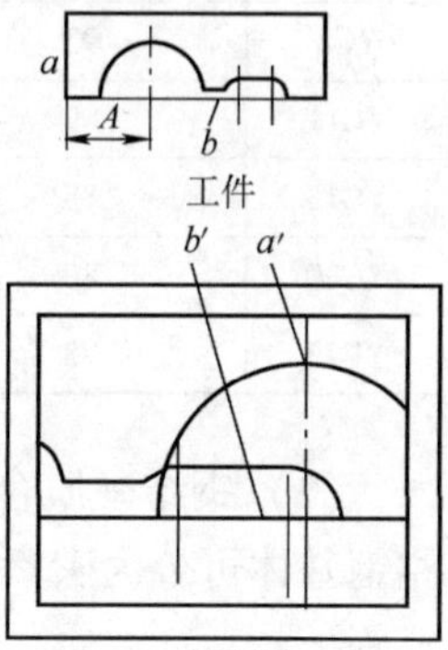

图2.55　分段磨削时工件的定位找正

(3) 光学曲线磨削的工艺条件　工艺条件包括正确选择砂轮与砂轮的尺寸，精密修整砂轮形状，合理选择磨削用量更是保证磨削精度与表面质量的重要工艺条件。

1）精密修整砂轮形状。粗磨时的修整用量可按砂轮粒度大小确定：F100砂轮为0.14mm/r，F180砂轮为0.08mm/r。精磨时的修整用量一般为0.04mm/r。

2）光学曲线磨削的磨削用量见表2.11。

表2.11　磨削用量

磨削用量	砂轮架滑板往复速度/（次/min）	单斜面滑板纵向进给速度/（mm/s）	滑板纵、横向复合速度/（mm/s）	背吃刀量/mm
粗磨	85	0.6	0.03~0.08	0.02
精磨	45	0.03~0.16	0.0016~0.005	0.003~0.005

2.3.7　高硬材料精密零件的成形磨削

1. 模具常用的高硬材料及其性能

为提高冲模使用寿命和性能，常使用硬质合金或钢结硬质合金等硬度高、耐磨性能好的高硬材料来制造。由于这些高硬材料加工比较困难，一般用于制造寿命特高、刃磨寿命达100万次或以上的冲模凸模和凹模拼块。如电机定子、转子硅钢片凸模与凹模拼块常采用硬质合金进行制造，其总寿命可达8000万~10000万次。其加工方法为：

1）采用粉末冶金法，使其基本成形；然后采用粗、精磨削成形。

2）采用电火花线切割成形，留精密磨削余量，最终采用精密磨削成形。

（1）硬质合金分类与性能　模具常用硬质合金主要为钨、钴类合金，其中钴的质量分数为5%~25%。冲裁模凸、凹模常用YG15、YG20。常用硬质合金性能与用途见表2.12。

硬质合金性能：

1）硬度高、耐磨性好，在较高温度下仍能保持高硬度和高耐磨性。

2）抗压强度比钢高5~6倍；常温下抗压强度高达6000MPa，但冲击韧度低。

3）不需进行热处理，没有热处理变形。但硬质合金加工成形难度大。

表2.12　常用硬质合金性能与用途

牌　号	成分（质量分数,%）		物理、力学性能		用　途
	WC	Co	抗弯强度/MPa	硬度　HRA（相当HRC）	
YG6	94	6	≥1400	89.5（>72）	简单成形
YG8	92	8	≥1500	89（72）	成形、拉伸
YG11	89	11	≥1800	88（>69）	拉伸
YG15	85	15	≥1900	87（69）	拉伸、冲裁、冷挤
YG20	80	20	≥2600	85.5（>65）	冲裁、冷挤、冷镦
YG25	75	25	≥2700	85（65）	

（2）钢结硬质合金分类与性能　钢结硬质合金按硬质相可分为WC和TiC两类；按粘结相钢基体可分为碳素工具钢或合金工具钢钢结硬质合金、高速钢硬质合金、不锈钢硬质合金等。

碳素工具钢或合金工具钢钢结硬质合金常用于制造冲裁模、拉伸模、切边模和冷挤压模的凸、凹模。高速钢硬质合金的性能介于硬质合金与高速工具钢之间，在模具生产中有广泛应用。不锈钢硬质合金，则具有耐腐蚀性和耐磨性。钢结硬质合金的牌号及力学性能见表2.13。

钢结硬质合金是采用粉末冶金法将粉末模压、烧结而成的。其性能界于硬质合金与粘结相材料之间；其硬度、耐磨性、刚性比碳素工具钢、高速铜、合金工具钢、不锈钢等要高很多；其冲击韧度则比硬质合金高。

钢结硬质合金退火状态的硬度为35~46HRC，可采用普通加工方法成形。所以，其切割性能比硬质合金要好得多。钢结硬质合金与其他模具钢一样需进行热处理，但其热处理变形很小。该材料还具有一定的可锻性与冷塑性变形的性能。

表2.13 钢结硬质合金的牌号及力学性能

合金牌号	硬质相种类及质量分数	硬度 HRC		抗弯强度/MPa	冲击韧度/(J/cm^2)	密度/(g/cm^3)
		加工态	使用态			
DT	WC，40%	32~38	61~64	2500~3600	18~25	9.8
TLMW50	WC，50%	35~42	66~68	2000	8~10	10.2
GW50	WC，50%	35~42	66~68	1800	12	10.2
GW40	WC，40%	34~40	63~64	2600	9	9.8
GJW50	WC，50%	34~38	65~66	2000	7	10.2
GT33	TiC，33%	38~45	67~69	1400	4	6.5
GT35	TiC，35%	39~46	67~69	1400~1800	6	6.5
TW6	TiC，25%	35~38	65	2000		6.6
GTN	TiC，25%	32~36	64~68	1800~2400	8~10	6.7

2. 模具常用的高硬材料成型件的成形磨削

（1）硬质合金凸、凹模的成形磨削

1）间断磨削。磨削硬质合金用的砂轮磨料应具有很高的强度，否则会很快磨钝。但是，一般砂轮用的磨料在磨削硬质合金时，多易很快钝化，且自砺性差，钝化的砂粒难以自动脱落，则在磨削过程中，会在砂轮与加工表面之间产生剧烈摩擦，而引发瞬间高温，温度可达1000℃以上，从而使硬质合金表面产生裂纹。因此，磨削时常采用绿色碳化硅砂轮，并在圆周上加工具有一定尺寸、角度和数量的凹槽，进行间断式磨削，可提高砂轮的自砺性。凹槽的尺寸和数量可参见有关的设计手册。

2）金刚石砂轮磨削。金刚石砂轮由磨料层、过渡层和基体三部分组成。基体材料随结合剂不同而采用不同材料。当采用金属结合剂时，其基体为钢或铜合金；采用树脂结合剂时，其基体为铝、铝合金或电木；采用陶瓷结合剂时，其基体则采用陶瓷。

采用金刚石砂轮成形磨削有两种方式：一是将金刚石砂轮装在磨床的磨头上，采用展成法或轨迹法进行磨削；二是将金刚石砂轮压制成形，使其与工件形状、尺寸相吻合，采用仿形法或切入法进行磨削。

工件成形磨削前的工序件一般采用电火花线切割加工，并留一定的磨削余量。

金刚石砂轮磨削转子槽孔实例见表2.14。

（2）钢结硬质合金凸、凹模的成形磨削　由于钢结硬质合金退火状态的硬度仅为35~46HRC，因此，钢结硬质合金凸、凹模的精加工毛坯，除采用电火花线切割加工外还可采用机械加工制造。

钢结硬质合金经淬火、回火后，其硬度很高，接近硬质合金。因此，其磨削方式和磨削工艺条件（磨削用量）均与磨削硬质合金凸模与凹模拼块相同，但其磨削余量可选用较大值，一般可选0.06~0.1mm。

若凸、凹模精度和使用性能要求较低，则可在退火状态下进行成形磨削。淬火后，进行研磨成形也可以。磨削用的砂轮，亦可为白刚玉、碳化硅、碳化硼等。采用金刚石砂轮时，则与硬质合金磨削工艺相同。

表2.14　金刚石砂轮磨削转子槽孔实例

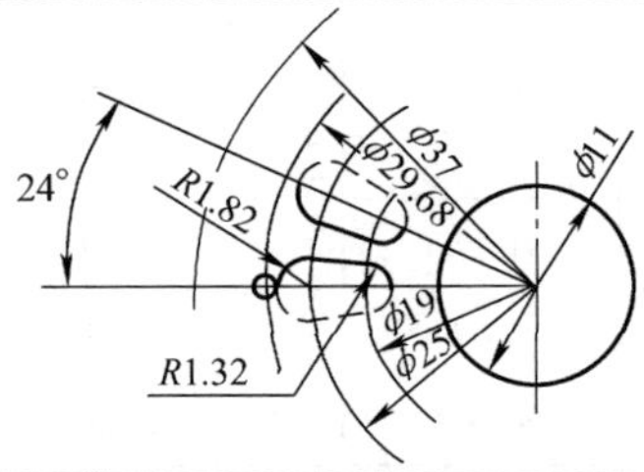

工　序	简　图	设备名称	工　具	备　注
1	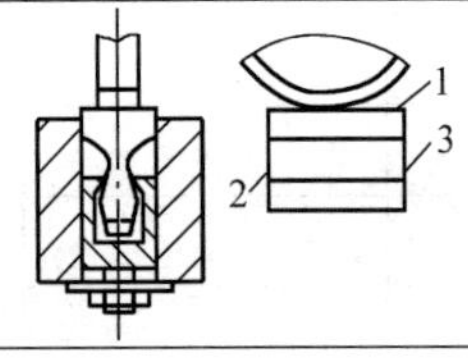	平面磨床	金刚石砂轮	磨削平面1和两端面2、3 磨削用量 磨削速度：30m/s 进给速度：2m/min 背吃刀量：0.02mm
2	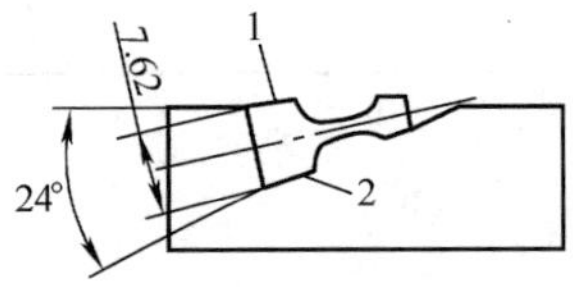	平面磨床	金刚石砂轮	磨削平面1、2，检验尺寸7.62mm和24° 磨削用量 磨削速度：30m/s 进给速度：2m/min 背吃刀量：0.02mm
3	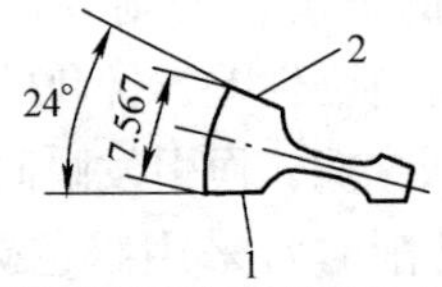	平面磨床	碳化硼磨料	研磨平面1、2，检验尺寸7.567mm和24°
4	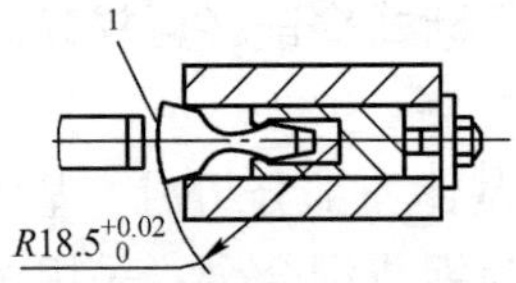	光学曲线磨床（放大倍数：50:1）	金刚石砂轮夹具	磨削表面1 磨削用量 磨削速度：30m/s 手进给 背吃刀量：0.02mm
5	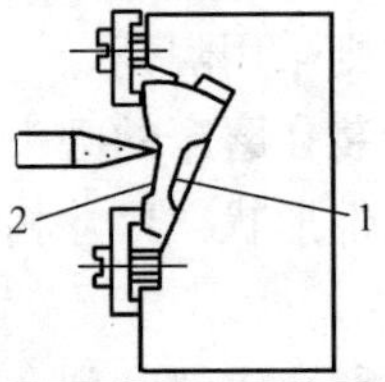	光学曲线磨床（放大倍数：50:1）	金刚石砂轮	磨槽面1、2

思考题与习题

1. 在模具加工中，制订模具零件工艺规程的主要依据是什么？
2. 在导柱的加工过程中，为什么粗（半精）、精加工都采用中心孔作定位基准？
3. 导柱在磨削外圆柱面之前，为什么要先修正中心孔？
4. 拟出图2.56所示的导柱的工艺路线，并选择相应的机械加工设备。
5. 加工导套时，怎样保证配合表面间的位置精度要求？
6. 在机械加工中，非圆形凸模的粗（半精）、精加工可采用哪些方法？试比较这些加工方法的优缺点。
7. 成形磨削适于加工哪些模具零件？主要的磨削加工方法有哪些？
8. 对具有圆形型孔的多型孔凹模，在机械加工时怎样保证各型孔间的位置精度？
9. 对具有非圆形型孔的凹模和型腔，在机械加工时常采用哪些方法？试比较其优缺点。

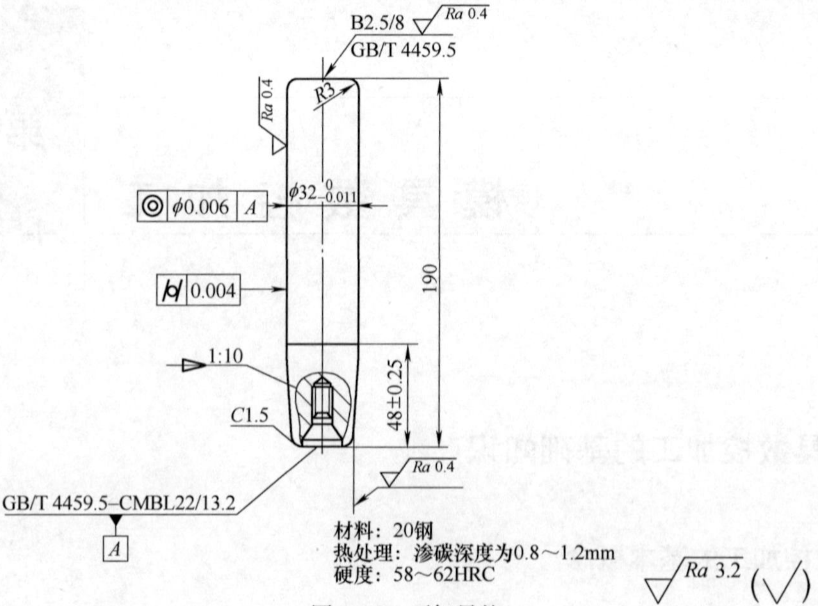

图 2.56　可卸导柱

10. 拟出图 2.57 所示的凸模和凹模的加工工艺路线，并选择相应的加工设备。

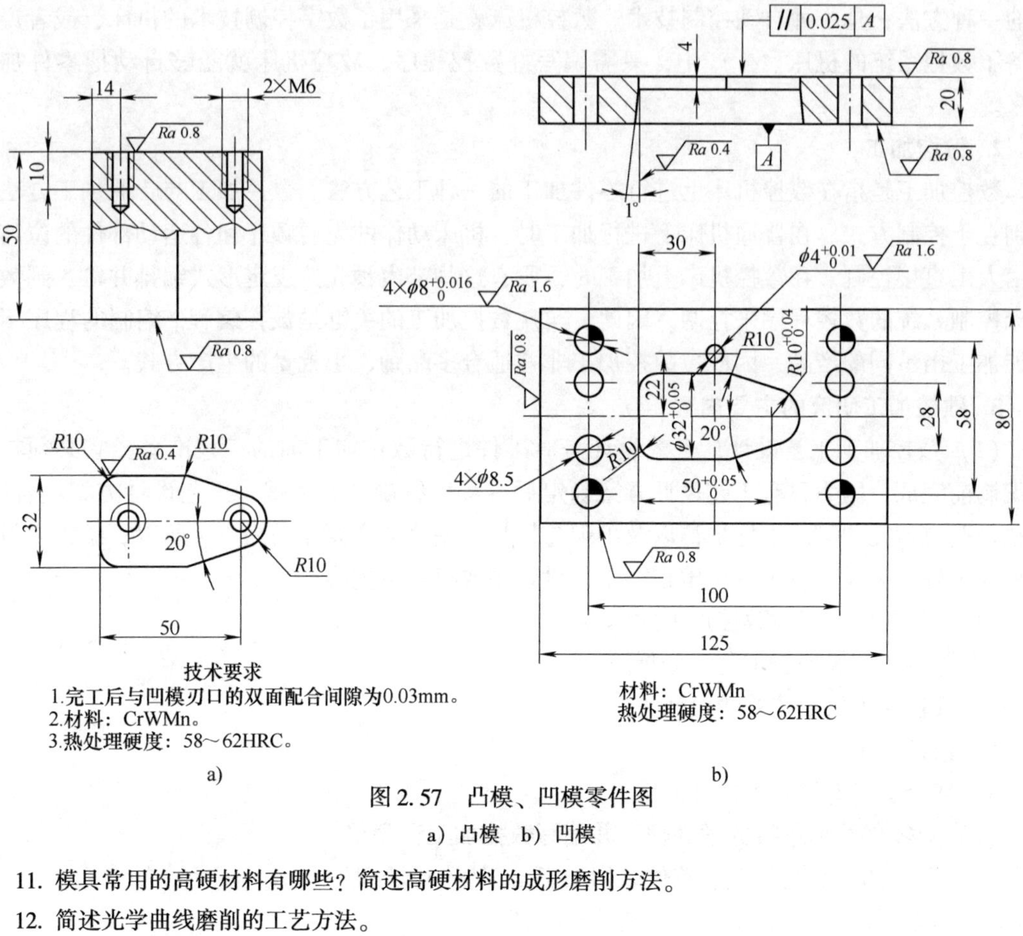

图 2.57　凸模、凹模零件图

a）凸模　b）凹模

11. 模具常用的高硬材料有哪些？简述高硬材料的成形磨削方法。

12. 简述光学曲线磨削的工艺方法。

第3章 模具数控加工

3.1 模具数控加工的基础知识

3.1.1 数控加工的基本概念

1. 数控与数控机床

数字控制（Numerical Control，NC）是用数字化信号对机床的运动及其加工过程进行控制的一种方法，是一种自动控制技术。数控机床就是采用了数字控制技术的机床，或者说是装备了数控系统的机床。生产中，只需编写好数控程序，数控机床就能够自动把零件加工出来。

2. 数控加工

数控加工是指在数控机床上进行零件加工的一种工艺方法。数控加工与普通加工方法的区别在于控制方式。在普通机床上进行加工时，机床动作的先后顺序和各运动部件的位移都是由人工直接控制。在数控机床上加工时，所有这些都由预先按规定形式编排并输入到数控机床控制系统的数控程序来控制。因此，实现数控加工的关键是数控编程。编制的程序不同就能加工出不同的产品，因此，数控加工非常适合多品种、小批量的生产方式。

3. 数控加工研究的主要内容

（1）数控加工工艺设计　工艺设计是对工件进行数控加工前的工艺准备，它必须在程序编制前完成，因为只有工艺设计方案确定后，程序编制才有依据。工艺设计方案不合理，往往是造成数控加工成本增加，以及出现数控加工差错的主要原因之一。所以，编程人员一定要先做好工艺设计，再考虑编程。工艺设计主要有以下内容：

1）选择并确定工件数控加工的内容。

2）零件的数控加工工艺性分析。

3）数控加工的工艺路线设计。

4）数控加工的工序设计。

5）数控加工专用技术文件的编写。

（2）对零件图形进行数学处理，并编写数控加工程序单

（3）程序的校验与修改、首件试切加工与现场问题处理

（4）数控加工工艺技术文件的整理与归档

3.1.2 数控机床的工作原理与分类

1. 数控机床的工作原理

数控机床加工工件时，首先要根据工件的图样与工艺方案，按规定的代码和程序格式编写工件的加工程序单，这是数控机床的工作指令。加工程序通过控制介质输入到数控装置，并由数控装置译码、寄存和运算之后，向机床各个被控量发出信号，控制机床主运动的变速、起停，进给运动的方向、速度和位移量，刀具选择交换，工件夹紧松开，以及切削液的开、关等动作，使刀具、工件及其他辅助装置严格地按照加工程序规定的顺序、轨迹和参数进行工作，从而加工出符合要求的工件。

2. 数控机床的组成

数控机床主要由控制介质、数控装置、伺服系统和机床本体等四部分组成，如图3.1所示。

(1) 控制介质　控制介质是用于记载各种加工信息（如工件加工工艺过程、工艺参数和位移数据等）的媒体，经输入装置将加工信息送达数控装置。常用的控制介质有标准的纸带、磁带和磁盘，还可以用手动方式（MDI方式）或用与上一级计算机通信方式将加工程序输入CNC装置。

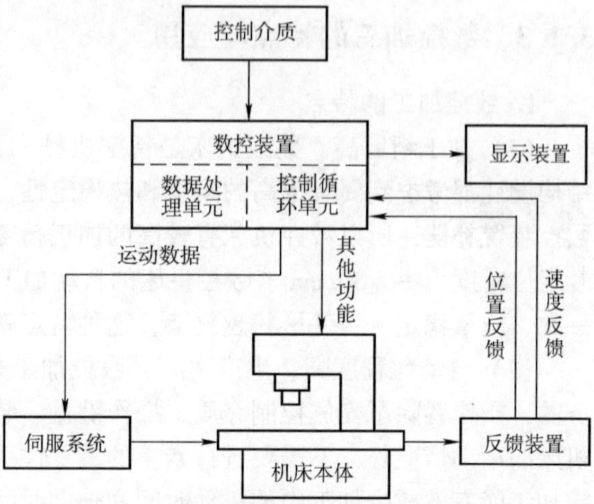

图3.1　数控机床的组成

(2) 数控装置　数控装置是数控机床的核心，其功能是接受输入装置输入的加工信息，经过数控装置的系统软件或逻辑电路进行译码、运算和逻辑处理之后，发出相应的脉冲给伺服系统，通过伺服系统控制机床的各个运动部件按规定要求动作。

(3) 伺服系统　伺服系统由伺服驱动电动机和伺服驱动装置组成，是数控系统的执行部分。机床上的执行部件和机械传动部件组成数控机床的进给伺服系统和主轴伺服系统，根据数控装置的指令，前者控制机床各轴的切削进给运动，后者控制机床主轴的旋转运动。伺服系统有开环、闭环和半闭环之分，如图3.2所示。闭环和半闭环伺服系统中，还需配有检测装置，用于进行位置检测和速度检测。

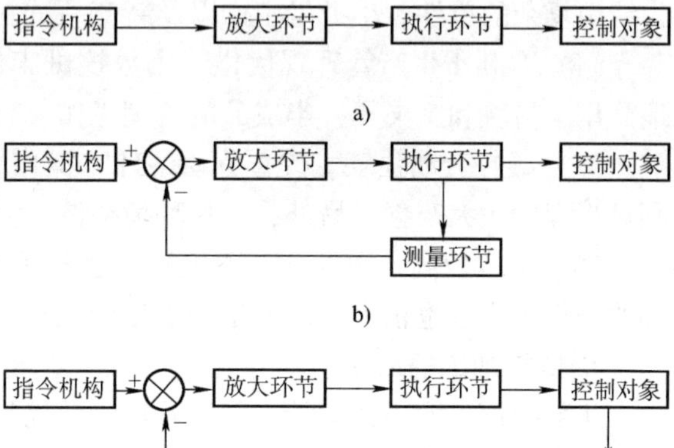

图3.2　开环、闭环和半闭环

a) 开环　b) 半闭环　c) 闭环

(4) 机床本体　数控机床的本体包括主运动部件，进给运动部件，如工作台、刀架，传动部件，以及床身立柱等支撑部件，此外还有冷却、润滑、转位、夹紧等辅助装置。对加工中心类的数控机床，还有存放刀具的刀库、交换刀具的机械手等部件。

3. 数控机床的分类

常见的数控机床的分类方法有：按机械运动的轨迹可分为点位控制系统、直线控制系统和轮廓控制系统；按伺服系统的类型可分为开环控制系统、闭环控制系统和半闭环控制系统；按可控制的坐标轴数可分为两坐标数控机床、三坐标数控机床和多坐标数控机床。

但从用户角度考虑，按机床加工方式或能够完成的主要加工工序来分类更为合适。按照数控机床的加工方式，可以分成以下几类：

（1）金属切削类数控机床　有数控车床、数控铣床、数控钻床、数控镗床、数控磨床、数控齿轮加工机床和加工中心等。

（2）金属成形类数控机床　有数控折弯机、数控弯管机、数控冲床、数控旋压机等。

（3）特种加工类数控机床　有数控电火花线切割机床、数控电火花成形机床，以及数控激光切割焊接机等。

3.1.3 数控加工的特点与应用

1. 数控加工的特点

（1）加工精度高　数控机床是精密机械和自动化技术的综合，所以机床的传动精度与结构设计都考虑到要有很高的刚度和热稳定性，它的传动机构采用了减小误差的措施，并由数控装置补偿，所以数控机床有较高的加工精度。数控机床的定位精度可达 ±0.005mm，重复定位精度为 ±0.002mm。数控机床的自动加工方式还可以避免人为操作误差，使工件尺寸一致、质量稳定。工件形状越复杂，这种特点就越显著。

（2）自动化程度高、生产率高　数控加工是按预先编好的程序自动完成工件的加工任务的，操作者除了安放控制介质、操作键盘、装卸工件、进行关键工序的中间测量以及观察机床的运动情况外，不需要进行繁重的重复性手工操作，因此自动化程度很高。而且由于数控加工能有效减少加工中的机动时间和辅助时间，生产率比普通机床高很多。

（3）适应性强　当工件改变时，只需更换加工程序，就可实现对新工件的自动加工，为结构复杂的单件、小批量生产以及新产品试制提供了极大的便利。

（4）有利于生产管理现代化　用数控机床加工工件，能准确地计算加工工时，并有效地简化了检验和工夹具、半成品的管理工作，有利于生产管理现代化。

（5）减轻劳动强度、改善劳动条件　操作者不需繁重而又重复的手工操作，劳动强度和紧张程度大大改善。另外，工作环境整洁，劳动条件得到改善。

（6）成本较高　数控加工不仅初始投入资金大（数控设备及计算机系统），而且复杂零件的编程工作量也很大，从而增加了生产成本。

2. 数控加工的应用

从数控加工的一系列特点可以看出，数控加工具有一般机械加工所不具备的许多优点，其应用范围不断扩大。数控加工适合加工多品种、中小批量以及结构形状复杂、加工精度要求高的零件。特别是零件频繁变化的模具生产，越来越多地采用了数控加工技术。尽管如此，由于各自的特点数控加工并不能完全代替普通机床加工。

3. 数控加工技术的发展

数控加工技术是综合运用了微电子、计算机、自动控制、自动检测和精密机械等多学科的最新技术成果而发展起来的，它的诞生和发展标志着机械制造业进入了数字化的新时代。

为了满足社会经济发展和科技发展的需要，数控加工技术正朝着高精度、高速度、高可靠性、多功能、智能化及开放性的方向发展。

3.2　数控机床加工的编程基础

3.2.1　程序编制的基本方法

1. 程序编制的基本步骤与方法

程序编制是指从零件图样到制成控制介质的过程。程序编制的步骤如图3.3所示。

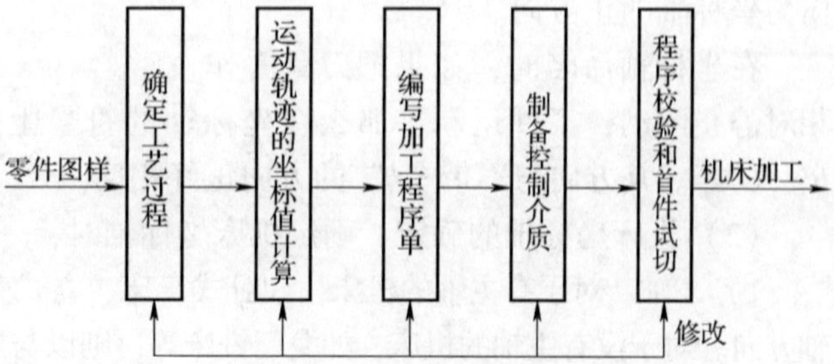

图3.3　程序编制的步骤

(1) 确定工艺过程　选择适合数控加工的工件，确定合理的数控加工工艺是提高数控加工技术经济效果的首要因素。在制订加工工艺时，应根据工件的形状、技术条件、毛坯及工艺方案等进行详细分析，从而确定加工方法、定位夹紧方法及工步顺序，并合理选用机床、刀具及切削条件等。

(2) 运动轨迹的坐标值计算　根据工件的几何尺寸、进给路径以及坐标系计算粗加工和精加工时的各运动轨迹坐标值。如运动轨迹的起点和终点、圆弧的圆心等坐标尺寸；对圆形刀具，还要注意计算刀心运动轨迹的坐标；对非圆曲线，必须计算逼近线段的交点坐标值，并限制在允许误差范围内。

(3) 编写加工程序单　根据计算出的运动轨迹坐标值和已确定的加工顺序、刀号、切削参数及辅助动作，按照数控装置规定使用的功能指令代码及程序格式，逐段编写加工程序单。在程序段之前加上程序的顺序号，在其后加上程序段结束符号。此外，还应附上必要的加工示意图、刀具布置图、机床调整卡、工序卡，以及必要说明（如工件名称、程序号、机床型号等）。

(4) 制备控制介质　加工程序单只是程序设计完成后的文字记录，还必须将程序单的内容制成穿孔纸带或磁盘等控制介质，作为数控装置的输入信息。

(5) 程序校验和首件试切　加工程序单和所制备的控制介质必须经过校验和试切削才能正式使用。一般是将控制介质上的内容输入到CNC装置进行机床的空转检查，在有CRT屏幕图形显示的数控机床上用图形模拟刀具相对工件的运动则更为方便。为了确保工件的加工质量，必要时要用首件试切的方法进行实际切削检查。

2. 数控机床的坐标系

统一规定数控机床坐标轴名称及其运动的正负方向，是为了使所编程序对于同类型机床有互换性，同时也使程序编制更简便。国际标准化组织已经统一了标准的坐标系ISO411，我国JB/T 3051—1999《数控机床　坐标和运动方向的命名》标准与之等效。

(1) 坐标轴的命名　标准的坐标系（又称基本坐标系）采用右手直角笛卡儿坐标系，如图3.4所示。

机床的主要导轨与笛卡儿坐标系的各个坐标轴相平行。*X*、*Y*、*Z* 轴的关系及其正方向用右手定则判定，围绕 X、Y、Z 各轴（或与 X、Y、Z 各轴相平行的直线）回转的运动及其正方向 +A、+B、+C 用右手螺旋定则确定。

通常，在坐标命名或编程时，不论机床加工中是刀具移动还是工件移动，都一律假定工件相对静止不动，而刀具在移动，并同时规定刀具远离工件的方向为坐标轴的正方向。

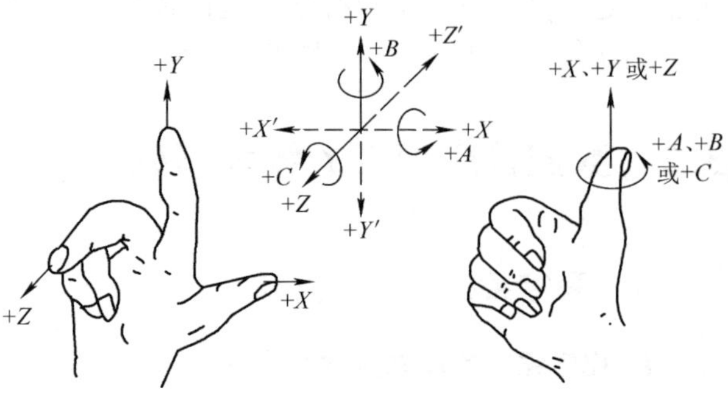

图 3.4　右手直角笛卡儿坐标系

在坐标轴命名时，如果把刀具看作相对静止不动，工件运动，那么在坐标轴的符号上应加注标记“′”，如 X′、Y′、Z′、A′、B′、C′等。其方向与不带“′”的方向正好相反。

（2）机床坐标轴的确定　确定机床坐标轴时，一般是先确定 Z 轴，再确定 X 轴和 Y 轴。

1）Z 轴。对于有主轴的机床，如卧式车床、立式升降台铣床等，是以主轴轴线方向作为 Z 轴方向。对于没有主轴的机床，如龙门铣床等，则以与装夹工件的工作台面相垂直的方向作为 Z 轴方向。如果机床有几根主轴，则选择其中一个与工作台面相垂直的主轴为主要主轴，并以它来确定 Z 轴方向（如龙门铣床）。同时，标准规定，刀具远离工件的方向为 Z 轴的正方向。

2）X 轴。X 轴一般位于与工件安装面相平行的水平面内。对于由主轴带动工件旋转的机床，如车床、磨床等，则在水平面选定垂直于工件旋转轴线的方向为 X 轴，且刀具远离主轴轴线的方向为 X 轴正方向。

3）Y 轴。Y 轴方向可根据已选定的 Z、X 轴按右手直角笛卡儿坐标系来确定。

4）附加坐标轴。如果机床除有 X、Y、Z 主要坐标轴以外，还有平行于它们的坐标轴，可分别指定为 U、V、W。如果还有第三组运动，则分别指定为 P、Q、R。

5）旋转运动。A、B、C 分别表示围绕 X、Y、Z 三轴轴线的旋转运动，其正方向分别按 X、Y、Z 轴右螺旋法则判定。

6）主轴回转运动方向。主轴顺时针回转运动的方向是按右螺旋进入工件的方向。

（3）机床原点与机床坐标系　机床原点（M）又称机床零点，是机床上的一个固定点，由机床生产厂在设计机床时确定，原则上是不可改变的。以机床原点为坐标原点的坐标系就称为机床坐标系（见图 3.5 和图 3.6）。机床原点是工件坐标系、编程坐标系、机床参考点的基准点。也就是说，只有确定了机床坐标系，才能建立工件坐标系，才能进行其他操作。

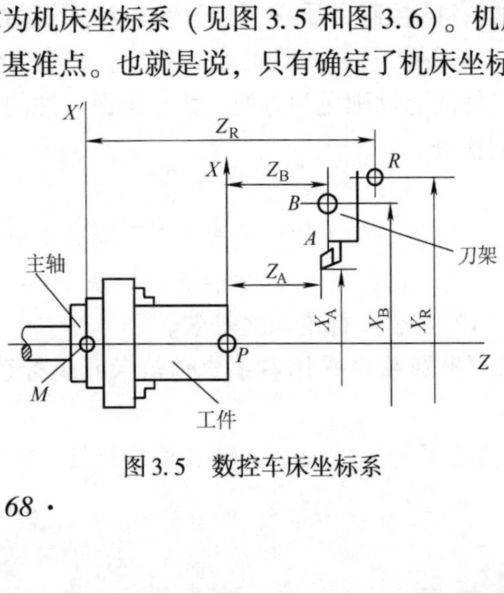

图 3.5　数控车床坐标系

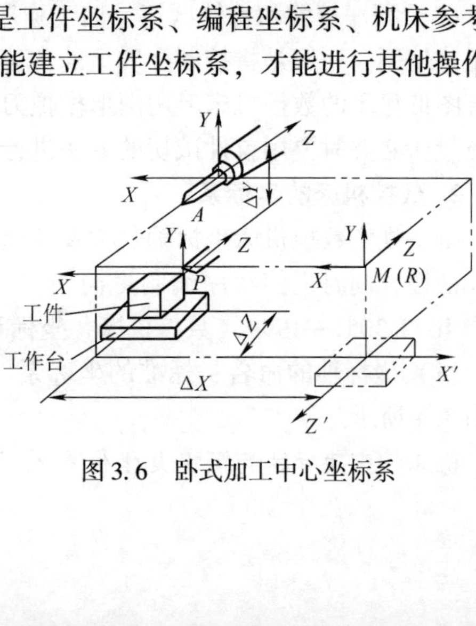

图 3.6　卧式加工中心坐标系

(4) 机床参考点　机床参考点 (R) 是机床坐标系中一个固定不变的位置点，是由机床制造厂定义的点，是用于对机床工作台、滑板与刀具之间相对运动的测量系统进行标定和控制的点。机床参考点相对于机床原点的坐标是一个已知定值。数控机床在准备进行加工之前，要进行返回参考点的操作，使刀具或工作台退回到机床参考点。此时，机床显示器上将显示出机床参考点在机床坐标系中的坐标值，就相当于在数控系统内部建立了一个以机床原点为坐标原点的机床坐标系。

(5) 工件原点与工件坐标系　数控编程时，首先应该确定工件坐标系和工件原点。编程人员以工件图样上的某一点为原点建立工件坐标系，编程尺寸就按工件坐标系中的尺寸来确定。工件随夹具安装在机床上后，这时测得的工件原点与机床原点间的距离称为工件原点偏置，操作者要把测得的工件原点偏置量存储到数控系统中。加工时，工件原点偏置量自动加到工件坐标系上。因此，编程人员可以不考虑工件在机床上的安装位置，直接按图样尺寸进行编程。

(6) 编程原点　编程原点是在程序中人为采用的原点。一般取工件坐标系原点为编程原点。对于形状复杂的工件，有时需要编制几个程序或子程序，为了编程方便，编程原点不一定设在工件原点上。如图 3.7 所示，M 为机床原点，W 为工件原点，P 为编程原点。

(7) 刀位点、对刀点和换刀点　数控机床中使用的刀具类型很多，为了更准确地描述刀具运动，需要引入刀位点的概念。对于立铣刀来说，刀位点是刀具轴线与刀具底平面的交点；对球头铣刀来说，刀位点是球头部分的球心；车刀的刀位点是刀尖；钻头的刀位点是钻尖。对刀点是数控加工时刀具（刀位点）运动的起点。对刀点确定后，刀具相对编程原点的位置就确定了。

为了提高工件的加工精度，对刀点应尽量选在工件的设计基准或工艺基准上。同时，对刀点找正的准确度直接影响工件的加工精度。当用夹具时，常用与工件零点有固定联系尺寸的圆柱销等进行对刀，以对刀点作为起刀点。如图 3.8 所示，对刀元件在夹具上，X_1、Y_1为固定尺寸，X_0、Y_0为零点偏置，可用 MDI 方式以对刀点相对于机床零点间的显示值确定偏置值并予以记忆，由补偿号调用。

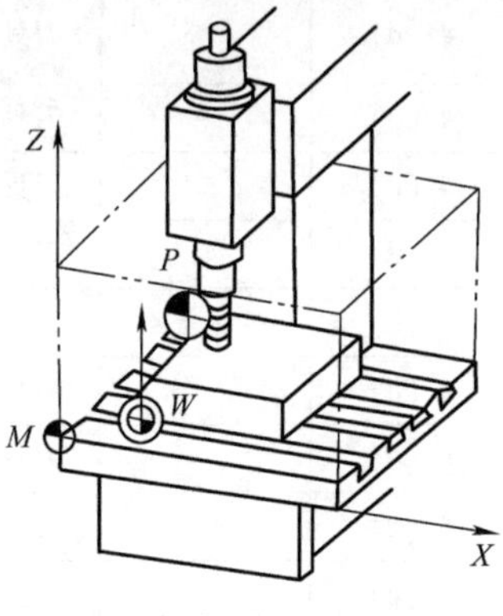

图 3.7　数控机床的原点偏置

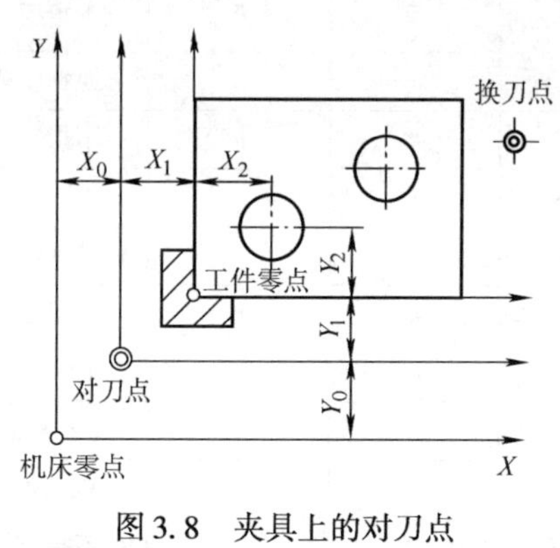

图 3.8　夹具上的对刀点

换刀点是为数控车床、数控钻镗床、加工中心等多刀加工的机床编制程序时设定的，用以实现在加工中途换刀。换刀点的位置应根据工序内容和数控机床的要求而定，为了防止换刀时刀具碰伤工件或夹具等，换刀点常设在工件的外面，并要远离工件。

3.2.2　数控程序的指令和代码

在数控编程中，用G指令代码、M指令代码及F、S、T等指令来描述加工工艺过程、数控系统的运动特征，控制数控机床的起动与停止、切削液的开关等辅助功能，以及给出进给速度、主轴转速等。

目前，国际上大多数的数控机床都支持ISO标准。我国根据ISO标准制定的JB/T 3208—1999的G代码和M代码与ISO标准完全等效。但也有些国家或集团公司制定的G代码和M代码的含义与此完全不同，操作时必须根据使用说明书进行编程。

1. 准备功能G指令

准备功能G指令由字母"G"和其后的两位数字组成，从G00至G99共有100条指令，见表3.1。这些指令主要是命令数控机床进行何种运动，为控制系统的插补运算做好准备。所以，它们一般都位于程序段中坐标数字指令的前面。

表3.1　准备功能G指令

代　码	功能保持到被取消或被同样字母表示的程序指令所代替	功能仅在所出现的程序段有作用	功　能	代　码	功能保持到被取消或被同样字母表示的程序指令所代替	功能仅在所出现的程序段有作用	功　能
G00	a		点定位	G35	a		螺纹切削，减螺距
G01	a		直线插补	G36～G39	#	#	永不指定
G02	a		顺时针方向圆弧插补	G40	d		刀具补偿/刀具偏置注销
G03	a		逆时针方向圆弧插补	G41	d		刀具补偿－左
G04		*	暂停	G42	d		刀具补偿－右
G05	#	#	不指定	G43	#(d)		刀具偏置－正
G06	a		抛物线插补	G44	#(d)		刀具偏置－负
G07	#	#	不指定	G45	#(d)		刀具偏置+/+
G08		*	加速	G46	#(d)		刀具偏置+/-
G09		*	减速	G47	#(d)		刀具偏置-/-
G10～G16	#	#	不指定	G48	#(d)		刀具偏置-/+
G17	c		*XY*平面选择	G49	#(d)		刀具偏置0/+
G18	c		*ZX*平面选择	G50	#(d)		刀具偏置0/-
G19	c		*YZ*平面选择	G51	#(d)		刀具偏置+/0
G20～G32	#	#	不指定	G52	#(d)		刀具偏置-/0
G33	a		螺纹切削，等螺距	G53	f		直线偏移，注销
G34	a		螺纹切削，增螺距	G54	f		直线偏移*X*

（续）

代码	功能保持到被取消或被同样字母表示的程序指令所代替	功能仅在所出现的程序段有作用	功能	代码	功能保持到被取消或被同样字母表示的程序指令所代替	功能仅在所出现的程序段有作用	功能
G55	f		直线偏移 *Y*	G70 ~ G79	#	#	不指定
G56	f		直线偏移 *Z*	G80	e		固定循环注销
G57	f		直线偏移 *XY*	G81 ~ G89	e		固定循环
G58	f		直线偏移 *XZ*	G90	j		绝对尺寸
G59	f		直线偏移 *YZ*	G91	j		增量尺寸
G60	h		准确定位1（精）	G92		*	预置寄存
G61	h		准确定位2（中）	G93	k		时间倒数，进给率
G62	h		快速定位（粗）	G94	k		每分钟进给
G63		*	攻螺纹	G95	k		主轴每转进给
G64 ~ G67	#	#	不指定	G96	I		恒线速度
G68	#（d）	#	刀具偏置，内角	G97	I		每分钟转数
G69	#（d）	#	刀具偏置，外角	G98 ~ G99	#	#	不指定

注：1. #号表示如选作特殊用途，必须在程序格式说明中说明。
2. 如在直线切割控制中没有刀具补偿，则 G43 ~ G52 可指定作其他用途。
3. 在表中左栏括号中的字母（d）表示可以被同栏中没有括号的字母 d 所注销或代替，亦可被有括号的字母（d）所注销或代替。
4. G45 ~ G52 的功能可用于机床上任意两个预定的坐标。
5. 控制机上没有 G53 ~ G59 和 G63 功能时，可以指定作其他用途。

2. 辅助功能 M 指令

辅助功能 M 指令是由字母“M”和其后的两位数字组成，从 M00 至 M99 共 100 条指令，见表 3.2。这些指令与数控系统的插补运算无关，主要是为数控加工、机床操作而设定的工艺性指令及辅助功能指令。

表 3.2 辅助功能 M 指令

代码	功能开始时间		功能保持到注销或被适当程序指令代替	功能仅在所出现的程序段内有作用	功能
	与程序段指令运动同时开始	在程序段指令运动完成后开始			
M00		*		*	程序停止
M01		*		*	计划停止
M02		*		*	程序结束
M03	*		*		主轴顺时针方向
M04	*		*		主轴逆时针方向
M05		*	*		主轴停止

（续）

代　码	功能开始时间		功能保持到注销或被适当程序指令代替	功能仅在所出现的程序段内有作用	功　能
	与程序段指令运动同时开始	在程序段指令运动完成后开始			
M06	#	#		*	换刀
M07	*		*		2 号切削液开
M08	*		*		1 号切削液开
M09		*	*		切削液关
M10	#	#	*		夹紧
M11	#	#	*		松开
M12	#	#	#	#	不指定
M13	*		*		主轴顺时针方向，切削液开
M14	*		*		主轴逆时针方向，切削液开
M15	*			*	正运动
M16	*			*	负运动
M17 ~ M18	#	#	#	#	不指定
M19		*	*		主轴定向停止
M20 ~ M29	#	#	#	#	永不指定
M30		*		*	纸带结束
M31	#	#			互锁旁路
M32 ~ M35	#	#	#	#	不指定
M36	*		#		进给范围 1
M37	*		#		进给范围 2
M38	*		#		主轴速度范围 1
M39	*		#		主轴速度范围 2
M40 ~ M45	#	#	#	#	如有需要作为齿轮换挡，此外不指定
M46 ~ M47	#	#	#	#	不指定
M48		*	*		注销 M49
M49	*		#		进给率修正旁路
M50	*		#		3 号切削液开
M51	*		#		4 号切削液开
M52 ~ M54	#	#	#	#	不指定
M55	*		#		刀具直线位移，位置 1
M56	*		#		刀具直线位移，位置 2
M57 ~ M59	#	#	#	#	不指定
M60		*		*	更换工件
M61	*				工件直线位移，位置 1
M62	*		*		工件直线位移，位置 2

（续）

代　码	功能开始时间		功能保持到注销或被适当程序指令代替	功能仅在所出现的程序段内有作用	功　能
	与程序段指令运动同时开始	在程序段指令运动完成后开始			
M63 ~ M70	#	#	#	#	不指定
M71	*		*		工件角度位移，位置1
M72	*		*		工件角度位移，位置2
M73 ~ M89	#	#	#	#	不指定
M90 ~ M99	#	#	#	#	永不指定

3. 其他功能指令

（1）进给功能指令F　该指令用来指定切削进给速度，单位为mm/min或mm/r。F地址后跟的数值有直接指定法和代码指定法。现在一般都使用直接指定方式，即F后的数字直接指定进给速度，如“F120”为进给速度120mm/min，“F0.2”即为0.2mm/r，进给速度的数值按有关数控切削用量手册的数据或经验数据选用。

（2）主轴转速功能指令S　该指令用以指定主轴转速，单位为r/min。S地址后跟的数值有直接指定法和代码指定法之分。现在，数控机床的主轴都采用高性能的伺服驱动，可以用直接指定法指定任何一种转速，如“S2000”即为主轴转速2000r/min。

（3）刀具功能指令T　该指令用以指定刀号及其补偿号。T地址后跟的数字有两位（如T11）和四位（如T0101）之分。对于四位，前两位为刀号，后两位为刀补寄存器号。如T0202，02为2号刀，02为从02号刀补寄存器取出事先存入的补偿数据进行刀具补偿。若后两位为00，则无补偿或注销补偿。编程时常取刀号与补偿号的数字相同（T0101），比较直观。

（4）坐标功能指令　坐标功能指令（又称为尺寸功能指令）用来设定机床各坐标的位移量，一般以X、Y、Z、U、V、W、P、Q、R、A、B、C等地址符为首，在地址后紧跟着“+”或“-”及一串数字。这些数字以系统脉冲当量为单位（如0.01mm/脉冲或以mm为单位），数字前的正负号代表移动方向。

（5）程序段号功能指令N　该指令用以指定程序段名，由地址N及其后的数字组成。其数字大小的顺序不表示加工或控制顺序，只是程序段的识别标记，用作程序段检索、人工查找或宏程序中的无条件转移。因此，编程时，数字大、小的排列可以不连续，也可以颠倒，甚至可以部分或全部省略。但习惯上还是按顺序并以5的倍数编程，以备插入新的程序段。如用“N10”表示第一条程序段，“N20”表示第二条程序段等。

3.2.3　数控加工程序的结构与格式

1. 程序结构

一个完整的加工程序由程序号、若干程序段及程序结束指令组成。

程序号又称程序名，置于程序的开头，作为一个具体加工程序存储、调用的标记。程序号一般由字母O、P或符号“%”后加2~4位数字组成，也有机床用零件名称、零件号及其工序号等内容表示，具体情况视数控系统而定。

程序段是由一个或若干字组成，每个字又由字母和它后面的数字数据组成（有时还包括代数符号），每个字母、数字、符号都称为字符。

例如，加工程序

```
O020
N010  G92  X200   Z200;
N020  G00  X80    Z3     S300   T0101  M03  M08;
N030  G01  Z-60   F0.2;
N040  X100;
N050  G00  X200   Z200   T0100  M09;
N060  M02
```

表示一个完整的加工程序，由6条程序段按操作顺序排列而成。整个程序的开始用O020，它表示从数控装置的存储器中调出程序编号为“O020”的加工程序。以M02（或M30）作为该加工程序的结束。每个程序段用“N”开头，结束用分号“;”（或星号“*”）。

每条程序段表示一种操作过程，除程序段结束字符“;”外，一般都由8个字组成。例如，N020表示运行的第2条程序段；G00定义为快速点定位；X80表示X轴正向位移至80（此处为80mm，也有用脉冲数表示的）；Z3表示刀具位移至Z轴正方向3mm处；S300表示主轴转速为300r/mim；T0101为一号刀具用一号刀补；M03表示主轴正转；M08表示1号切削液开。该程序段表示一个完整的操作，即命令机床用一号刀具一号刀补以快速点定位方式位移到X80和Z3处，主轴的正向转速为300r/min，同时开启1号切削液。

一个程序段的字符数有一定限制，字符数大于限度时，可分成两条程序段。

2. 程序段格式

程序段格式就是一条程序段中字、字符及数据的排列形式。不同的数控系统有各自不同的程序格式。若程序格式不合规定，数控装置会报警出错。目前，广泛应用字—地址程序格式，也有少数数控系统采用分隔符的固定顺序格式（如快走丝线切割机床）。

字—地址程序格式如上例所示：每个字前有地址（G，X，Z，F，…）；各字的先后排列并不严格；数据的位数可多可少，但不得大于规定的最大允许位数。不需要的字以及与上一程序段相同的续效字可以不写（如上例N040程序段中，G01、Z-60、F0.2、S300、T0101、M03、M08这些续效字继续有效）。现在的数控系统大多不要求程序段中各类字按固定的顺序排列，即在同一程序段中各个指令字的位置可以任意排列。上例N020程序段也可以写成

N020　M08　M03　T0101　S300　Z3　X80　G00;

当然还有很多排列形式，它们对数控系统是等效的。大多数场合，为了便于书写、输入、检查和校对的方便，程序字在程序段中习惯按下列顺序排列：

N＿G＿X＿Y＿Z＿R＿F＿S＿T＿M＿

这种程序段格式的优点是程序简短、直观、不易出错，故应用广泛。国际标准化组织已对这种可变程序段字—地址格式制定了ISO 6983-1—1982标准。

3. 主程序与子程序

在一个加工过程中，如果有几个程序段完全相同（如一个零件中某些几何形状和尺寸

相同)，为缩短程序，可将这些重复的程序段单独抽出，按规定的程序格式编成子程序，并事先存储在子程序存储器中。子程序以外的程序为主程序，主程序在执行过程中如需要执行该子程序即可调用，并可多次重复调用，从而可大大简化编程工作。

主程序与子程序的内容各有不同，但两者的程序格式应该相同。编程方法应按具体机床的规定进行。主程序调用子程序及子程序调用另一子程序如图 3.9 和图 3.10 所示。

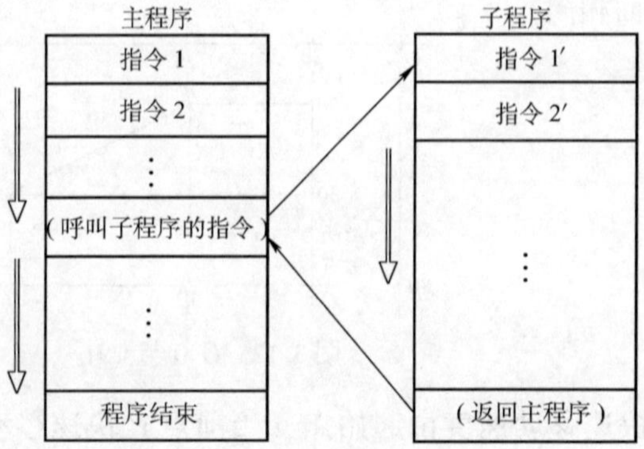

图 3.9　零件加工程序的执行

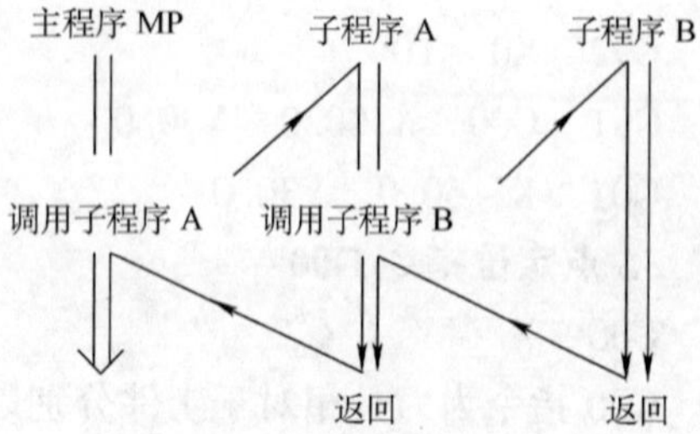

图 3.10　子程序的嵌套

3.2.4　数控加工部分基本指令的应用

1. 设定工件坐标系指令 G92

G92　X＿Y＿Z＿

G92 指令是规定工件坐标系坐标原点的指令。工件坐标系坐标原点又称程序零点，坐标值 X、Y、Z 为刀具刀位点在工件坐标系中（相对于程序零点）的初始位置。执行 G92 指令后，确定了刀具刀位点的初始位置（也称为程序起点或起刀点）与工件坐标系坐标原点的相对距离，并在 CRT 上显示出刀具刀位点在工件坐标系中的当前位置坐标值（即建立了工件坐标系），如图 3.11 所示。

G92　X40.0　Y30.0　Z25.0

G92 指令执行前的刀具位置必须放在程序所要求的位置上，因刀具处在不同的位置，所设定出的工件坐标系的坐标原点位置也不同。

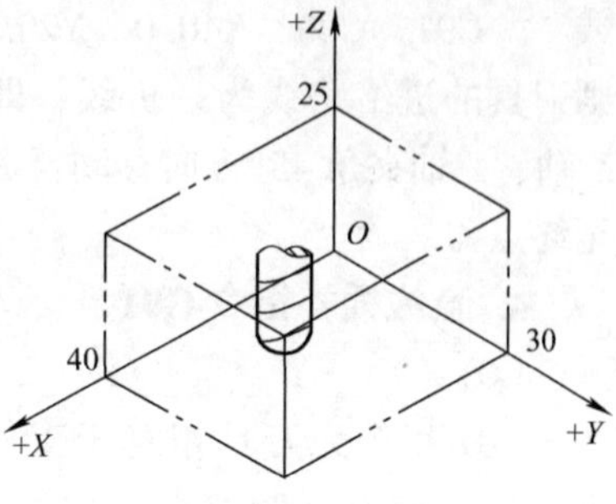

图 3.11　设定工件坐标系

2. 绝对值输入指令 G90 和增量值输入指令 G91

G90　X＿Y＿Z＿;　　G91　X＿Y＿Z＿

G90 指令按绝对值方式设定输入坐标，即移动指令终点的坐标值 X、Y、Z 都是以工件坐标系坐标原点（程序零点）为基准来计算。

G91 指令按增量值方式设定输入坐标，即移动指令终点的坐标值 X、Y、Z 都是以起始点为基准来计算，再根据终点相对于起始点的方向判断正负，与坐标轴同向取正，反向取负。

例如，图 3.12 所示情形，使用绝对值与增量值方式设定输入坐标的程序分别如下：

使用绝对值指令 G90 时

G92　X0　Y0　Z0　　　　　　　　　　程序零点设在参考点 *O*

G90　G00　X30.0　Y－80.0　　　　　刀具快移至 *O'*点定位

G92　X0　Y0　　　　　　　　　　　　程序零点再设定在 *O'*

G90　G00　X100.0　Y30.0　　　　　 刀具快移至始点 *A* 定位

G01　X40.0　Y60.0　　　　　　　　 起始点 *A* 至终点 *B*

使用增量值指令 G91 时（程序功能与上面相同）

G92　X0　Y0　Z0

G91　G00　X30.0　Y－80.0

G92　X0　Y0

G91　G00　X100.0　Y30.0

G01　X－60.0　Y30.0

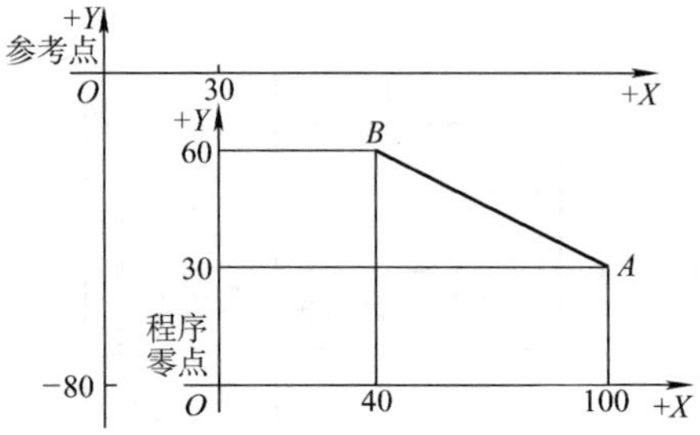

图 3.12　G90 与 G91

3. 点定位指令 G00

G00　X＿Y＿Z＿

G00 指令为刀具相对于工件分别以各轴快速移动速度由起始点（当前点）快速移动到终点定位。当使用绝对值指令 G90 时，刀具分别以各轴快速移动速度移至工件坐标系中坐标值为 X、Y、Z 的点上；当使用增量值指令 G91 时，刀具则移至距起始点（当前点）为 X、Y、Z 值的点上。

例如，若 *X* 轴和 *Y* 轴的快速移动速度均为 4000mm/min，刀具的起始点位于工件坐标系的 *A* 点（见图 3.13），当程序为

G90　G00　X60.0　Y30.0

或　G91　G00　X40.0　Y20.0

则刀具的进给路线为一折线，即刀具从起始点 *A* 先沿 *X* 轴、*Y* 轴夹角 45°方向移动至 *B* 点，然后再沿 *X* 轴移至终点 *C*。

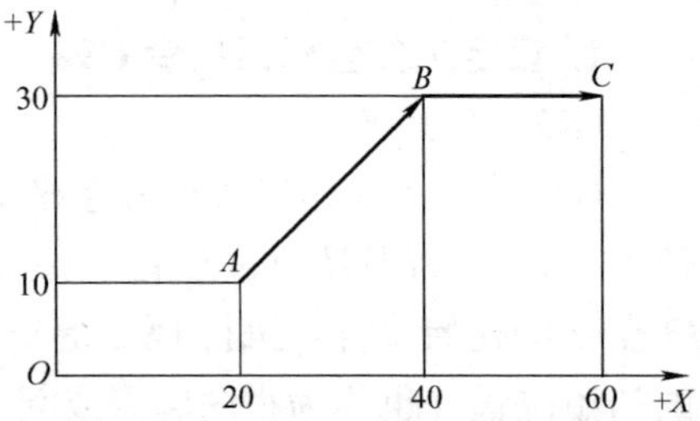

图 3.13　点定位

4. 直线插补指令 G01

G01　X＿Y＿Z＿F＿

G01 指令为刀具相对于工件以 F 指令的进给速度，从当前点（起始点）向终点进行直线插补。当执行绝对值指令 G90 时，刀具以 F 指令的进给速度进行直线插补，移至工件坐标系中坐标值为 X、Y、Z 的点上；当执行指令 G91 时，刀具则移至距当前点距离为 X、Y、Z 值的点上。F 是进给速度指令代码，在没有新的 F 指令以前一直有效，不必在每个程序段中都写入 F 指令。

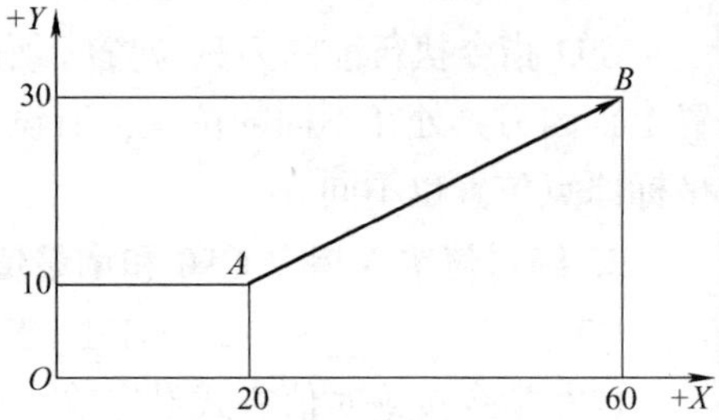

图 3.14　直线插补

如图 3.14 所示，

G90　G01　X60.0　Y30.0　F200　　　　起始点 *A*→终点 *B*

或　G91　G01　X40.0　Y20.0　F200

F200 是指从起始点 *A* 向终点 *B* 进行直线插补的进给速度为 200mm/min。

5. 平面选择指令 G17、G18、G19

G17、G18、G19 指令分别用来指定程序段中刀具的圆弧插补平面和刀具半径补偿平面（见图 3.15）。

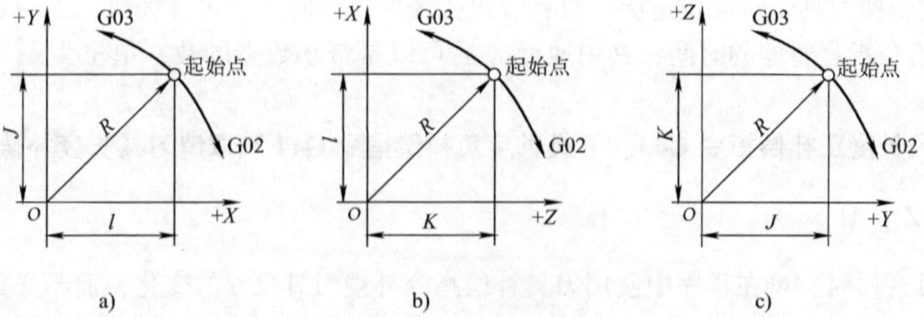

图 3.15　圆弧插补

a）G17 选择 *XY* 平面　b）G18 选择 *ZX* 平面　c）G19 选择 *YZ* 平面

6. 顺时针圆弧插补指令 G02 和逆时针圆弧插补指令 G03

（1）*XY* 平面圆弧

$$G17\left\{\begin{matrix}G02\\G03\end{matrix}\right\}X\_\ Y\_\left\{\begin{matrix}R\_\\I\_\ J\_\end{matrix}\right\}F\_$$

（2）*ZX* 平面圆弧

$$G18\left\{\begin{matrix}G02\\G03\end{matrix}\right\}X\_\ Y\_\left\{\begin{matrix}R\_\\I\_\ K\_\end{matrix}\right\}F\_$$

（3）*YZ* 平面圆弧

$$G19\left\{\begin{matrix}G02\\G03\end{matrix}\right\}X\_\ Y\_\left\{\begin{matrix}R\_\\J\_\ K\_\end{matrix}\right\}F\_$$

G02、G03 指令使刀具相对于工件在指定的坐标平面（G17，G18，G19）内，以 F 指令的进给速度从当前点（起始点）向终点进行圆弧插补（见图 3.16），X、Y、Z 是圆弧终点坐标值。*R* 是圆弧半径，当圆弧所对应的圆心角小于或等于 180°时，*R* 取正值；当圆心角大于 180°，并且小于 360°时，*R* 取负值。I、J、K 分别为圆心相对于圆弧起始点在 *X*、*Y*、*Z* 轴方向的坐标增量。

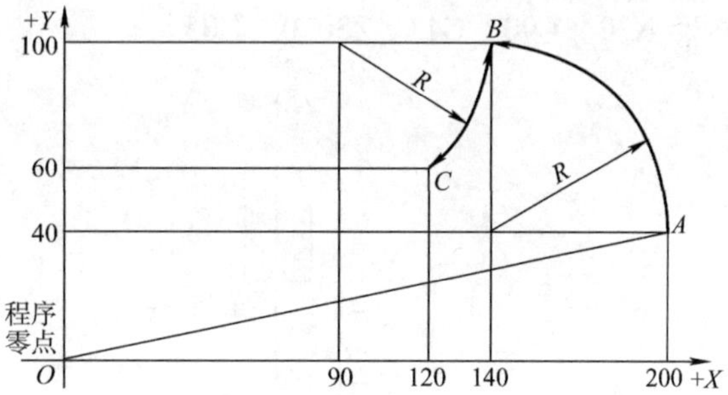

图 3.16　圆弧插补

I、J、K 为零时可以省略；当圆弧是封闭的整圆时，不能使用 R 编程，只能用 I、J、K 编程；在同一程序段中，如 I、J、K 与 R 同时出现时，R 有效，而其他字被忽略。

如图 3.16 所示，当使用绝对值指令 G90 时

G92　X0　Y0　Z0	程序零点为 *O*
G90　G00　X200.0　Y40.0	点定位 *O*→*A*
G03　X140.0　Y100.0　I－60.0（或 R60.0）　F300	*A*→*B*
G02　X120.0　Y60.0　I－50.0（或 R50. 0）	*B*→*C*

7. 暂停指令 G04

$$G04\begin{Bmatrix}X\_\_\\P\_\_\end{Bmatrix}$$

G04 指令使刀具暂时停止进给，直到经过指令的暂停时间，再继续执行下一程序段。地址 P 或 X 指令指定暂停的时间；其中地址 X 后可以是带小数点的数，单位为 s；若为整数，单位为 ms。

8. 刀具长度正补偿指令 G43、刀具长度负补偿指令 G44 和取消刀具长度补偿指令 G49

$$\begin{Bmatrix}G43\\G44\end{Bmatrix}Z\_\_\ H\_\_$$

当刀具磨损时，可在程序中使用刀具补偿指令补偿刀具尺寸的变化，而不必重新调整刀具和重新对刀。在 G17 的情况下，刀具补偿指令 G43 和 G44 只用于 Z 轴的补偿，而对 X 轴和 Y 轴无效。格式中的 Z 值是指程序中的指令值，H 为补偿功能代号，它后面的两位数字是刀具补偿寄存器的地址字，如 H01 是指 01 号寄存器，在该寄存器中存放刀具长度的补偿值。该值范围为：米制 0 ~ ±999.99mm；英制 0 ~ ±99.999in。

如图 3.17 所示，执行 G43 指令时：$Z_{实际值} = Z_{指令值} + (H\times\times)$

执行 G44 指令时：$Z_{实际值} = Z_{指令值} - (H\times\times)$

式中 （H××）——编号为××寄存器中的补偿量。

采用取消刀具长度补偿 G49 指令或用 G43 H00 和 G44 H00 可以撤销补偿指令。例如图 3.18 所示，（H05）=200mm，程序为

N10 G92 X0 Y0 Z0 设定 O 点为程序零点

N20 G90 G00 G44 Z30.0 H05 指令点 A，到达点 B

如(H05) = -200mm，则程序为

N10 G92 X0 Y0 Z0 设定 O 点为程序零点

N20 G90 G43 Z30.0 H05 指令点 A，到达点 B，其效果一样

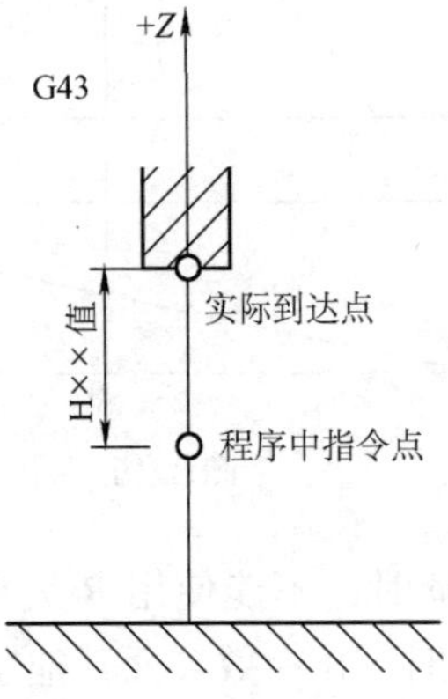

图 3.17 刀具长度补偿

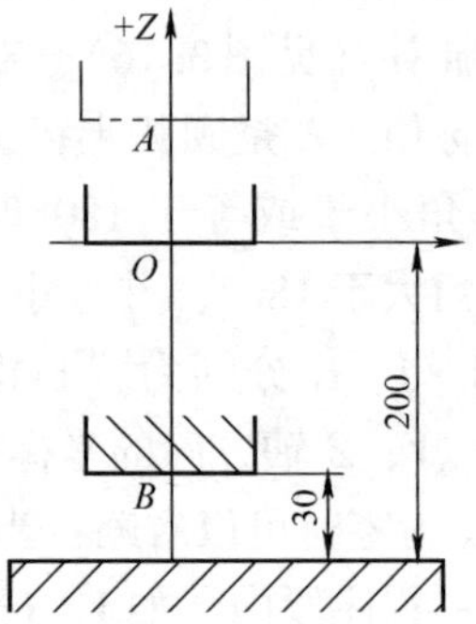

图 3.18 刀具长度补偿例一

刀具补偿例二，如图 3.19 所示（H01）= -8mm，（H02）=8mm，则程序为

N1 G91 G00 X120.0 Y80.0 定位

N2 G43 Z-32.0 H01 （或 N20 G44 Z-32.0 H02） 刀具长度补偿

N3	G01	Z - 21.0	F120	钻孔#1
N4	G04	P2000		孔底暂停 2s
N5	G00	Z21.0		退刀
N6	X30.0	Y - 50.0		定位
N7	G01	Z - 41.0	F120	钻通孔#2
N8	G00	Z41.0		退刀
N9	X60.0	Y30.0		定位
N10	G01	Z - 23.0	F120	钻孔#3
N11	G04	P2000		孔底暂停 2s
N12	G49	G00	Z55.0	退刀，取消刀具长度补偿
N13	X - 210.0	Y - 60.0		返回到起点
N14	M02			程序结束

下面介绍在立式数控铣床和加工中心上设置刀具长度补偿和工件 Z 轴的方法（见图 3.20）。

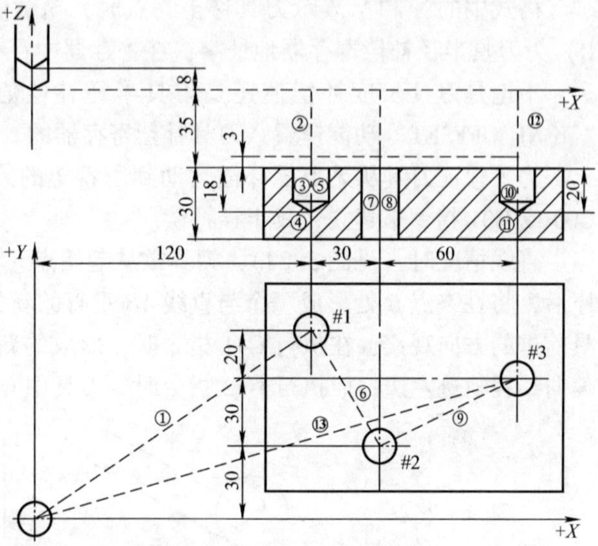

图 3.19 刀具补偿例二

（1）设置刀具长度补偿量　首先将刀具装入刀柄中，在对刀仪上测量出每把刀具前端至刀柄校准面（即刀柄锥部的基准面）的距离，再将测得的距离值作为补偿量按刀具偏置号置入数控装置的刀具补偿寄存器中（见图 3.20 中 H01、H02、H03）。

（2）设置加工坐标系（G54 ~ G59）Z 轴零点　先使 Z 轴回机床零点，再测量刀具前端至加工坐标系 Z 轴程序零点 O（G54　Z0）的距离（见图 3.20 中 A、B、C），由 A + H01（或 B

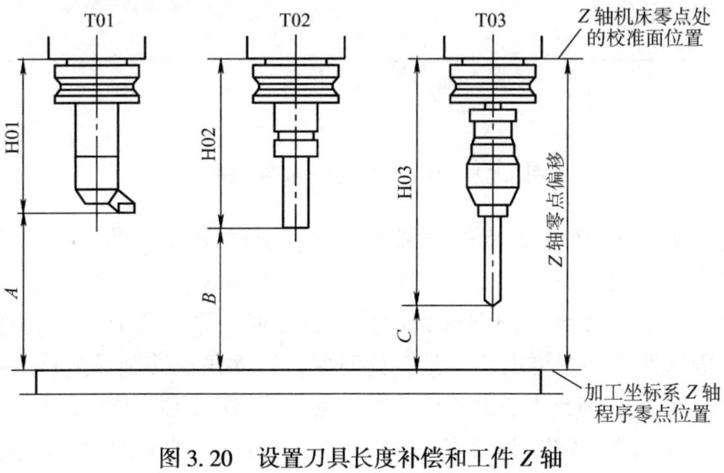

图 3.20 设置刀具长度补偿和工件 Z 轴

+H02、C+H03）即可设定Z轴机床零点处的校准面至加工坐标系Z轴程序零点的零点漂移。若以绝对值方式编程，还必须建立工件坐标系（G92）。

9. 刀具半径补偿功能

要加工图3.21所示的轮廓曲线A，铣刀中心应沿着曲线B进给，即刀具中心要偏离零件轮廓（编程轨迹）一定的距离，这种偏离称为偏移。图中的箭头表示偏移矢量，其大小为刀具半径，方向为零件轮廓曲线（编程轨迹）上该点的法线方向，并指向刀具中心。矢量的方向随着零件轮廓曲线（编程轨迹）的变化而变化。下面讨论在G17（XY平面）情况时的刀具半径补偿问题。

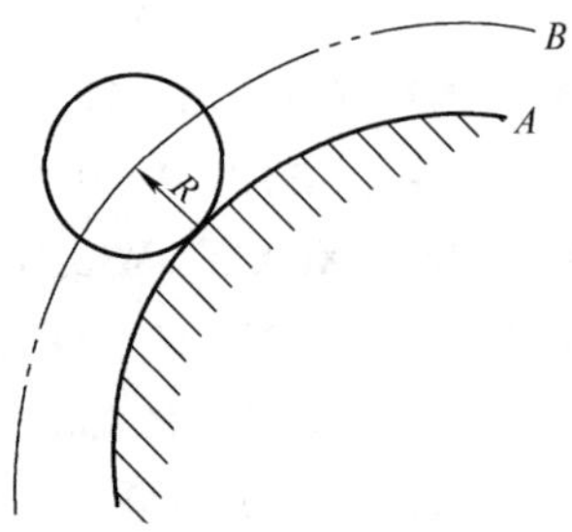

图3.21　偏移矢量

（1）刀具半径左补偿指令G41和刀具半径右补偿指令G42

$$\begin{Bmatrix} G00 \\ G01 \end{Bmatrix} \begin{Bmatrix} G41 \\ G42 \end{Bmatrix} X\_\_ Y\_\_ H（或D）\_\_$$

格式中的X和Y表示刀具移至终点时，轮廓曲线（编程轨迹）上点的坐标值；H（或D）为刀具半径补偿寄存器地址字，在寄存器中存有刀具半径补偿值。

不论是刀具长度补偿值还是刀具半径补偿值，都是由操作者在CRT/MDI面板上用“MENU OFFSET”功能键置入刀具补偿寄存器的。

为了保证刀具从无半径补偿运动到所希望的刀具半径补偿起始点，需用一直线程序段G00或G01指令来建立刀具半径补偿。

直线情况时（见图3.22），刀具欲从起始点A移至终点B。当执行有刀具补偿指令的程序后，将在终点B处形成一个与直线AB垂直的新矢量$\overrightarrow{BC}$，刀具中心由A移至C点。沿着刀具前进的方向观察，在执行G41指令时，形成的新矢量在直线左边（图3.22a），刀具中心偏向编程轨迹左边；而执行G42指令时，刀具中心偏向右边（图3.22b）。

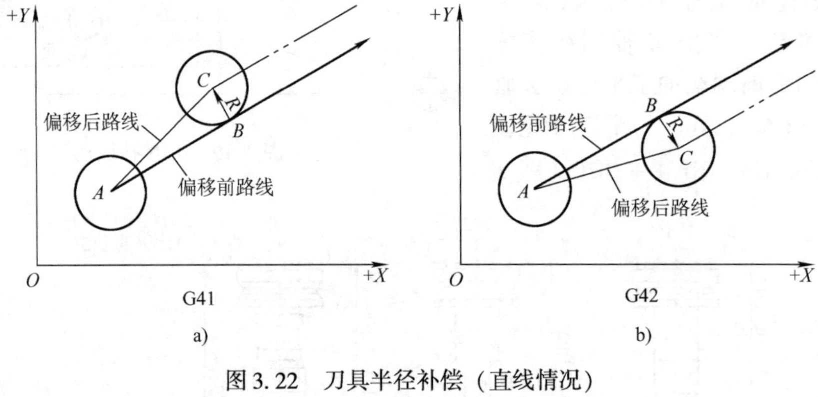

图3.22　刀具半径补偿（直线情况）

圆弧情况时（见图3.23），B点的偏移矢量垂直于直线AB，圆弧上C点的偏移矢量与圆弧过C点的切线相垂直。圆弧上每一点的偏移矢量方向都是变化的。由于直线AB和圆弧相切，所以在B点，直线和圆弧的偏移矢量重合，方向一致，刀具中心都在C点。若直线和圆弧不相切，则这两个矢量方向不一致，此时要进行拐角偏移圆弧插补。

图3.22和图3.23中，刀具中心由A移动到C点后，G41或G42指令在G01或G02指令配合下，刀具中心运动轨迹始终偏离编程轨迹一个刀具半径的距离，直到取消刀具半径补偿为止。

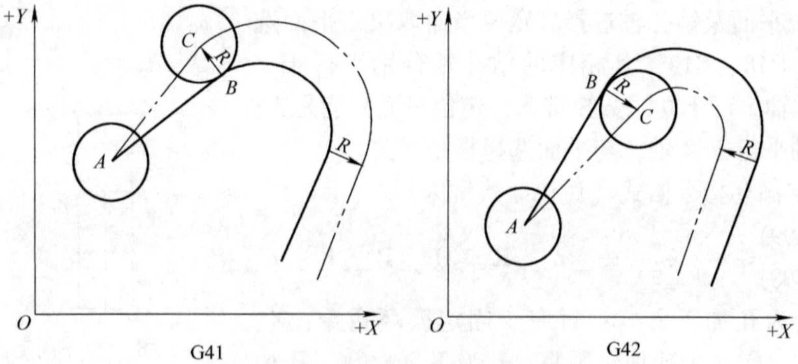

图 3.23　刀具半径补偿（圆弧情况）

(2) 取消刀具半径补偿指令 G40

$$\text{G40}\begin{Bmatrix}\text{G00}\\\text{G01}\end{Bmatrix}\text{X\_\_ Y\_\_}$$

指令中有 X、Y 时，X 和 Y 表示编程轨迹上取消刀补点的坐标值。如图 3.24 所示，刀具欲从刀补终点 A 移至取消刀补点 B，当执行取消刀具半径补偿 G40 指令的程序段时，刀具中心将由 C 点移至 B 点。指令中无 X、Y 值时，则刀具中心 C 点将沿旧矢量的相反方向运动到 A 点（见图 3.25）。例如，图 3.26 所示 AB 轮廓曲线，若直径为 ϕ20mm 的铣刀从 O 点开始移动，加工程序为

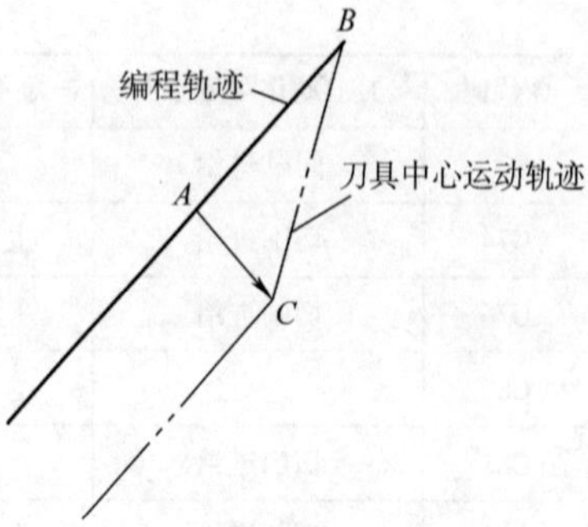

图 3.24　G40 指令

```
N10  G90  G17  G41  G00  X18.0  Y24.0  M03  H06     O→A
N20  G02  X74.0  Y32.0  R40.0  F180                 A→B
N30  G40  G00  X84.0  Y0                            B→C
N40  G00  X0  M02                                   C→O
```

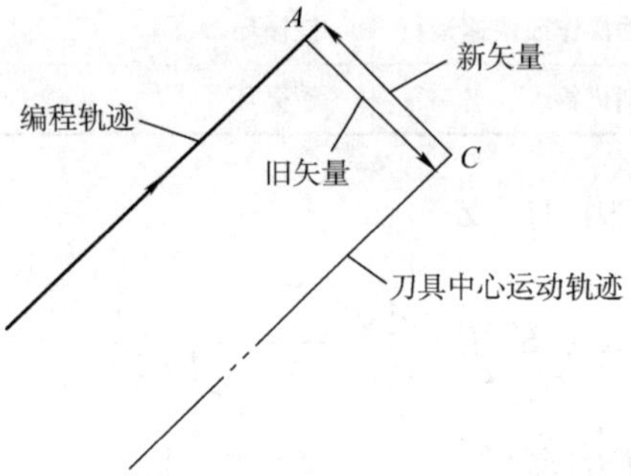

图 3.25　G40 指令

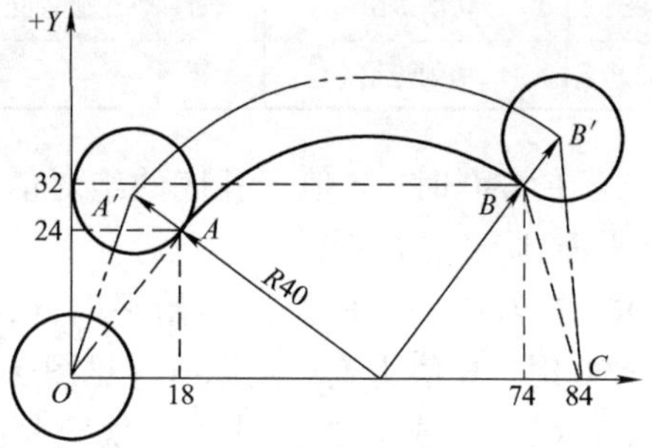

图 3.26　轮廓曲线

10. 固定循环指令

(1) 固定循环动作的组成　固定循环通常由六个动作顺序组成，如图 3.27 所示。

由图 3.27 可知，动作① 为 A→B，是快速进给到 X、Y 指定的点；动作② 为 B→R，快速趋近加工表面；动作③ 为 R→E，是加工动作（如钻、镗、攻螺纹等）；动作④ 是在 E 点处执行一些相应动作（如暂停、主轴停、主轴反转等）；动作⑤ 是返回到 R 点或 B 点。

(2) 定位平面及钻孔轴选择　定位平面取决于平面选择指令 G17、G18、G19，其相应的钻孔轴分别平行于 Z 轴、Y 轴和 X 轴。对于立式数控铣床，定位平面只能是 XY 平面，钻孔轴平行于 Z 轴，与平面选择指令无关。

(3) 固定循环指令格式（讨论立式铣床）

$$\begin{Bmatrix} G90 \\ G91 \end{Bmatrix} \begin{Bmatrix} G99 \\ G98 \end{Bmatrix} G\times\times X\_\_ Y\_\_ Z\_\_ R\_\_ Q\_\_ P\_\_ F\_\_ L\_\_$$

式中，G××为孔加工方式；对应于固定循环指令，X、Y、Z、R、Q、P、F 为孔加工数据，L 为重复次数。孔加工方式对应的指令见表 3.3。

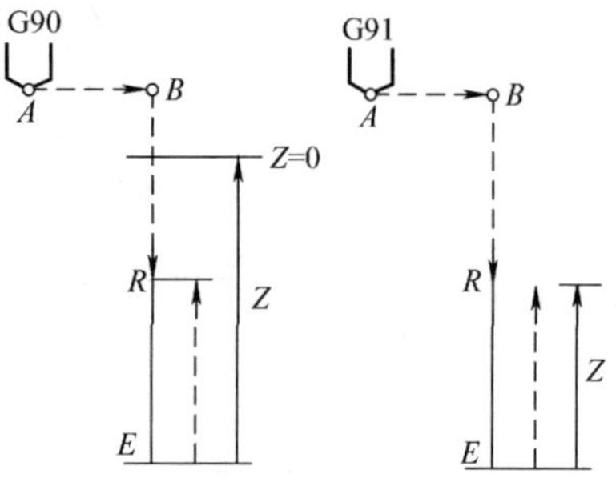

图 3.27　固定循环动作

表 3.3　固定循环指令

G 代码	加工动作 -Z 方向	在孔底部动作	回退动作 +Z 方向	用　途
G73	间歇进给		快速进给	高速深孔钻削
G74	切削进给	主轴正转	切削进给	反转攻螺纹
G76	切削进给	主轴定位停止	快速进给	精镗循环（用于第二组固定循环）
G80				撤销
G81	切削进给		快速进给	钻循环（定点钻）
G82	切削进给	暂停	快速进给	钻循环
G83	切削进给		快速进给	深孔钻削
G84	切削进给	主轴反转	切削进给	攻螺纹
G85	切削进给		切削进给	镗循环
G86	切削进给	主轴停止	切削进给	镗循环
G87	切削进给	主轴停止	手动操作或快速运行	镗循环（反镗）
G88	切削进给	暂停、主轴停止	手动操作或快速运行	镗循环
G89	切削进给	暂停	切削进给	镗循环

Z：在 G90 时，Z 值为孔底的绝对值。在 G91 时，Z 是 R 平面到孔底的距离。

R：在 G91 时，R 值为初始平面（B）到 R 点的增量。G90 时，R 值为绝对坐标值（见图 3.28）。

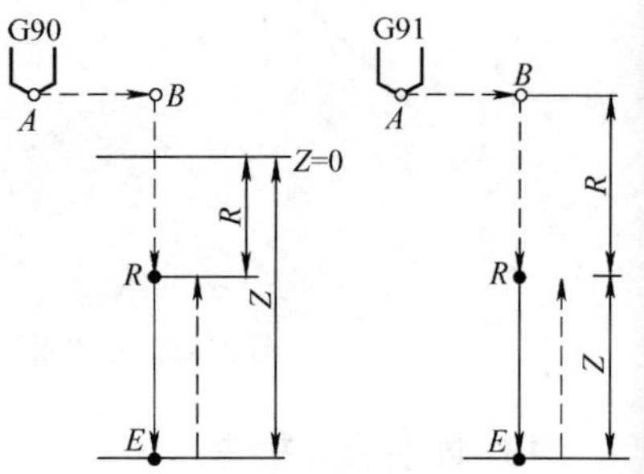

图 3.28　孔加工数据

Q：在 G73 或 G83 方式中，规定每次加工的深度，以及在 G76 或 G87 方式中规定移动值。

P：规定在孔底的暂停时间，用整数表示，以 ms 为单位。

F：进给速度，以 mm/min 为单位。

L：重复次数，用 L 的值来规定固定循环的重复次数，执行一次可不写 L1，如果是 L0，则系统存储加工数据，不加工。

固定循环指令是模态指令，一旦指定，就一直保持有效，直到用 G80 撤销指令为止。

此外，G00、G01、G02、G03 也起撤销固定循环指令的作用。

例如，要钻出孔位在（50，30）、（60，10）、（-10，10）的孔，孔深为 Z = -20.0mm，程序如下：

```
N1    G90   G99   G81   X50.0   Y30.0   Z-20.0   R5.0   F80
N2    X60.0   Y10.0
N3    X-10.0
N4    G80
```

3.3 数控铣床编程要点及示例

3.3.1 切削条件选择

选择切削条件是编程人员必须考虑的重要问题之一。影响切削条件的因素有：工艺系统的刚性，工件的尺寸精度、形位精度及表面质量，刀具寿命及工件生产纲领，切削液，切削用量等，表 3.4～表 3.6 为常用的部分切削条件。

表 3.4 铣刀的切削速度 （单位：m/min）

工件材料	铣刀材料				
	碳素钢	高速钢	超高速钢	Stellite	YG
铝	75～150	150～300		240～460	300～600
黄铜（软）	12～25	20～50		45～75	100～180
青铜（硬）	10～20	20～40		30～50	60～130
青铜（最硬）		10～15	15～20		40～60
铸铁（软）	10～12	15～25	18～35	28～40	75～100
铸铁（硬）		10～15	10～20	18～28	45～60

表 3.5 铣刀进给量 （单位：mm/齿）

工件材料	圆柱铣刀	面铣刀	立铣刀	杆铣刀	成形铣刀	高速钢嵌齿铣刀	硬质合金嵌齿铣刀
铸钢	0.2	0.2	0.07	0.05	0.04	0.3	0.1
软（中硬）钢	0.2	0.2	0.07	0.05	0.04	0.3	0.09
硬钢	0.15	0.15	0.06	0.04	0.03	0.2	0.08
镍铬钢	0.1	0.1	0.05	0.02	0.02	0.15	0.06
高镍铬钢	0.1	0.1	0.04	0.02	0.02	0.1	0.05
可锻铸铁	0.2	0.15	0.07	0.05	0.04	0.3	0.09
铸铁	0.15	0.2	0.07	0.05	0.04	0.2	0.08
青铜	0.15	0.1	0.07	0.05	0.04	0.3	0.1
黄铜	0.2	0.1	0.07	0.05	0.04	0.3	0.21
铝	0.1	0.1	0.07	0.05	0.04	0.2	0.1
Al-Si 合金	0.1	0.1	0.07	0.05	0.04	0.18	0.08
Mg-Al-Zn 合金	0.1	0.1	0.07	0.04	0.03	0.15	0.08
Al-Cu-M 合金	0.15	0.1	0.07	0.05	0.04	0.2	0.1

表3.6 高速钢钻头的切削用量

工件材料	抗拉强度/MPa	钻头直径/mm									
		2~5		6~11		12~18		19~25		26~50	
		切削速度 v/(m/min)	进给量 f/(mm/r)	切削速度 v/(m/min)	进给量 f/(mm/r)	切削速度 v/(m/min)	进给量 f/(mm/r)	切削速度 v/(m/min)	进给量 f/(mm/r)	切削速度 v/(m/min)	进给量 f/(mm/r)
钢	490以下	20~25	0.1	20~25	0.2	30~35	0.2	30~35	0.3	25~30	0.4
	490~686	20~25	0.1	20~25	0.2	20~25	0.2	25~30	0.2	25	0.2
	686~882	15~18	0.05	15~18	0.1	15~18	0.2	18~22	0.3	15~20	0.35
	882~1078	10~14	0.05	10~14	0.1	12~18	0.15	16~20	0.2	14~16	0.3
铸铁	118~176	25~30	0.1	30~40	0.2	25~30	0.35	20	0.6	20	1.0
	176~294	15~18	0.1	14~18	0.15	16~20	0.2	16~20	0.3	16~18	0.4
黄铜	软	50以下	0.05	50以下	0.15	50以下	0.3	50以下	0.45	50以下	—
青铜	软	35以下	0.05	35以下	0.1	35以下	0.2	35以下	0.35	35以下	—

3.3.2 工艺分析与刀具切削路径

工艺分析是决定工艺路线的重要依据。良好的工艺分析可简化工艺路线，节省切削时间。进行工艺分析首先要了解所有的切削加工工艺，如钻削、车削、镗削等，然后结合实际加工经验，并能正确使用刀具、夹具、量具等。工艺分析的原则如下：

1）分析零件图。

2）将同一刀具的加工部位分类。

3）按零件结构特点选择程序零点。

4）列出使用的刀具表、程序分析表。

5）模拟或试切削，并修正。

3.3.3 编程要点

1）了解数控系统功能及机床规格。

2）熟悉加工顺序。

3）合理选择刀具、夹具及切削用量、切削液。

4）编程尽量使用子程序及宏指令。

5）注意小数点的使用。

6）程序零点要选择在易计算的确定位置。

7）换刀点选择在无换刀干涉的位置。

3.3.4 编程示例

如图3.29所示的凹模板，材料为Cr12，尺寸如图所示，所选立铣刀直径为ϕ20mm。加工程序见表3.7。

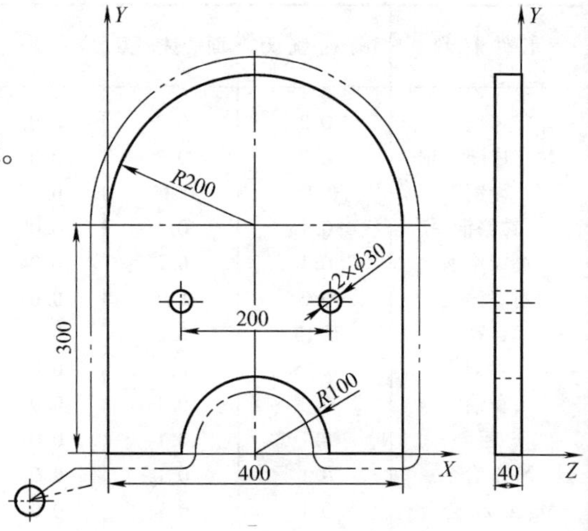

图3.29 凹模板数控铣床编程示例

表3.7 加工程序

程 序	注 释
O1000	程序代号
N010 G90 G54 G00 X-50.0 Y-50.0	G54 加工坐标系，快速进给至 X = -50mm，Y = -50mm
N020 S800 M03	主轴正转，转速 800r/min
N030 G43 G00 H12	刀具长度补偿 H12 = 20mm
N040 G01 Z-20.0 F300	*Z* 轴加工进至 Z = -20mm
N050 M98 P1010	调用子程序 1010
N060 Z-45.0 F300	*Z* 轴加工进至 Z = 45mm
N070 M98 P1010	调用子程序 1010
N080 G49 G00 Z300	*Z* 轴快移至 Z = 300mm
N090 G28 Z300.0	*Z* 轴返回参考点
N100 G28 X0 Y0	*X*、*Y* 轴返回参考点
N110 M30	主程序结束
O1010	子程序代号
N010 G42 G01 X-30.0 Y0 F300 H22 M08	切削液开，直线插补至 X = -30mm，Y = 0，刀具半径右补偿 H22 = 10mm
N020 X100.0	直线插补至 X = 100mm，Y = 0
N030 G02 X300.0 R100.0	顺圆插补至 X = 300mm，Y = 0
N040 G01 X400.0	直线插补至 X = 400mm，Y = 0
N050 Y300.0	直线插补至 X = 400mm，Y = 300mm
N060 G03 X0 R200.0	逆圆插补至 X = 0，Y = 300mm
N070 G01 Y-30.0	直线插补至 X = 0，Y = -30mm
N080 G40 G01 X-50.0 Y-50.0	直线插补至 X = -50mm，Y = -50mm。取消刀具半径补偿
N090 M09	切削液关
N100 M99	子程序结束并返回主程序

3.4 加工中心编程要点及示例

3.4.1 编程要点

除换刀程序外，加工中心的编程方法和普通数控机床相同。不同的数控机床，其换刀程序是不同的，通常选刀动作和换刀动作分开进行。换刀动作必须在主轴停转条件下进行。换刀完毕起动主轴后，方可执行下面程序段的加工动作。选刀动作则可与机床的加工动作重合进行，即利用切削时间进行选刀。因此，换刀指令 M06 必须安排在用新刀具进行加工的程序段之前，而下一个选刀指令 T××常紧接安排在这次换刀指令之后。

多数加工中心都规定了“换刀点”位置，即定距换刀。主轴只有运动到这个位置，机械手才能执行换刀动作。一般立式加工中心规定换刀点的位置在 Z0 处（即机床 *Z* 轴零点），同时规定换刀时应有回参考点的准备功能指令 G28。当控制机接到选刀指令 T 后，自动选刀，被选中的刀具处于刀库最下方；接到换刀指令 M06 后，机械手执行换刀动作。因此换刀程序可采用两种方法设计。

方法一

N010　G28　Z0　T02

N011　　　　　M06

返回 *Z* 轴换刀点的同时，刀库将 T02 号刀具选出，然后进行刀具交换，换到主轴上的刀具为 T02。若 *Z* 轴回零时间小于 T 功能执行时间（即选刀时间），则指令 M06 等到刀库将 T02 号刀具转到最下方位置后才能执行。因此，这种方法占用机动时间较长。

方法二

N010　G01　Z…　T02

⋮

N017　G28　Z0　M06

⋮

N018　G01　Z…　T03

N017 程序段换上 N010 程序段选出的 T02 号刀具；在换刀后，紧接着选出下次要用的 T03 号刀具。在 N010 程序段和 N018 程序段执行选刀动作时，不占用机动时间，所以这种方法较好。

3.4.2　编程示例

如图 3.30 所示的模板，加工程序见表 3.8。

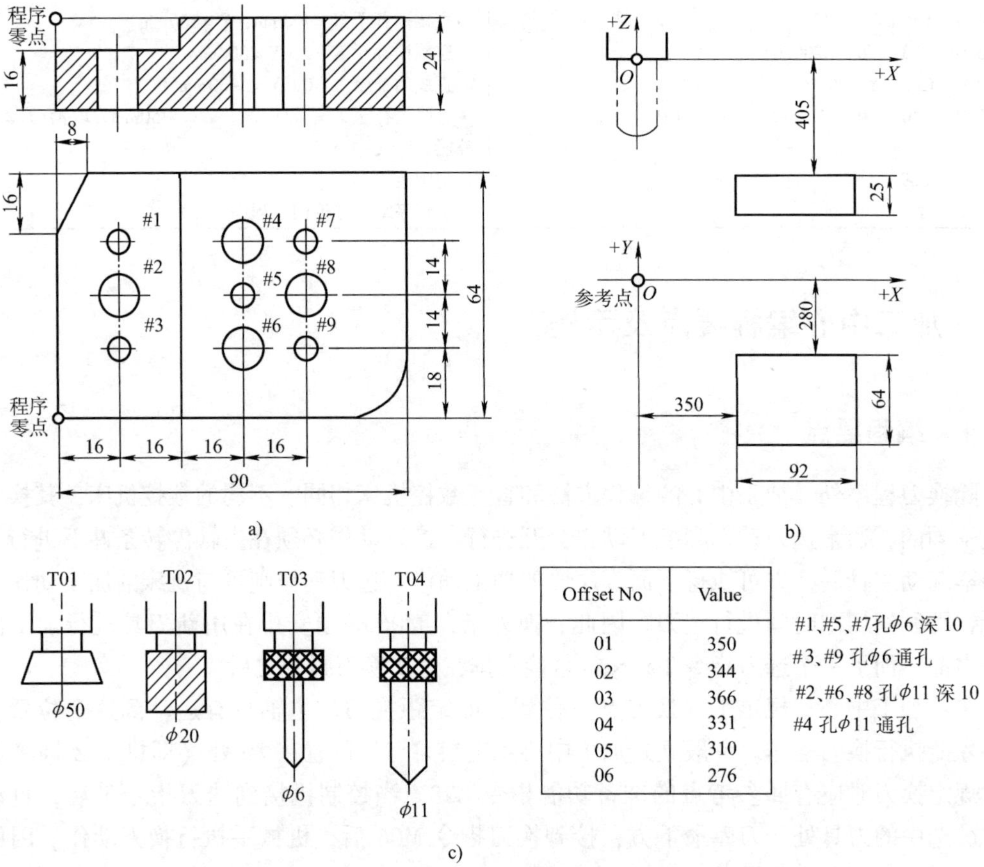

Offset No	Value
01	350
02	344
03	366
04	331
05	310
06	276

图 3.30　加工中心编程示例

a）零件简图　b）零件位置简图　c）刀具简图

表3.8　加工程序

加 工 程 序	注　释
O1111	
N01　T01　M06	
G91　G00　G45　X0　H01	
G46　Y0　H02	
G92　X0　Y0　Z0	
G90　G44　Z10.0　H03	
S1500　M03	
G00　X-30.0　Y40.0　M08	
G01　Z0　F150	
X80.0	
Y20.0	
X-30.0	
G28　Z10.0	
G00　X0　Y0	
M00	
N02　T02　M06	
G92　X0　Y0　Z0	
G90　G44　Z10.0　H04	
S1000　M03	
G00　X9.9　Y-12.0　M08	
G01　Z-8.0　F150	
Y76.5	
X22.0	
Y-12.0	
G28　Z10.0	
G00　X0　Y0	
M00	
N03　T03　M06	
G92　X0　Y0　Z0	
G90　G44　Z10.0　H05　M08	
S1000　M03	
G99　G83　X16.0　Y18.0　Z-27.0　R-6.0　Q5　F100	钻#3 孔
G98　Y46.0　Z-18.0	钻#1 孔
G99　X64.0　R2.0　Z-27.0	钻#9 孔
X48.0　Y32.0　Z-10.0	钻#5 孔
X64.0　Y18.0	钻#7 孔
G00　G80　X0　Y0	
G28　Z15.0	
M00	
N04　T04　M06	
G92　X0　Y0　Z0	
G90　G44　Z10.0　H06　M08	
S700　M03	钻#8 孔
G99　G83　X64.0　Y32.0　Z-10.0　R2.0　Q5　F100	钻#6 孔
X48.0　Y46.0	钻#4 孔
Y18.0　Z-27.0	钻#2 孔
G98　X16.0　Y32.0　R-6.0　Z-18	
G00　G80	
G28　Z50.0	
G28　X0　Y0	
M30	

3.5　模具数控加工及数控工艺设计

数控加工技术在模具制造中的应用越来越广泛，而数控工艺和编程的优劣将直接影响模具加工的效率和质量。工艺分析不合理，会造成工艺设计不合理，影响编程工作，甚至造成数控加工出错，导致模具零件报废。合理的工艺分析，可获得事半功倍的效果。

3.5.1　适合数控加工的模具零件结构

1. 选择合适的工艺基准

由于数控加工多采用工序集中的原则，因此要尽可能采用合适的定位基准。一般可选择模具零件上精度高的孔作为定位基准孔。如果零件上没有基准孔，也可设置专门的工艺孔作为定位基准，如在毛坯上增加工艺凸台或在后续工序要切除的余量上设置定位基准孔。

2. 加工部位的可接近性

对于模具零件上一些刀具难以接近的部位（如钻孔、铣槽），应关注刀具的夹持部分是否与零件相碰。如发现上述情况，可使用加长柄刀具或小直径专用夹头。

3. 外轮廓的切入切出方向

在数控铣床上铣削模具零件的内外轮廓时，刀具的切入点和切出点选择在零件轮廓几何形状的交点处，并根据零件的结构特征选择合适的切入和切出方向。如铣削外轮廓表面时要沿外部曲线延长线的切向切入或切出，以免在切入处产生刀具刻痕；而铣削内轮廓表面（如封闭轮廓）时，只能沿轮廓曲线法向切入或切出，但应避免发生刀具干涉现象。

4. 零件内槽半径 *R* 不宜过小

零件内槽转角处圆角半径 R 的大小决定了刀具直径 D 的大小，而刀具的直径尺寸又受零件内槽侧壁高度 H（H 为内槽侧壁最大高度）的影响，这种影响关系到加工工艺性的优劣。如图3.31所示，当 $R \leqslant 0.2H$ 时，该部位的工艺性不好；而 $R > 0.2H$ 时，其工艺性好。因为转角处圆角半径较大时，可使用直径较大的铣刀，一般取铣刀半径 $=(0.8 \sim 0.9)R$。铣刀半径大，刚性好，进给次数相应少，从而加工表面质量高。

5. 铣削零件内槽底面时，底面与侧壁间的圆角半径 *r* 不宜过大

铣刀与铣削平面接触的最大直径 $d = D - 2r$（D 为铣刀直径）。如图3.32所示，当 D 为一定值时，槽底圆角半径 r 越大，铣刀端刃铣削平面的面积越小，加工能力就越差，而且铣刀易磨损，使用寿命也越短，生产效率就越低。当 r 大到一定程度时，甚至必须使用专用的

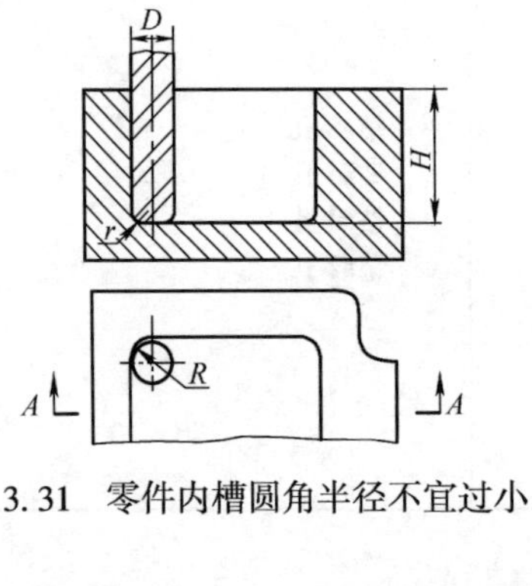

图3.31　零件内槽圆角半径不宜过小

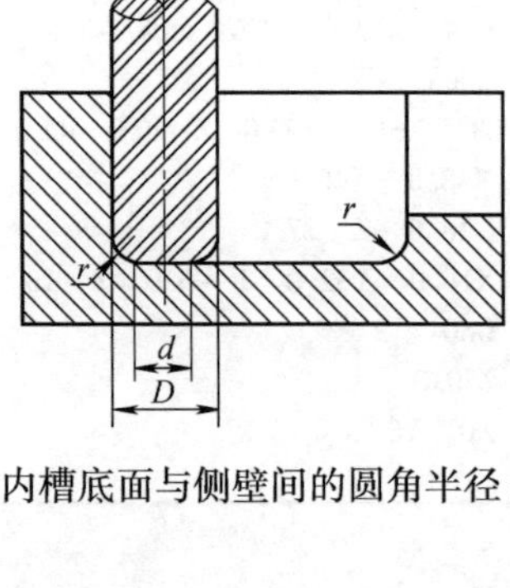

图3.32　内槽底面与侧壁间的圆角半径 r 不宜过大

球头铣刀才能加工，因此，设计时应尽量避免这种结构。

6. 特殊结构的处理

对于薄壁复杂型腔等特殊结构的模具零件，应根据具体情况采取有效的工艺手段。对于一些薄壁零件，例如厚度尺寸要求较高的大面积薄壁（板）零件，由于数控加工时的切削力和薄壁零件的弹性变形容易造成明显的切削振动，从而影响尺寸精度和表面粗糙度，甚至使切削无法正常进行，为此，应改进装夹方式，采用将粗、精加工分开及对称去除余量等加工方法。

对于一些型腔表面复杂、不规则，精度要求高，且材料硬度高、韧性大的模具零件，可优先考虑采用数控电火花成形加工。这种加工方法电极与零件不接触，没有机械加工的切削力，尤其适宜加工刚度低的模具型腔及进行细微加工。

对于模具上一些特殊的型面，如角度面、异形槽等，为保证加工质量、提高生产效率，可采用专门设计的成形刀加工。

3.5.2 编程原点及定位基准的选择

1. 编程原点的选择

编程原点通常作为坐标的起始点和终止点，选择得正确与否将直接影响到模具零件的加工精度和坐标尺寸计算的难易程度。在选择编程原点时应遵循以下原则：

1）编程原点尽可能与图样的尺寸基准（设计基准与工艺基准）重合，例如，以孔定位的零件，应以孔的中心作为编程原点。对于一些形状不规则的零件，可在其基准面（或线）上选择编程原点，当加工路线呈封闭形式时，应在精度要求较高的表面选择编程原点（或加工起始点）。

2）编程原点的选择应有利于编程，简便数值计算。

3）编程原点所引起的加工误差应最小。

4）编程原点应易找，且测量位置较方便。

2. 定位基准的选择

数控加工中应采用统一的定位基准，否则会因工件的多次装夹而引起较大的误差。工件上最好有合适的可作为统一定位基准的孔或面。若没有合适的，可在工件上增设工艺凸台或工艺孔。若确实难以在工件上加工出统一的定位基准要素时，可选择经过精加工的组合表面作为统一的定位基准，以减少多次装夹所产生的误差。

3.5.3 刀具的选择及走刀

1. 刀具的选择

合理选择刀具是数控加工工艺分析的重要内容之一。模具型腔或凸模成形表面，多使用模具铣刀进行加工。模具铣刀可分为圆锥铣刀（圆锥半角为3°、5°、7°、10°）、圆柱形球头铣刀和圆锥形球头铣刀，它们的圆周与球头（或端面）上均有切削刃，可作径向和轴向切削。立体型面和变斜角轮廓外形加工，一般多采用球头铣刀、环形铣刀、鼓形铣刀、圆锥立铣刀等。加工较为平坦的曲面时，若使用球头铣刀顶端刃切削，切削条件较差，效率低；若采用环形铣刀，则加工质量和效率都明显提高。

在数控编程中，刀具部分的几何参数可用两个选项来设定。第一个选项用来确定刀体类型，如圆柱形和圆锥形刀具；第二个选项用来确定刀头类型，如平头、球形和圆角。

定义刀具几何形状的参数包括如下几项：

(1) 刀锥角度　用于定义圆锥刀具的刀具轴线与刀具斜侧刃的夹角，用角度表示。当角度为零时，表示圆柱铣刀。

(2) 刀具半径　对圆柱铣刀而言，指刀具圆柱形工作截面的半径；对圆锥铣刀而言，指圆锥刀体部分与刀头相接处的圆的半径。

(3) 圆角半径　对具有球头或圆角头的刀具来说，它是指球的半径或圆角半径。

(4) 刀具高度　用来表示刀具切削部分的高度值。

在生成刀具运动轨迹的编程中，刀具选择合理与否，关系到零件的加工精度、效率及刀具的寿命。一般来说，金属模具粗加工时，采用 ϕ50mm 以上的平头刀或球头刀进行加工；半精加工时，采用 ϕ30mm 以上的平头刀或球头刀进行加工；精加工时应选择刀具半径小于被加工曲面的最小凹向曲率半径的球头刀进行加工。

2. 加工路线的确定

确定加工路线时，要在保证工件获得良好的加工精度和表面质量的前提下，力求计算容易，进给路线短，空刀时间少。

(1) 平面轮廓的加工路线　平面轮廓零件的表面多由直线、圆弧或各种曲线构成，常用两坐标联动的三坐标铣床加工，编程较简单。图 3.33 所示为直线和圆弧构成的平面轮廓。零件轮廓为 *ABCDEA*，采用半径为 *r* 的圆柱铣刀进行周向加工，双点画线为刀具中心的运动轨迹。当机床具备 G41、G42 功能，可跨象限编程时，可按轮廓划分程序段；如果机床不具备跨象限编程功能，则需按象限划分圆弧程序段（程序段数会增加）。

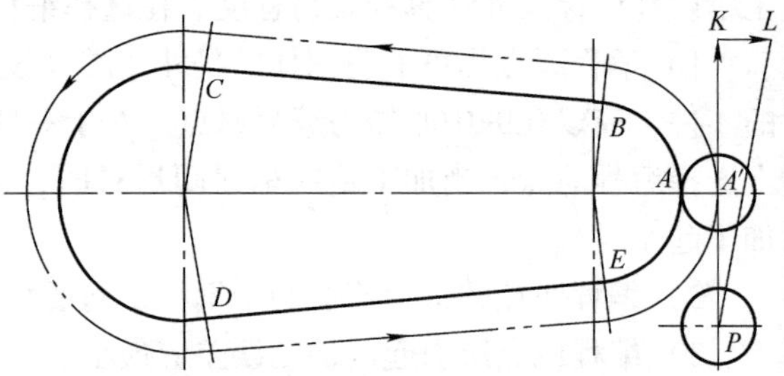

图 3.33　平面轮廓的铣削

在铣削平面轮廓时，为保证加工能光滑过渡，应增加切入外延 *PA′*、切出外延 *A′K*、让刀行程 *KL* 以及返回行程 *LP* 等程序段，这样可以减少接刀痕迹，保证轮廓的表面质量。相反，若铣刀沿法向直接切入工件，就会在工件轮廓上留下明显的刀痕。

同时，加工中要尽量避免进给中途停顿。因为加工过程中工件、刀具、夹具、机床工艺系统在弹性变形状态下处于平衡状态，若进给停顿则切削力会突然减小，切削力突变会使工件表面产生变形，在工件表面留下凹痕。

铣削加工中不同的进给路线往往会给加工编程带来不同的影响，图 3.34 所示为加工内

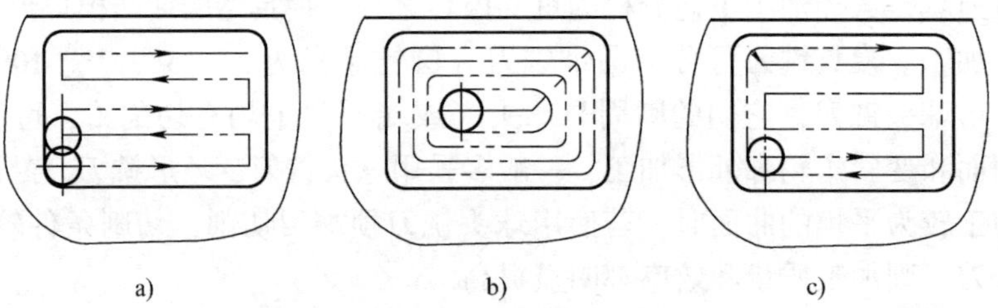

图 3.34　铣削内槽的三种进给路线

槽的三种进给路线。所谓内槽是指以封闭曲线为边界的平底凹坑。这种内槽用平底立铣刀加工，刀具圆角半径应符合内槽的图样要求。图3.34a和图3.34b分别表示用行切法和环切法加工内槽。两种进给路线的共同点是能切净内腔中的全部面积，不留死角，不伤轮廓，同时能尽量减少重复走刀的搭接量。但是，行切法将在每两次走刀的起点与终点间留下残留高度，从而达不到所要求的表面质量。通常先用行切法，最后环切一刀，光整轮廓表面，能获得较好的效果（见图3.34c）。

（2）曲面轮廓的加工路线　曲面加工中常用球头铣刀、环形刀、鼓形刀、锥形刀和盘铣刀等，切割时根据曲面的具体情况选择刀具的几何形状。通常根据曲面形状、刀具形状以及精度要求，采用不同的铣削方法，如用两轴半、三轴、四轴、五轴等插补联动加工来完成立体曲面的加工。

对于三维曲面零件，根据曲面形状、精度要求、刀具形状等情况，通常采用两种方法加工：一种是两坐标联动的三坐标加工，即二轴半加工，此法常用来加工不太复杂的空间曲面零件；另一种是三坐标联动加工，这种方法要求所用机床的数控系统必须具备三轴联动功能，常用来加工比较复杂的空间曲面零件。

三维曲面的行切法（又叫行距法）加工，是用球头铣刀一行一行地加工曲面，每加工完一行后，铣刀要沿一个坐标方向移动一个行距（见图3.35），直至加工出整个曲面为止。在用三坐标联动加工时，球头铣刀沿着曲面一行一行连续切削，最后获得整个曲面（见图3.35a）；当用两坐标联动的三坐标加工时，相当于以平行于某一坐标平面的一族平面将被加工曲面切成许多薄片，切削一行就相当于加工一个平面曲线轮廓，每加工完一行，铣刀沿某一坐标方向移动一个行距，直至加工好整个曲面（见图3.35b）。

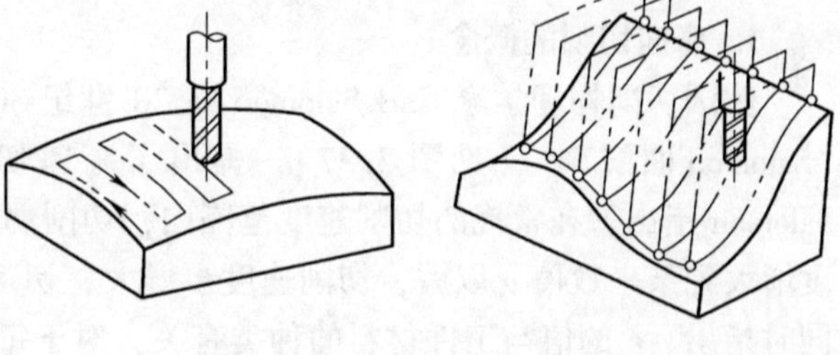

a)　　b)

图3.35　曲面的行切法加工

应用行切法的加工结果如图3.36所示。图3.36a表示用两轴半加工时产生的金属残留高度H；图3.36b表示在三坐标联动加工时，铣刀沿切削方向采用直线插补的加工结果。四坐标、五坐标加工用于比较复杂、要求较高的曲面加工，其工艺处理的基本步骤和原则与三坐标曲面加工有许多类似之处，但计算上更为复杂，一般都采用自动编程方法。

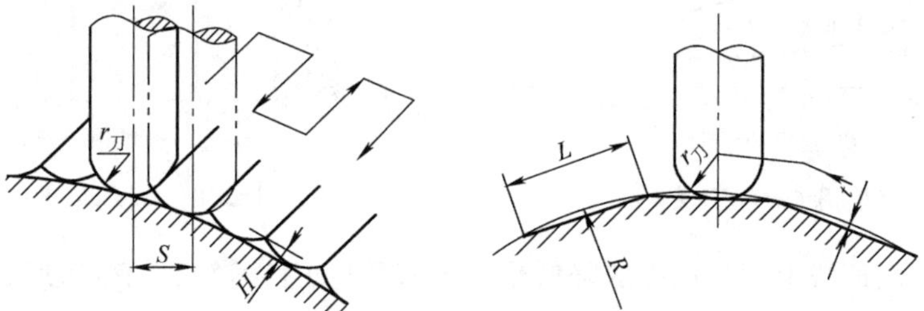

a)　　b)

图3.36　行切法的加工结果

3. 进给速度

在数控编程中，有五种进给速度可供选择，即切削进给速度、跨越进给速度、接近工件表面进给速度、退刀和空刀进给速度。

(1) 切削进给速度 切削进给速度应根据所采用机床的功率、刀具材料和尺寸、工件的切削加工性能和加工余量的大小综合确定。一般原则是：工件表面的加工余量大、硬度高，则切削进给速度低；反之则切削进给速度高。

(2) 跨越进给速度 跨越进给速度是指在曲面区域加工中，刀具从一切削行运动到下一切削行之间所具有的运动速度，该速度一般与切削进给速度相同。

(3) 接近工件表面进给速度 为了使刀具安全、可靠地接近工件表面，接近工件的进给速度不宜太高，一般为切削进给速度的1/5。

(4) 退刀和空刀进给速度 为了缩短非切削加工时间，提高生产率，退刀和空刀进给速度应选择机床允许的最大进给速度。

3.6 模具的高速数控切削技术

3.6.1 高速切削的原理

1. 高速切削的概念

德国切削物理学家 Carl Salomon 在20世纪30年代根据一些实验曲线，现在常被称为“Salomon 曲线” (见图 3.37)，提出了高速切削 (High Speed Cutting，HSC) 的概念。Salomon 指出，在常规的切削速度范围内，切削温度随着切削速度的增大而提高；当切削速度增大到某一数值 v_c以后，切削速度再增大，切削温度反而降低，如图 3.38 所示。Salomon 同时指出，v_c的值与工件材料的种类有关，对于每一种工件材料，都存在一个速度范围，在这个速度范围内，由于切削温度太高，任何刀具都无法承受，切削加工就不可能进行，这个范围常被称为“死谷 (Dead Valley)”。

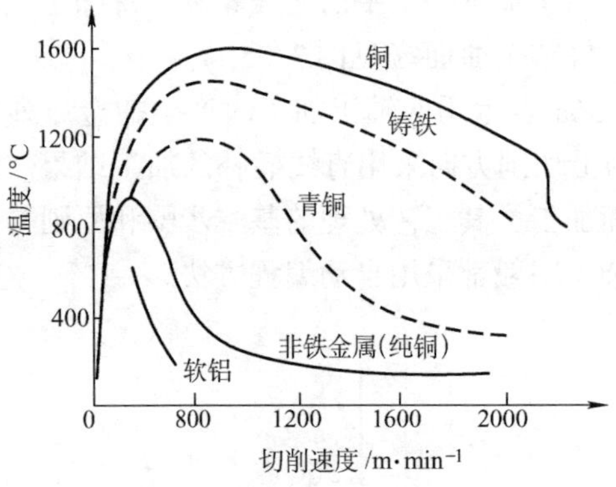

图 3.37 Salomon 曲线

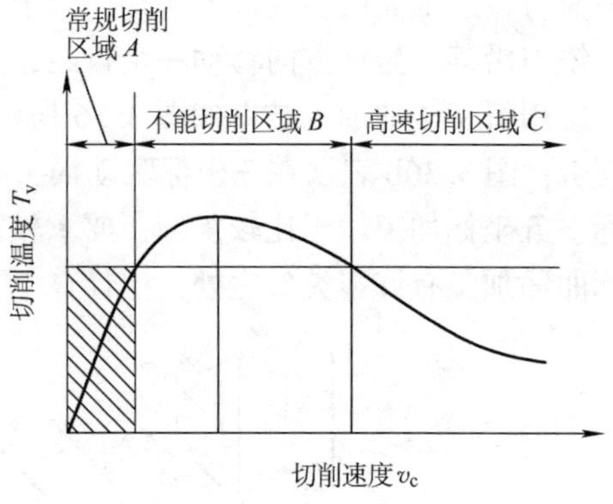

图 3.38 Salomon 曲线示意

有人认为，高速段上刀具温度的降低是由于刀具与工件接触时间变短所致。而从研究机理的角度看，应当分析在切削过程中，切削剪切区的温度及材料的变形状况。随着切削速度的提高，切屑上的切削热来不及传于工件和刀具就被切屑带走，这对高速切削是十分有利的，它可使刀具工作寿命延长、工件加工质量提高。Salomon 的思想激起了人们研究高速切削的热情，推动了高速切削的研究，给后来的研究者一个非常重要的启示：如果能越过这个

“死谷”，在高速区工作，那么就有可能用现有的刀具进行高速切削，从而大幅度地减少切削工时，大大提高机床的生产效率。

高速切削是一个相对概念，到目前为止，世界各国对高速切削的速度范围尚未做出明确的定义，通常把切削速度比常规切削速度高5~10倍以上的切削称为高速切削。不同的材料高速切削速度的范围也不同，如铝合金为1000~7000m/min，铜为500~2000m/min，钢为500~2000m/min，灰铸铁为800~3000m/min，钛合金为100~1000m/min。

不同加工方法的高速切削速度范围为：车削700~7000m/min，铣削200~7000m/min，钻削100~1000m/min，磨削5000~10000m/min。与之相对应的进给速度一般为2~25m/min，高的可达60~ 80m/min。

2. 高速切削的优势

与常规切削加工相比，高速切削加工在提高生产率、减少切削力和热变形，以及实现高精度、高质量零件加工等方面均具有显著的优越性。因此，越来越引起人们的关注。

（1）材料切除率高　高速切削加工与常规切削加工相比，单位时间材料切除率可提高3~6倍，因而工件加工时间通常可缩减到原来的1/3，从而提高了生产率和设备利用率。

（2）切削力低　和常规切削加工相比，高速切削力至少降低30%，这对于加工刚性较差的工件（如细长轴，薄壁件等）来说，可减少加工变形，提高工件加工精度。同时，材料切除率可提高40%以上，有利于延长刀具使用寿命，刀具寿命可提高约70%。

（3）减少热变形　高速切削加工过程中，95%以上的切削热将被切屑带离工件，工件积聚热量极少，工件不会由于温升导致翘曲或膨胀变形。因此，高速切削特别适合加工容易发生热变形的零件。

（4）加工效率高　高速切削加工允许使用较高的进给率，比常规切削加工提高5~10倍，可大大提高加工效率，缩短生产周期。

（5）实现高精度加工　高速切削加工时，其激振频率特别高，已远远超出机床-工件-刀具系统的固有频率范围，使加工过程平稳、振动很小，可实现高精度、低表面粗糙度值加工。加工获得的工件表面质量几乎可与磨削加工相比。因此，高速切削加工可直接作为最后一道精加工工序。

（6）良好的技术经济效益　采用高速切削加工将能取得较好的技术经济效益，如加工时间短，生产率高，工件加工精度高，表面质量好，工件热变形小，刀具成本低，节省了换刀辅助时间及刀具刃磨费用等。

3. 高速切削的应用

在航空制造业，通过高速切削加工，可生产高精度、高质量的铝合金或钛合金的航空零部件产品。

在模具制造业，高速粗加工和淬硬后（55~62HRC）高速精加工也很有发展前景，并有取代电火花加工和传统的磨削、抛光加工的趋势。因此，高速切削的应用越来越广泛，如汽车车身冲压模具和塑料模具加工，其切削加工的公差等级可达IT5~IT6，表面粗糙度可达*Ra*0.2~1μm。

高速切削不仅用于切削金属等硬材料，也越来越多地用于切削软材料，如橡胶、各种塑料、木头等。高速切削后，这些软材料被加工表面的表面粗糙度值可以极小。

目前，用于高速切削技术的高速切削加工设备已商品化。日本的Kitamura公司、Makino

公司、德国的 Droop&Rein 公司等都能提供商品化的高速切削加工设备。

3.6.2 高速切削的关键技术

高速切削技术是在机床结构及材料、机床设计制造技术、高速主轴系统、快速进给系统、高性能 CNC 控制系统、高性能刀夹系统、高性能刀具材料及刀具设计制造技术、高效高精度测量测试技术、高速切削机理、高速切削工艺等相关的硬件与软件技术的基础之上综合而成的。因此，高速切削加工是一个复杂的系统工程，机床、刀具、工件、加工工艺、切削过程监控及切削机理等方面形成了高速切削技术的研究体系，如图 3.39 所示。

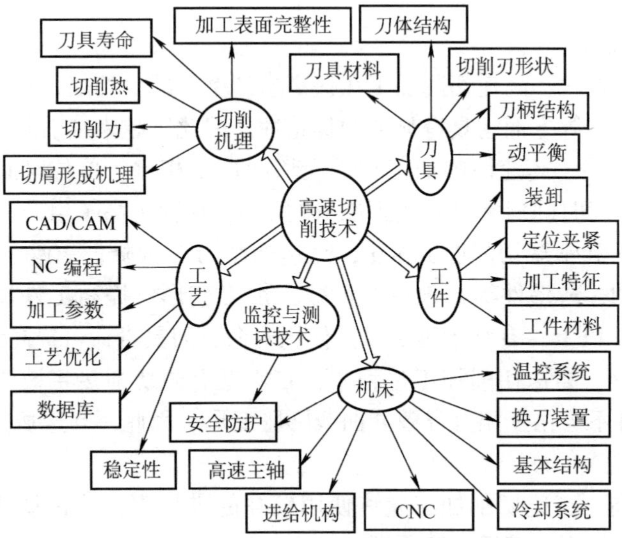

图 3.39 高速切削技术的研究体系

1. 高速切削机床基本结构

实现高速切削的最关键技术是研究开发性能优良的高速切削机床，机床的基本结构有床身、底座和立柱等。高速切削会产生很大的附加惯性力，因而机床床身、立柱等必须具有足够的强度、刚度和高水平的阻尼特性。很多高速机床的床身和立柱材料多采用聚合物混凝土或人造花岗岩，这种材料阻尼特性为铸铁的 7 ~ 10 倍，密度只有铸铁的 1/3。

2. 高速主轴

高速主轴是高速切削机床最关键的零件之一。目前，主轴转速为 10000 ~ 20000r/min 的加工中心越来越普及，转速高达 100000r/min、200000r/min、250000r/min 的实用高速主轴也正在研制开发中。高速主轴由于转速极高，主轴零件在离心力作用下会产生振动和变形。另外，高速运转摩擦和大功率内装电动机产生的热会引起高温和变形，所以必须严格控制。目前，高速主轴在设计方面采取了如下措施：

传统的齿轮、传动带变速主传动系统由于本身的振动、噪声等原因已不能适应高速切削的要求，高速主轴采用了交流伺服电动机直接驱动的“内装电动机”集成化结构，减少了传动部件，具有更高的可靠性。高速主轴要在极短时间内实现升降速，在指定位置快速准停，这就要求主轴具有很高的角加速度。为此，将主轴电动机与主轴合二为一，制成电主轴，实现无中间环节的直接传动。电主轴是高速主轴单元的理想结构，它的电动机转子就是机床主轴，机床主轴单元的壳体就是电动机座，实现了变频电动机与机床主轴的一体化。同时，采用电子传感器控制温度，自带水冷或油冷循环系统，使主轴在高速旋转时保持恒温。在环境温度10～40℃的条件下，冷却水温控制系统一般可将温度控制在20～25℃范围内某一设定值，精度为±0.7℃，特殊要求时可达±0.3℃。

高速精密轴承是高速主轴单元的核心。为了适应高速切削加工，高速切削机床的主轴设计采用了先进的主轴轴承，以及润滑、散热等新技术。目前，高速主轴主要采用混合陶瓷轴承、磁悬浮轴承和液体动静压轴承三种形式。主轴轴承润滑对主轴转速的提高起重要作用，高速主轴一般采用油空气润滑或喷油润滑。

3. 高速进给机构

高速切削时，为了保持刀具每齿进给量基本不变，随着主轴转速的提高，进给速度也必须大幅度地提高。目前，高速切削进给速度可高达50～120m/min。要实现并准确控制这样高的进给速度，对机床导轨、滚珠丝杠、伺服系统、工作台结构等都提出了新的要求，在高速加工机床上主要采用如下措施：

1）采用新型直线滚动导轨，直线滚动导轨中球轴承与钢导轨之间接触面积很小，其摩擦因数仅为槽式导轨的1/20左右，而且使用直线滚动导轨后，“爬行”现象可大大减少。

2）高速进给机构采用小螺距、大尺寸、高质量滚珠丝杠或大螺距多线滚珠丝杠，目的是在不降低精度的前提下获得较高的进给速度和进给加速度。

3）高速进给伺服系统向着数字化、智能化和软件化方向发展，高速切削机床已开始采用全数字交流伺服电动机和控制技术。

4）为提高进给速度，使用先进、高速的直线电动机。

4. 高速CNC控制系统

数控高速切削加工要求CNC控制系统具有快速数据处理能力和很高的功能化特性，以保证在高速切削时（特别是在4～5轴坐标联动加工复杂曲面时）仍具有良好的加工性能。高速CNC数控系统的数据处理能力有两个重要指标：一是单个程序段处理时间，二是插补精度。

5. 高速切削机床冷却系统

在高速切削条件下，单位时间内产生的大量热切屑不仅干扰切削工作的正常进行，还可能造成机床、刀具和工件的热变形。解决的办法是：采用强力高压、高效的冷却系统（如高压喷射装置），把流量大、压力高的切削液直接射向切削部位，使切削液从机床顶部淋向工作台，把大量热切屑冲离工作台。

6. 高速切削机床安全防护与实时监控系统

高速切削的速度相当高，当主轴转速达40000r/min时，若有刀片崩裂，掉下来的刀具碎片就像出膛的子弹。因此，对高速切削引起的安全问题必须充分重视。从总体上讲，高速切削的安全保障包括以下诸方面：

1）机床操作者及机床周围现场人员的安全保障。

2）避免机床、刀具、工件及有关设施的损伤。

3）识别和避免可能引起重大事故的工况。

目前，为保障高速切削的安全，主要采取以下措施：在机床结构方面，机床设有安全保护墙和门窗。刀片，特别是抗变强度低的材料制成的机夹刀片，除结构上防止由于离心力作用产生飞离外，还要进行极限转速的测定。刀具夹紧、工件夹紧必须绝对安全可靠，因此工况监测系统的可靠性就变得非常重要。机床及切削过程的监测包括切削力监测、机床主轴功率监测、主轴转速监测、刀具破损监测、主轴轴承状况监测、电器控制系统过程稳定性监测等。

7. 高速切削机床换刀装置

高速切削机床取消了换刀机械手，刀库与工件并排放置，刀库只作回转分度运动，主轴部件作前后、上下、左右的直线运动来放刀和取刀。高速切削机床换刀时间虽比普通机床略有增加，但可靠性却大大提高了。

3.6.3 高速切削刀具

针对生产中广泛应用的铝合金、铸铁、铜和耐热合金等的高速切削，已发展的高速切削刀具材料主要有聚晶金刚石（PCD）、立方氮化硼（CBN）、陶瓷（Ceramics）、涂层刀具和金属陶瓷（含氮 TiC 基硬质合金）刀具等。目前，能以 2500 ~ 5000m/min 的高速切削铝合金（Si 的质量分数≤12%，大于 12% 的为 500 ~ 1500m/min）；以 500 ~ 1500m/min 的速度切削铸铁；以 300 ~ 1000m/min 的速度切削钢；以 100 ~ 400m/min 的速度切削淬硬钢、耐热合金；以 90 ~ 200m/min 的速度切削钛合金等。要进一步提高切削速度，就要研发具有更加优异的高温力学性能、高化学稳定性和热稳定性及高抗热振性的刀具材料。加强刀具材料的研究与开发，合理选用刀具材料是推动高速切削技术广泛应用的重要前提。

1. 高速切削刀具结构

高转速引起的离心力在高速切削中会使抗弯强度和断裂韧性都较低的刀片发生断裂，除损伤工件外，也会给操作者和机床带来危险。因此，高速切削刀具除了满足静平衡外还必须满足动平衡要求。一般对小直径刀具的动平衡要求不高，对大直径刀具或盘类刀具则要求严格。外伸较长的刀具，必须进行动平衡。另外，需要对刀具、夹头、主轴等元件单独进行动平衡，还要对刀具与夹头组合体进行动平衡。最后，将刀具连同主轴一起进行动平衡。但目前还没有统一的动平衡标准。

2. 高速切削刀具几何参数

高速切削刀具切削刃的形状正朝着高刚性、复合化、多刃化和表面超精加工方向发展。刀具几何参数对加工质量、刀具寿命有很大的影响。一般地，高速切削刀具的前角平均比传统加工刀具小 10°，后角约大 5° ~ 8°。为防止刀尖处的热磨损，主、副切削刃连接处应采用修圆刀尖或倒角刀尖，以增大刀尖角；加大刀尖附近刃区切削刃的长度，以提高刀具刚性和减少切削刃破损。

3. 高速切削刀柄系统

加工中心主轴与刀具的连接大多采用 7: 24 锥度的单面夹紧刀柄系统，ISO、CAT、DIN、BT 等都属此类。

3.6.4 高速切削工艺

高速切削具有加工效率高、加工精度高、单件加工成本低等优点。高速加工和传统加工工艺有所不同，传统加工认为，高效率来自低转速、大背吃刀量、缓进给、单行程；而在高速加工中，高转速、中等背吃刀量、快进给、多行程更为有利。高速切削作为一种新的切削方式，目前尚没有完整的加工参数表可供选择，也没有很多的加工实例可供参考，还没有建立起实用化的高速切削数据库，在高速切削加工的工艺参数优化方面，还需要做大量的工作。

高速切削 NC 编程需要对标准的操作规程加以修改。零件程序要求精确，并必须保证切削负荷稳定。多数 CNC 软件中的自动编程都还不能满足高速切削加工的要求，需要由人工编程进行补充。目前，Cimatron、UG、MasterCAM 等 CAM 软件都已添加了适合高速切削的编程模块。

3.7 高速铣削的工艺特点及在模具制造中的应用

3.7.1 模具的高速铣削加工与传统铣削加工的比较

高速铣削加工与传统的数控加工方法没有什么本质的区别，二者涉及同样的工艺参数——进给量、切削速度和背吃刀量，也同样需要切削刀具和 NC 程序。

高速铣削加工与传统数控铣削加工方法的主要区别在于进给速度、切削速度和背吃刀量的工艺参数值不同。高速铣削加工采用高进给速度、大进给量和较小的背吃刀量，而传统数控加工则采用低进给速度、小进给量和较大的背吃刀量，如图 3.40 所示。

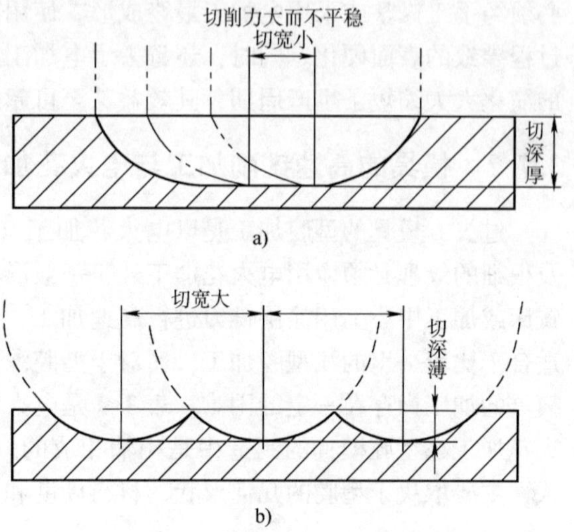

图 3.40 模具铣削加工的比较

a) 传统铣削方式的工艺参数选择

b) 高速铣削方式的工艺参数选择

模具高速铣削加工的工艺特点表现在以下几个方面：

(1) 主轴转速（切削速度）高 在高速切削中，主轴转速能够达到 10000 ~ 30000r/min，一般在 20000r/min 以上。高速切削的这个特点必须依赖于良好的机床设备，特别是高质量的机床主轴和主轴轴承。

(2) 进给速度快 对钢材而言，高速切削的进给速度在 5m/min 以上。目前，最大进给速度可达 60m/min，如德国的 XHC240 加工中心。

(3) 背吃刀量小 高速切削的背吃刀量一般在 0.3 ~ 0.6mm 之间，在特殊情况下背吃刀量也可以达到 0.1mm 以下。小的背吃刀量可以减小切削力，降低加工过程中产生的切削热，延长刀具寿命。从加工方式上讲，小的背吃刀量和快的进给速度能够获得更好的刀具长径比 L/D，使得许多深度较大的零件也能完成加工。

(4) 切削行距小 高速铣削加工采用的刀具轨迹行距一般在 0.2mm 以下。一般来说，小的刀具轨迹行距可以降低被加工面的表面粗糙度值，提高加工质量，大幅度减少后续的精加工量。

从加工的效果和经济效益看，高速铣削加工具有以下优点：

(1) 加工质量好 与传统的切削加工相比，高速切削容易生成剪断切屑。当切屑厚度减小时，切屑温度上升，结果切屑更为碎小，而当应力和切屑都减小时，刀具负载变小，工件变形也小，产生的摩擦热降低。同时，大量的切削热量被高速离去的切屑带走，所以模具和刀具的热变形很小，模具表面没有变质及微裂纹，从而大大改善工件的加工质量，有效地提高加工精度。一般来说，高速加工精度为10μm甚至更高，表面粗糙度 *Ra* 小于1μm。

（2）刀具寿命长　在高性能数控系统的控制下，高速加工工艺能保证刀具在不同速度下工作的负载保持恒定，加工刀具每刃的切削量极小，有利于延长刀具寿命。

（3）加工工作效率高、总成本低　模具制造中，采用高速铣削对模具进行高速精加工，可改进模具的表面粗糙度和几何精度，除最后的油石打磨工序外，可免除所有的手工精整。虽然背吃刀量和厚度小，但由于主轴转速高，进给速度快，金属切除量反而增加了，加工效率也提高了。当材料淬火后，型腔也可全部由高速铣削来完成。高速铣削的加工工时可缩短60%～70%。模具加工中，钳工作业时间约占25%～38%，采用高速加工可减少或免除钳工作业。

（4）直接加工淬硬模具　高速加工可以在高速度、大进给的方式下完成淬硬钢的精加工，且可达到很高的模具表面质量（*Ra* 小于或等于0.4μm），效率也比常规方式高4～6倍，所加工的材料硬度高达62HRC。而传统铣削加工只能在淬火之前进行，因淬火造成的变形必须经手工修整或采用电加工最终成形。使用高速加工，可省去电极材料、电加工以及加工过程导致的表面硬化。同时，还省去了电加工后的磨削和抛光工序。高速切削中，加工工序的简化大大缩短了生产周期，其效益甚至可超过因切削速度提高而产生的价值。

3.7.2　模具的高速铣削加工与电火花加工的比较

过去，模具的型腔加工是以电火花加工（EDM）为主。但近年来，除了窄缝、深槽以及很细的纹理必须应用电火花加工外，一般形状不太复杂的型腔及三维轮廓已能在高刚度的铣床或加工中心上用涂层铣刀进行高速加工，其加工效率要比EDM高。当然，高速铣削更适合于比较平坦的浅型腔加工，而对于型腔深、具有内尖的型腔模具、表面有花纹或图案的模具的加工尚存在一定的困难。表3.9是电火花加工与高速铣削加工的比较。高速铣削和电火花加工在型腔模具的制造中是相辅相成的。型腔模具制造过程中，采用什么样的加工方式，主要取决于型腔的几何形状、材料硬度和所要求的工艺参数。

表3.9　电火花加工（EDM）和高速铣削加工的比较

分　类	电火花加工（EDM）	高速铣削加工
材料	所有导电材料	所有切削材料（钢硬度可达62HRC）
几何形状	任意	受深度和半径限制
内部尖角	半径可达0.1mm	底部圆角可达到0.3mm，侧壁圆角半径1.0mm
深槽	取决于电极的制造	长径比小于10
表面质量	总是需要再加工	某些应用不需要再加工
再加工的费用	高	低
表面模糊	可能	侵蚀/锈蚀
结构变化	微裂	受压
几何精度	好	优
去屑能力	更适合大的成形表面及大面积接触	适用于小成形面，点接触
预加工	电火花粗加工	考虑效率（刀具成本、体积）
刀具	特殊加工（电极）	简单、标准的产品

3.7.3 高速铣削对切削刀具的要求

使刀具磨损最小并且保证较长的刀具寿命对提高加工精度和效率极为重要。切削速度低时，刀具的损坏形式主要是磨损损坏、瞬间破碎或热/机械金属疲劳。在高速切削过程中，很高的温度在刀具和切屑之间弥漫，既有热功性质，又有化学特性，所以刀具材料和工件材料的匹配很重要，高速切削刀具与加工的模具材料必须有较小的化学亲和力，优良的力学性能和热稳定性，良好的抗冲击、耐磨损和抗热疲劳的特性。选择刀具的四大要素为模具材料、刀具材料、工具几何形状和切削条件。高速切削的刀具材料必须根据模具材料和加工性质来选择。目前，陶瓷、CBN（立方氮化硼）、涂层硬质合金等均可作为高速切削模具钢件的刀具材料。其中，陶瓷化学稳定性好，具有良好的耐磨性，能以比硬质合金刀具更高的切削速度进行切削加工，但它的硬度、韧性低于CBN，可用于加工硬度小于50HRC的模具材料。CBN具有高硬度、极强的耐磨性、高温化学稳定性及良好的导热性，用于铣削淬硬钢、冷硬铸铁、钛合金等材料。涂层硬质合金因涂层不同而具有切削多种材料的能力。表3.10为典型的高速铣削加工的刀具材料和切削工艺参数。

表3.10 典型的高速铣削加工的刀具材料和切削工艺参数

材　料	切削速度/(m/min)	进给速度/(m/min)	刀具/刀具涂层
铝	2000	12~20	整体硬质合金/无涂层
铜	1000	6~12	整体硬质合金/无涂层
钢（42~52HRC）	400	3~7	整体硬质合金/TiCH-TiAlCN
钢（54~60HRC）	250	3~4	整体硬质合金/TiCH-TiAlCN

3.7.4 合理确定高速铣削数控加工工艺和加工工艺参数

1. 合理确定数控加工工艺流程

模具数控加工一般由粗加工、半精加工、清根加工、精加工四道工序完成，高质量的模具表面常需进行二次半精加工。

模具粗加工的目的是以最短的工时清除毛坯表面的多余材料，一般采用大直径刀具、大切削间距、大公差值进行切削加工。粗加工强调加工的高效率。

模具半精加工的目的是以较快的速度清除模具型面的多余材料，为精加工创造条件。一般采用较大直径刀具，合理切削间距和公差值进行切削加工。半精加工注重加工效率和质量的统一。半精加工后的加工表面应是较光滑的、后续加工余量均匀。

模具清根加工是指清除工件凹向交线处的多余材料，为模具精加工高速化提供条件，一般采用多次加工或采用系列刀具从大到小分次加工，直至达到模具所需尺寸，不应用小规格刀具一次加工完成。如果零件没有经过清根加工直接进行精加工工序，就难以实现模具精加工的高速度。这是因为模具表面经过半精加工后，在曲率半径大于刀具半径的型面处留下的加工余量虽然是均匀的，但工件凹向交线处的曲率半径小于刀具半径的型面处的加工余量比其他部位的要大得多，在模具精加工前，必须把这部分材料先去除。否则，在精加工过程中，当刀具经过这些区域时，刀具会因所承受的切削力会突然增大而损坏。从分析中可以看出，清根加工所需的刀具半径应小于或等于精加工时所采用的刀具半径。经过清根加工后，再进行精加工，当刀具走到工件凹向交线处时，刀具处于不参与切削的悬空状态，这样就大大改善了刀具在工件凹向交线处的受力状况，为模具精加工的高速度、高精度提供了良好的切削条件。

最后是模具的精加工，精加工一般采用小直径刀具、小切削间距、小公差值进行切削加工。

2. 加工工艺参数的确定

数控加工工艺参数包括：刀具尺寸、切削公差、背吃刀量、切削间距、主轴转速、进给速度、加工余量等，表3.11和表3.12分别给出了某企业的汽车覆盖件模具和塑料模具数控加工工艺参数。

表3.11 汽车覆盖件模具数控加工工艺参数

工序名	刀具尺寸/mm	主轴转速/(r/min)	进给速度/(mm/min)	切削公差/mm	切削间距/mm	加工余量/mm
粗加工	$\phi 60R30$	500	100	0.200	20.0	2.0
半精加工	$\phi 30R15$	1000	500	0.050	2.0	0.3~0.5
清根加工	$\phi 4R2 \sim \phi 10R5$	10000~20000	2000~4000	0.015	0.2~0.5	0
精加工	$\phi 10R5 \sim \phi 20R10$	6000~15000	5000~8000	0.015	0.2~0.5	0

表3.12 塑料模具数控加工工艺参数

工序名	刀具尺寸/mm	主轴转速/(r/min)	进给速度/(mm/min)	切削公差/mm	背吃刀量/mm	切削间距/mm	加工余量/mm
粗加工	$\phi 60R6$	800	400	0.20	1.5	20.0	1.0
半精加工	$\phi 30R5$	1500	1000	0.05	1.2	2.0~5.0	0.2
清根加工	$\phi 2R1 \sim \phi 10R5$	10000~40000	2000~4000	0.01	0.2~0.5	0.1~0.3	0
精加工	$\phi 6R3 \sim \phi 16R8$	10000~20000	5000~8000	0.01	0.2~0.5	0.1~0.3	0

3. 合理选用CAM软件系统提供的刀位规划方法

高速加工的CAM编程是一项非常复杂的技术，CAM编程人员必须先了解高速加工的工艺过程。在高速加工中，由于加工速度很快，编程人员必须能够预见刀具切入/切出工件的状态。加工时除了使用小的进给量和小的背吃刀量外，编制NC代码时尽量避免加工方向的突然改变也是非常重要的。因为进给方向的突然变化不仅会使切削速度降低，而且还有可能产生“爬行”现象，这会降低加工表面质量，甚至还会出现过切或残留、刀具损坏乃至主轴损坏的现象。特别是在三维轮廓加工过程中，将复杂型面和拐角部分单独加工，会比用“之”字形加工法、直线法或其他一些通用加工方法一次加工出所有型面更有利一些。即使所有型面一道加工，在拐角处也应采用圆角或圆环等光滑的转弯走刀方式。

高速铣削时，建议刀具缓慢切入工件，同时尽量避免刀具切出后又重新切入工件。从一个切削层缓慢地进入另一个切削层比切出后再突然进入要好；其次，尽可能保持稳定的切削参数，包括保持切削厚度、进给量和切削速度的一致性。当遇到某处背吃刀量有可能增加时，应降低进给速度，因为负载的变化会引起刀具的偏斜，从而降低加工精度、表面质量，缩短刀具寿命。必要时还应该对工件轮廓的某些复杂部分进行预处理，以使高速运行的精加工小直径刀具不会因为前道工序使用的较大直径刀具留下的“加工残余”而导致切削负载突然加大。

总之，高速切削刀具路径越简单越好，这样，加工过程更有可能达到最大进给速度，而不必由于密集的数据点簇或加工方向的突然改变而减速。

3.7.5　高速铣削对工作人员的要求

进行高速铣削，操作人员必须克服使用初始阶段的困难。努力学习、掌握有关铣削、刀具及编程的新方法。但这又非一朝一夕能实现的，关键在于学习的积极性，需要不断地学习、试验、总结、积累。管理人员、加工模具的操作人员以及编程人员必须改变原有的思维模式，才能真正在高速铣削方面取得成功。

思考题与习题

1. 数控机床由哪几部分组成？
2. 数控编程要经过哪几个步骤？
3. 按运动方式来分，数控机床分为哪几类？简述数控机床的工作过程。
4. 数控铣床与普通铣床有哪些主要的区别？数控铣床主要由哪几部分组成？数控铣床可加工哪些零件？
5. 加工中心与数控铣床有哪些区别？加工中心主要由哪几部分组成？
6. 按运动坐标数和同时控制的坐标数，可将加工中心分为三轴二联动、三轴三联动等，“轴”和“联动”的含义是什么？
7. 什么是开环、闭环和半闭环控制系统？其优缺点有哪些？各适用于什么场合？
8. 数控机床的坐标轴与运动方向是怎样规定的？与加工程序有何关系？
9. 工件坐标系设定指令中，G92 与 G54 ~ G59 指令之间有何差别？
10. 数控铣削加工中，由于工件复杂，采用自动编程可快速准确地编制数控加工程序。何谓自动编程？
11. 数控铣削及加工中心加工工艺的主要内容有哪些？
12. 数控铣削及加工中心零件工艺分析包括哪些内容？
13. 确定铣刀进给路线时，应考虑哪些问题？
14. 立铣刀和键槽铣刀有何区别？
15. 图 3.41 所示为要铣削零件的外形，为确保加工质量，应合理地选用铣刀直径，试根据给出的条件，确定最大铣刀直径。
16. 图 3.42 所示为平面结构的凸模零件，适合在数控铣床上加工。毛坯为 70mm × 50mm × 10mm 板材，六面已加工，材料为 Cr12，试制订其数控铣削加工工艺。

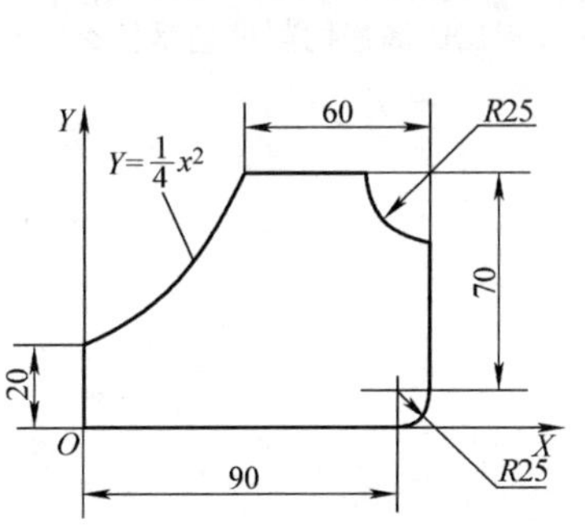

图 3.41　样板

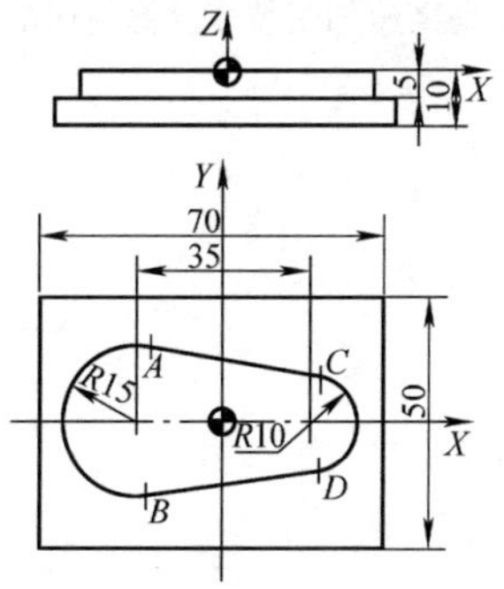

图 3.42　凸模

17. 已知某内轮廓型腔如图3.43所示。六面已加工，材料为Cr12，试制订其数控铣削加工工艺。

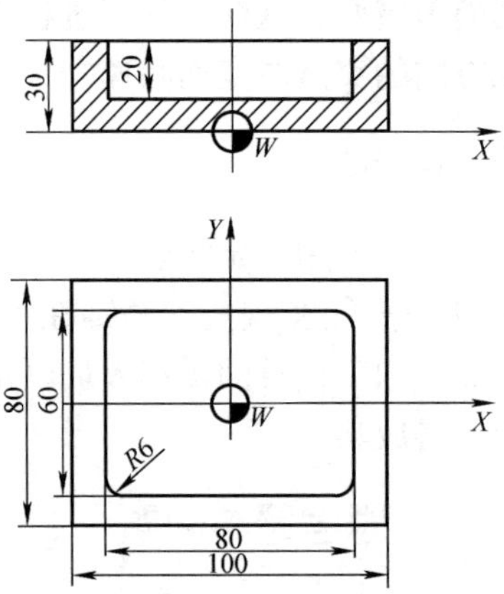

图3.43　凹模

18. 如图3.44所示，盖板零件的*A*、*B*面已加工，现要在加工中心上加工出所有的孔，试制订其加工中心加工工艺。

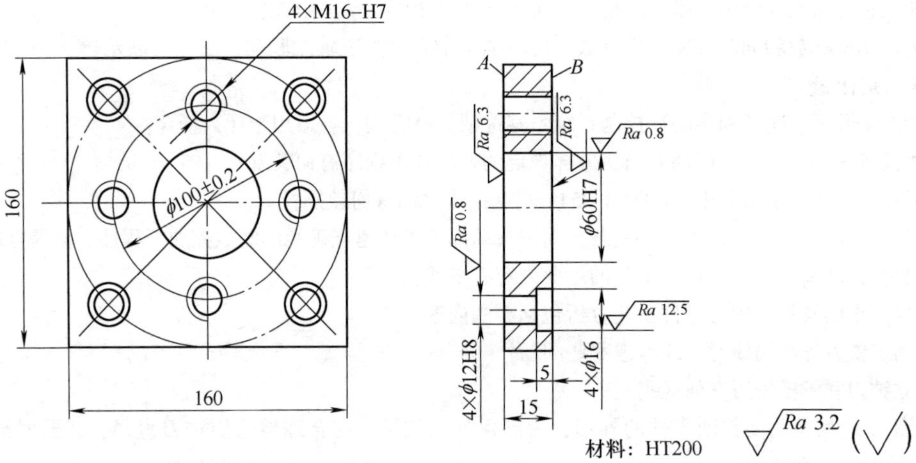

图3.44　盖板

19. 什么是模具CAD/CAM技术？模具CAD/CAM技术有何作用？

20. 什么是高速加工技术？德国切削物理学家Carl Salomon提出的高速切削理论是什么？高速切削的特征有哪些？

第4章 模具零件电火花加工

电火花加工又称放电加工（Electrical Discharge Machining，简称 EDM），在 20 世纪 40 年代开始研究并逐步应用于生产。电火花加工是利用两极（工具电极和工件电极）之间的脉冲性的火花放电产生的局部、瞬时高温将金属蚀除，使零件的尺寸、形状和表面质量达到预定要求的加工方法。因放电过程中可见到火花，故称为电火花加工，也称电蚀加工。电火花加工中，工件和电极都会受到电腐蚀作用，只是两极的蚀除量不同，这种现象称为极性效应。工件接正极的加工方法称为正极性加工；反之，称为负极性加工。

电火花加工的质量和效率不仅与极性选择有关，还与电规准（电加工的主要加工参数）、工作液、工件，以及电极的材料、放电间隙等因素有关。

电火花加工按工具电极和工件的相互运动关系的不同，可以分为电火花穿孔成形加工、电火花线切割加工、电火花磨削加工、电火花展成加工、电火花表面强化和电火花刻字等。其中，电火花穿孔成形加工和电火花线切割加工在模具加工中应用最广泛。

4.1 电火花加工的基础知识

4.1.1 电火花加工的基本原理及必要条件

电火花腐蚀现象早在 19 世纪初就被人们发现并加以研究。例如，电器开关在闭合或断开时，往往因产生火花放电而把接触表面烧毛、腐蚀。所以，人们一直认为电火花腐蚀是有害的，因而不断地研究它的成因，并设法减轻和避免。研究结果表明，电火花腐蚀的主要原因在于火花放电时，火花通道瞬时产生大量的热，致使电极表面的金属局部熔化甚至汽化而被蚀除，形成放电凹坑。要将放电腐蚀原理用于导电材料的加工，必须具备以下几个基本条件：

1）加工时，工具电极和工件电极之间必须保持一定的间隙，一般是几微米至数百微米。因此，加工中必须用自动进给调节机构保证加工间隙随加工状态而变化。

2）火花放电必须在具有一定绝缘性能的液体介质中进行，液体介质有压缩放电通道的作用，同时液体介质还能把电火花加工过程中产生的金属屑、炭黑等电蚀产物从放电间隙中排出，并对电极和工件有较好的冷却作用。

3）放电点局部区域的功率密度足够高，即放电通道要有很高的电流线密度（一般为 $10^5 \sim 10^6$ A/cm）。这时，放电所产生的热量就足以使电极表面的局部金属瞬时熔化甚至汽化。

4）火花放电是瞬时的脉冲性放电，放电的持续时间一般为1～1000μs，这样才不会使放电产生的热量传导扩散到材料的其余部分，放电点集中在很小范围内，能量集中，温度高。如果放电时间过长，就会形成持续电弧放电，使加工表面材料大范围熔化烧伤而无法继续加工。

5）在两次脉冲放电之间，应有足够的停歇时间，排除电蚀产物，使极间介质充分消电离，恢复介电性能，以保证每次脉冲放电不在同一点进行，避免发生局部烧伤现象，使重复性脉冲放电顺利进行。图4.1所示为脉冲电源的空载电压波形，其中，t_i为脉冲宽度，t_o为脉冲间隔，t_p为脉冲周期，u_i为脉冲峰值电压或空载电压。

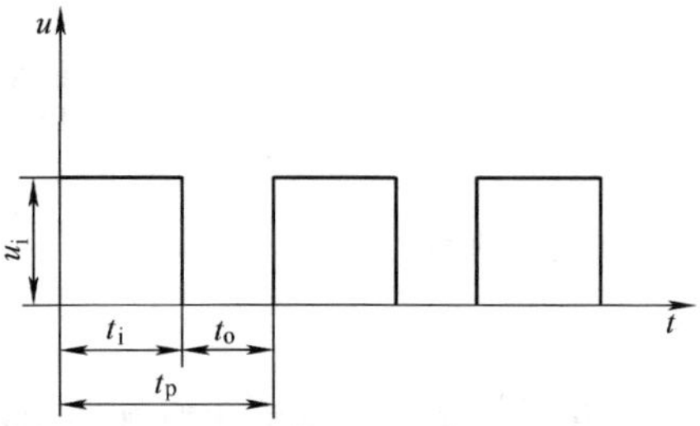

图4.1　脉冲电源的空载电压波形

以上这些，是通过图4.2所示的电火花加工系统实现的。工件5与工具3分别与脉冲电源2的两输出端相连接，自动进给调节装置1使工具和工件间始终保持一很小的间隙（此处为电动机与丝杠螺母机构）。当脉冲电压加到两极之间时，便在当时条件下相对某一间隙最小处或绝缘强度最低处击穿介质，在该局部产生火花放电，放电点处产生瞬时高温使工具和工件表面都蚀除掉一小部分金属，各自形成一个小凹坑。脉冲放电结束后，经过一段时间间隔，工作液恢复绝缘后，第二个脉冲电压又加到两极上，又会在当时极间距离相对最近或绝缘强度最弱处击穿放电，又电蚀出一个小凹坑。如此连续不断地重复放电，工具电极不断地向工件进给就可将工具的形状复制在工件上，加工出所需要的零件，整个加工表面将由无数个小凹坑组成，如图4.3所示。其中，图4.3a表示单个脉冲放电后的电蚀坑，图4.3b表示多次脉冲放电后的电极和工件表面由无数凹坑所组成。

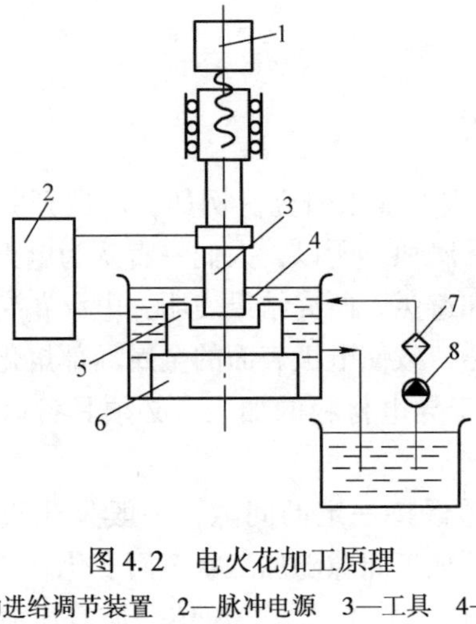

图4.2　电火花加工原理

1—自动进给调节装置　2—脉冲电源　3—工具　4—工作液
5—工件　6—工作台　7—过滤器　8—工作液泵

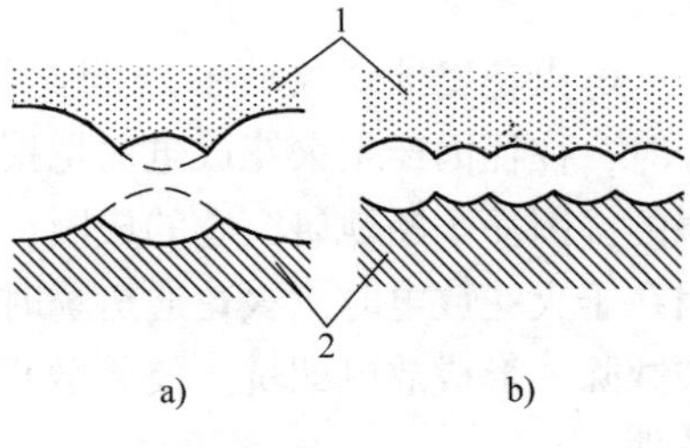

图4.3　电火花加工表面局部放大图

1—电极　2—工件

4.1.2　电火花加工的特点

电火花加工中，加工材料的去除是靠放电时的热作用实现的，材料的可加工性主要取决于材料的导电特性及其热学特性，如熔点、沸点（汽化点）、比热容、热导率、电阻率等，而几乎与其力学性能（硬度、强度）无关，因此，电火花加工适合于加工难以切削加工的材料。

放电加工中，加工工具电极与工件不直接接触，没有机械加工中的切削力，因此适宜加工刚度低的工件及微细加工。由于可以简单地将工具电极的形状复制到工件上，因此特别适合复杂表面形状的加工。电火花加工是直接利用电能进行加工，而电能、电参数较机械量更易于实现数字控制、智能控制和无人化操作。

由于电火花加工具有许多切削加工所无法比拟的优点，因此其应用领域日益扩大，目前已广泛应用于机械（特别是模具制造）、航空、电子、电机电器、精密机械、仪器仪表、汽车、轻工等行业，以解决难加工材料及复杂形状零件的加工问题。加工范围小至几十微米的孔、缝，大到几米的超大型模具和零件。

电火花加工的局限性在于：① 只能用于导电材料的加工；② 加工速度较慢；③ 存在电极损耗。

4.1.3　电火花加工的微观过程

了解放电加工的机理，即金属材料蚀除的微观过程，有助于掌握电火花加工的基本规律，并能对脉冲电源、机床设备等提出合理的要求。

由于放电时间很短，放电间隙很小，所以放电加工的机理相当复杂。实验结果表明，电火花加工的微观过程是电力、磁力、热力、流体动力、电化学和胶体化学等综合作用的结果。这一过程大致可分为以下几个连续的阶段：极间介质的击穿与放电；能量的转换、分布与传递；电极材料的抛出；极间介质的消电离。

1. 极间介质的击穿与放电

由于工具电极和工件的微观表面是凹凸不平的，极间距离又很小，因而极间电场强度是很不均匀的，两极之间离得最近的突出点或尖端处的电场强度最大。当阴极表面某处的电子场强度增加到 10^5V/mm 以上时，就会产生场致电子发射，由阴极表面向阳极逸出电子。在电场作用下，电子高速向阳极运动并撞击工作液介质中的分子或中性原子，产生碰撞电离，形成带负电的粒子（主要是电子）和带正电的粒子（正离子），导致带电粒子雪崩式增多，击穿介质而放电。从雪崩电离开始到建立放电通道的过程非常迅速，一般小于 0.1μs，间隙电阻从绝缘状况迅速降低到几分之一欧姆，间隙电流迅速上升到最大值（几安到几百安）。由于放电通道直径很小，所以通道中的电流线密度高达 10^5 ~ 10^6 A/cm。间隙电压则由击穿电压迅速下降到火花维持电压（一般为 25V），电流则由零上升到某一峰值。图 4.4 所示为矩形波脉冲放电时的电压和电流波形。

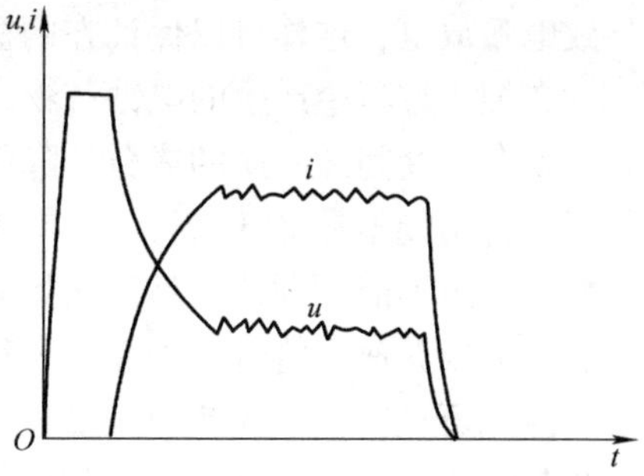

图 4.4　矩形波脉冲放电时的电压（u）和电流（i）波形

放电通道是由数量大体相等的带正电粒子（正离子）、带负电粒子（电子）及中性粒子（原子或分子）组成的等离子体。带电粒子高速运动时相互碰撞，产生大量的热，使通道温度迅速升高，但分布是不均匀的，从通道中心向边缘逐渐降低，通道中心温度高达 10000℃以上。由于放电时电流产生磁场，磁场反过来又会对电子流产生向心的磁压缩效应。受磁压缩效应和周围介质动力压缩效应的作用，通道的瞬间扩展受到很大阻力，由于放电开始阶段通道截面很小，其压力可达数十甚至上百兆帕。高压放电通道以及瞬时形成的气体分子团（以后发展成气泡）在高压下急速扩展，并产生强烈的冲击波向四周传播。同时还伴随着一系列派生现象，其中有热效应、电磁效应、光效应、声效应及频率范围很宽的电磁波辐射和爆炸冲击波等。

2. 能量的转换、分布与传递

极间介质一旦被击穿，脉冲电源就通过放电通道瞬时释放能量，把电能转换为热能、动能、磁能、光能、声能及电磁波辐射能等（其中大部分转换成热能），使两极放电点和通道本身温度剧增，该处即产生局部的熔化或汽化，通道中的介质也发生汽化或热裂分解。

在放电过程中，通道中的大量电子在电场的作用下奔向阳极并以很高的速度轰击阳极表面，将动能转变为热能。而通道中的正离子则在电场作用下奔向阴极，也以很高的速度轰击阴极表面，将其动能转变为热能。这些热源产生了很高的温度，将电极材料熔化或汽化。

3. 电极材料的抛出

传递给电极的能量转化成热能，并在电极表面形成一个瞬时高温热源。在脉冲放电初期，高温热源将使电极放电点部分材料汽化。在汽化过程中，产生很大的热爆炸力，使被加热至熔化状态的材料挤出或溅出。电极蒸气、介质蒸气以及放电通道的急剧膨胀也会产生相当大的压力，引起汽化爆炸，把熔融金属抛出。

同时，在放电过程中，由于汽化了的气体体积不断向外膨胀产生扩张“气泡”。这些气泡上下、内外的瞬时压力并不相等，压力高处的熔融金属液体和蒸气就会喷爆而出，进入工作液中。

实际上，熔化和汽化了的金属在抛离电极表面时，向四处乱射飞溅，除绝大部分抛入工作液中收缩成球状小颗粒外，有一小部分飞溅、附着、覆盖在相对的电极表面上。在某些条件下，这种互相飞溅覆盖现象的产物可以用来补偿电极工具在加工中的损耗。

总之，电极材料的抛出是热爆炸力、磁流体动力、流体动力等综合作用的结果。人们对这种复杂的抛出机理的认识仍不透彻，目前还在不断深化之中。

4. 极间介质的消电离

一次脉冲放电结束后，应有一段间隔时间，使间隙介质消电离，即将放电通道中的带电粒子复合为中性粒子，恢复本次放电通道处间隙介质的绝缘强度，以免在同一处重复放电而导致电弧放电，这样可以保证在两极相对最近处或电阻率最小处形成下一击穿放电通道。

在加工过程中产生的电蚀产物，如金属微粒、炭粒、气泡等，如果来不及排除、扩散出去，就会改变间隙介质的成分、降低绝缘强度；火花放电时产生的热量如不及时传出，带电粒子的自由能不易降低，将大大减少复合的概率，使消电离过程不充分。结果将使下一个脉冲放电通道不能顺利地转移，而始终集中在某一部位，使该处介质局部过热而破坏消电离过程，脉冲火花放电将转变为有害的稳定电弧放电。

由此可见，在电火花加工过程中，为了保证加工的正常进行，在先后两次脉冲放电之间一般都应有足够的停歇时间，其最小脉冲停歇时间的选择，不仅要考虑介质消电离的时间，还应考虑电蚀产物扩散和排出的难易程度。

4.1.4 电火花加工常用术语和符号

我国电加工学会参照国际电加工界的电火花加工术语、定义和符号，制定了我国电火花加工的术语、定义和符号。下面介绍常用的术语和符号。

（1）工具电极　电火花加工用的工具，是火花放电时电极之一，故称工具电极。

（2）放电间隙　放电间隙是指加工时，工具和工件之间产生火花放电的间隙。在加工过程中称为加工间隙 S，一般在 0.01 ~ 0.5mm。粗加工时，间隙较大；精加工时，间隙较小。加工间隙又可分为端面间隙 S_F 和侧面间隙 S_L；对冲压模具等的穿孔加工来说，可分为入口间隙 S_{in} 和出口间隙 S_{out}。在一般情况下，S_F 稍小于 S_L，S_{in} 稍小于 S_{out}。

（3）脉冲电源　脉冲电源是电火花加工设备的主要组成部分之一，它给放电间隙提供一定能量的电脉冲，是电火花加工时的能量来源，常简称为电源。

（4）伺服进给系统　伺服进给系统是电火花加工设备的主要组成部分，作用是使工具电极伺服进给及自动调节，使工具电极和工件在加工过程中保持一定的平均端面放电间隙。早期电火花加工机床中的伺服进给系统是液压式的，靠液压缸和活塞的进给运动实现伺服进给。现在则采用步进电动机或大力矩、宽调速直流电动机以及交流伺服电动机作为伺服进给系统。

（5）工作液介质　电火花加工时，工具和工件间的放电间隙必须浸泡在有一定绝缘性能的液体介质中，此液体介质即为工作液介质。一般将煤油作为电火花加工时的工作液介质。

（6）电蚀产物　电蚀产物是指电火花加工过程中被电火花蚀除下来的产物，包括工具和工件表面被蚀除下来的金属微粒小屑和煤油等工作液在高温下分解的炭黑等，也称为加工屑。另外，电蚀产物还包括煤油在高温下分解的气体氢、甲烷等小气泡。

（7）电规准电参数　电规准电参数是指电火花加工时选用的电加工用量及参数，主要有脉冲宽度 t_i、脉冲间隔 t_o、峰值电压 u_i、峰值电流 i_e 等脉冲参数（见图4.5），这些脉冲参数必须在每次加工前选定。

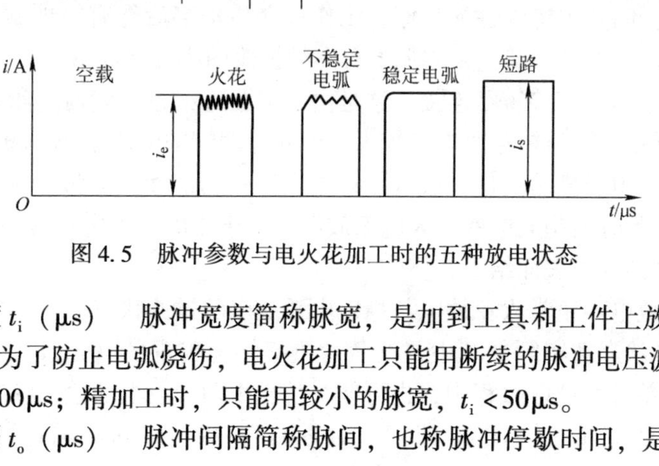

图4.5　脉冲参数与电火花加工时的五种放电状态

（8）脉冲宽度 t_i（μs）　脉冲宽度简称脉宽，是加到工具和工件上放电间隙两端的电压脉冲持续时间。为了防止电弧烧伤，电火花加工只能用断续的脉冲电压波。粗加工时，用较大的脉宽，$t_i > 100\mu s$；精加工时，只能用较小的脉宽，$t_i < 50\mu s$。

（9）脉冲间隔 t_o（μs）　脉冲间隔简称脉间，也称脉冲停歇时间，是指两个电压脉冲之间的间隔时间。间隔时间太短，放电间隙来不及消电离和恢复绝缘，容易产生电弧放电，烧伤工具和电极；脉间选择得太长，则会降低加工生产率。

(10) 放电时间（电流脉宽）t_e（μs）　放电时间是工作液介质击穿后放电间隙中流过放电电流的时间，亦即电流脉宽，它比电压脉宽稍小，相差一击穿延时 t_d。t_i和 t_e对电火花加工的生产效率、表面粗糙度和电极损耗等有很大的影响。

(11) 击穿延时 t_d（μs）　间隙两端加上脉冲电压后，一般均要经过 1 小段的延续时间 t_d，工作液介质才能概率性地被击穿放电，此时间称为击穿延时，它与平均放电间隙大小有关，工具欠进给时，平均放电间隙偏大，平均击穿延时 t_d就大；反之，工具过进给时，放电间隙变小，t_d也就小。

(12) 脉冲周期 t_p（μs）　一个电压脉冲开始到下一个电压脉冲开始之前的时间称为脉冲周期，显然 $t_p = t_i + t_o$。

(13) 开路电压（空载电压）或峰值电压 u_i（V）开路电压是间隙开路时电极间的最高电压，等于电源的直流电压。一般晶体管方波脉冲电源的峰值电压 u_i = 80 ~ 100V，高低压复合脉冲电源的高压峰值电压为 175 ~ 300V。峰值电压高时，放电间隙大，生产率高，但成形复制精度稍差。

(14) 加工电流 I（A）　加工时，电流表上指示的流过放电间隙的平均电流。精加工时小，粗加工时大；间隙偏开路时小，间隙合理或偏短路时则大。

(15) 峰值电流 i_e（A）　峰值电流是间隙火花放电时脉冲电流的最大值（瞬时）。峰值电流虽然不易直接测量，但它是影响生产率、表面粗糙度等指标的重要参数。脉冲电源的每一功率放大管的峰值电流是预先选择和计算好的，可按说明书选定粗、中、精峰值电流（实际上是选定需用几个功率放大管进行工作）。

(16) 正、负极性加工　加工时以工件为准，工件接脉冲电源正极（高电位端），称为正极性加工；反之，工件接电源负极（低电位端），称为负极性加工。高生产率、低损耗粗加工时，常用负极性长脉宽加工。

(17) 放电状态　放电状态是指电火花加工时放电间隙内每一脉冲放电时的基本状态，一般分为五种放电状态。

1）开路：放电间隙没有被击穿，间隙上有大于 50V 的电压，但间隙内没有电流流过，为空载状态（$t_d = t_i$）。

2）火花放电：间隙内绝缘性能良好，工作液介质击穿后能有效地抛出、蚀除金属。波形特点是电压上有 t_d、t_e和电流 i_e，波形上有高频振荡的小锯齿波形。

3）短路：放电间隙直接短路连接，这是由于伺服进给系统瞬时进给过多或放电间隙中有电蚀产物搭接所致。间隙短路时电流较大，但间隙两端的电压很小，没有蚀除加工作用。

4）电弧放电：由于排屑不良，放电点集中在某一局部而不分散，局部热量积累，温度升高，恶性循环，此时火花放电就成为电弧放电。由于放电点固定在某一点或某局部，因此称为稳定电弧，常使电极表面结炭、烧伤。

5）过渡电弧放电：正常火花放电与稳定电弧放电的过渡状态。

以上各种放电状态在实际加工中是交替、概率性地出现的（与加工规准和进给量等有关），甚至在一次单脉冲放电过程中，也可能交替出现两种以上的放电状态。

(18) 加工速度 v_w（mm^3/min）或 v_m（g/min）　单位时间（min）内从工件上蚀除下

来的金属体积（mm^3）［以质量（g）计算时用 v_m 表示］，称为加工生产率。大功率电源粗加工时，$v_w>500mm^3/min$；电火花精加工时，通常取 $v_w<20mm^3/min$。

（19）损耗速度 v_E（mm^3/min 或 g/min）　损耗速度是单位时间（min）内工具电极的损耗量。

4.2　电火花成形加工

4.2.1　电火花成形加工机床

图4.6所示的电火花成形加工机床通常包括：由床身、立柱、工作台及主轴头等组成的主机部分；由液压泵、过滤器、各种控制阀、管道等组成的工作液循环过滤系统；由脉冲电源、伺服进给（自动进给调节）系统和其他电气系统等组成的电源箱部分等。

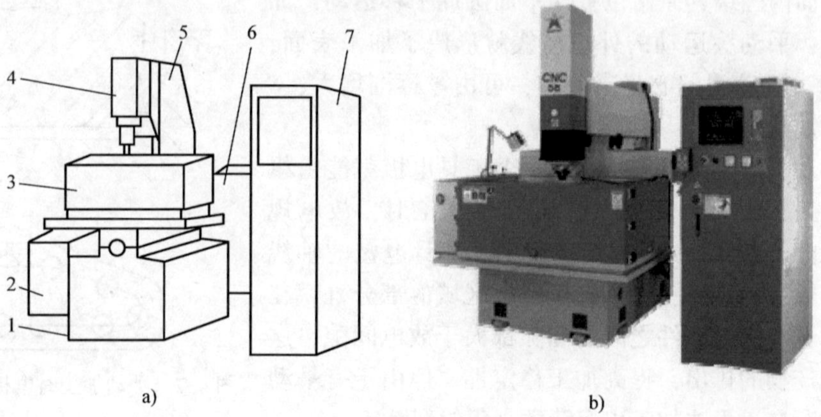

a）　　　b）

图4.6　电火花成形加工机床

a）结构组成　b）外观

1—床身　2—过滤器　3—工作台　4—主轴头　5—立柱　6—液压泵　7—电源箱

1. 床身和立柱

床身和立柱是基础结构，用于确保电极与工作台、工件之间的相互位置精度。机床位置精度对加工精度有直接的影响，如果机床的精度不高，加工精度也难以保证。因此，床身和立柱的结构应该合理，有较高的刚度，能承受主轴负重和运动部件突然加速运动的惯性力，还应能减小由于温度变化而引起的变形。

2. 工作台

工作台主要用来支承和装夹工件。在实际加工中，高性能伺服电动机通过转动纵、横向精密滚珠丝杠，带动滑板上下移动，从而改变工作台上工件与电极的相对位置。工作台上装有工作液箱，用以容纳工作液，使电极和工件浸泡在工作液里，起冷却、排屑、消电离等作用。

3. 主轴头

主轴头是电火花成形加工机床的关键部件，由伺服进给机构（步进电动机、直流电动机或交流伺服电动机作进给驱动）、导向和防扭机构、辅助机构等三部分组成，用以控制工件与工具电极之间的放电间隙。主轴头的好坏直接影响加工的工艺指标，如生产率、几何精度以及表面粗糙度等，因此对主轴头有如下要求：

1）有一定的轴向和侧向刚度及精度。

2）有足够的进给和回升速度。

3）主轴运动的直线性和防扭转性能好。

4）灵敏度高，无爬行现象。

5）具备合理的承载电极质量的能力。

电火花加工机床工作时，主轴头最重要的附件是平动头，它是实现单电极型腔电火花加工必备的工艺装备。特别是在加工大间隙冲模和零件上的异形孔时，经常要用到平动头。

平动头包括两部分：一部分是由电动机驱动的偏心机构，另一部分是平动轨迹保持机构。通过偏心机构和平动轨迹保持机构，平动头将伺服电动机的旋转运动转化成平移运动，即工具电极上每一个质点都在水平面内围绕其原始位置作平面圆周平移运动，如图4.7所示，平动头运动的外包络线就形成了加工表面，平动量Δ通过平动头偏心量来调节，可由零逐渐增大，S为放电间隙。

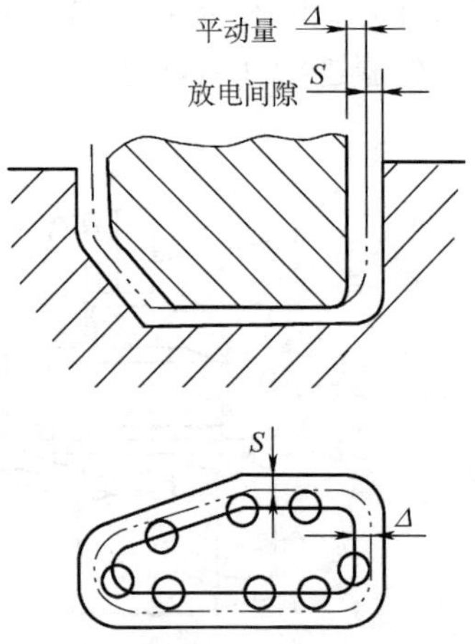

图4.7　平动加工时电极的运动轨迹

采用平动头加工的特点是：用一个工具电极就能由粗至精直接加工出工件（由粗加工转至精加工时，放电规准、放电间隙要减小）。在加工过程中，工具电极的轴线偏移工件的轴线，这样，除了处于放电区域的部分外，在其他地方工具电极与工件之间的间隙都大于放电间隙，这有利于电蚀产物的排出，提高加工稳定性。但由于有平动轨迹半径的存在，无法加工出有清角直角的型腔。

平动头的结构形式有多种，常用的有：停机手动调偏心量平动头、不停机调偏心量平动头、数控平动头等，其结构见电火花成形机床手册。

4. 电火花加工机床的工作液介质和循环过滤系统

电火花加工时工作液介质的作用有以下几方面：

1）放电结束后恢复放电间隙的绝缘状态（消电离），以便下一个脉冲电压再次形成火花放电。为此，要求工作液介质有一定的绝缘强度。

2）使电蚀产物易于从放电间隙中悬浮、排泄出去，以免严重污染放电间隙，导致火花放电点不分散而形成有害的电弧放电。

3）冷却工具电极、降低工件表面瞬时放电产生的局部高温。否则，表面会因局部过热而产生结炭、烧伤并形成电弧放电。

4）压缩火花放电通道，增加通道中压缩气体、等离子体的膨胀及爆炸力，以抛出更多熔化和汽化了的金属，增加蚀除量。

工作液循环过滤系统中，冲油的循环方式比抽油的循环方式更有利于保证加工的稳定性，所以大都采用冲油方式，如图4.8所示。电火花成形加工中，随着深度的增加，会出现排屑困难现象，应使间隙尺寸、脉冲间隔和冲液流量加大。

5. 电火花加工机床的脉冲电源

脉冲电源的作用是把工频交流电转换成一定频率的单向脉冲电流，提供火花放电间隙所需要的能量以蚀除金属。脉冲电源的电参数包括脉冲宽度、脉冲间隔、脉冲频率、峰值电流、开路电压等。脉冲电源对电火花加工的生产率、表面质量、加工速度、加工过程的稳定性和工具电极损耗等技术经济指标有很大的影响。

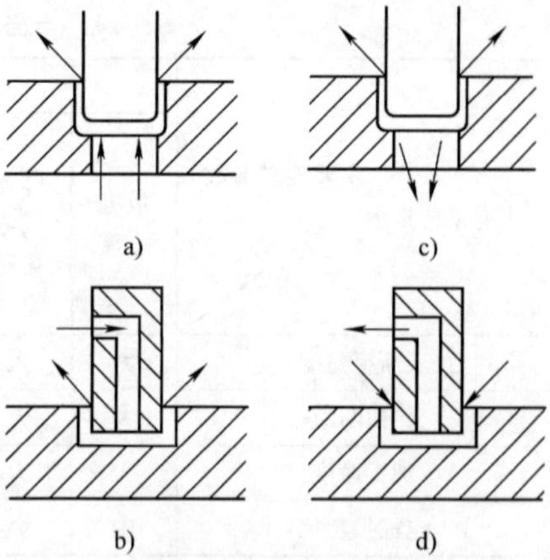

图4.8　冲、抽油方式
a）下冲油式　b）上冲油式
c）下抽油式　d）上抽油式

目前，普及型（经济型）电火花加工机床都采用高低压复合的晶体管脉冲电源；中、高档的电火花加工机床则采用微机数字化控制的脉冲电源，而且内部存有电火花加工工艺规准数据库，可通过微机设置和调用粗、中、精加工的工艺规准参数。

6. 电火花加工机床的伺服进给

电火花加工与切削加工不同，属于“非接触加工”。加工时，工具和工件间有一放电间隙 S。如果间隙过大，脉冲电压不能击穿间隙间的绝缘工作液介质，则不会产生火花放电，必须使电极工具向下进给，直到间隙等于或小于某一值 S（$S=0.01 \sim 0.5\text{mm}$，与加工规准有关）时，才能击穿工作液介质并产生火花放电。电火花加工时，工件以 v_w 的速度不断被蚀除，间隙 S 将逐渐扩大，因此必须使电极工具以速度 v 补偿进给，以维持所需的放电间隙。如进给速度 v 大于工件的加工速度 v_w，则间隙 S 将逐渐变小，甚至等于零，形成短路。所以当间隙过小时，必须减小进给速度 v。如果工具与工件间一旦形成短路（$S=0$），则必须使工具以较大的速度反向回退，迅速消除短路状态，随后再重新进给，以保证加工中的正确放电间隙，使电火花加工能够正常进行。

4.2.2　电火花成形加工的控制参数和主要影响因素

1. 电火花成形加工的控制参数

控制参数可分为离线控制参数和在线控制参数，表4.1所示是一些主要控制参数对工艺指标的影响。离线控制参数是在加工前设定的，加工中基本不再调整，如放电电流、开路电压、脉冲宽度、电极材料、极性等；在线控制参数则是加工中常需调整的参数，如进给速度（伺服进给参考电压）、脉冲间隔、冲油压力与冲油油量、抬刀运动等。

（1）离线控制参数　虽然这类参数通常在加工前预先选定，加工中基本不变，但在下列一些特定的情况下，还是需要在加工过程中进行调整。

1）加工起始阶段。这时的实际放电面积由小变大，过程扰动较大，可先选用比预定规准小的放电电流，使过渡过程比较平稳，稳定加工几秒钟后再把放电电流调到设定值。

2）加工深型腔。开始加工时加工面积通常较小，放电电流必须选较小值，随着加工深度（加工面积）的增加而逐渐增大电流，直至达到满足表面粗糙度、侧面间隙所要求的电流值。

（2）在线控制参数　在线控制参数在加工中的调整没有一般规律可循，主要依靠经验。在线控制参数对表面粗糙度和侧面间隙的影响不大，主要影响加工速度和工具电极相对损耗速度。

表4.1 一些主要控制参数对工艺指标的影响程度

主要工艺指标 \ 主要控制参数	离线控制参数					在线控制参数				
	放电电流	电压脉宽或电流脉宽	开路电压	极性	电极材料	脉冲间隔	伺服进给参考电压	伺服增益	冲油压力或冲油流量	抬刀运动
表面粗糙度	大	大	小	大	大	小	小	小	小	小
侧面间隙	大	大	大	大	中	小	小	小	小	小
加工速度	大	大	小	大	大	中	较大	较小	中	中
电极损耗比	中	大	小	大	大	中	较大	较小	中	中

2. 影响工件的加工速度、工具电极的损耗速度的主要因素

电火花加工时，工件和工具同时遭到不同程度的电蚀。单位时间内工件的电蚀量称为加工速度，即生产率；单位时间内工具电极的电蚀量称为损耗速度。它们是一个问题的两个方面。在生产实际中，衡量工具电极是否耐损耗，不能只看损耗速度，还要看同时能达到的加工速度，因此，常采用工具电极相对损耗速度或称相对损耗比（损耗速度与加工速度之比）作为衡量工具电极耐损耗的指标。

（1）极性效应的影响　产生极性效应的原因是：正、负电极表面分别受到负电子和正离子的轰击及瞬时热源的作用，两极表面所分配到的能量不一样，因而熔化、汽化抛出的电蚀量也就不一样。电子的质量和惯性较小，容易获得很高的速度和加速度，在击穿放电的初始阶段就有大量的电子奔向正极，把能量传递给正极表面，使正极材料迅速熔化和汽化；而正离子由于质量和惯性较大，起动和加速较慢，在击穿放电的初始阶段只有小部分正离子来得及到达负极表面并传递能量。所以，用短脉冲加工时，正极材料的蚀除速度大于负极材料的蚀除速度，这时工件应接正极；当采用长脉冲加工时，质量和惯性大的正离子将有足够的时间加速，到达并轰击负极表面，由于正离子的质量大，对负极表面的轰击破坏作用强，故采用长脉冲加工时负极的蚀除速度要比正极大，工件应接负极。

（2）工具电极材料的影响　耐蚀性高的电极材料有钨、钼、铜钨合金、银钨合金、纯铜及石墨电极等。钨、钼的熔点和沸点都较高，损耗小，但其机械加工性能不好，价格又贵，所以除线切割加工采用钨、钼丝外，其他场合很少采用。铜钨合金、银钨合金等复合材料，熔点高，并且导热性好，因而电极损耗小，但由于成本高且机械加工比较困难，一般只在少数的超精密电火花加工中采用。故常用的工具电极材料是纯铜和石墨，这两种材料在宽脉冲粗加工时都能实现低损耗。

铜的熔点虽然低，但其导热性好，会使电极表面保持较低温度从而减少损耗。纯铜不易产生电弧，在较困难的条件下也能实现稳定加工；精加工时比石墨电极损耗小，易于加工成精密、微细的花纹，采用精微加工能达到 $Ra1.25\mu m$ 的表面粗糙度；用过的电极经锻造后还可加工为其他形状的电极，材料利用率高。但纯铜的机械加工性能不如石墨好。

石墨电极的优点是：机械加工成形比较容易（但不易做成精密、微细的花纹）；电火花加工的性能也很好，在长脉冲粗加工时能吸附游离的碳来补偿电极的损耗，因此目前已广泛用作型腔粗加工电极。缺点是石墨电极容易产生电弧烧伤现象，所以，在加工时应配有短路快速切断装置；精加工时电极损耗较大，加工表面只能达到 $Ra=2.5\mu m$。对石墨电极材料的要求是颗粒小、组织细密、强度高和导电性好。目前，已有在三个方向等强度加压烧结的高性能石墨，它具有各向同性、组织均匀细密的特点，加工中任何方向的表面都不会脱层、剥落，制造重要的模具时应选购这类优质石墨作为工具电极。

（3）电参数的影响　无论工具电极是正是负，都存在单个脉冲的蚀除量与单个脉冲的能量在一定范围内成正比的关系，某一段时间内的总蚀除量等于这段时间内各单个脉冲蚀除量的总和，故正、负极性的蚀除速度与单个脉冲能量、脉冲频率成正比。因此，要提高电蚀量和生产率，有两个途径：

1）减小脉冲间隔，提高脉冲频率。

2）增加放电电流及脉冲宽度，增加单个脉冲能量。

但在实际生产时，要考虑到这些因素之间的相互制约关系及对其他工艺指标的影响。例如，脉冲间隔时间过短，会使加工区的工作液来不及消电离、排除电蚀产物及气泡，形成破坏性的电弧放电；如果加工面积较小，而采用的加工电流较大，会使局部电蚀产物浓度过高，且放电后的余热来不及扩散而积累起来，造成过热，易形成电弧，破坏加工的稳定性；增加单个脉冲能量，会恶化加工表面质量，降低加工精度。

脉宽与峰值电流的选择原则是：粗加工时，主要考虑蚀除速度和电极损耗比；精加工时，主要考虑表面粗糙度。

3. 影响工件加工精度的主要因素

（1）放电间隙的大小　电火花加工时，工具电极的凹角与尖角很难精确地复制在工件上，因为在棱角部位电场分布不均，间隙越大，这种现象越严重。当工具电极为凹角时，工件上对应的尖角处由于放电蚀除的概率大、容易遭受腐蚀而成为圆角；当工具电极为尖角时，由于放电间隙的等距性，工件上只能加工出以尖角顶点为圆心、以放电间隙值为半径的圆弧，工具上的尖角则因尖端放电蚀除而容易耗损成圆角。

为了减少加工误差，应该采用较弱的加工规准，缩小放电间隙。精加工的单面放电间隙一般只有 0.01～0.03mm，粗加工时则为 0.5mm 左右。

（2）工具电极的损耗　假设工具电极从上往下做进给运动，工具电极下端由于加工时间长，绝对损耗较上端大；另外，在型腔入口处，由于电蚀产物的存在而容易产生二次放电（已加工表面与电极的空隙中由于进入电蚀产物而再次进行的非必要的放电），结果是在加工深度方向上产生斜度，上宽下窄，俗称“喇叭口”。

为了减少加工误差，需要对工具电极各部分的损耗情况进行预测，然后对工具电极的形状和尺寸进行补偿修正。

4. 影响工件表面质量的主要因素

电火花加工的工件表面与机械加工不同，电火花加工的表面有无方向性的无数小坑和硬凸边，特别有利于存留润滑油；而机械加工表面则存在着切削或磨削刀痕，具有方向性。两者相比，电火花加工表面的润滑性能和耐磨损性能均优于机械加工的表面。电火花加工的表面质量主要包括表面粗糙度和表面力学性能。

（1）表面粗糙度　对表面粗糙度影响最大的是单个脉冲能量。脉冲能量大，则每次脉冲放电的蚀除量也大，放电凹坑既大又深，从而使表面粗糙度值增大。

电火花加工表面的表面粗糙度可以分为底面表面粗糙度和侧面表面粗糙度。由于侧面受到二次放电的修光作用，其表面粗糙度值往往要稍小于底面表面粗糙度值。

工件材料对加工表面的表面粗糙度也有影响。熔点高的工件材料（如硬质合金），单脉冲形成的凹坑较小，在相同能量下加工，其表面粗糙度值要小于熔点低的工件材料（如钢等）。当然，其加工速度也相应下降。

工具电极的表面粗糙度也影响加工表面的表面粗糙度。由于加工石墨电极时很难得到非常光滑的表面，因此，与纯铜电极相比，用石墨电极加工出的工件表面粗糙度值较大，所以石墨电极只用于粗加工。

（2）表面力学性能　电火花加工过程中，在火花放电的瞬时高温高压以及工作液的快速冷却作用下，材料的表面层发生了很大的变化。工件的表面变质层分为熔化凝固层和热影响层。

熔化凝固层位于表面最上层。表层金属被放电时的瞬间高温熔化后大部分被抛去，小部分滞留下来，并受工作液快速冷却作用而凝固，形成了熔化凝固层。显微裂纹一般在熔化凝固层内出现。由于熔化凝固层和基体接合得不牢固，容易剥落而加快磨损。

热影响层位于熔化凝固层与基体之间。热影响层的金属材料并没有熔化，只是由于受到高温的影响，材料的金相组织发生了变化。对淬火钢，热影响层包括再淬火区、高温回火区和低温回火区。再淬火区的硬度稍高或接近于基体材料硬度，回火区的硬度则比基体材料低；对未淬火钢，热影响区主要为淬火区，热影响层的硬度比基体材料高。

电火花加工表面由于瞬间的先热胀后冷缩，因此加工后的表面存在残余拉应力，抗疲劳能力比机械加工表面低了许多。采用回火热处理来降低表面残余拉应力，或进行喷丸处理把残余拉应力转化为压应力，能够提高工件表面抗疲劳性能。

4.2.3　电火花成形加工工具电极的设计与制造

电火花加工模具的特点是把工具电极的形状精确地复制在工件（模具）上。因此，电极是电火花加工中不可缺少的工具之一。电极的设计及制造与模具型孔或型腔的加工精度有着密切的关系。为了保证模具的加工精度，在设计电极时，必须选择适当的电极材料、合理的电极结构及正确的几何尺寸，同时还应考虑电极加工工艺性等问题。

1. 对电极的技术要求

1）电极的几何形状要与模具型孔或型腔的几何形状完全相同，其尺寸大小根据模具型孔或型腔的尺寸及公差、放电间隙的大小、凸模与凹模配合间隙来决定。

2）电极的尺寸公差等级不低于IT7。

3）电极的表面粗糙度 Ra 值应在0.63～1.25μm之间，如果采用铸铁或铸铜，表面不能有砂眼。

4）各表面的平行度要求100mm长度内不能大于0.02mm。

5）电极加工成形后变形小，具有一定强度。

2. 电极材料

从加工原理来说，电火花加工时工具电极与工件不接触，通过电蚀作用对工件进行加工，似乎任何导电材料都可以作为电极。但是，不同材料的电极对电火花加工的稳定性、生产率及模具加工质量等有很大的影响，因此，在实际使用中不能任意选择电极材料，而应选择相对损耗小、加工过程稳定、生产率高、易于制造加工、成本低廉的材料作为电极材料，以满足模具成形零件的电加工要求。目前，常用的电极材料有铸铁、钢、纯铜、黄铜、铜钨合金、银钨合金、石墨等。这些材料的性能如表4.2所示。

表4.2 电火花成形加工常用电极材料及其性能

常用电极材料	电加工工艺性能		机械加工性能	价格（材料来源）	应用情况
	稳定性	电极损耗			
铸铁	一般	适中	好	低（常用材料）	主要用于型孔加工，制造精度高
钢	较差	适中	好	低（常用材料）	常采用加长凸模，加长部分为加工型孔的电极；可降低制造费用
石墨	较好	较小（取决于石墨性能）	好（有粉尘、易崩角、掉渣）	较低（常用材料）	适用于加工大、中型尺寸的型孔与型腔
纯铜	好	较大	较差（磨削困难）	较高（小型电极常用材料）	主要用于加工较小尺寸型腔，精密型腔，表面粗糙度值可很低
黄铜	好	大	较好（可磨削）	较高（小型电极常用材料）	
铜钨合金	好	小（为纯铜电极损耗的15%～25%）	较好（可磨削）	高（高于铜价40倍以上）	主要用于加工精密深孔、直壁孔和硬质合金材料的型孔与型腔
银钨合金	好	很小	较好(可磨削)	高(比铜钨合金高)	

1）铸铁电极的电极损耗及加工稳定性均一般，容易起弧，生产率不及铜电极。但是，它的来源丰富、价格低廉、机械加工性能好，因此电极的尺寸精度，几何形状精度及表面粗糙度等都容易保证。

2）钢电极的加工稳定性较差、电极损耗较大、生产率也较低，但其来源丰富、价格便宜、具有良好的机械加工性能。钢电极还有其独特的优点，即可把电极和凸模做成一体，实质上就是将凸模加长，加长的部分就用作电极。电火花加工后，把损耗部分切除掉，余下部分可做凸模使用。

3）纯铜电极在加工过程中稳定性好、生产率高，但损耗较大、来源少、价格较贵。由于其韧性大，机械加工性能差，磨削加工困难，加工精度较低。由于磨削困难，难以将电极与凸模连接在一起加工。电极与凸模分别制造使凸模与凹模配合间隙不易保证均匀。对于电火花型腔加工来说，纯铜电极适合对小型腔及高精度型腔进行加工。纯铜电极与其他材料电极相比，在电火花加工中能使模具获得最小表面粗糙度值。

4）黄铜电极在加工过程中稳定性好、生产率高，与纯铜电极相比，价格较低、机械加工性能尚好，但其磨削性能不如钢和铸铁。黄铜电极的损耗最大。因此，黄铜电极一般用于要求加工表面粗糙度值较低，尺寸、形状精度要求较高及形状复杂的小孔穿孔加工。

5）石墨电极的电极损耗小、加工稳定性尚好、易于加工、生产率最高，其价格与铜大体相同，但强度较差，尖角处易崩裂。石墨是电火花型腔加工的常用电极材料，适用于大、中、小型腔加工。由于石墨的热胀系数小，所以，最适于大电极的穿孔加工。

6）铜钨合金和银钨合金的加工稳定性均很好，电极损耗也都很小，电加工性能优越，而机械加工性能尚好，磨削性比铜好。但其价格较高，比铜的价格高40倍以上。因此，主要用于模具中高精度的深孔、直壁孔等的穿孔加工和面积小且精度高的型腔加工，以及硬质合金模具的加工。银钨合金的价格则更高，约为铜的100倍，所以它的使用受到限制，一般只用于硬质合金模具的加工。

3. 电极的结构形式

电极的结构形式应根据模具型孔或型腔的尺寸大小、复杂程度及电极的加工工艺性等因素来确定，常用的电极结构有下列几种形式：

（1）整体电极　整体电极就是用一整块电极材料加工出的完整电极，这是型孔或型腔加工中最常用的电极结构形式，图4.9所示即为型腔加工用整体电极的结构形式。当电极面积较大时，可在电极上钻一些孔，或者局部挖空以减轻重量。

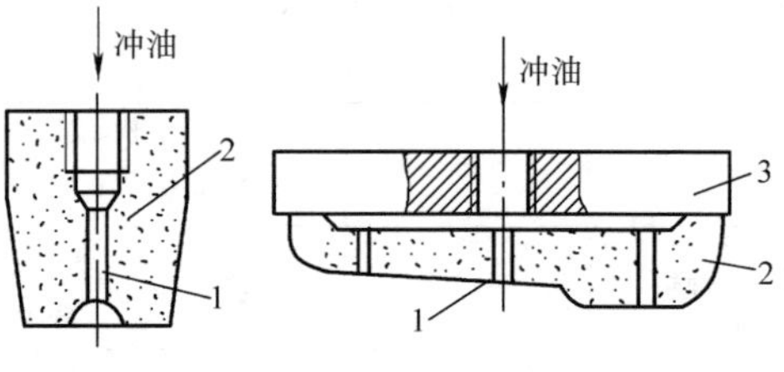

图4.9　整体电极结构形式

a）无固定板式　b）有固定板式

1—冲油孔　2—石墨电极　3—电极固定板

对于穿孔加工，有时为了提高生产率和加工精度，降低表面粗糙度值，可以采用阶梯式整体电极。所谓阶梯式整体电极，就是将原有的电极上适当增长，而增长部分的截面尺寸适当均匀减小（$f=0.1\sim0.3$mm），呈阶梯形，如图4.10所示。L_1为原有电极的长度，L_2为增长部分的长度（为型孔深度的1.2~2.4倍）。加工时利用电极增长部分来粗加工，蚀除掉大部分金属，只留下很少余量，让原有的电极进行精加工。阶梯电极能充分发挥粗加工的作用，提高生产效率，使精加工的加工余量降低到最小，易于保证模具的加工质量。

（2）组合电极　在冲模加工中常需要在同一凹模上加工出几个型孔，对于这样的凹模可以用单个电极分别加工各孔，也可以采用组合电极加工，即把多个电极组合装夹在一起，如图4.11所示，一次完成凹模各型孔的电火花穿孔加工。采用组合电极加工，生产率高，各型孔间的位置精度也比较高，但必须保证组合电极各电极间的定位精度。

1）分解式电极。当工件形状比较复杂时，则可将电极分解制成几何形状简单的几个电极，以相应的加工基准，逐步将工件型腔加工成形。需要注意的是，采用分解式电极成形加工时，必须统一加工基准，否则将增加加工误差，如图4.12所示。

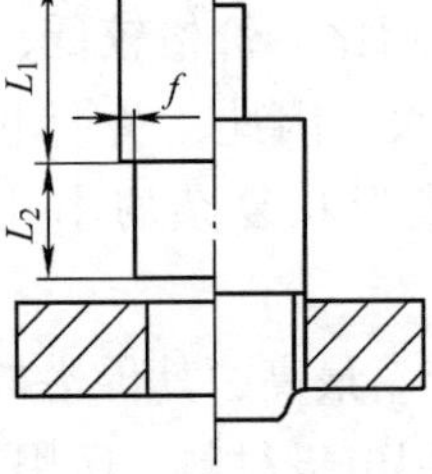

图4.10　阶梯式整体电极

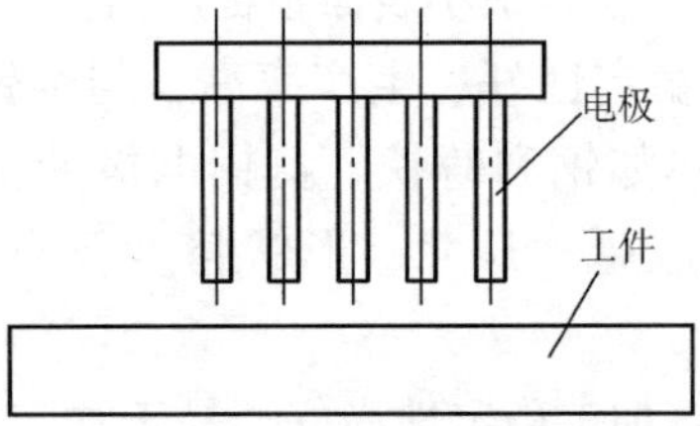

图4.11　组合电极

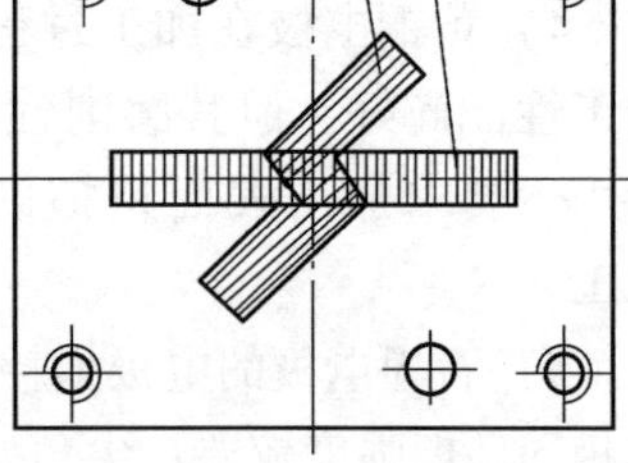

图4.12　分解式电极

2）镶拼式电极。对形状复杂、制造困难的电极，可分解成几块形状简单的电极来加工，加工后再镶拼成整体电极，即为镶拼式电极。如图 4.13 所示，将 E 形硅钢片冲模所用的电极分成三块，加工完毕后再镶拼成整体。这样既可保证电极的制造精度，得到了尖锐的凹角，又简化了电极的加工，节约了材料，降低了制造成本。但在制造中应保证电极各分块之间的位置准确，配合要紧密牢固。

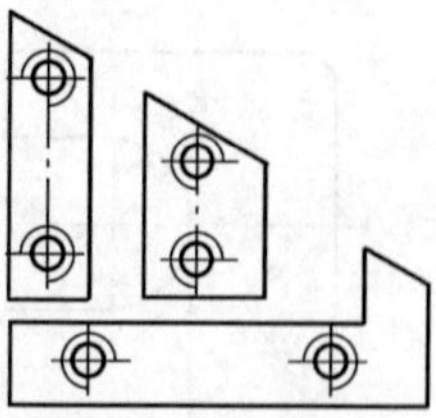

图 4.13　镶拼式电极

4. 电极尺寸的确定

（1）电极横截面尺寸的确定　电极横截面尺寸是根据凹模（或凸模）的尺寸及公差，凸模、凹模配合间隙以及放电间隙确定的。电火花放电间隙的大小与电极材料、模具材料、电规准的选择、设备的精度及工作液等有关。为了保证模具加工后的表面精度，最后必须用精规准修出。因此，在确定电极尺寸时，应先按相应的条件确定放电间隙值。

在设计电极截面尺寸时，首先要确定是以凹模设计为基准，还是以凸模设计为基准。

1）按凹模尺寸和公差确定电极横截面尺寸。图 4.14a 所示为凹模型孔不同部位的尺寸及公差标注，图 4.14b 所示为凹模与电极尺寸关系，其相应部位电极横截面尺寸的计算公式为

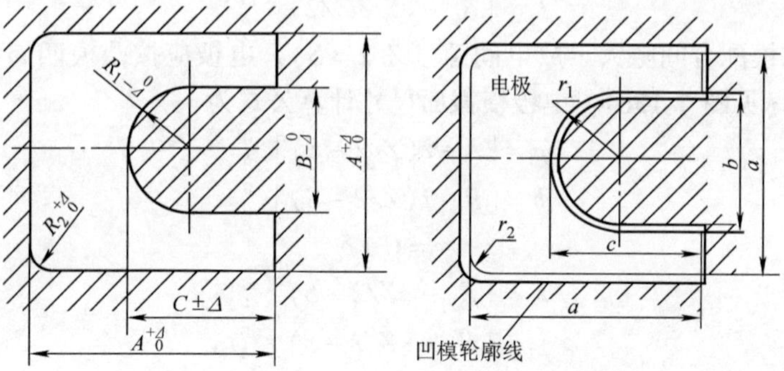

a)　　b)

图 4.14　凹模与电极尺寸关系

$$a=(A-2S+\delta)_{-\delta}^{\ 0}$$
$$b=(B+2S-\delta)_{\ 0}^{+\delta}$$
$$c=C\pm\delta$$
$$r_1=(R_1+S-\delta)_{\ 0}^{+\delta}$$
$$r_2=(R_2-S+\delta)_{-\delta}^{\ 0}$$

式中　S——单面放电间隙；

δ——电极制造公差，通常取模具公差 Δ 的 1/2 ~ 2/3，并按“入体原则”标注。

2）按凸模尺寸和公差确定电极横截面尺寸。图 4.15 所示为凸模与电极尺寸关系，由于凹模、凸模配合间隙的不同又存在三种情况：

① 凸模、凹模单边配合间隙等于放电间隙（$Z/2=S$）：电极横截面尺寸和凸模截面尺寸完全相同（见图 4.15a），电极公差取凸模公差 Δ 的 1/2 ~ 2/3。

② 凸模、凹模单边配合间隙小于放电间隙（$Z/2<S$）：电极应按凸模四周每边均匀缩

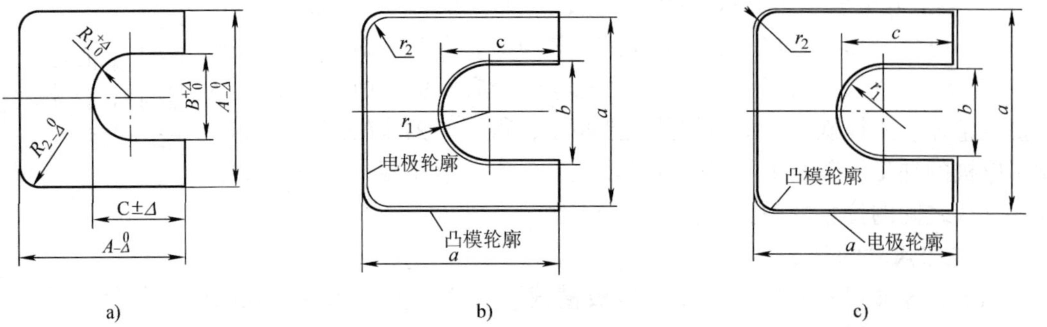

图 4.15　凸模与电极尺寸关系

小一个值（$S-Z/2$）（见图 4.15b），电极横截面尺寸计算公式为

$$a=[A-2(S-Z/2)]_{-\delta}^{\ 0}$$
$$b=[B+2(S-Z/2)]_{\ 0}^{+\delta}$$
$$c=C\pm\delta$$
$$r_1=[R_1+(S-Z/2)]_{\ 0}^{+\delta}$$
$$r_2=[R_2-(S-Z/2)]_{-\delta}^{\ 0}$$

③ 凸模、凹模配合间隙大于放电间隙（$Z/2>S$），电极应按凸模四周每边均匀放大一个值（$Z/2-S$）（见图 4.15c），电极横截面尺寸计算公式为

$$a=[A+2(Z/2-S)]_{-\delta}^{\ 0}$$
$$b=[B-2(Z/2-S)]_{\ 0}^{+\delta}$$
$$c=C\pm\delta$$
$$r_1=[R_1-(Z/2-S)]_{\ 0}^{+\delta}$$
$$r_2=[R_2+(Z/2-S)]_{-\delta}^{\ 0}$$

式中　$Z/2$——凸模、凹模单边间隙。

应用以上公式设计计算出的电极横截面尺寸适合一般型孔的电火花加工，对加工型腔的电极还应考虑精加工及抛光加工余量。

(2) 电极长度的确定　电极长度的确定方法，对于穿孔加工与型腔加工是不同的。穿孔加工只计算电极长度，而型腔加工还需考虑各纵截面的形状和尺寸。

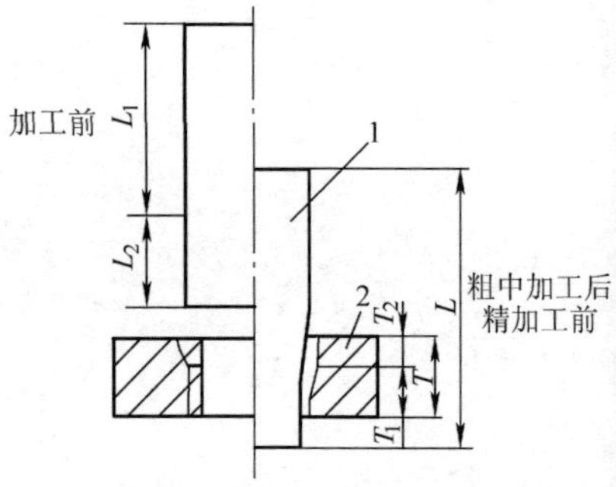

图 4.16　穿孔加工用电极长度

1—电极　2—凹模

1) 穿孔加工电极长度的确定。图 4.16 所示为穿孔加工用电极长度，电极长度计算式为

$$\begin{aligned}L&=L_1+L_2\\&=[t+(1.3\sim1.8)T_1]+[(1.6\sim2.0)\beta_T T_2]\end{aligned}$$

式中　L——电极总长度；

L_1——精加工用的电极长度；

L_2——粗加工、半精加工用的电极长度；

t——电极长度损耗（采用铸铁电极，加工钢模具时，$t=0.9T_1$；加工硬质合金模具时，$t=1.7T_1$。采用钢电极，加工钢模具时，$t=1.1T_1$；加工硬质合金模具时，$t=2.1T_1$)；

T_1——凹模有效刃口厚度；

T_2——凹模中有较大斜度的漏料部分厚度；

β_T——粗加工、半精加工的电极端面损耗比。

当凹模的刃口为全刃口，没有斜度较大的漏料部分时，电极长度仅计算 L_1 部分，即 $L=L_1$，但此时凹模有效刃口厚度 T_1 应为 T。

以上计算所得的电极长度是电火花穿孔加工时的工作部分长度，需要夹持时，还要加上夹持部分长度。若采用同一只电极加工几副模具，电极的长度应加长，每多加工一副模具电极长度应比原来增加约40% ~80%。但电极总长度一般不应超过120mm，否则会给加工带来困难。

2）型腔加工电极纵截面尺寸的确定。型腔加工电极纵截面的形状和尺寸，应根据型腔底部的形状和尺寸并考虑放电间隙而确定。型腔底部不同部位的尺寸，其电极的尺寸计算也有所不同。图4.17所示为加工型腔时，电极纵截面的尺寸计算式为

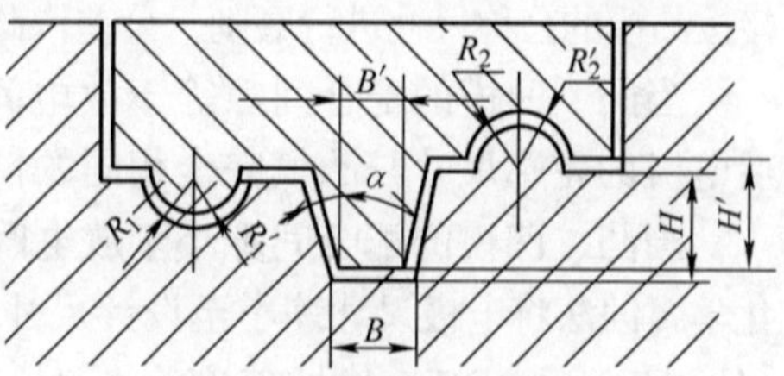

图4.17　加工型腔电极纵截面尺寸

$$H'=H$$

$$R_1'=R_1-S$$

$$R_2'=R_2+S$$

$$B'=B-2S\tan[(90^\circ-\alpha)/2]$$

式中　S——单面放电间隙；

H、R_1、R_2、B——型腔要求尺寸；

H'、R_1'、R_2'、B'——电极尺寸。

以上计算方法仅适合型腔加工中低损耗加工的电极设计，而且应另行考虑精加工或抛光余量。对于高损耗加工的电极设计在此没有涉及。

5. 电极的制造

工具电极是电火花加工中必不可少的工具之一，因此，方便而又准确地制造出电极是十分重要的。由于电极的材料、类型、几何形状复杂程度及精度要求不同，所采用的加工方法也各有不同。

（1）机械加工方法　对几何形状比较简单的电极，可用一般的切削方法进行加工。如圆形电极可直接在车床上一次加工成形；矩形、多边形等铸铁或钢电极可在刨床、铣床或插床上加工后，再由平面磨床进行磨削加工，经钳工修整后即可使用。形状比较复杂的电极，往往需要经过多道工序才能加工成形，达到图样要求。

机械加工电极除采用一般的加工方法外，目前广泛采用成形磨削。根据凹模尺寸设计出的电极，最后用成形磨削的方法进行精加工，可以提高电极的尺寸精度、形状精度、降低表面粗糙度值。用此电极对凹模进行电火花加工，再由凹模按间隙要求配制凸模。这种方法适用于凸、凹模配合间隙比放电间隙大0.10mm以上，或凸、凹模配合间隙小于0.01mm的情况。

对于纯铜、黄铜一类的电极，由于不能用成形磨削加工，一般可用铣床、刨床加工成形，并经钳工锉削进行最后修整。

（2）电极与凸模联合成形磨削　在电极制造中，为了缩短电极和凸模的制造周期，保证电极与凸模轮廓一致，常采用电极与凸模联合成形磨削。采用这种方法制造的电极，材料大多选用铸铁和钢。当电极材料为铸铁时，电极与凸模常用环氧树脂等胶合在一起，如图4.18所示。但截面积较小的工件则不易粘牢，为防止在磨削过程中电极或凸模脱落，可采用锡焊或机械方法将电极与凸模连接在一起。当电极材料为钢时，可把凸模加长些，将其作电极，即把电极和凸模做成一个整体。

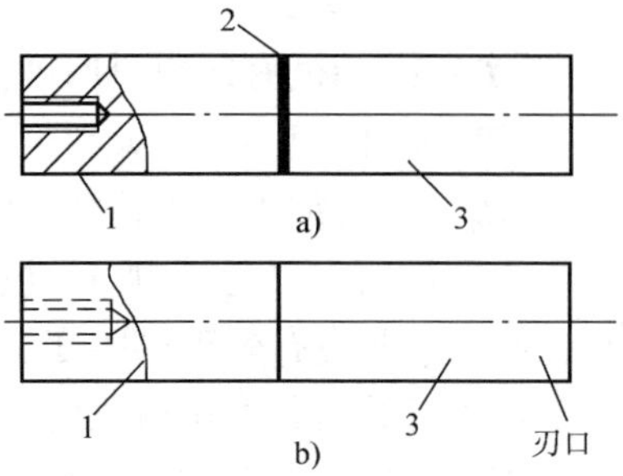

图4.18　电极与凸模粘接
1—电极　2—粘接面　3—凸模

电极与凸模联合成形磨削，其共同截面的公称尺寸应直接按凸模的公称尺寸进行磨削，公差取凸模公差的1/2～1/3。

当凸、凹模的配合间隙等于放电间隙时，适用于磨削后电极的轮廓尺寸与凸模完全相同的情况。

当凸、凹模的配合间隙小于放电间隙时，电极的轮廓尺寸应小于凸模的轮廓尺寸。可用化学腐蚀法将电极尺寸缩小至设计尺寸。腐蚀剂可用草酸：过氧化氢：蒸馏水＝40：40：100（体积比）的溶液，腐蚀速度为0.04～0.07mm/min。腐蚀的方法为：将干净的电极垂直浸入腐蚀剂中，根据其腐蚀速度的大小，每隔一定时间取出，测量其尺寸是否符合要求，若尺寸仍偏大，则应继续浸入腐蚀剂中，直到符合尺寸要求为止。

当凸、凹模的配合间隙大于放电间隙时，电极的轮廓尺寸应大于凸模的轮廓尺寸，则需用电镀法将电极扩大到设计尺寸。若单面放大量在0.05mm以下时，可以镀铜；单面放大量超过0.05mm时，可以镀锌。

（3）电极制造常用工艺　电极制造一般可按下述工序进行：

1）刨（或铣）削：按图样要求刨削或铣削所要求的电极毛坯（若是圆形可车削），按最大外形尺寸留1mm左右精加工余量。

2）平磨：在平面磨床上磨两端面及相邻两侧面（铜及石墨电极应在小台虎钳上，用刮研的方法刮平或磨平）。

3）划线：按图样要求在划线平台上划线。

4）刨（或铣）削：按划线轮廓，在刨床或铣床上加工成形，并留有0.2～0.4mm的精加工余量。形状复杂的电极可适当加大精加工余量，但不超过0.8mm。

5）钳工：钻、攻电极装夹螺纹孔。

6）热处理：若采用钢电极，按图样要求淬火。

7）精加工电极：对于铸铁或钢电极，在有条件的情况下，可用成形磨削加工成形；而对于铜电极，可在仿形刨床上进行仿刨成形。

8）化学腐蚀或电镀：电极与凸模联合加工（或阶梯电极）时，对小间隙模具采用化学腐蚀，对大间隙模具则采用电镀。

9）钳工修整：指对铜电极的精修成形。

（4）线切割加工电极　除用机械方法制造电极以外，在有特殊需要时也可用线切割加工电极。如异形截面和薄片电极的加工，用机械加工方法无法胜任，或很难保证精度。图4.19所示的电极，在用机械加工方法制造时，通常是把电极分成四部分来加工，然后再镶拼成一个整体，如图4.19a所示。由于分块加工中的误差及拼合时的接缝间隙和位置精度的影响，电极产生一定的形状误差。如果使用线切割加工工艺对电极进行加工，则很容易制作，并能很好地保证其加工精度，如图 4. 19b 所示。

(5) 石墨电极的加工　石墨电极是电火花型腔加工中最常用的电极之一。制作石墨电极一般采用传统的机械加工，即车、铣、刨、磨、手工修磨及样板检验等方法。但石墨材料在加工时易碎裂，粉末飞扬、劳动条件差，因此，最好采用湿式加工法（把石墨先在机油中浸泡）。机械加工方法难以制造精度高及形状复杂的石墨电极，只适用于单件或少量电极的加工。

批量生产石墨电极时，采用压力振动加工方法可方便地将石墨制成各种所需的电极形状。压力振动加工石墨电极的方法，需要制造钢质母模，并需配有专用的压力振动加工机床，制作的石墨电极与母模的仿形性较好，重复加工精度较高。

不论是整体式还是拼合式石墨电极，都应使石墨压制时的施压方向与电火花加工时的进给方向垂直（图 4. 20），且拼合的石墨电极应采用同一牌号石墨。

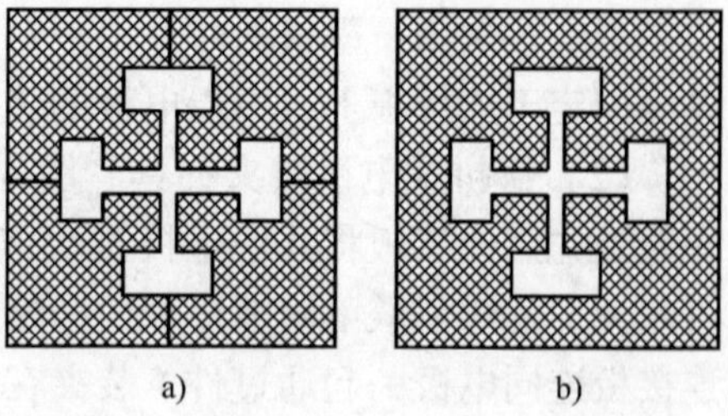

图 4. 19　机械加工与线切割加工电极
a）机械加工　b）线切割加工

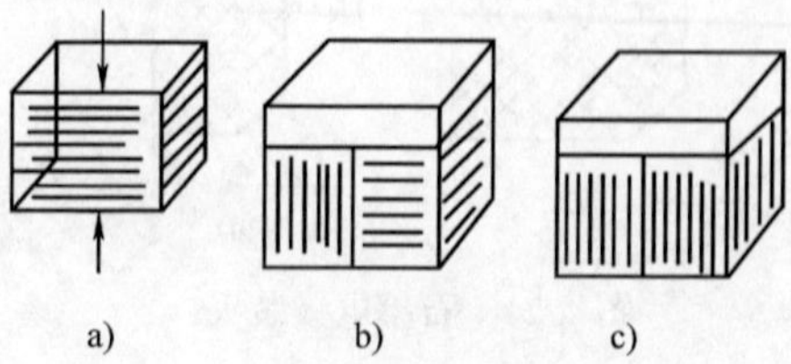

图 4. 20　石墨电极方向性和拼合方向
a）石墨压制时的施压方向
b）拼合不合理　c）拼合合理

4. 2. 4　电火花成形加工时电极与工件的装夹与定位

1. 电极装夹夹具

在电火花加工之前，电极必须安装在电加工机床主轴头上，并使电极轴线平行于主轴头的轴线，必要时还应使电极的横断面基准与机床的纵、横滑板平行。为保证电极装夹要求，应使用电极装夹夹具。因此，电极装夹夹具是电火花加工中必不可少的工装之一。

(1) 整体式电极装夹夹具　小型整体式电极大多是用通用夹具直接装夹在电火花机床主轴头下端。如图 4. 21 所示的标准套筒形夹具，适合装夹圆柱形电极；图 4. 22 所示的钻夹头夹具，适合装夹直径较小的电极；图 4. 23 所示的螺纹夹头夹具，常用于尺寸较大的电极的装夹，电极通过螺纹联接直接装夹在夹具上。

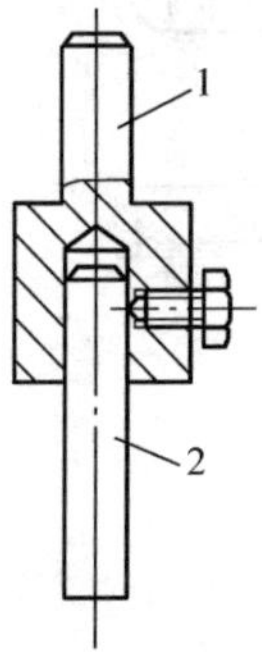

图 4. 21　标准套筒形夹具
1—标准套筒　2—电极

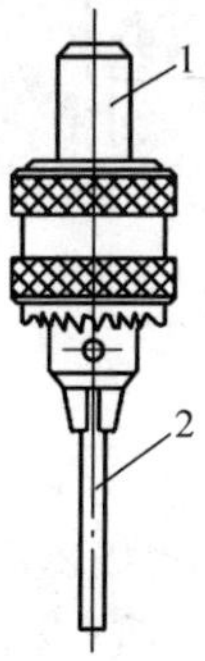

图 4. 22　钻夹头夹具
1—钻夹头　2—电极

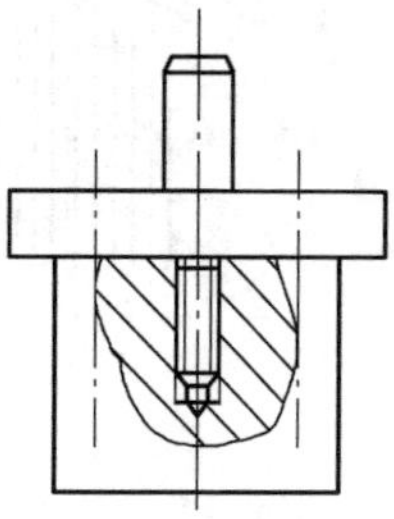

图 4. 23　螺纹夹头夹具

当电极采用石墨材料时，由于石墨材料性脆不适宜加工螺纹孔，可以采用螺栓或压板将电极固定于连接板上，石墨电极的装夹如图4.24所示。

（2）镶拼式电极装夹夹具　图4.25所示的连接板式夹具，可用于镶拼式电极的装夹。一般是先用连接板将几块电极拼块连接成所需的整体，可用机械方法固定（图4.25a），也可用聚氯乙烯醋酸溶液或环氧树脂粘合（图4.25b）。注意，拼合面需平整密合。然后再将连接板连同电极一起通过件1装夹在图4.21所示的标准套筒形夹具体上。

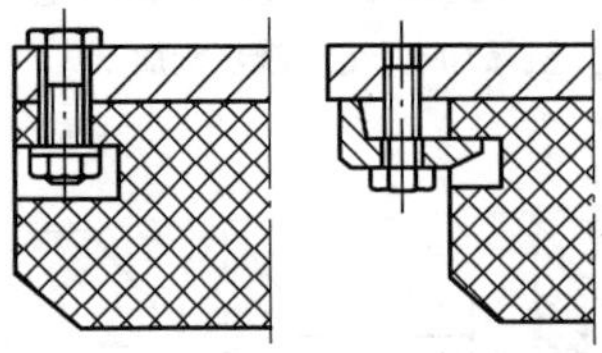

图4.24　石墨电极装夹

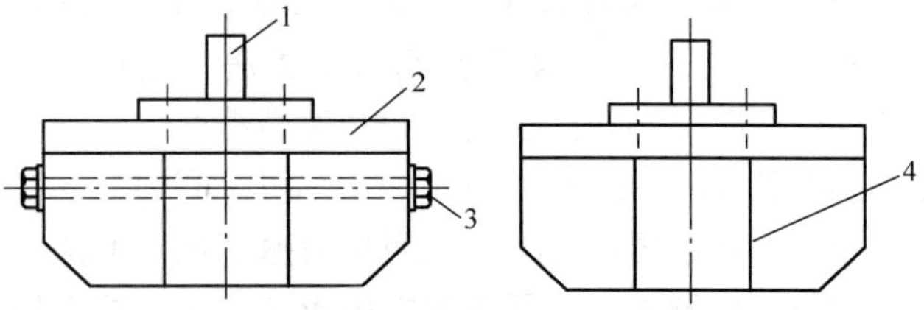

图4.25　连接板式夹具

1—连接柄　2—连接板　3—螺栓　4—电极

（3）多电极装夹夹具　对于多型孔工件，可采用单电极一个个地加工型孔，也可将几个电极按正确的位置装夹在多电极装夹夹具中，同时加工出多个型孔。图4.26所示为常见的多电极装夹通用夹具，图4.26a是为四个电极的相对位置设计的定位块配置，图4.26b是为两个电极的距离配置的标准垫块，用在通用夹具体上，即可对多电极进行定位和紧固。这些夹具通常以电极的侧面作为定位和紧固基准。图4.26c所示为一通用性较强的多电极装夹夹具，夹具的 *a*、*b* 侧面为相互垂直的定位基准面，*c*、*d* 侧面上的夹紧螺钉可随滑块在槽内移动。当配置适当的标准或专用垫块后，则可在任意位置处定位和夹紧电极。

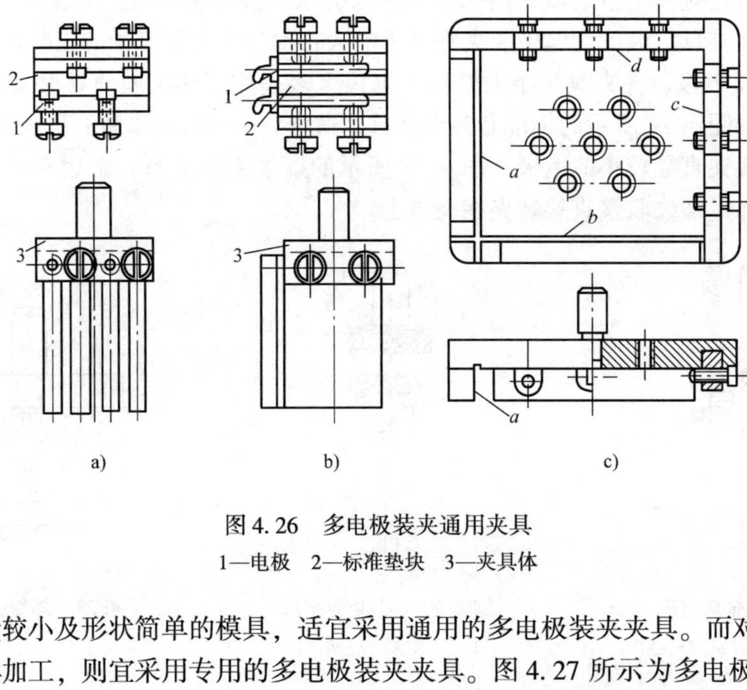

图4.26　多电极装夹通用夹具

1—电极　2—标准垫块　3—夹具体

加工批量较小及形状简单的模具，适宜采用通用的多电极装夹夹具。而对批量较大或形状复杂的模具加工，则宜采用专用的多电极装夹夹具。图4.27所示为多电极装夹的专用夹具。专用夹具一般由夹具体和夹紧元件等组成，各电极装夹在预留的相应位置处，通常以电极侧面作为定位基准。图4.28所示为加工转子硅钢片冲孔凹模的多电极装夹专用夹具，该专用夹具由衬圈1、镶块2、热套圈3、斜销4等组成。36个电极靠36块镶块进行定位。因此，镶块的制造精度要求很高，热处理后由成形磨削加工完成，装夹时只需将电极5插入镶块槽内，将斜销轻轻敲入，靠摩擦力自锁夹紧。

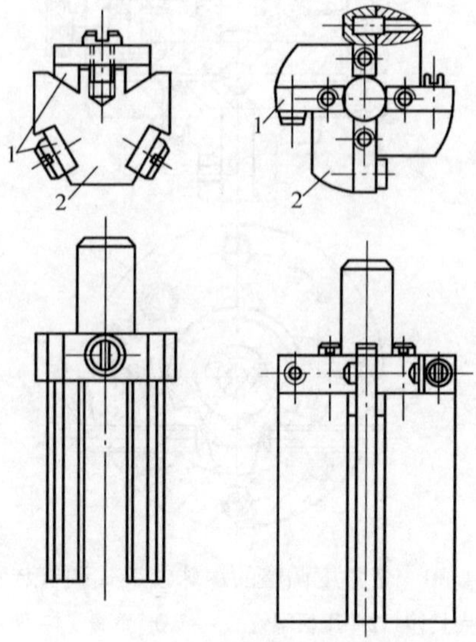

图4.27　多电极装夹的专用夹具

1—电极　2—夹具体

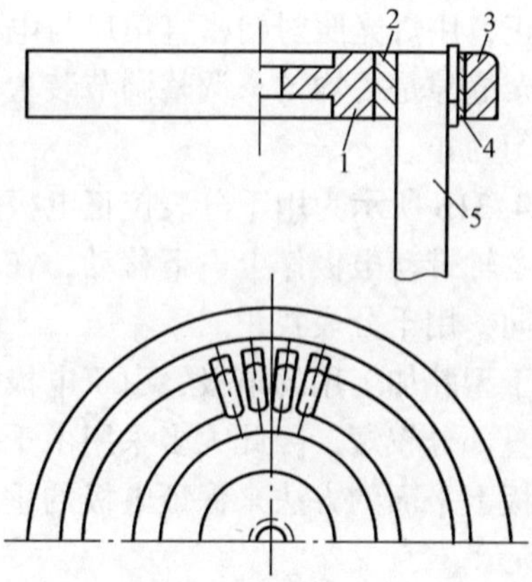

图4.28　转子硅钢片冲孔凹模的多电极装夹专用夹具

1—衬圈　2—镶块　3—热套圈　4—斜销　5—电极

在设计和使用多电极装夹夹具时，必须保证各电极之间的相对位置及各电极相互平行，并且安装中心最好应通过组合电极的重心。

（4）电极装夹的调节装置　电极及其装夹夹具安装在电加工机床主轴头上后，必须对电极进行校正，使其轴心线平行于主轴头的轴线或垂直于机床的工作台面。有时还要调节沿电极轴线的回转角，以使电极横断面的基准与机床纵、横滑板平行。为达到校正的目的，一般在机床主轴头与电极装夹夹具的电极柄之间装有调节装置。调节装置的结构形式较多，下面只介绍两种常用结构。

图4.29所示为钢球铰链式调节装置，由调节螺钉1、球面垫圈2、钢球3、电极装夹套4及夹具体5组成。电极装夹夹具的电极柄安装在电极装夹套4内（简单电极也可不用夹具直接装入），调整4个调节螺钉1，依靠钢球和球面垫圈，可调整电极的垂直度。该装置的优点是结构简单，轴向高度尺寸小。缺点是电极垂直度的调节范围小，并且无法调节电极沿轴线的回转角度。

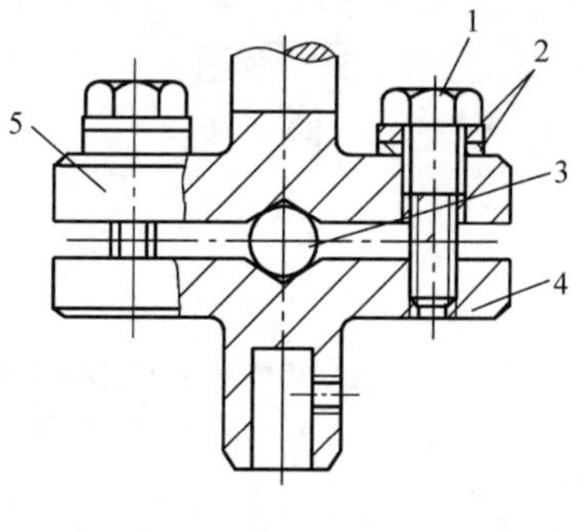

图4.29　钢球铰链式调节装置

1—调节螺钉　2—球面垫圈　3—钢球

4—电极装夹套　5—夹具体

图4.30所示为带角度调整的钢球铰链式调节装置。该装置对电极轴线垂直度的调节，仍由钢球6、球面垫圈7及调节螺钉8来完成。该装还可对电极回转角度进行调节，松开压板螺钉2，由于碟形弹簧3的压力使夹具体1与外壳4

的平面间存在间隙，可用调节螺钉5调整角度，使电极横断面的基准与机床纵、横滑板平行，调整好后拧紧压板螺钉2。调整范围为±15°。

使用调节装置对电极垂直度进行校正时，可选用以下较简便实用的方法。

图4.31a所示为用精密直角尺校正电极垂直度的方法。利用精密直角尺在相互垂直的两个方向上进行校正，用灯光照射精密直角尺与电极之间的缝隙，观察缝隙是否均匀，调整调节装置，直至上下缝隙均匀为止。

图4.31b所示为用千分表校正电极垂直度的方法。由主轴带动电极作上、下移动，在相互垂直的两个方向，用千分表找正。

对于型腔加工用的电极，由于电极侧面可供校正的平直部分较短，因此大多采用由千分表校正电极连接板上平面的方法来保证电极的垂直度，如图4.31c所示。

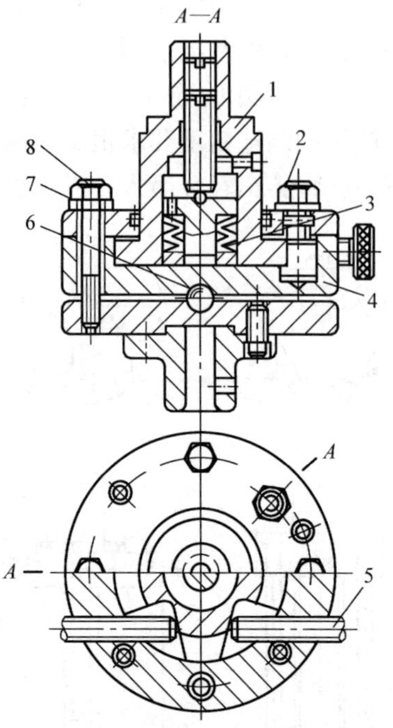

图4.30　带角度调整的钢球铰链式调节装置

1—夹具体　2—压板螺钉　3—碟形弹簧　4—外壳　5、8—调节螺钉　6—钢球　7—球面垫圈

(5) 高精度电极夹具　目前，高精度电极夹具可以简化以上的电极装夹和校正过程。电极可直接装夹，不需要调整垂直度和回转角度，就能保证电极的装夹精度。这种高精度电极夹具不仅可以在电火花加工机床上使用，还可以在车床、铣床、磨床、加工中心等机床上使用。因而可以实现电极制造和电极使用一体化，使电极在不同机床之间转换时不必再费时找正，既精确又快捷，如3R电极快速装夹系统。

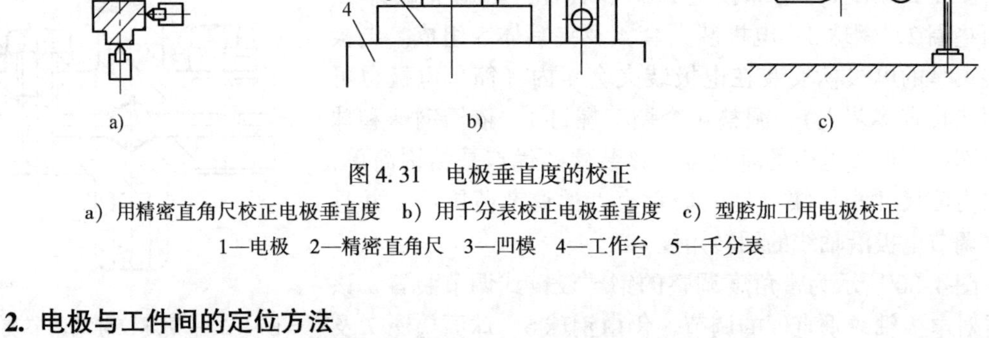

图4.31　电极垂直度的校正

a) 用精密直角尺校正电极垂直度　b) 用千分表校正电极垂直度　c) 型腔加工用电极校正

1—电极　2—精密直角尺　3—凹模　4—工作台　5—千分表

2. 电极与工件间的定位方法

电火花加工中的定位，是指将已安装完成的电极对准工件的加工位置，以保证加工型孔或型腔在凹模上的位置精度。在定位过程中需要一些专门的定位装置，下面介绍常用的定位

装置的形式和使用方法。

（1）量块直角尺法（图4.32） 先在凹模 X 和 Y 方向的外侧表面上磨出两个定位基准面，并根据加工要求计算出电极至两基准面之间的距离 x、y。电极装夹后下降至接近凹模，用精密直角尺与凹模定位基准面吻合，然后在直角尺与电极之间垫入尺寸分别为 x 和 y 的量块，调整凹模位置使量块的松紧程度适宜，便可使工件正确定位，然后加以紧固。这种方法操作简单、省时，适用于电极基准与凹模基准互相平行的单型孔或多型孔的定位。

（2）测定器法（图4.33） 测定器中两个基准平面间的尺寸 z 是固定的，可配合量块和千分表进行定位。在凹模外侧磨出基准面，并根据加工要求计算出电极至基准面之间的距离 x，在测定器内垫入量块，尺寸为 $H=z-x$，然后靠上千分表使测头接触量块，并记下读数。

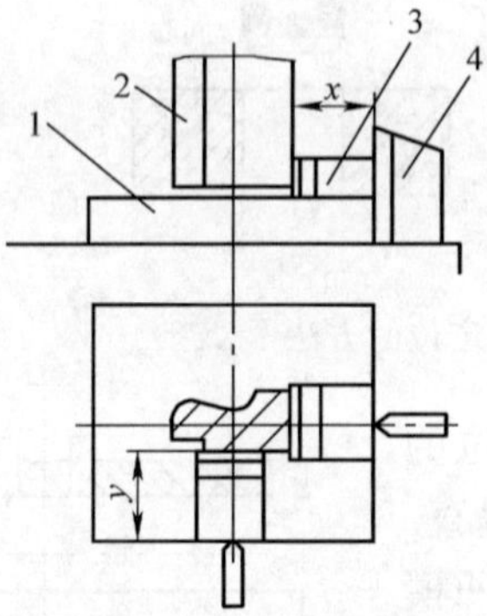

图4.32 量块直角尺法

1—凹模 2—电极 3—量块 4—直角尺

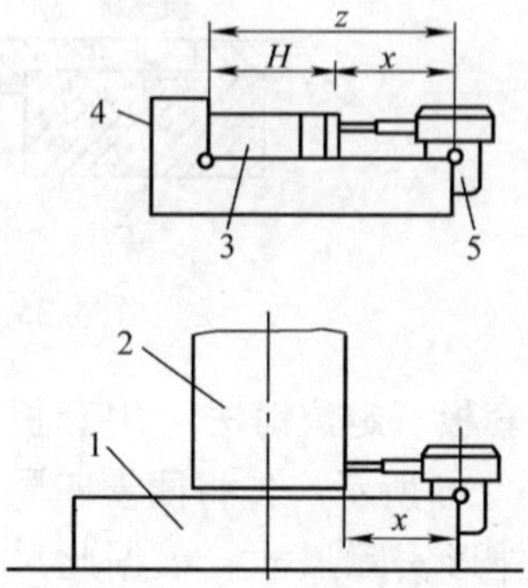

图4.33 测定器法

1—凹模 2—电极 3—量块 4—测定器 5—千分表

定位时，将千分表靠在凹模基准面上，测头接触电极，移动凹模使千分表指示为原记下的读数，这时定位尺寸即为 x，即可紧固工件。此方法也可用于在相互垂直的两个方向上进行定位。

（3）直角尺、千分表法 用直角尺和千分表定位方法如图4.34所示。先在凹模外侧磨出两个相互垂直的基准面，将两个基准面调整与机床纵、横滑板平行，并将凹模紧固在机床工作台上。同时根据加工要求，计算出电极至凹模基准面之间的距离 x 和 y。

将两只千分表装在精密直角尺上，借助另一个精密直角尺将两只千分表的读数均调整在“0”位（见图4.34a），然后用下面的千分表靠上已装夹的凹模基准面，调整直角尺的位置使千分表读数为“0”（见图4.34b）。移动工作台，使电极的基准面（电极基准面已调整与机床纵、横滑板平行）与上面的千分表相靠并使其读数为“0”，此时电极与凹模基准面处于同一竖直平面（见图4.34c）。最后，移动工作台使电极至凹模之间的相对位置为 x，即实现定位（见图4.34d）。在 Y 方向上定位的方法与此相同。

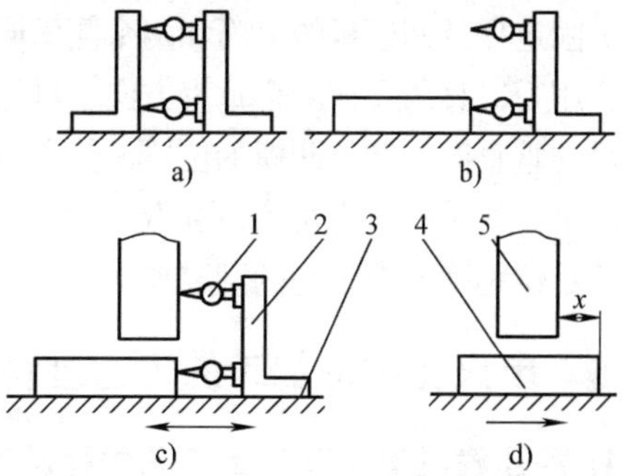

图4.34 用直角尺和千分表在工作台上定位的方法

1—千分表 2—直角尺 3—工作台 4—凹模 5—电极

（4）同心环（轮毂）定位法　当凹模外侧为圆形且要求加工的孔和外圆同心时，可按电极和凹模外径先制作一个同心环，以凹模外径为基准，用同心环上孔与之配合定位，如图4.35a所示。同心环上孔比电极外径大0.02～0.03mm，调整凹模的位置，使电极插入同心环上孔，且使四周间隙均匀，便可使凹模定位准确，并加以紧固。把同心环取下，再进行放电加工。

当凹模上有预制孔时（见图4.35b），可按预制孔和电极外径制作同心环，以预制孔为基准，用同心环小外径与之配合定位。同心环的上孔比电极外径大0.02～0.03mm，调整方法与前述相同。也可在电极前端设置比凹模预制孔小0.02～0.03mm的同心轮毂，将同心轮毂插入凹模预制孔以实现定位（见图4.35c）。

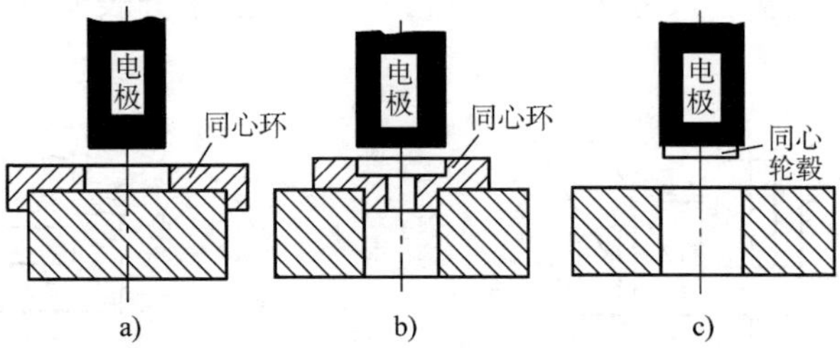

图4.35　用同心环（轮毂）定位的方法

（5）套板、定位销法　用套板和定位销进行定位的方法如图4.36所示。先将凹模四周的平面磨成相互垂直，测出凹模外形实际尺寸，根据此尺寸确定套板上各凹模定位销的位置。再测出电极有关的实际尺寸，根据此实际尺寸和多电极之间的相对位置，以及电极与凹模四周的相对位置，计算出套板上各电极定位销的位置。然后，用坐标镗床钻出套板上各凹模定位销和电极定位销孔，铰孔后装入定位销。定位时，将套板套在凹模上，调整凹模的位置，使电极导入定位销后将凹模锁紧。电加工时将套板除去。

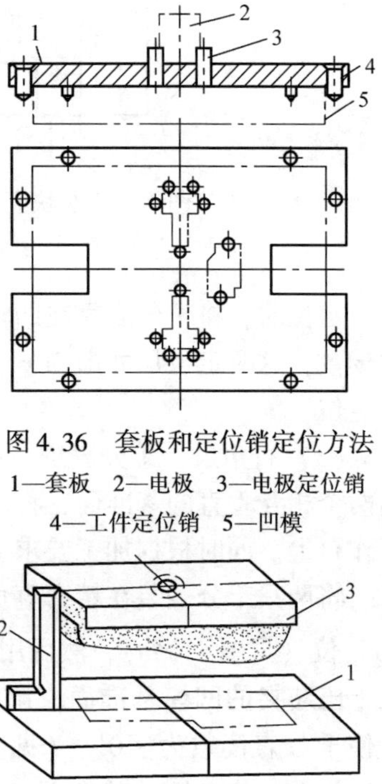

图4.36　套板和定位销定位方法

1—套板　2—电极　3—电极定位销　4—工件定位销　5—凹模

这种方法适合于不规则的型腔和型孔加工，且电极基准与凹模外形基准不成平行或垂直关系时的定位。

（6）直角尺测十字线的定位方法　该方法是分别在电极固定板及凹模板的上面和两个侧面同时画出中心十字线，用刀口直角尺在两个垂直方向上进行测量，应注意直角尺的垂直度。调整凹模的位置，使电极固定板和凹模板上的十字线重合，即可实现定位。这种方法简便易行，适用于定位精度要求不高的型腔加工（见图4.37）。

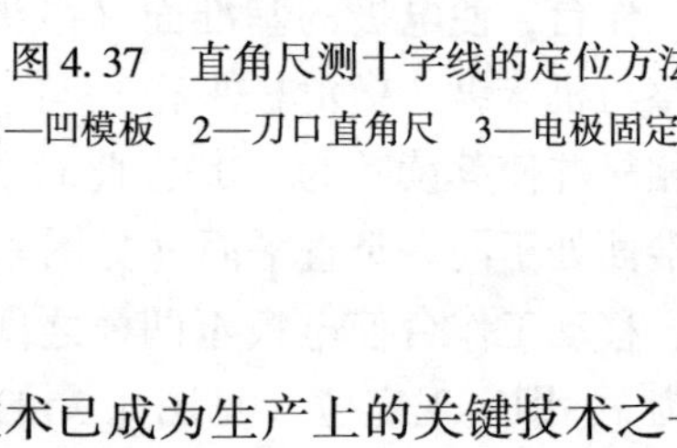

图4.37　直角尺测十字线的定位方法

1—凹模板　2—刀口直角尺　3—电极固定板

4.2.5　电火花成形加工的工艺过程及实例

1. 冲压模具电火花加工工艺过程及实例

由于形状复杂、尺寸精度要求高，冲压模具的制造技术已成为生产上的关键技术之一。特别是有些凹模，用一般的机械加工方法很难加工，甚至根本无法加工，采用电火花成形加工则能较好地解决这些问题。采用电火花加工工艺加工冲压模具具有如下优点：

1）可以在工件淬火后进行加工，避免了热处理变形的影响。

2）冲模配合间隙均匀，刃口耐磨，提高了模具质量。

3）不受材料硬度的限制，可以加工硬质合金等冲模，扩大了模具材料的选用范围。

4）对于中小型复杂凹模，可以不用镶拼结构，而采用整体式，以简化模具结构。

（1）冲模的电火花加工工艺方法　凹模的尺寸精度主要靠工具电极来保证，因此，对工具电极的尺寸精度和表面粗糙度都应有一定的要求。只要工具电极的尺寸精确，用它加工出的凹模也就会比较精确。电火花加工时，火花间隙值 S_L 也影响凹模的尺寸精度，只要加工规准选择恰当，保证加工的稳定性，火花间隙值 S_L 的误差就很小（见图 4.38）。

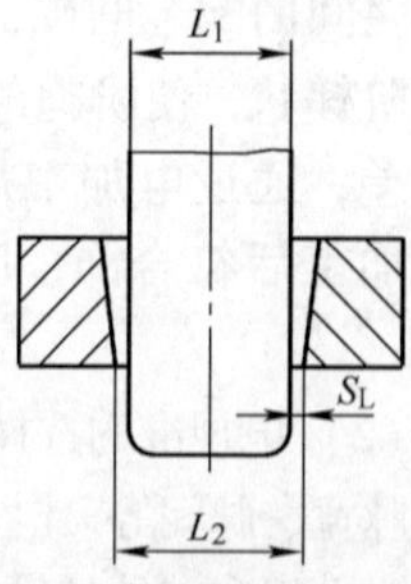

图 4.38　凹模的电火花加工

冲模配合间隙的大小与均匀性都直接影响冲压件的质量及模具的寿命，在加工中必须给予保证。电火花穿孔加工获得合理的配合间隙的方法有如下几种：

1）“钢打钢”、“反打正用”直接配合法。该方法是直接用加长的钢凸模（可用线切割或成形磨削加工出此凸模）作为电极直接加工凹模，加工时将凹模刃口端朝下形成向上的“喇叭口”，加工后将工件翻过来使“喇叭口”向下作为凹模（喇叭口正好符合刃口斜度，有利于漏料），电极倒过来切除损耗部分或用低熔点合金浇固作为凸模，如图 4.39 所示。

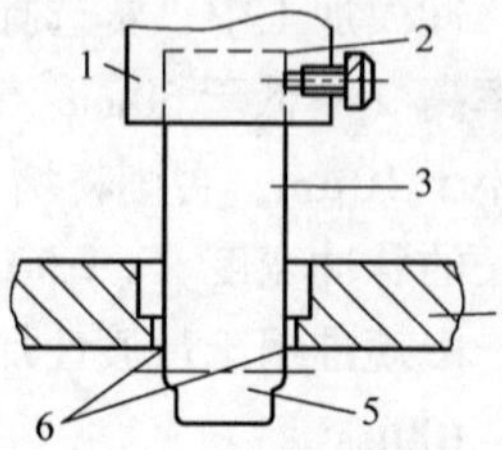

图 4.39　直接配合法

1—电极夹头　2—凸模刃口
3—凸模　4—凹模（工件）
5—电极加工端　6—凹模刃口

配合间隙靠调节脉冲参数、控制火花放电间隙来保证。电火花加工后的凹模可以不经任何修正而直接与凸模配合使用。这种方法配合间隙均匀、电极制造方便、钳工工作量少。目前，该方法控制的单边配合间隙最小可达 0.01 ~0.02mm。

“钢打钢”时，工具电极和工件都是磁性材料，电蚀下来的金属屑可能被吸附在电极放电间隙的磁场中，形成不稳定的二次放电，使加工过程不稳定。

2）间接配合法。间接配合法是将电火花性能良好的电极材料与冲头材料粘接在一起，共同线切割或磨削成形。然后，用电极材料的一端作为加工端，将工件反置固定，用“反打正用”的方法进行加工。这种方法可以充分发挥加工端材料好的电火花加工工艺性能，能够达到与直接配合法相同的加工效果。

间接配合法的加工端材料可选用纯铜、铸铁或石墨。必须注意，一定要粘接在冲头的非刃口端，才符合“反打正用”的加工原则，如图 4.40 所示。

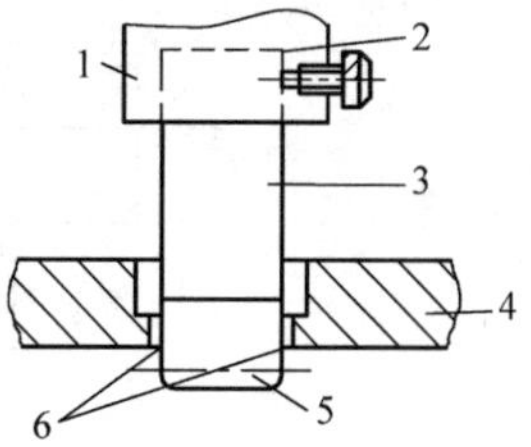

图 4.40　间接配合法

1—电极夹头　2—凸模刃口
3—凸模　4—凹模（工件）
5—电极加工端　6—凹模刃口

3）阶梯工具电极加工法。阶梯工具电极加工法在冷冲压模具电火花成形加工中应用极为普遍。

当无预制孔或加工余量较大时，可将工具电极制作为阶梯状，将工具电极分为两段，缩小了尺寸的粗加工段，并保持凸模尺寸的精加工段，如图 4.41a 所示。粗加工时，采用工具电极相对损耗小、加工速度高的电规准加工，粗加工完成后剩下少量的加工余量。精加工段即凸模段，采用类似于直接成形法的方法进行加工，达到凸、凹模配合的要求（见图 4.41b）。在加工小间隙、无间隙的冷冲压模具时，配合间隙小于最小的电火花加工放电间隙，用凸模作为精加工段不能保证凸、凹模之间的配合间隙，可将凸模加长后加工或腐蚀成阶梯状，使阶梯的精加工段与凸模有均匀的尺寸差，通过电加工规准对放电间隙进行控制，使之加工后符合凸、凹模配合要求，如图 4.41c 所示。

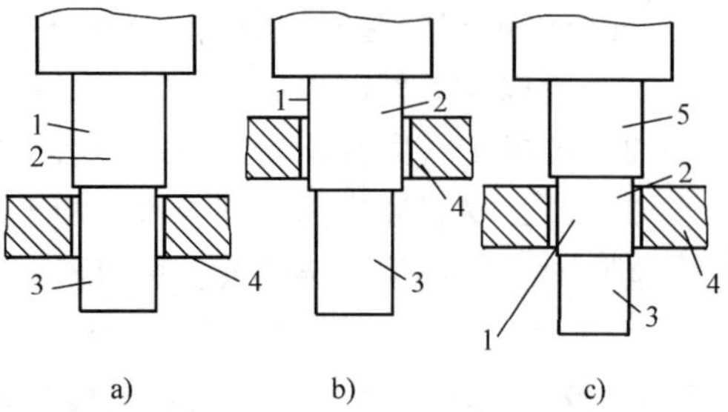

图 4.41　用阶梯工具电极加工冲模
1—精加工段　2—工具电极
3—粗加工段　4—工件　5—凸模

（2）电规准的选择及转换　所谓电规准，是指电火花加工过程中一组电参数，如电压、电流、脉宽、脉间等。电规准选择正确与否，将直接影响模具加工工艺指标。生产中应根据工件的要求、电极和工件的材料、加工工艺指标和经济效果等因素来确定电规准，并在加工过程中适时地更换。粗规准和精规准的正确配合，可以适当地解决电火花加工的质量与生产率之间的矛盾。

冲模加工中，常选择粗、中、精三种规准。每种规准又可分几档。对粗规准的要求是生产率高（不低于 $50mm^3/min$），工具电极的损耗小。在转换中规准之前，表面粗糙度 Ra 值应小于 10μm，否则将增加中精加工的加工余量和加工时间。粗规准主要采用较大的电流、较长的脉冲宽度（$t_i = 50 \sim 500\mu s$），采用铜电极时，电极的相对损耗率应低于 1%。

中规准用于过渡性加工，以减少精加工时的加工余量。中规准采用的脉冲宽度一般为 10 ~ 100μs。

精规准用于最终保证模具所要求的配合间隙、表面粗糙度、刃口斜度等质量指标，故应采用小电流、高频率、短脉冲宽度（2 ~ 6μs）。采用精规准，其生产率较低、电极损耗较大。

（3）冲模的电火花加工工艺实例　表 4.3 为冲模的电火花加工工艺实例。

表 4.3　电火花加工电机转子凹模型孔的工艺实例

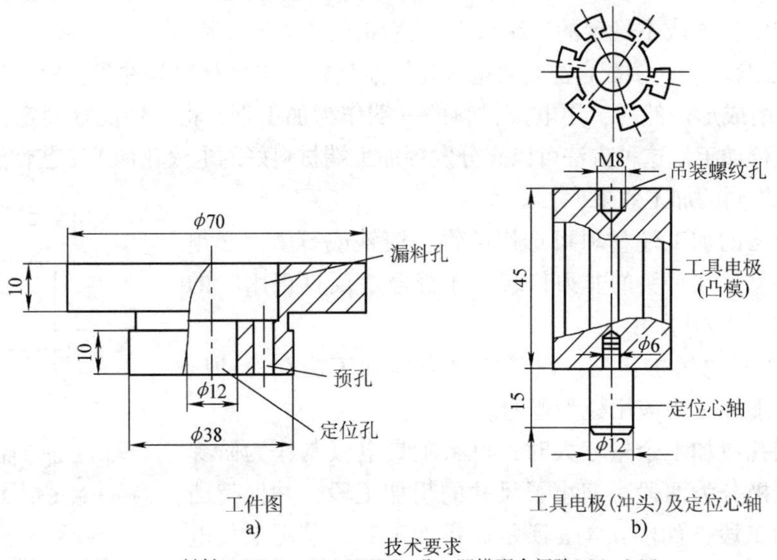

技术要求
材料 CrWMn，55～60HRC，凸、凹模配合间隙0.04～0.06mm。

（续）

项 目	工 艺 过 程	备 注
1	工件在电火花加工前的工艺路线 ① 车：ϕ38mm 外圆、ϕ12mm 内孔留 0.3～0.5mm 磨量，上、下表面留 0.4mm 磨量，其余精车达图样要求 ② 铣：凹模刃口孔预铣，单面留量 0.3～0.5mm，铣削漏料孔达图样要求 ③ 热处理：淬火处理 55～60HRC ④ 平磨：磨上、下端面达图样要求 ⑤ 磨内、外圆：精磨 ϕ38mm 外圆和 ϕ12mm 孔，达图样要求	凹模固定用螺纹孔、销孔应在热处理前加工
2	工具电极（即冲头）的准备（见图 b） ① 准备定位心轴 车：心轴 ϕ6mm 和 ϕ12mm 外圆，其外圆直径留 0.2mm 磨量，钻中心孔 磨：精磨 ϕ6mm、ϕ12mm 外圆 ② 车：粗车冲头外形，攻吊装内螺纹，ϕ6mm 孔留磨量 ③ 热处理：淬火处理 ④ 磨：精磨 ϕ6mm 定位心轴孔 ⑤ 线切割：以定位心轴 ϕ12mm 外圆为定位基准，精加工冲头外形，达图样要求 ⑥ 化学腐蚀（酸洗）：单面腐蚀量 0.14mm，腐蚀高度 20mm ⑦ 钳：利用凸模上 ϕ6mm 孔安装固定定位心轴	
3	工艺方法 凸模打凹模的阶梯工具电极加工法，反打正用	
4	装夹、校正、固定 ① 工具电极：以定位心轴作为基准，校正后予以固定 ② 工件：将工件自由放置在工作台上，将校正并固定后的电极定位心轴插入对应的 ϕ12mm 孔（不能受力），旋转工件，使预加工刃口孔对准冲头（电极），最后予以固定	
5	加工电规准 ① 粗加工 脉宽：20μs，间隔：50μs，放电峰值电流：24A，脉冲电压：173V，加工电流：7～8A；加工深度：穿透，加工极性：负极性，下冲油 ② 精加工 脉宽：2μs，间隔：20～50μs，放电峰值电流：24A，脉冲电压：80V，加工电流：3～4A，加工深度：穿透，加工极性：负极性，下冲油	零件全部浸入加工介质
6	检验加工结果 ① 配合间隙：0.06mm ② 型孔斜度：0.03mm（单面） ③ 加工表面粗糙度：Ra1.0～1.25μm	

2. 型腔模具电火花加工工艺过程及实例

电火花成形加工的主要对象是各种型腔模具，包括塑料模、锻模、压铸模、挤压模等，也包括一些型腔零件。因为均是不通孔加工，加工比较困难，工作液循环和电蚀产物排除条件差，工具电极损耗后无法靠主轴进给补偿精度。同时，金属蚀除量大、加工面积变化大，加工过程中电规准的变化范围也较大；电极损耗不均匀，对加工精度影响很大。

对型腔模具的电火花加工，在保证所要求的加工精度和表面粗糙度的前提下，要求金属蚀除量大、加工速度高、电极损耗低。

（1）型腔模电火花加工方法　型腔模电火花加工方法主要有单工具电极直接成形法、单电极平动、摇动法、多工具电极更换法和分解工具电极加工法等。

1）单工具电极直接成形法。单工具电极直接成形法主要用于加工深度很浅的浅型腔模，如各种纪念章、证章的花纹模，以及工艺美术图案、浮雕、文字等；也可用于加工无直壁的型腔模具或成形表面。因为浅型腔花纹模具要求花纹精细、清晰，所以不能采用平动或摇动加工；而无直壁的型腔表面与水平面有一倾斜角，工具电极在向下垂直进给时，对倾斜的型腔表面有一定的修整、修光作用。

2）单电极平动、摇动加工法。单电极平动、摇动法在型腔模电火花加工中应用最广泛，它是采用一个电极完成型腔的粗、中、精加工。加工时，首先采用低损耗（<1%）、高生产率的粗规准进行加工，然后利用平动头作平面小圆运动，如图4.42所示，按照粗、中、精的顺序逐级改变电规准。与此同时，依次加大电极的平动量，以补偿前后两个加工规准之间型腔侧面放电间隙差和表面微观不平度差，实现型腔侧面仿形修光，完成整个型腔模的加工。

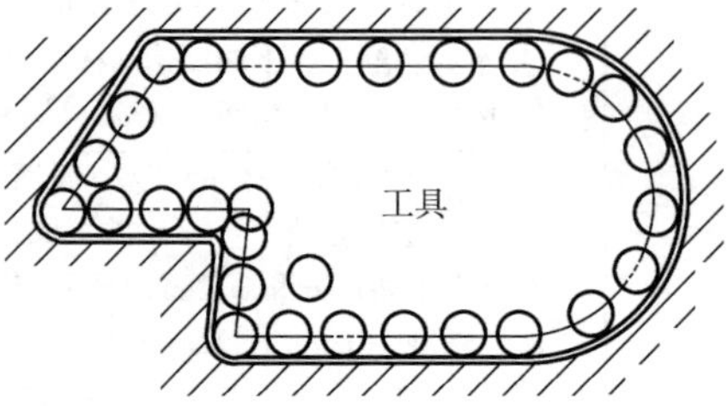

图4.42　平动头扩大间隙原理图

如果不采用平动、摇动加工，如图4.43a所示，在用粗加工电极对型腔进行粗加工之后，型腔四周侧壁留下很大的放电间隙，而且表面很粗糙（见图4.43b），此时再用精加工条件电规准已无法进行加工，必须更换一个尺寸较大的精加工电极，如图4.43c所示，既费时又增加成本。如果采用平动、摇动加工，如图4.43d、e所示，只要用一个电极左、右、前、后平动，逐步由粗加工到精加工改变规准，就可以较快地加工出型腔来。

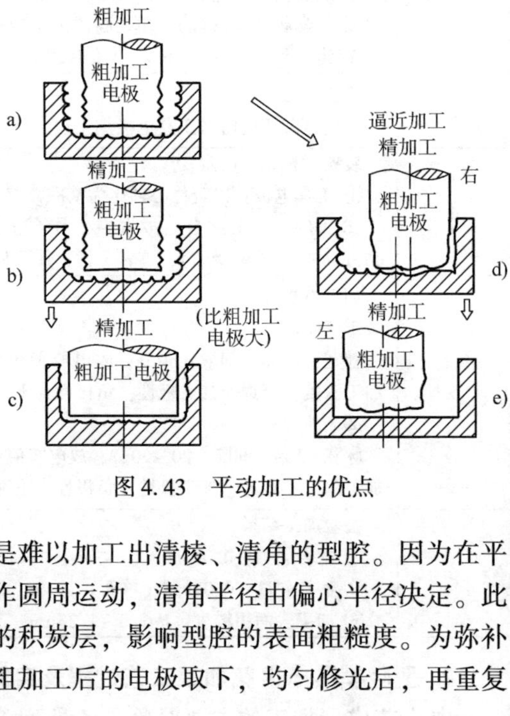

图4.43　平动加工的优点

平动头单电极平动加工法的最大优点是只需一个电极，一次装夹、定位，便可达到±0.05mm的加工精度，并方便电蚀产物的排除，加工过程稳定。其缺点是难以获得高精度的型腔，特别是难以加工出清棱、清角的型腔。因为在平动时，电极上的每一个点都按平动头的偏心半径作圆周运动，清角半径由偏心半径决定。此外，电极在粗加工中容易引起不平的表面龟裂状的积炭层，影响型腔的表面粗糙度。为弥补这一缺点，可采用精度较高的重复定位夹具，将粗加工后的电极取下，均匀修光后，再重复定位、装夹，然后再用平动头完成型腔的终加工。

采用数控电火花加工机床时，可利用工作台按一定轨迹作微量移动来修光侧面。为区别于夹持在主轴头上的平动头的运动，通常将其称作摇动。由于摇动轨迹是靠数控系统控制的，所以具有更灵活多样的模式，除了小圆轨迹运动外，还有方形、十字形运动，因此更能适应复杂形状侧面修光的需要，尤其可以做到尖角处的“清根”，这是一般平动头无法达到的。图4.44a所示为基本摇动模式，图4.44b所示为工作台变半径圆形摇动的锥变摇动模式，主轴上下数控联动，可以修光或加工锥面、球面。

另外，可以利用数控功能加工出普通电加工机床难以加工或不能加工的零件。如利用简单电极配合侧向（X、Y向）移动、转动、分度等进行多轴控制，可加工复杂曲面、螺旋

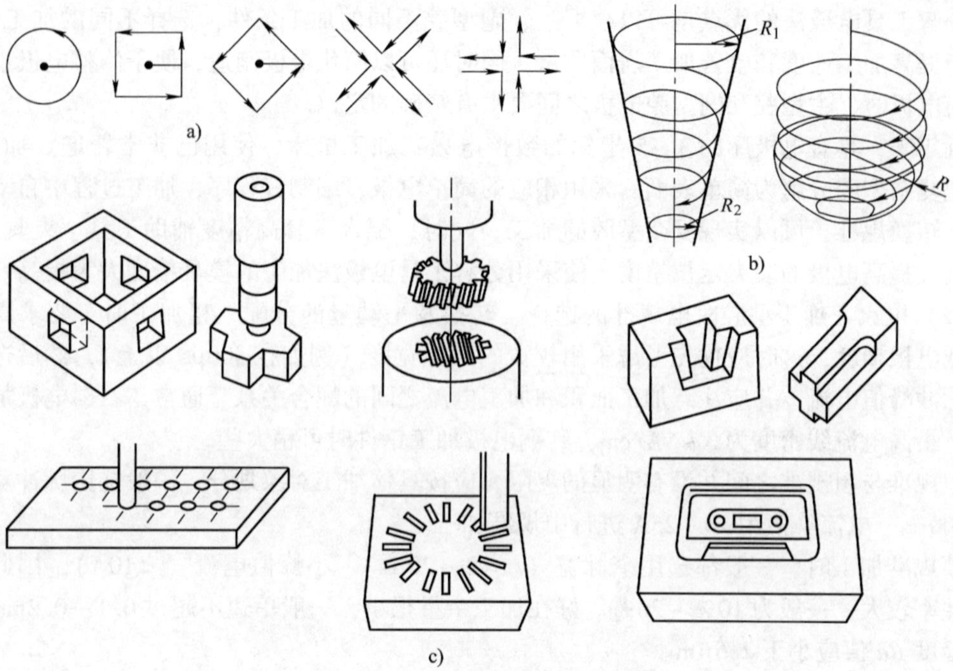

图 4.44　几种典型的摇动式加工实例

a）基本摇动模式　b）锥变摇动模式　c）数控联动加工实例

R_1—起始半径　R_2—终止半径　R—球面半径

面、坐标孔、侧向孔、分度槽等，如图 4.44c 所示。

3）多工具电极更换法。在不具备平动或摇动加工条件时，可采用多工具电极更换法。它是采用多个工具电极依次更换加工同一型腔，每个电极加工时必须把上一规准的放电痕迹去掉。一般用两个电极进行粗、精加工就可满足要求。当型腔模具的精度和表面质量要求很高时，可采用三个或更多个电极进行加工，但要求多个电极的一致性好、制造精度高。另外，更换电极时要求定位、装夹精度高，因此，多工具电极更换法一般只用于精密型腔的加工。

4）分解工具电极法。分解工具电极法是单电极平动法和多工具电极更换法的综合应用，其工艺灵活性强，仿形精度高，适用于尖角窄缝、沉孔、深槽多的复杂型腔模具加工。

根据型腔的几何形状，把工具电极分解为主型腔工具电极和副型腔工具电极，分别制造、分别使用。主型腔工具电极一般完成金属去除量大、形状简单的主型腔加工（见图 4.45a）；副型腔工具电极一般完成金属去除量小、形状复杂（如尖角、窄槽、花纹等）的副型腔加工（见图 4.45b）。

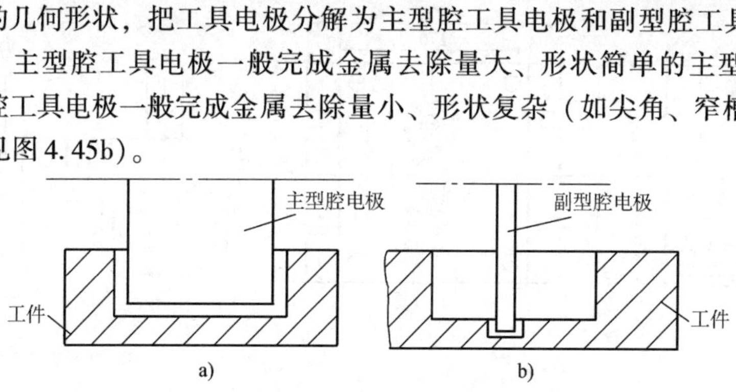

图 4.45　分解工具电极法加工示意图

a）主型腔加工　b）副型腔加工

分解工具电极法的优点是可以根据主、副型腔不同的加工条件，选择不同的加工规准，有利于提高加工速度和改善加工表面质量，同时还可以简化电极制造，便于修整电极；缺点是更换电极时，主型腔和副型腔电极之间要求有精确的定位。

近年来，具有电极库的3～5坐标的数控电火花加工机床，使用已非常普遍。加工时，预先把复杂型腔分解为简单表面，采用相应的简单电极，编制好程序，加工过程中自动更换电极、转换规准，可以实现复杂型腔的加工。同时，配合一套高精度辅助工具、夹具系统，可以大大提高电极的装夹定位精度，使采用分解工具电极法加工的模具精度大为提高。

（2）电火花加工型腔时电规准的选择、转换及平动量的分配　粗加工时，要求高生产率和低电极损耗，这时应优先考虑采用较宽的脉冲宽度（例如在400μs以上），然后选择合适的脉冲峰值电流，并应注意加工面积和加工电流之间的配合关系。通常，石墨电极加工钢件时，最高电流线密度为3～5A/cm，纯铜电极加工钢件时可稍大些。

中规准与粗规准之间并没有明显的界限，应按具体加工对象划分。一般选用脉冲宽度为20～400μs、电流峰值为10～25A进行中规准加工。

精规准加工时，一般都选用窄脉宽（$t_i=2\sim20\mu s$）、小峰值电流（<10A），因此，电极损耗率较大，一般为10%～20%。好在加工余量很小，一般单边不超过0.1～0.2mm，表面粗糙度 *Ra* 值应小于2.5μm。

平动量的分配是单电极平动加工法的一个关键问题，主要取决于被加工表面的表面粗糙度 *Ra* 值由大变小的修光量。此外，还与电极损耗、平动头原始偏心量、主轴进给运动的精度等有关。一般地，中规准加工平动量为总平动量的75%～80%。中规准加工后，型腔基本成形，只留很少余量用于精规准修光。每次平动或摇动的扩大量，原则上应等于或稍小于上次加工后表面粗糙度（不平度）最大值 Ra_{max}(μm)，至少应修去上次留下 Ra_{max}（μm）值的1/2。本次平动（摇动）修光后，又产生一个新的表面粗糙度最大值 Ra_{max}，有待于下次平动、摇动修去其1/2～1/3。电规准、参数的选择可参考有关电火花加工手册中的工艺曲线图表。

（3）型腔电火花加工工艺实例　表4.4所示为洗衣机调节螺母注塑模型腔电火花加工工艺实例。

表4.4　洗衣机调节螺母注塑模型腔电火花加工工艺实例

项　目	工 艺 过 程	备　注
1	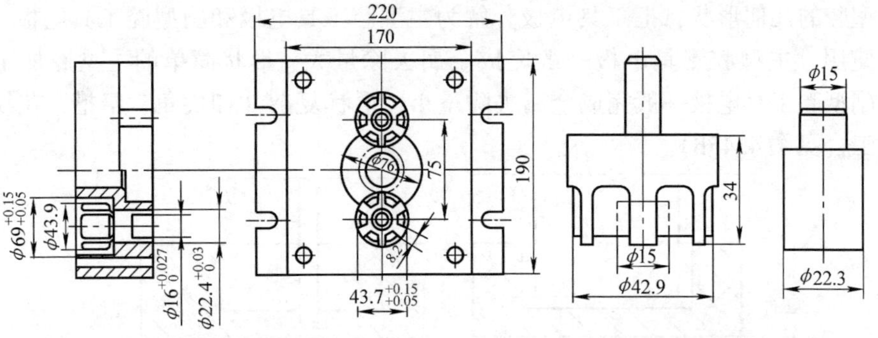 工件图 a) 工件材料：40Cr 热处理：调质 工件电极及定位心轴 b) 电极材料：纯铜	

（续）

<table>
<tr><th>项 目</th><th>工 艺 过 程</th><th>备 注</th></tr>
<tr><td>2</td><td>工件在电火花加工前的工艺路线：
① 下料，刨、铣外形（上、下面留磨量）
② 热处理：调质
③ 磨：上、下面及侧基准面
④ 钳：划线、钻、铰、攻螺纹
⑤ 镗：导柱孔
⑥ 车：精车 ϕ76mm 料嘴孔、精车 ϕ22.4mm 孔、预车型腔孔，单面留余量 2mm</td><td></td></tr>
<tr><td>3</td><td>工具电极准备（工具电极的形状及尺寸要求如图 b 所示）：
① 材料：纯铜
② 准备定位心轴
车：车各外圆柱面尺寸，留 0.2～0.3mm 磨量，钻中心孔
磨：精磨 ϕ15mm 和 ϕ22.3mm 孔，ϕ22.3mm 孔与工件上对应孔配磨（间隙 0.10mm）
③ 车：精车工具电极各尺寸，ϕ15mm 孔与心轴配车
④ 铣：铣出各筋、槽
⑤ 钳：修形，达图样设计要求</td><td></td></tr>
<tr><td>4</td><td>工艺方法：单电极平动修光法</td><td>D7140</td></tr>
<tr><td>5</td><td>装夹、校正、固定：
① 工具电极：以 ϕ42.9mm 为基准校正后固定，固定后将定位心轴 ϕ15mm 孔装入电极对应孔
② 工件：以模块两侧基准面为基准校正，然后采用放电定位法对正工件与工具电极。对正时使用工件上 ϕ22.4mm 孔和定位心轴。用小能量火花放电的方法作业（使用规准：$t_i=2\mu s$，$t_o=20\mu s$，$i_e=2A$）</td><td></td></tr>
<tr><td>6</td><td>加工规准
<table>
<tr><th rowspan="2">脉宽/μs</th><th rowspan="2">间隔/μs</th><th colspan="2">功放管数</th><th rowspan="2">平均加工电流/A</th><th rowspan="2">总进给深度/mm</th><th rowspan="2">平动量/mm</th><th rowspan="2">表面粗糙度 Ra/μm</th><th rowspan="2">极性</th></tr>
<tr><th>高压</th><th>低压</th></tr>
<tr><td>1000</td><td>200</td><td>2</td><td>4</td><td>6</td><td>1～2</td><td>0</td><td>20</td><td>负</td></tr>
<tr><td>1000</td><td>100</td><td>2</td><td>12</td><td>18</td><td>27</td><td>0</td><td>>25</td><td>负</td></tr>
<tr><td>256</td><td>50</td><td>2</td><td>8</td><td>8</td><td>27.2</td><td>0</td><td>12～13</td><td>负</td></tr>
<tr><td>256</td><td>50</td><td>2</td><td>6</td><td>4</td><td>27.3</td><td>0.48</td><td>9～11</td><td>负</td></tr>
<tr><td>64</td><td>20</td><td>2</td><td>5</td><td>3</td><td>27.45</td><td>0.60</td><td>7～8</td><td>负</td></tr>
<tr><td>64</td><td>20</td><td>2</td><td>4</td><td>2</td><td>27.48</td><td>0.69</td><td>5～6</td><td>负</td></tr>
<tr><td>2</td><td>10</td><td>2</td><td>4</td><td>1.5～2</td><td>27.50</td><td>0.76</td><td>3～4</td><td>负</td></tr>
<tr><td>2</td><td>10</td><td>2</td><td>12</td><td>1.5～2</td><td>27.50</td><td>0.83</td><td>2.5</td><td>负</td></tr>
</table></td><td></td></tr>
<tr><td>7</td><td>加工效果
① 一次加工成形，$\phi 43.7^{+0.15}_{+0.05}$mm 尺寸的实测值为 ϕ43.78mm，符合原设计要求
② 型腔的棱角符合成形要求
③ 加工表面粗糙度 Ra 值小于 1μm，可以直接使用，不需要钳工抛光</td><td></td></tr>
</table>

表 4.5 为塑料叶轮注塑模型腔电火花加工工艺实例。

表4.5　塑料叶轮注塑模型腔电火花加工工艺实例

<table>
<tr><th>项　目</th><th colspan="2">工 艺 过 程</th><th>备　注</th></tr>
<tr><td>1</td><td>电火花加工前的准备
工件（模具）的技术要求
工件材料：45 钢
工件的形状：在 ϕ120mm 范围内，以轴心作为对称中心，均匀分布六片叶片的型槽。槽的深度为 15mm，槽的上口宽 2.2mm，槽壁有 0.2mm 的脱模斜度（约 30′）参见叶轮工具电极图
工件的中心有一个 $\phi 10^{+0.03}_{-0.01}$mm 孔
工件在电火花加工前的工艺路线：
① 车：精车 $\phi 10^{+0.03}_{-0.01}$mm 孔和其他各尺寸，上、下面留磨量
② 磨：精磨上、下两面
③ 在待加工的 6 个叶片部位，各钻一个 ϕ1mm 的冲油孔，加工时下冲油</td><td>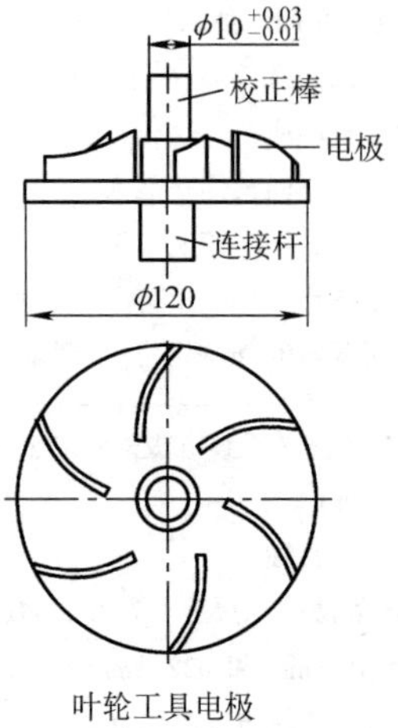

叶轮工具电极
材料：纯铜</td><td></td></tr>
<tr><td>2</td><td colspan="2">工具电极的技术要求：
分别用纯铜材料加工 6 片成形工具电极，然后镶在一块固定板上。电极固定板中心加工一个 $\phi 10^{+0.03}_{-0.01}$mm 孔，与工件中心孔相对应
电火花加工之前的工艺路线
① 铣或用线切割：加工 6 个叶片电极
② 钳：拼镶或焊接工具电极并修形、抛光
③ 车：校正后加工 $\phi 10^{+0.03}_{-0.01}$mm 孔</td><td></td></tr>
<tr><td>3</td><td colspan="2">工艺方法：
单电极平动修光法</td><td>D7140</td></tr>
<tr><td>4</td><td colspan="2">装夹、校正、固定：
① 准备定位心轴：用 45 圆钢车长为 40mm、直径 $\phi 10^{+0.03}_{-0.01}$mm 定位心轴作为校正棒
② 工具电极：以各叶片电极的侧壁为基准校正后固定。固定后将定位心轴校正棒装入固定板中心孔
③ 工件：将工件平置于工作台面。移动 X、Y 坐标，对准心轴校正棒与工件上对应孔，直到能自由插入为止。将工件夹紧后抽出定位心轴</td><td></td></tr>
<tr><td>5</td><td colspan="2">加工规准
<table>
<tr><th rowspan="2">脉　宽
/μs</th><th rowspan="2">间　隔
/μs</th><th colspan="2">功放管数</th><th rowspan="2">加工电流
/A</th><th rowspan="2">总进给深度
/mm</th><th rowspan="2">平动量
/mm</th><th rowspan="2">表面粗糙度 Ra/μm</th><th rowspan="2">极性</th></tr>
<tr><th>高压</th><th>低压</th></tr>
<tr><td>512</td><td>200</td><td>4</td><td>12</td><td>15</td><td>12.5</td><td>0</td><td>>25</td><td>负</td></tr>
<tr><td>256</td><td>200</td><td>4</td><td>8</td><td>10</td><td>14.5</td><td>0.2</td><td>12～13</td><td>负</td></tr>
<tr><td>128</td><td>10</td><td>4</td><td>4</td><td>2</td><td>14.8</td><td>0.3</td><td>7～8</td><td>负</td></tr>
<tr><td>64</td><td>10</td><td>4</td><td>4</td><td>1.3</td><td>15</td><td>0.36</td><td>3～4</td><td>负</td></tr>
<tr><td>2</td><td>40</td><td>8</td><td>24</td><td>0.8</td><td>15.1</td><td>0.40</td><td>1.5～2</td><td>正</td></tr>
</table></td><td></td></tr>
<tr><td>6</td><td colspan="2">加工效果：
① 因中、精加工采用了低损耗规准，工具电极综合损耗约为 1%～2%
② 加工表面粗糙度为 Ra1.5～2μm，可以直接使用，不需要钳工抛光
③ 加工后，槽侧壁有 0.2mm 的脱模斜度，符合设计要求</td><td></td></tr>
</table>

4.3 数控电火花线切割加工

电火花线切割加工（Wire Cut EDM，简称 WEDM）是在电火花加工基础上，于20世纪50年代末在苏联发展起来的一种新的金属加工工艺，是利用线状电极（钼丝或铜丝）与金属工件之间脉冲放电时的电蚀现象对工件进行切割，故称为电火花线切割，简称线切割。

4.3.1 电火花线切割加工原理、特点及应用范围

1. 电火花线切割加工的原理

电火花线切割加工的基本原理是利用移动的细金属导线（铜丝或钼丝）作电极，对工件进行脉冲火花放电切割成形。根据电极丝的运行速度，电火花线切割机床分为两大类：一类为高速走丝（或称快走丝）电火花线切割机床（WEDM-HS），这类机床的电极丝作高速往复运动，一般走丝速度为8~10m/s，是我国生产和使用的主要机种，也是我国独创的电火花线切割加工模式。另一类为低速走丝（或称慢走丝）电火花线切割机床（WEDM-LS），电极丝作低速单向运动，一般走丝速度低于0.2m/s，这是国外生产和使用的主要机种。

图4.46a、b所示为高速走丝电火花线切割原理及装置，细钼丝4作工具电极进行切割，储丝筒7使钼丝作正反向交替移动，加工能源由脉冲电源3供给。在电极丝和工件之间浇注工作液介质，工作台在水平面两个坐标方向各自按预定的控制程序，根据火花间隙状态作伺服进给移动，从而合成各种曲线轨迹，将工件切割成形。

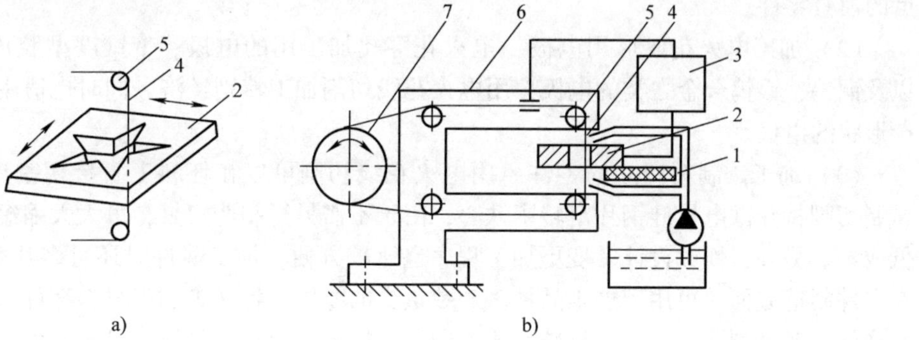

图4.46 电火花线切割原理及装置

1—绝缘底板 2—工件 3—脉冲电源 4—钼丝 5—导向轮 6—支架 7—储丝筒

电火花线切割机床曾采用靠模仿形控制和光电跟踪仿形控制方式，但目前都采用数字程序控制。电火花线切割机床按加工尺寸范围可分为大、中、小型，还可分为普通型与专用型等。

2. 电火花线切割加工的特点

电火花线切割加工的工艺和机理，与电火花成形加工既有共性，又有其自身的特性。

(1) 电火花线切割加工与电火花成形加工的共性　电火花线切割加工的电压、电流波形与电火花加工基本相似，单个脉冲也有多种形式的放电状态，如开路、正常火花放电、短

路等。

电火花线切割加工的加工机理、生产率、加工面的表面粗糙度、材料的可加工性等也与电火花成形加工基本相似，可以加工一切导电材料。

(2) 电火花线切割加工与电火花成形加工的不同点　由于电极工具是直径较小的细丝，故脉冲宽度、平均电流等不能太大，加工工艺参数的范围较小，属中、精正极性电火花加工，工件常接脉冲电源正极。

采用水或水基工作液，不会引燃起火，容易实现安全无人运转。但由于工作液的电阻率远比煤油小，因而在开路状态下，仍有明显的电解电流。

采用简单丝状工具电极，省掉了成形的工具电极，大大降低了成形工具电极的设计和制造费用。依靠数控技术实现复杂的切割轨迹，缩短了生产准备时间，加工周期短。

由于电极丝比较细，可以加工微细异形孔、窄缝和复杂形状的工件。由于切缝很窄，可对工件材料进行“套料”加工，实际金属去除量很少，材料的利用率很高，这对加工、节约贵重金属有重要意义。

由于采用移动的长电极丝进行加工，单位长度电极丝的损耗较少，从而对加工精度的影响比较小。特别在低速走丝电火花线切割加工时，电极丝一次性使用，电极丝损耗对加工精度的影响更小。

3. 电火花线切割加工的应用范围

(1) 加工模具　适用于各种形状的冲压模具和直通的模具型腔的加工。调整不同的间隙补偿量，只需一次编程就可以切割凸模、凸模固定板、凹模及卸料板等。模具配合间隙、加工精度通常都能达到0.01~0.02mm（高速走丝）和0.002~0.005mm（低速走丝）的要求。此外，还可加工挤压模、粉末冶金模、塑料模等。采用锥度电火花线切割，可加工带锥度的模具零件。

(2) 加工电火花成形用电极　电火花穿孔加工用的电极、带锥度型腔加工用的电极，以及铜钨、银钨合金之类的电极，用电火花线切割加工特别经济，同时也适用于加工微细复杂形状的电极。

(3) 加工试制新产品的零件　用电火花线切割可以在坯料上直接切割出零件。例如，试制切割特殊微电机硅钢片定转子铁心，由于不需另行制造模具，可大大缩短制造周期、降低成本。另外，修改设计、变更加工程序也比较方便，加工薄件时还可多片叠在一起加工。在零件制造方面，可用于加工品种多、数量少的零件，特殊难加工材料零件。例如，材料试验样件，各种型孔、型面、特殊齿轮、凸轮、样板、成形刀具等。具有锥度切割的电火花线切割机床，可以加工出“天圆地方”等上下异形面的零件。

4.3.2　电火花线切割加工机床

电火花线切割加工机床主要由机床机械部分、脉冲电源、控制系统、工作液循环系统和机床附件等组成。图4.47与图4.48所示分别为高速走丝和低速走丝电火花线切割加工机床组成图。本书以讲述高速走丝电火花线切割加工机床为主。

1. 机床机械部分

机床机械部分由床身、坐标工作台、走丝机构、丝架、工作液箱、附件和夹具等组成。

(1) 床身　床身一般为铸件，是坐标工作台、绕丝机构及丝架的支承和固定基础，通

度

图4.47 高速走丝电火花线切割加工机床组成

1—卷丝筒 2—走丝拖板 3—电源、控制柜 4—立柱 5—上丝架 6—照明灯 7—X拖板 8—Y拖板 9—床身 10—下丝架

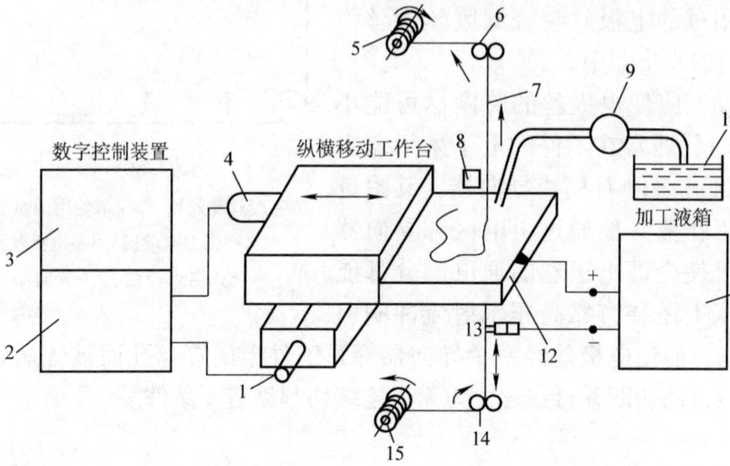

图4.48 低速走丝电火花线切割加工机床组成

1—Y轴电动机 2—伺服电器 3—控制电器 4—X轴电动机 5—新丝放丝卷筒 6—制动器 7—铜丝 8、13—导向器 9—泵 10—去离子水 11—脉冲电源 12—工件 14—卷绕滚子 15—废丝卷筒

常采用箱式结构，应有足够的强度和刚度。床身内部安置电源和工作液箱，考虑到电源发热和工作液泵的振动，有些机床将电源和工作液箱移出床身外另行安放。

（2）坐标工作台 电火花线切割机床最终都是通过坐标工作台与电极丝的相对运动来完成零件切割加工的。为保证机床精度，对导轨的精度、刚度和耐磨性有较高的要求。一般都采用“十”字滑板滚动导轨和丝杠副将电动机的旋转运动变为工作台的直线运动。通过两个坐标方向的进给移动，可获得各种平面图形曲线轨迹。为保证工作台的定位精度和灵敏度，传动丝杠和螺母之间必须消除间隙。

（3）走丝机构 走丝系统使电极丝以一定的速度运动并保持一定的张力。在高速走丝电火花线切割机床上，一定长度的电极丝平整地卷绕在卷丝筒上，切割精度与电极丝的张力或排绕时的拉紧力有关（可通过恒张力装置调整拉紧力），卷丝筒通过联轴器与驱动电动机相连。为了重复使用该段电极丝，电动机由专门的换向装置控制作正反向交替运转。走丝速度等于卷丝筒周边的线速度，通常为8～10m/s。在运动过程中，电极丝由丝架支撑，并依靠导轮及排丝轮保持电极丝与工作台垂直或倾斜一定的几何角度（锥度切割时）。导电块用来导进电流。高速走丝系统如图4.49所示。

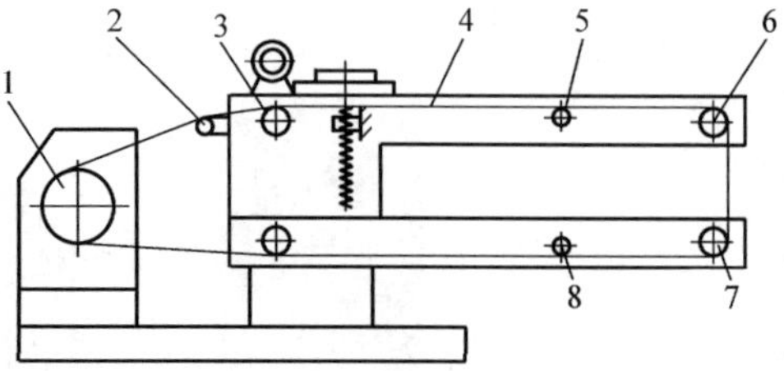

图4.49　高速走丝系统

1—卷丝筒　2—排丝轮　3—上排丝轮　4—电极丝　5—上导电块　6—上导轮　7—下导轮　8—下导电块

低速走丝系统如图4.50所示。金属丝筒2（绕有1～3kg未使用的金属丝）靠卷丝轮使金属丝以较低的速度（通常0.2m/s以下）移动。为了提供一定的张力（2～25N），在走丝路径中装有一个机械式或电磁式张力机构4和5。为实现断丝时能自动停车并报警，走丝系统中通常还装有断丝检测微动开关。用过的电极丝卷绕到废丝卷丝筒上，最终送到专门的收集器中。

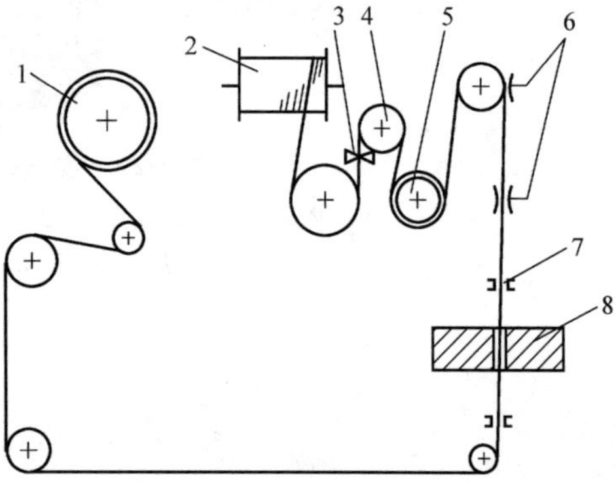

图4.50　低速走丝系统

1—废丝卷丝轮　2—未使用的金属丝　3—拉丝模　4—张力电动机　5—电极丝张力调节轴　6—退火装置　7—导向器　8—工件

为了减轻振动，应使电极丝的跨度尽可能小（按工件厚度调整），通常在工件的上下采用蓝宝石V形导向器或圆孔金刚石模块导向器，其附近装有引电部分。工作液一般通过引电区和导向器再进入加工区，可使全部电极丝的通电部分都能冷却。近代的机床上还装有靠高压水射流冲刷引导的自动穿丝机构，能使电极丝经一个导向器穿过工件上的穿丝孔而被传送到另一个导向器，在必要时也能自动切断并再穿丝，为无人连续切割创造了条件。

2. 脉冲电源

脉冲电源又称高频电源，其作用是把普通的50Hz交流电转换成高频率的单向脉冲电源。由于受加工表面的表面粗糙度和电极丝允许承载电流的限制，线切割加工脉冲电源的脉宽较窄（2～60μs），单个脉冲能量、平均电流（1～5A）一般较小。加工时，总是采用正极性加工，电极丝接脉冲电源负极，工件接正极。

3. 控制系统

控制系统的主要功用是轨迹控制和加工控制。电火花线切割机床的轨迹控制系统曾经历过靠模仿形控制、光电跟踪仿形控制，现普遍采用微型计算机数字程序直接控制。加工控制包括进给控制、短路回退、间隙补偿、图形缩放、旋转和平移、自动找中心、信息显示、自诊断功能等。高速走丝电火花线切割，其控制精度为±0.001 mm，加工精度为±0.01mm。

4. 工作液循环系统

工作液循环系统由工作液、工作液箱、工作液泵和循环导管组成。工作液起绝缘、排屑、冷却的作用。每次脉冲放电后，工件与电极丝之间必须迅速恢复绝缘状态，否则脉冲放电就会转变为稳定持续的电弧放电，影响加工质量。在加工过程中，工作液可把加工过程中产生的金属微粒迅速从电极之间冲走，使加工顺利进行。工作液还可冷却受热的电极丝和工件，防止工件变形。在电火花线切割加工中，工作液对加工工艺指标的影响很大，对切割速度、表面粗糙度、加工精度等都有影响。高速走丝电火花线切割机床使用的工作液是专用乳化液，通常采用浇注式供液方式；低速走丝电火花线切割机床大多采用去离子水作工作液，只有在特殊精加工时，才采用绝缘性能较高的煤油。对低速走丝电火花线切割机床，近年来有些采用浸泡式供液方式。

4.3.3　数控电火花线切割控制系统及编程方法

1. 数控电火花线切割控制系统

控制系统是进行电火花线切割加工的重要环节。控制系统的稳定性、可靠性、控制精度及自动化程度都直接影响加工工艺指标和工人的劳动强度。

控制系统在电火花线切割加工过程中的主要作用：一是按加工要求自动控制电极丝相对工件的运动轨迹；二是自动控制伺服进给速度，以实现对工件形状和尺寸的加工。

当控制系统使电极丝相对于工件按一定轨迹运动时，还应实现伺服进给速度的自动控制，以维持正常的放电间隙和稳定的切割加工。轨迹控制依靠数控编程和数控系统；进给速度则根据放电间隙大小与放电状态由控制系统自动控制，使进给速度与工件材料的蚀除速度相平衡。

电火花线切割机床控制系统的具体功能包括：

（1）轨迹控制　轨迹控制能精确控制电极丝相对于工件的运动轨迹，以获得所需的形状和尺寸。

（2）加工控制　加工控制包括对伺服进给速度、脉冲电源、走丝机构、工作液循环系统以及其他的机床操作控制。此外，断电记忆、故障报警、安全控制及自诊断功能也是非常重要的方面。

电火花线切割机床的轨迹控制系统是依靠数字控制（NC）输入命令，控制驱动电动机，并由驱动电动机带动精密丝杠，使工件相对于电极丝作轨迹运动。图 4.51 所示为数字程序控制过程框图。

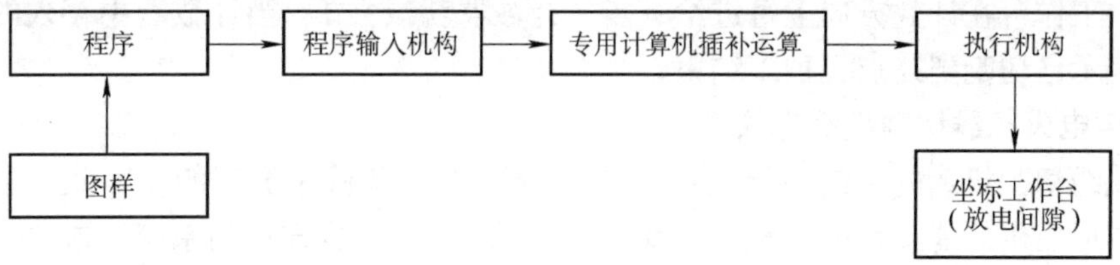

图 4.51　数字程序控制过程框图

数字程序控制方式与靠模仿形控制及光电跟踪仿形控制不同，它无需制作精密的模板或描绘精确的放大图，而是根据图样形状尺寸，编程后由计算机直接进行控制加工。因此，只要机床的进给精度高，就可以加工出高精度的零件，而且生产准备时间短，机床占地面积小。目前，高速走丝电火花线切割机床的数控系统大多采用较简单的步进电动机开环数控系统，而低速走丝电火花线切割机床的数控系统则大多采用伺服电动机半闭环或闭环数控系统。

2. 轨迹控制原理

常见的工程图形都可分解为直线、圆弧及其组合。用数字控制技术控制直线和圆弧轨迹的方法有逐点比较法、数字积分法、矢量判别法和最小偏差法等。每种插补方法各有其特点。高速走丝电火花线切割控制系统大多采用简单易行的逐点比较法。采用逐点比较法的电火花线切割数控系统，在 X、Y 两个方向不能同时进给，只能按直线的斜度或圆弧的曲率交替地一步一微米地分步“插补”进给。采用逐点比较法时，X 或 Y 每进给一步，每次插补的过程都要进行以下四个工作节拍（见图 4.52）：

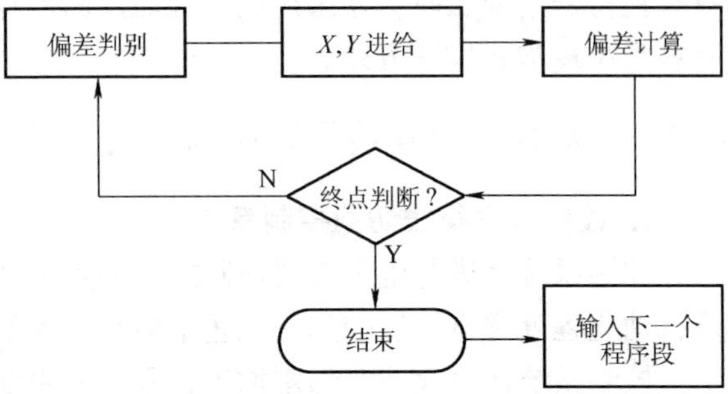

图 4.52 插补过程的工作节拍

(1) 偏差判别 判别加工坐标点对规定几何轨迹的偏离位置，以决定拖板的走向。一般用 F 代表偏差值。$F=0$，表示加工点恰好在线（轨迹）上，$F>0$，加工点在线的上方或左方；$F<0$，加工点在线的下方或右方，以此来决定第二拍进给的轴向和方向。

(2) 进给 根据 F 值控制坐标工作台沿 $+X$ 或 $-X$ 向、$+Y$ 或 $-Y$ 向进给。加工点向规定的轨迹靠拢，缩小偏差。

(3) 偏差计算 由机床数控装置根据数控程序计算出新的加工点与规定图形轨迹之间的偏差，作为下一步判别走向的依据。

(4) 终点判断 根据计数长度判断是否到达程序规定的加工终点。若到达终点，则停止插补和进给，结束该段程序，进入下一新程序段。否则，再回到第一拍。

如此不断地重复上述循环过程，就能加工出所要求的轨迹和轮廓形状。

为了使一条线段加工到终点时能自动结束加工，数控电火花线切割机床是通过控制线段从起点加工到终点时，工作台在 X 或 Y 方向上的进给总长度进行终点判断的。为此，在数控装置中设立了一个计数器进行计数。在加工前将 X 或 Y 方向上进给的总长度存入计数器，加工过程中工作台在计数方向上每进给一步，计数器就减去 1，当计数器中存入的数值被减到零时，表示已切割到终点，加工结束。

3. 数控电火花线切割编程方法

电火花线切割机床的控制系统是按照“命令”去控制机床加工的。因此，必须预先把要切割的图形用机器能接受的“语言”编排好“命令”，并告知控制系统。这项工作叫作数控电火花线切割编程。

为了便于机器接受“命令”，必须按照一定的格式来编制电火花线切割机床的数控程序。目前，高速走丝电火花线切割机床一般采用 3B（个别扩充为 4B 或 5B）格式，而低速走丝电火花线切割机床通常采用国际上通用的 ISO（国际标准化组织）或 EIA（美国电子工业协会）格式。

(1) 3B 格式程序编制 3B 程序格式如表 4.6 所示。

表 4.6　3B 程序格式

N	B	X	B	Y	B	J	G	Z
序号	分隔符	*X* 轴坐标值	分隔符	*Y* 轴坐标值	分隔符	计数长度	计数方向	加工指令

1）平面坐标系和坐标值 X、Y 的确定。平面坐标系是这样规定的：面对机床工作台，工作台平面为坐标平面；左右方向为 *X* 轴，且向右为正；前后方向为 *Y* 轴，且向前为正。

坐标系的原点随程序段的不同而变化：加工直线时，以该直线的起点为坐标系的原点，把直线终点的坐标值作为 X、Y，均取绝对值，单位为 μm；加工圆弧时，以该圆弧的圆心为坐标系的原点，圆弧起点的坐标值作为 X、Y，均取绝对值，单位为 μm。

2）计数方向 G 的确定。不管是加工直线还是圆弧，计数方向均按终点的位置来确定。具体确定的原则如下：

加工直线时，计数方向取直线终点投影较长的那个坐标轴。例如图 4.53 所示，加工直线 *OA*，计数方向取 *X* 轴，记作 G_X；加工 *OB*，计数方向取 *Y* 轴，记作 G_Y；加工 *OC*，计数方向取 *X* 轴、*Y* 轴均可，记作 G_X 或 G_Y。

加工圆弧时，计数方向取与该圆弧终点时走向较平行的轴向作为计数方向，或取终点坐标中绝对值较小的轴向作为计数方向（与直线相反），目的是减少编程和加工误差。例如图 4.54 所示，加工圆弧 *AB*，计数方向应取 *X* 轴，记作 G_X；加工 *MN*，计数方向应取 *Y* 轴，记作 G_Y；加工 *PQ*，计数方向取 *X* 轴、*Y* 轴均可，记作 G_X 或 G_Y。

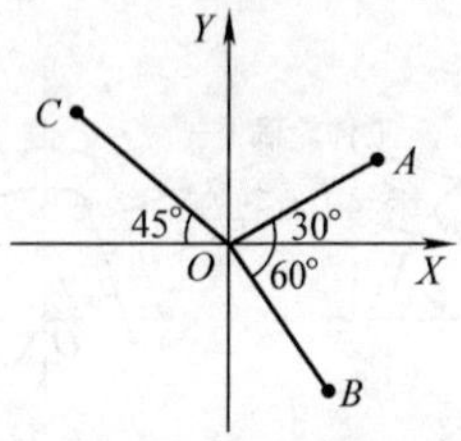

图 4.53　直线计数方向确定

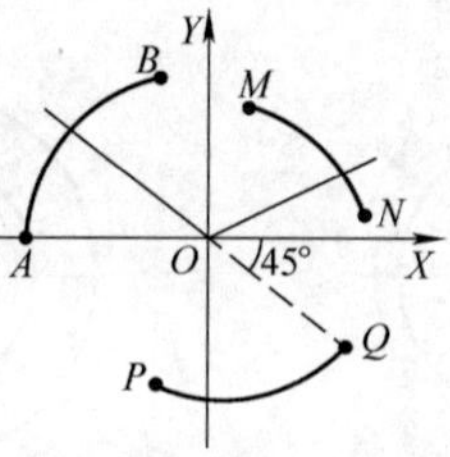

图 4.54　圆弧计数方向确定

3）计数长度 J 的确定。计数长度在计数方向的基础上确定，是被加工的直线或圆弧在计数方向的坐标轴上投影的绝对值总和，单位为 μm。注意，圆弧可能跨几个象限，要正确求出所有在计数方向上的投影总和，如图 4.55 所示。

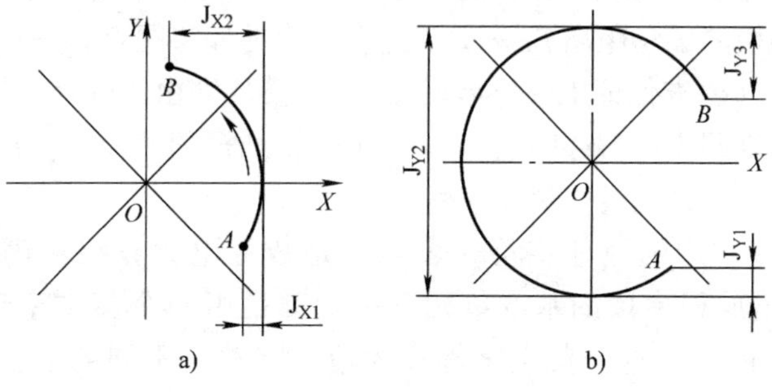

图 4.55　计数长度计算

a）取 G_X 为计数方向，计数长度 $J = J_{X1} + J_{X2}$　b）取 G_Y 为计数方向，计数长度 $J = J_{Y1} + J_{Y2} + J_{Y3}$

4）加工指令 Z。直线（包括与坐标轴重合的直线）的加工指令有4种（$L_1 \sim L_4$），如图4.56所示。圆弧的加工指令有8种，包括顺时针（顺圆）切割 $SR_1 \sim SR_4$，逆时针（逆圆）切割 $NR_1 \sim NR_4$，如图4.57所示。

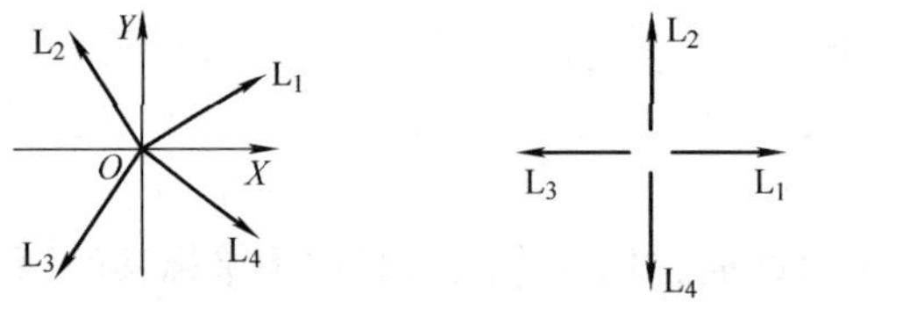

图4.56　直线加工指令

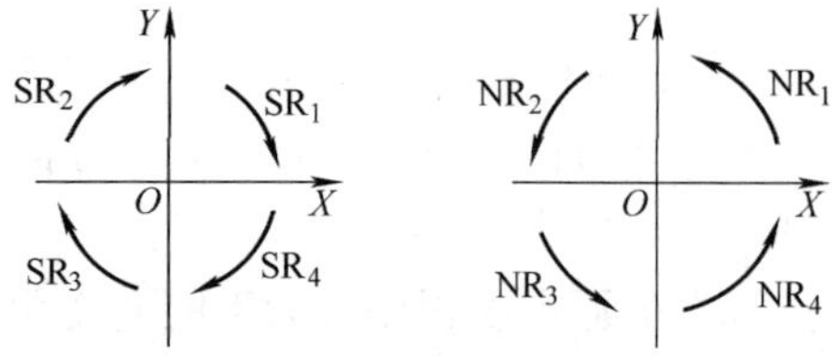

图4.57　圆弧的加工指令

5）切割轨迹偏移距离 f。数控电火花线切割加工时，控制系统所控制程序轨迹实际是电极丝中心移动的轨迹，如图4.58中双点画线所示。加工凸模时，电极丝中心轨迹应在所加工图形的外侧；加工凹模型孔时，电极丝中心轨迹应在所加工图形的内侧。所加工工件图形与电极丝中心轨迹间的距离，在圆弧的半径方向、在线段的垂直方向都应考虑一个偏移距离 f。偏移距离有正偏移和负偏移。

切割轨迹偏移距离的正负可根据在电极丝中心轨迹图形中圆弧半径及直线段法线长度的变化情况来确定（见图4.59）。$\pm f$ 对圆弧是用于修正圆弧半径，对直线段是用于修正其法线长度 p。对于圆弧，当考虑电极丝中心轨迹后，其圆弧半径比原图形半径增大时取 $+f$，减小时取 $-f$；对于直线段，当考虑电极丝中心轨迹后，该直线段的法线长度 p 增加时取 $+f$，减小时则取 $-f$。

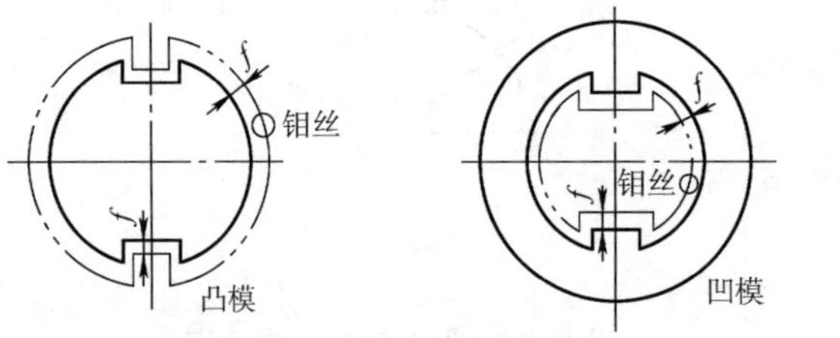

图4.58　电极丝中心轨迹

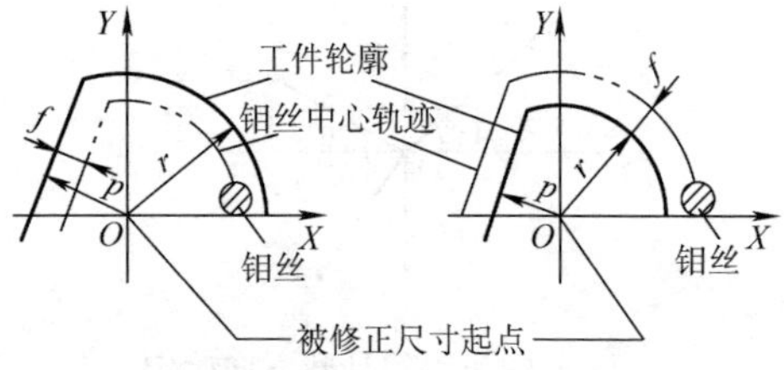

图4.59　间隙补偿量的符号判别

6）偏移距离 f 的计算。加工冲模的凸、凹模，应该考虑电极丝半径 $r_{丝}$、电极丝与工件之间的单面放电间隙 $\delta_{电}$，以及凸模和凹模间的单面配合间隙 $\delta_{配}$。

当加工冲孔模时（要求保证工件孔的尺寸），凸模尺寸由孔的尺寸确定。若凸模和凹模基本尺寸相同，则凸模的偏移距离 $f_{凸} = r_{丝} + \delta_{电}$，凹模的偏移距离 $f_{凹} = r_{丝} + \delta_{电} + \delta_{配}$。

当加工落料模时（要求保证工件外形尺寸），凹模尺寸由工件外形尺寸确定。若凹模和凸模基本尺寸相同，则凹模的偏移距离 $f_{凹} = r_{丝} + \delta_{电}$，凸模的偏移距离 $f_{凸} = r_{丝} + \delta_{电} - \delta_{配}$。

（2）ISO 代码数控电火花线切割程序编制

1）ISO 代码编程常用的地址字符。表4.7是数控电火花线切割机床编程时常用的地址字符表，字是组成程序段的基本单元，一般都是由一个英文字母加若干位10进制数字组成的（如 X8000），这个英文字母称为地址字符。不同的地址字符表示的功能也不一样。

表 4.7　地址字符表

地址字符	功　能	含　义
N	顺序号	程序段号
G	准备功能	指令动作方式
X，Y，Z	尺寸字	坐标轴移动指令
A，B，C，U，V	尺寸字	附加轴移动指令
I，J，K	尺寸字	圆弧中心坐标
W，H，S	锥度参数字	锥度参数指令
F	进给速度	进给速度指令
T	刀具功能	刀具编号指令
M	辅助功能	机床开/关及程序调用指令
D	补偿字	间隙及电极丝补偿指令

顺序号 N 位于程序段之首，表示程序段的序号，后续数字 2～4 位。如 N03，N0020。

准备功能 G 简称 G 功能，是建立机床或控制系统工作方式的一种指令，其后续有两位正整数，即 G00～G99。

尺寸字在程序段中主要是用来指示电极丝运动到达的坐标位置。电火花线切割加工常用的尺寸字有 X、Y、U、V、A、I、J 等。尺寸字的后续数字在要求代数符号时应加正、负号，单位为 μm。

辅助功能 M 由 M 功能指令及后续的两位数字组成，即 M00～M99，用来指令机床辅助装置的接通或断开。

2）ISO 代码程序段的格式。电火花线切割加工时，采用 ISO 代码程序段的格式为

N__G__X__Y__

一个完整的加工程序由程序名、程序的主体和程序结束指示组成。例如

```
W10
N01  G92  X0      Y0
N02  G01  X5000   Y5000
N03  G01  X2500   Y5000
N04  G01  X2500   Y2500
N05  G01  X0      Y0
N06  M02
```

程序名由文件名和扩展名组成。程序的文件名可以用字母和数字表示，最多可用 8 个字符，如 W10，但文件名不能重复。扩展名最多用 3 个字母表示，如 W10. CUT。

程序的主体由若干程序段组成，如上面加工程序中 N01～N05 段。在程序的主体中又可分为主程序和子程序。将一段重复出现的、单独组成的程序，称为子程序。将子程序取出命名后单独储存，即可重复调用。子程序常应用在某个工件上几个相同型面的加工中。调用子程序所用的程序，称为主程序。

程序结束指令 M02 安排在程序的最后，单列一段。当数控系统执行到 M02 程序段时，就会自动停止进给并使数控系统复位。

3）ISO代码及其编程。表4.8是电火花线切割数控机床常用ISO代码。

表4.8 电火花线切割数控机床常用ISO代码

代 码	功 能	代 码	功 能
G00	快速定位	G55	加工坐标系2
G01	直线插补	G56	加工坐标系3
G02	顺时针插补	G57	加工坐标系4
G03	逆时针插补	G58	加工坐标系5
G05	*X*轴镜像	G59	加工坐标系6
G06	*Y*轴镜像	G80	接触感知
G07	*X*、*Y*轴交换	G82	半程移动
G08	*X*轴镜像，*Y*轴镜像	G84	微弱放电找正
G09	*X*轴镜像，*X*、*Y*轴交换	G90	绝对尺寸
G10	*Y*轴镜像，*X*、*Y*轴交换	G91	增量尺寸
G11	*Y*轴镜像，*X*轴镜像，*X*、*Y*轴交换	G92	定起点
G12	消除镜像	M00	程序暂停
G40	取消偏移补偿	M02	程序结束
G41	左偏移补偿	M05	接触感知解除
G42	右偏移补偿	M96	主程序调用文件程序
G50	消除锥度	M97	主程序调用文件结束
G51	锥度左偏	W	下导轮到工作台面高度
G52	锥度右偏	H	工件厚度
G54	加工坐标系1	S	工作台面到上导轮高度

① 快速定位指令G00。在机床不加工状况下，G00指令可使指定的某轴以最快的速度移动到指定的位置。其程序段格式为

G00 X_Y_

例如，图4.60中快速定位到线段终点的程序段格式为

G00 X60000 Y80000

注意：如果程序段中有了G01～G02指令，则G00指令无效。

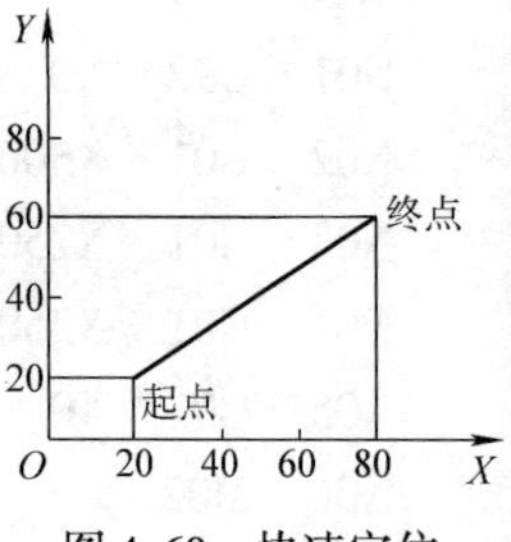

图4.60 快速定位

② 直线插补指令G01。G01指令可使机床在各个坐标平面内加工任意斜率直线轮廓和用直线段逼近曲线轮廓，其程序段格式为

G01 X_Y_

例如，图4.61中直线插补的程序段格式为

G92 X20000 Y20000

G01 X60000 Y80000

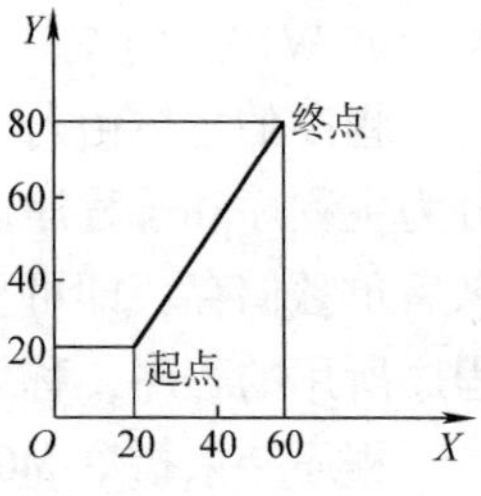

图4.61 直线插补

目前，可加工锥度的电火花线切割数控机床具有*X*、*Y*坐标轴及*U*、*V*附加轴的工作台，供加工锥度时使用，其程序段格式为

G01 X_Y_U_V_

③ 圆弧插补指令 G02、G03。G02 为顺时针插补圆弧指令，G03 为逆时针插补圆弧指令。用圆弧插补指令编写的程序段格式为

G02　X_Y_I_J_

G03　X_Y_I_J_

程序段中，X、Y 表示圆弧终点坐标；I、J 分别表示圆弧的圆心相对于圆弧起点在 *X*、*Y* 方向的增量值，与正方向相同，取正值，反之取负值。

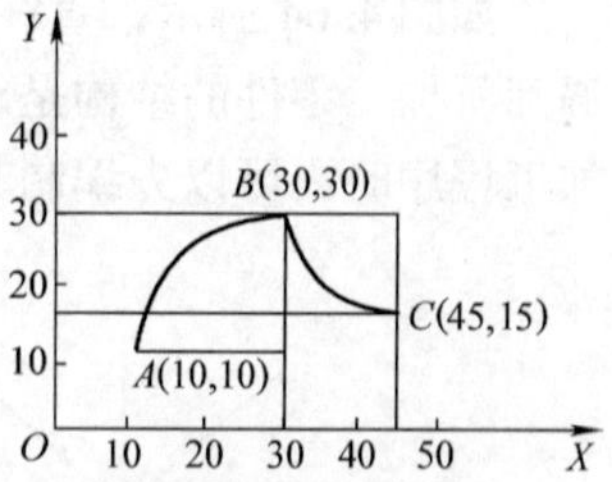

图 4.62　圆弧插补

例如，图 4.62 中圆弧插补的程序段格式为

G92	X10000	Y10000			起切点 *A*
G02	X30000	Y30000	I20000	J0	弧 *AB*
G03	X45000	Y15000	I15000	J0	弧 *BC*

④ 指令 G90、G91、G92。G90 为绝对尺寸指令，表示该程序段中的编程尺寸是按绝对尺寸给定的，即移动指令终点坐标值 X、Y 都是以工件坐标系原点（程序的零点）为基准来计算的。

G91 为增量尺寸指令，表示程序段中的编程尺寸是按增量尺寸给定的，即坐标值均是以前一个坐标位置作为起点来计算下一点位置值。3B、4B 程序格式均按此方法计算坐标点。

G92 为定起点坐标指令。G92 指令中的坐标值为加工程序的起点的坐标值，如图 4.62 中的 *A* 点，其程序段格式为

G92　X_Y_

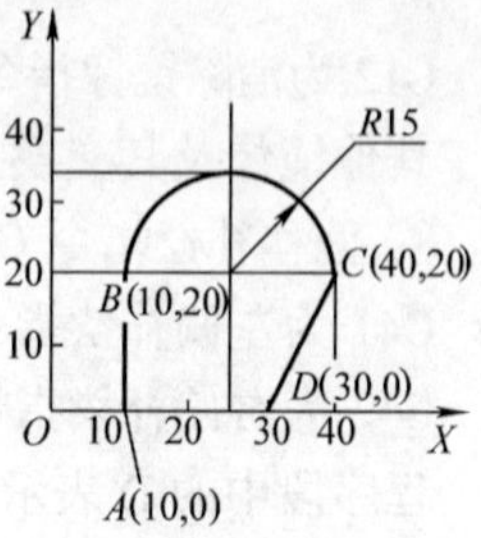

图 4.63　零件

例如，加工图 4.63 所示的零件，用 G90 指令和 G91 指令，按图样尺寸编程。

W01							程序名
N01	G92		X0	Y0;			定加工程序起点 *O*
N02	G90	G01	X10000	Y0;			*O*→*A* 按绝对尺寸指令
N03	G01		X10000	Y20000;			*A*→*B*
N04	G02		X40000	Y20000	I15000	J0;	*B*→*C*
N05	G01		X30000	Y0;			*C*→*D*
N06	G01		X0	Y0;			*D*→*O*
N07	M02						程序结束
W02							程序名
N01	G92		X0	Y0;			
N02	G91						按增量尺寸指令
N03	G01		X10000	Y0;			
N04	G01		X0	Y20000;			
N05	G02		X30000	Y0	I15000	J0;	
N06	G01		X－10000	Y－20000;			
N07	G01		X－30000	Y0;			
N08	M02						

⑤ 镜像及交换指令 G05、G06、G07、G08、G10、G11、G12。

G05 为 X 轴镜像，函数关系式：$X = -X$。

G06 为 Y 轴镜像，函数关系式：$Y = -Y$。

如图 4.64 所示，直线 OA 对 X 轴镜像为 OA''，对 Y 轴镜像 OA'。在加工模具零件时，常遇到所加工零件的结构是对称的（如多孔凹模），例如，编制图 4.65 中的 ABC 和 $A'B'C'$ 的加工程序时，可以先编制其中一个，然后通过镜像及交换指令即可加工。

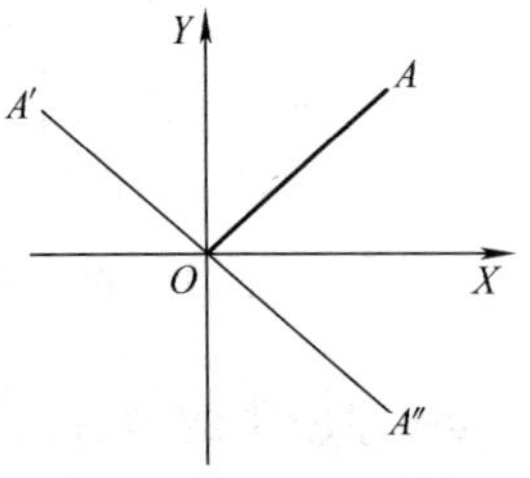

图 4.64　X 轴、Y 轴镜像图

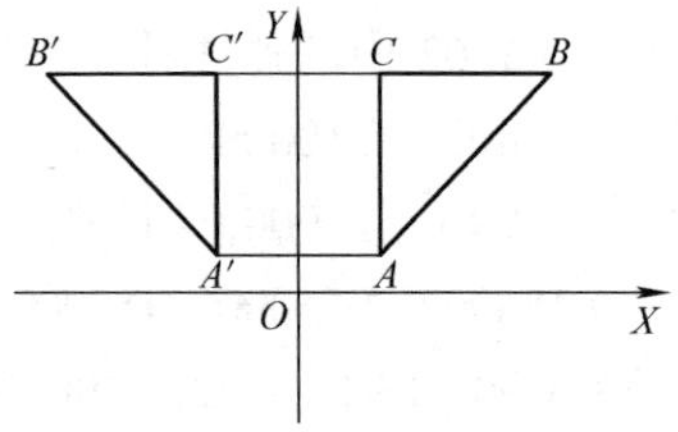

图 4.65　G05 指令

G12 为消除镜像指令。凡有镜像及交换指令的程序，都需用 G12 作为该程序的消除指令。

其他镜像及其交换指令功能见表 4.8。

⑥ 偏移补偿指令 G40、G41、G42。

G41 为左偏补偿指令，其程序段格式为：G41　D＿。

G42 为右偏补偿指令，其程序段格式为：G42　D＿。

程序段中的 D 表示偏移补偿量，其计算方法与前面相同。左偏、右偏是沿加工方向看，电极丝在加工图形左边为左偏，电极丝在加工图形右边为右偏，如图 4.66 所示。G40 为取消偏移补偿指令。

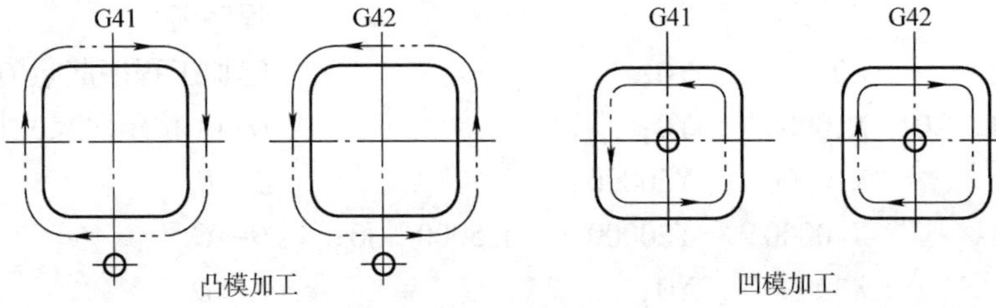

图 4.66　偏移补偿指令

⑦ 锥度加工指令 G50、G51、G52。目前，在一些电火花线切割数控机床上，锥度加工都是通过装在上导轮部位的 U、V 附加轴工作台实现的。加工时，控制系统驱动 U、V 附加轴工作台，使上导轮相对于 X、Y 坐标轴工作台平移，以获得所要求的锥角。用此方法还可以解决凹模的漏料问题。

G51 为锥度左偏指令，G52 为锥度右偏指令，G50 为消除锥度指令。

程序段格式为：G51（G52）　A＿。

程序段中 A 表示锥度值。

如图 4.67 中的凹模锥度加工指令的程序段格式为“G51　A0.5”。加工前还需输入工件及工作台参数指令 W、H、S（功能见表 4.8）。

（3）编程实例　图 4.68 所示为一落料凹模的电火花线切割加工轨迹图，若电极丝直径为 ϕ0.16mm，单边放电间隙为 0.01mm，试用 ISO 代码和 3B 代码编制其加工程序。

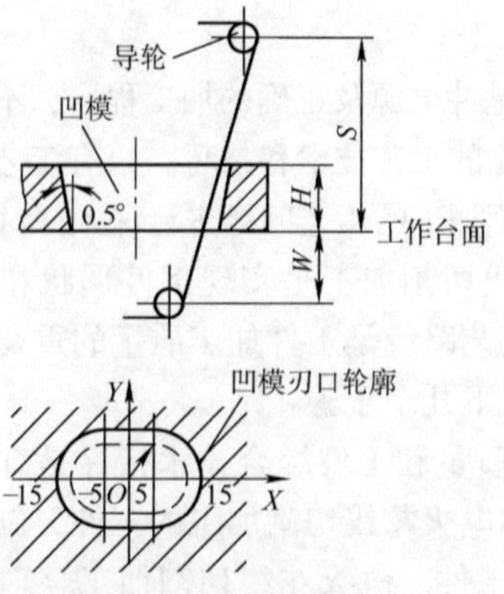

图 4.67　凹模锥度加工

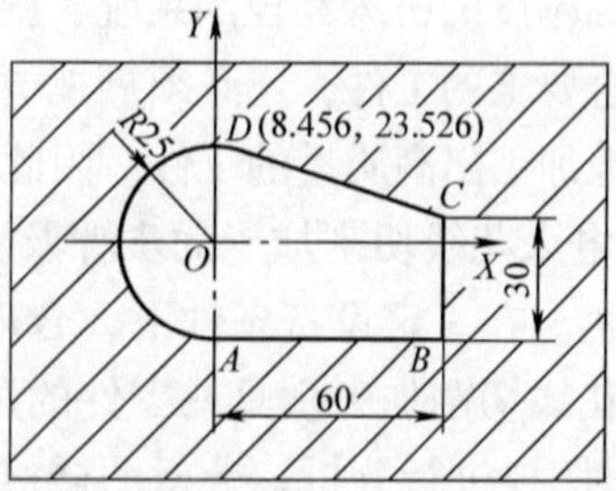

图 4.68　凹模电火花线切割加工轨迹图

1）建立坐标系并按图样尺寸计算轮廓交、切点坐标、圆心坐标；并确定其偏移距离。

D 点坐标（*AD* 弧与直线 *CD* 的切点）计算为（8.456，23.526）。

偏移距离 $f_{凹} = r + \delta = 0.16/2\text{mm} + 0.01\text{mm} = 0.09\text{mm}$。

选 *O* 点为加工起点（穿丝孔在该处），加工顺序为 *O*→*A*→*B*→*C*→*D*→*A*→*O*。

2）ISO 代码编程加工程序如下：

```
W01                                                程序名
N01  G92  X0      Y0                               定起点
N02  G41  D90                                      确定偏移，应放于切入线之前
N03  G01  X0      Y-25000                          O→A
N04  G01  X60000  Y-25000                          A→B
N05  G01  X60000  Y5000                            B→C
N06  G01  X8456   Y23526                           C→D
N07  G03  X0      Y-25000  I—8456    J—23526       D→A
N08  G40                                           放于退出线之前
N09  G01  X0      Y0                               回到起切点
N10  M02                                           程序结束
```

3）3B 代码编程加工程序，见表 4.9。

表 4.9　3B 代码编程加工程序

程　序	B	X	B	Y	B	J	G	Z	备　注
1	B		B		B	25000	G_Y	L_3	直线 *OA*
2	B		B		B	60000	G_X	L_1	直线 *AB*
3	B		B		B	30000	G_Y	L_2	直线 *BC*
4	B	8456	B	23526	B	51544	G_X	L_2	直线 *CD*
5	B	8456	B	23526	B	58456	G_X	NR_1	圆弧 *DA*
6	B		B		B	25000	G_y	L_2	直线 *AO*
7								D	

4.3.4　数控电火花线切割加工工艺、常用夹具及工件的正确装夹方法

1. 数控电火花线切割加工工艺

有了高精度的机床和控制系统、稳定准确的高频脉冲电源及正确的加工程序，不一定就能加工出符合要求的工件，还必须重视电火花线切割加工的工艺技术和技巧。只有工艺合理，才能高效率地加工出高质量的工件。因此，必须对线切割加工的工艺问题进行深入探讨。

(1) 电火花线切割加工的步骤及要求　电火花线切割加工是实现工件形状和尺寸的一种加工技术。在一定设备条件下，合理地制订加工工艺路线是工件加工质量的重要保证。

电火花线切割加工模具或零件的过程一般可分以下几个步骤：

1）对图样进行分析。分析图样对保证工件加工质量和工件综合技术指标是有决定意义的第一步。在分析图样时，首先要排除不能或不宜用电火花线切割加工的工件，例如：

① 表面粗糙度和尺寸精度超出机床加工精度的工件。电火花线切割加工合理的加工公差等级为IT6，表面粗糙度 *Ra* 值不小于0.4μm，若超过此范围，既不经济，技术上也难以达到。

② 宽度小于电极丝直径加放电间隙的窄缝、工件拐角处半径小于电极丝半径加放电间隙所形成的圆角半径的工件。

③ 非导电材料的工件。

④ 长度、宽度和厚度超过机床加工范围的工件。

在符合电火花线切割加工工艺的条件下，应着重在表面粗糙度、尺寸精度、工件厚度、工件材料、尺寸大小、配合间隙等方面仔细考虑和分析。

2）编程

① 合理选择穿丝孔位置和切割点位置。

② 根据工件表面粗糙度和尺寸精度选择切割次数。

③ 选用合理的加工电参数。

④ 计算和编写正确的加工用程序。

⑤ 校对程序并试加工。

编程时，要根据坯料的情况选择合理的装夹位置，同时确定合理的起割点和切割路线。切割路线主要以防止或减少模具变形为原则，一般应使靠近装夹这一侧最后切割为宜。起割点应取在图形的直线处，或容易将凸尖修去的部位，以便于磨削或修正。

3）加工时的调整

① 调整电极丝垂直度。在装夹工件前必须以工作台为基准，先将电极丝垂直度调整好。

② 根据技术要求装夹加工坯料。装夹并调整工件的垂直度，如发现不垂直，说明工件装夹时可能有翘起或低头，也可能是工件有毛刺，需立即修正。因为模具加工面垂直与否直接影响模具质量。校正好工件基准面，找出工件基准位置，到穿丝孔位置穿丝。

③ 调整脉冲电源的电参数。脉冲电源的电参数选择是否恰当，对加工模具的表面粗糙度、精度及切割速度起决定的作用。

电参数与加工工件技术工艺指标的关系是：脉冲宽度增加、脉冲间隔减小、脉冲电压幅值增大（电源电压升高）、峰值电流增大（功放管增多）都会使切割速度提高，但加工工件

的表面质量和精度则会下降。反之，则可改善表面质量，提高加工精度。表面质量、尺寸精度要求低的工件可用大电流、大参数一次加工；反之，则要多次加工，要求越高，切割次数就越多。

加工中对加工电参数进行调整，是保证稳定加工的必要步骤。如果加工不稳定，工件表面质量会大大下降，工件的表面粗糙度和精度变差，同时还会造成断丝。只有电参数选择恰当，同时加工比较稳定，才能获得好的加工质量。

4）检验。检验内容如下：

① 模具的尺寸精度和配合间隙。根据不同精度的模具及零件，可选用下列检验工具：千分尺、游标卡尺、塞规、投影仪、三坐标测量仪等。

② 零件表面粗糙度。现场可采用电火花线切割加工表面粗糙度等级比较样板目测或手感进行检验。在实验室中可采用轮廓仪检测。

③ 工件的垂直度。可采用平板、直角尺、三坐标测量仪等进行检验。

④ 检查级进模步距尺寸精度。可采用游标卡尺、投影仪、三坐标测量仪等进行检验。

（2）常用夹具及工件的正确装夹方法

1）线切割常用的夹具。工件装夹的形式对加工精度有直接影响。电火花线切割加工机床的夹具比较简单，一般是在通用夹具上采用压板、螺栓固定（双丝压板）工件，如图 4.69 所示。

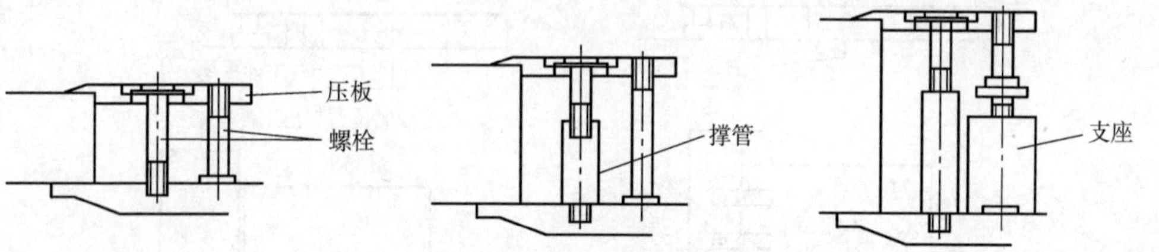

图 4.69　可加长双丝压板

由于电火花线切割机床主要用于切割冲压模具的型孔，因此机床出厂时，机床附件中通常提供一对夹持板形工件的夹具（压板、紧固螺栓等）。压板夹具主要用于固定平板状工件，对于稍大的工件则应成对使用。夹具上如有定位基准面，则应在加工前预先用百分表将夹具定位基准面与工作台对应的导轨校正平行，这样在批量加工工件时较方便。夹具的基准面与夹具底面的距离是有要求的，夹具成对使用时，两夹具基准面的高度一定要相等，否则切割出的型腔与工件端面不垂直，造成废品。

为了适应各种形状工件加工的需要，还可使用磁性夹具、分度夹具或专用夹具等，如图 4.70 所示。图 4.70a 所示为切割等分槽工件用的分度夹具。此夹具固定在工作台面上，工件以圆心定位并固定在夹具上。定位盘的齿数为 60，可加工槽数能被 60 整除的等分槽，当第一槽加工完毕后，旋松螺杆，并拔出定位销，将定位盘旋过相应齿后，再以定位销定位，拧紧螺杆后进行第 2 槽的加工。此夹具除可加工等分槽外，还可进行与 6 有整数倍关系的不等分的分度加工。图 4.70b 所示为 V 形夹具，适用于装夹轴类零件。电火花线切割还可以采用磁性工作台或磁性表座夹持工件，不需要压板和螺栓，操作快速方便，工件定位后不会因压紧而变动。

压板夹具应定期修磨基准面，保持两件夹具等高。夹具的绝缘性能也应经常检查和测试，当绝缘体受损造成绝缘电阻减小时，会影响正常的切割。

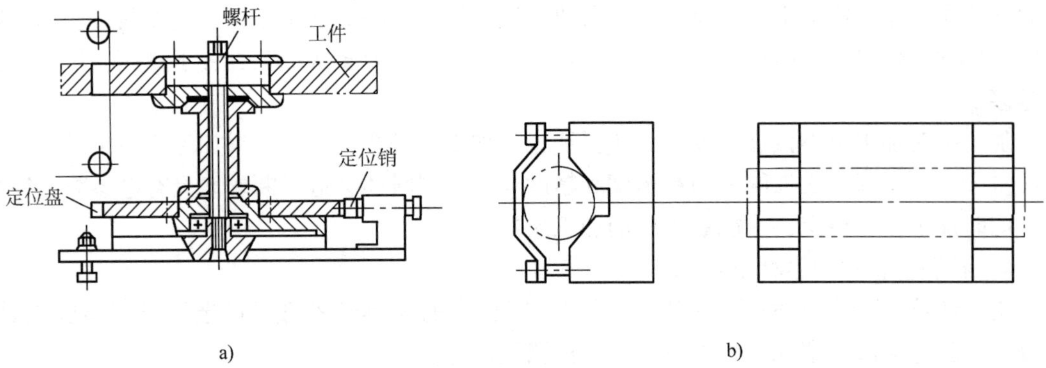

图4.70　专用夹具
a）分度夹具　b）V形夹具

另外，还可采用精密台虎钳和3R等工艺基准定位系统夹持工件。

图4.71所示为工件装夹范例。

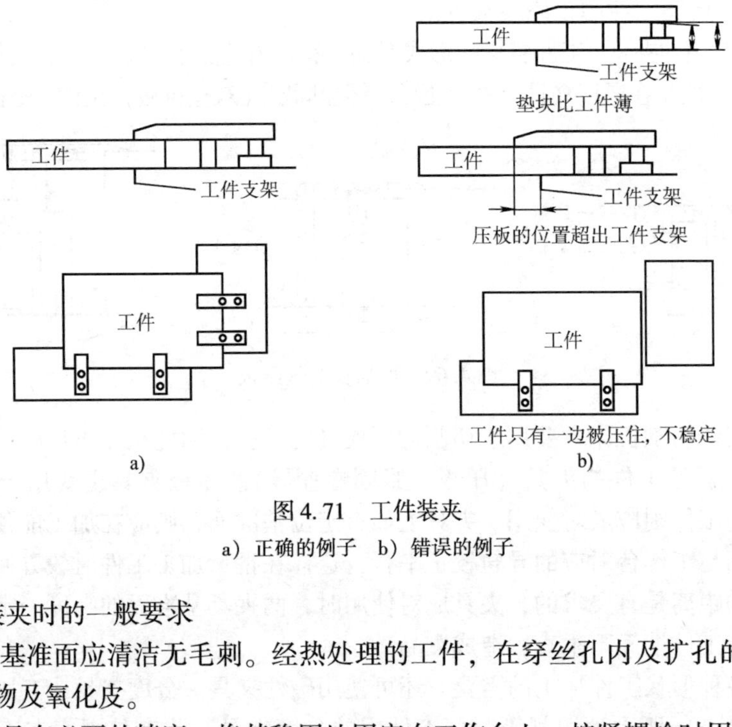

图4.71　工件装夹
a）正确的例子　b）错误的例子

2）工件装夹时的一般要求

① 工件的基准面应清洁无毛刺。经热处理的工件，在穿丝孔内及扩孔的台阶处，要清除热处理残余物及氧化皮。

② 夹具应具有必要的精度，将其稳固地固定在工作台上，拧紧螺栓时用力要均匀。

③ 工件装夹的位置应有利于找正，并应与机床行程相适应，工作台移动时工件不得与 Z 轴相碰。

④ 对工件的夹紧力要均匀，不得使工件变形或翘起。

⑤ 大批加工零件时最好采用专用夹具，以提高生产效率。

⑥ 细小、精密、薄壁工件应固定在不易变形的辅助夹具上。

3）工件的正确装夹方法和位置对编程的影响

① 使用夹具装夹对编程的影响。采用适当的夹具，可简化编程，或可用一般编程方法扩大加工范围。例如，用固定分度夹具，只用几条程序就可以加工零件的多个旋转图形，这

就简化了编程工作；再如用自动回转夹具，变原来的直角坐标系为极坐标系，可用切斜线的程序加工出正确的阿基米德螺旋面；还可以用适当的夹具加工出车刀的立体角、导轮的沟槽、样板的椭圆线和双曲线等，扩大了电火花线切割机床的加工范围。

② 工件在工作台上的装夹位置对编程的影响。适当的定位可以简化编程工作。工件在工作台上的位置不同，会影响工件轮廓线的方位，合理的定位可充分发挥机床的效能。有时则与上述情况相反，需要限制工件的定位，用改变编程的办法满足加工要求。

另外，程序的起点（一般也是终点）选择不当，会使工件切割表面上残留切痕，尤其是当起（终）点选在光滑表面上时，其残痕更为明显。所以，应尽可能把起（终）点选在切割表面的拐角处或是精度要求不高的表面上，也可选在容易修整的表面上。

4）工件的找正

① 按已成形的孔找正。当电火花线切割工件型孔位置与外形要求不严，但与工件上其他工艺已成形的型腔位置要求较严时，可靠紧基面后按已成形孔找正。

② 按基准孔找正。当电火花线切割加工的工件较大，但切割型孔总的行程未超过机床行程，又要求按外形找正时，可按外形尺寸做出基准孔，线切割时按基面靠正后，再按基准孔定位。

③ 按外形找正。当电火花线切割工件型孔位置与外形要求较严时，可按外形尺寸来定位。此时最少要磨出侧垂直基面，有的甚至要磨六面。圆形工件通常要求圆柱面和端面垂直，这样靠圆柱面即可定位。

5）工件的装夹位置及防止工件变形开裂的方法。有些工件切割后，尺寸总是出现明显偏差，检查机床精度、数控加工的硬件和程序都正常，最后才发现是由变形引起的。常见切割工件的变形如图 4.72 所示。

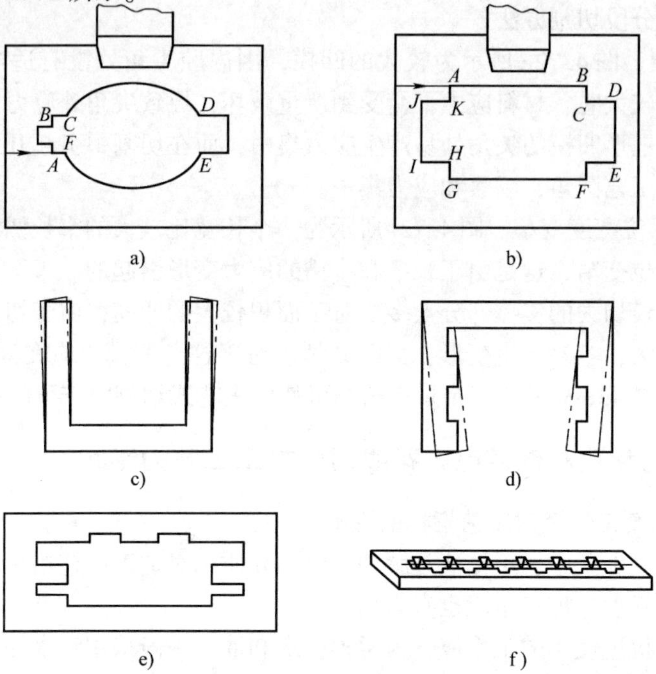

图 4.72　工件变形

a）切缝闭合变形　b）切缝张开变形　c）未淬火件张口变形

d）淬火工件切割后开口变小　e）尖角处开裂　f）凹模中间部位宽度变小

① 切缝闭合变形。如图4.72a所示的凸模，从坯料外切入后，经 A 点，按顺时针方向再回到 A 点。在切完 EF 圆弧的大部分后，BC 切缝明显变小甚至闭合，当继续切割至 A 点时，凸模上 FA 与 BC 间平行的尺寸增大了一个切缝宽度的尺寸。

从坯料外直接切入切割凸模时，材料因应力不平衡产生变形，如张口或闭口变形，以致影响工件加工精度。消除这种变形的方法是：在切割凸模时，应在坯料上钻出切割凸模外形起点的穿丝孔。

② 切缝张开变形。如图4.72b所示，该凸模也是从坯料外切入，由于没有较大的圆弧段，变形时切缝不是闭合，而是张开。继续切割 FG 段时，凸模上的 AB 和 FG 间平行尺寸受到影响。

有时不便于钻凸模外形起点穿丝孔，改变切割路线及夹压位置，就可减小或避免变形对切割工件尺寸精度的影响。如图4.72b中的凸模，若把切割路线改为 A—K—J—I，按逆时针方向由 $B \rightarrow A$，由于夹压工件的位置在最后一条程序处，所以在切割过程中产生的变形不至于影响凸模的尺寸精度。

③ 未淬火件张口变形。图4.72c所示为未经淬火的工件，切割后在开口处张开，使开口尺寸增大。

解决办法：采用多次切割方法，第一次切割后留一定余量，以便材料释放应力变形，再精加工切割。也可采用分段切割方法。

④ 淬火工件切割后开口变小。图4.72d所示为切割经过淬火的材料，切割后开口部位的尺寸变小。

解决办法：采用多次切割方法，第一次切割后留一定余量，以便材料释放应力变形，再精加工。也可采用分段切割方法。

⑤ 尖角处开裂。图4.72e所示为较大的凹模，因内腔尖角处没有适当的工艺圆角，所以当切去内框体积较大时，材料应力平衡受到严重破坏，导致尖角处应力集中而开裂。

解决办法：大框形凹模的尖角处易产生应力集中，而在切割中引起开裂，因此应在尖角处增设适当大小的工艺圆角，以缓和应力集中。

⑥ 凹模中间部位宽度变小。图4.72f所示为一个长宽比较大的窄长凹模，在切割后测量时发现槽的中间部位变窄，这是由于长槽和小槽的应力变形引起的。

解决办法：凹模切去的实体部分太多。对于面积较大的凹模，由于切去了框内较大的体积，使应力变化很大，容易产生变形，甚至开裂。对于这种凹模，应在淬火前将中部镂空，给电火花线切割留2～3mm的加工余量，这样可使电火花线切割时产生的应力减小。

4.3.5　其他工艺参数对数控电火花线切割加工工艺的影响

1. 电火花线切割工作液对工艺指标的影响

在电火花线切割加工中，工作液是脉冲放电的介质，对加工工艺指标的影响很大。它对切割速度、表面粗糙度、加工精度也有影响。

电火花线切割机床使用的工作液分为两种：水和油。一般采用喷水加工、浸水加工、油中加工三种加工方法。工作液是影响加工速度及加工精度的主要因素。工作液影响加工效率的因素有工作液处理方法、液体压力、工作液电导率和液温。

（1）工作液处理方法与液体压力　工作液可以起四种作用：使极间绝缘；极间冷却；

排出加工屑；保持工件的温度。在喷水加工中，由于来自喷嘴的液量、液体压力、工件与喷嘴的高度以及工件的厚度等因素不同，使加工速度、加工精度受到一定影响。此外，还应根据不同工作液的处理状况来考虑加工条件。

从工件的端面开始加工时（见图4.73），许多操作者都会经常遇到断丝的问题。通常是因为工作液脱离了工件的端面，产生独特的流动方式造成的。在这种情况下，需要改变一些加工条件，并设法使工作液流到工件的端面上。一般而言，液体压力越大，切屑的排出就越好，加工速度就越高，这种情况比较适合于粗加工。但是，在精加工时，由于担心液量和液体压力的增大会引起电极丝振动，希望采用低压（0.1～0.2MPa）进行加工。

（2）工作液体电导率　电导率表示电流的导电状况，电导率对加工特性影响很大（见图4.74），主要表现在：改变放电间隙；使电极丝断丝；恶化表面精度和表面性状；生成变质层。

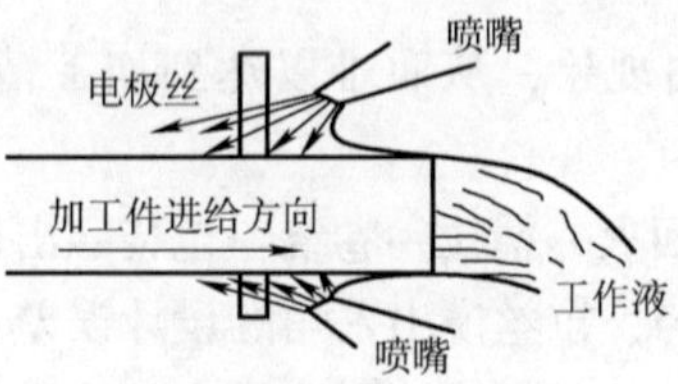

图4.73　端面加工

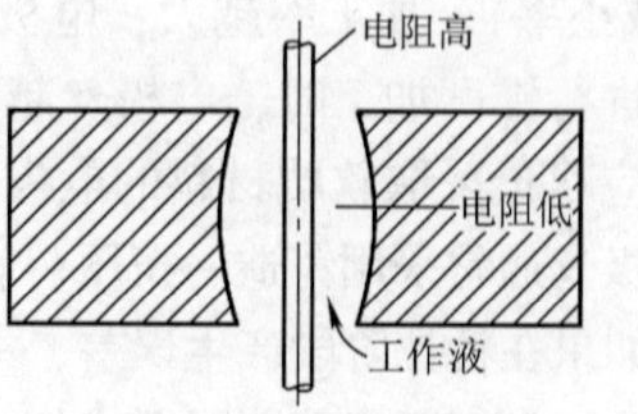

图4.74　电导率对加工特性影响

当工作液电导率低时，上、下部与中心之间的电导率差值变大，加工间隙会变大。电导率高时，由于受间隙中液体导电的影响，产生了过多的电流，降低了放电加工的效率。

选择适当的电导率值，可使加工间隙均匀或扩大，使工作液的流入状况变好，从而避免了冷却不良使电极丝过热而断丝。

（3）液温　液温管理的目的是减少机床主体、工作液以及环境温度的相对温差，使加工精度稳定。一般采用工作液冷却装置实施温度管理。但工作液过冷也会产生问题，因此，希望工作液能与室温相同，最好以比室温低1～2℃。

（4）喷流压力　高速加工时，喷流压力必须加强。对于普通加工，可使喷流压力降低，同时降低加工条件。进行高精度加工时，请参照相关手册加工条件表。

2. 电火花线切割电极丝对加工的影响

随着线切割机不断向自动化、精密化方向发展，对电极丝的质量要求也越来越严格。一般要求电极丝加工速度要快，易于达到加工精度，价格要低廉。

电火花线切割加工时，并非只是追求高加工速度，更重要的是要有效地提高加工质量。提高加工精度，不仅需要电极丝细丝化，同时还要求电极丝张力大、材质均匀、丝表面平滑，以及无挠曲。

（1）电极丝的种类

1）黄铜系电极丝。黄铜电极丝是最常用的一种电极丝，生产效率高，切割加工过程比较稳定。但抗拉强度较低，易断丝，常用于低速走丝电火花线切割加工。

2）添加元素的黄铜系电极丝。把作为第三种元素的铬等元素加到黄铜中，可改善电极丝在高温条件下的抗拉强度。由于提高了放电加工时的张力，所以被加工工件的表面精度也得以提高。

3）复合电极丝。最普及的复合电极丝是在黄铜丝上镀覆锌层的电极丝。与黄铜电极丝相比，复合电极丝能提高加工速度及加工精度，但是价格较高，因此，需要从提高加工速度所产生的效益与价格两个方面来计算成本是否合算。

4）钨、钼电极丝。因钨、钼电极丝有较高的抗拉强度及优异的耐热性能，所以可以用作极细的电极丝（ϕ0.1mm 以下）。由于切割时不容易断丝，钨、钼电极丝多用于快速走丝电火花线切割加工。

电极丝的直径一般在 ϕ0.1～ϕ0.25mm，电极丝的直径对切割速度影响较大，直径越大切割加工速度越快，增大电极丝的直径有利于切割厚度大的工件。

（2）电极丝的质量 电火花线切割加工是一种非接触的加工方法。但是，放电通道压力的反作用力将导致电极丝产生振动，并造成进给方向的反向挠曲。这种挠曲现象给加工精度和加工速度带来一定的影响。电极丝的抗拉强度取决于拉制电极丝时拉丝模拉丝的加工率（断面减小率），加工率越大，电极丝抗拉强度就越大。

在进行锥度加工时，电极丝越坚挺就越会产生挠曲现象，从而难以达到加工精度要求。因此，应尽量采取软质材料的电极丝。

电极丝通常采用铸造→挤压→轧制→回火→拉丝→回火→精拉→卷绕→包装→出厂的方法生产。如果在精拉阶段产生误差，主要是材料回火不均匀、拉丝模出入角的设计误差、丝的振动，以及拉丝模磨损等原因造成的，特别是精拉模的出入角对直线性影响最大。为进一步去除电极丝材料内部的残余应力，应该实施低温回火，这样有利于提供高质量的稳定产品。

（3）电极丝的选择

1）加工工件厚度与电极丝直径。电火花线切割加工时，电极丝的切缝宽度为电极丝直径加上2倍的加工放电间隙。在加工内角时，根部的角半径值为切缝宽的1/2。为减小根部角半径值，应采用细的电极丝。但是，直径小的电极丝因通电电流受到一定限制，对提高加工速度不利。因此，应按不同工件厚度选择适当的电极丝直径。选择电极丝直径时考虑的主要影响因素的顺序如下：加工工件厚度→所需要的拐角半径大小→加工速度。

在满足内拐角半径值的情况下，应尽量优先考虑加工速度，这样有利于达到高效加工。

2）电极丝材质和加工速度。电极丝的材质对加工速度影响较大。最能提高加工速度的是导电性好的铜丝，或在黄铜丝上涂覆能提高放电性能的锌层的复合丝，这种复合电极丝曾使加工速度提高30%。但是为取得这一效果，不仅要使用大电流加工，还必须使用高压工作液改善加工间隙条件。与硬质材料的电极丝相比，这种复合电极丝抗拉强度相对较低，加工厚度大的工件或中空工件时，较容易断丝。因此，为了兼顾加工精度及不同形状的工件，以采用黄铜电极丝或钢芯材料的复合电极丝为宜。

3）电极丝直径与加工速度。不同直径的电极丝对加工电流的承受力差异很大。电极丝直径越大，越有利于提高加工速度。但由于存在拐角，并且对加工表面的表面粗糙度有一定要求，使得电极丝直径的选择受到一定限制。一般情况下，较厚的工件，在进行一次切割（粗切）时，最好使用直径大的电极丝。

4）加工精度。电火花线切割加工时，因受电极丝直径的影响，加工的最小拐角半径受到一定限制。拐角半径小时必须采用细丝。一般要求采用与内角半径相匹配的电极丝。但加工时，电极丝半径接近内角半径时，放电间隙很小，放电的稳定性就会降低，这不仅会对加工速度产生不利影响，还难以获得良好的加工精度和表面粗糙度。众所周知，电火花线切割的加工精度受加工稳定性的影响，尤其对鼓状变形的影响最大，所以应选取兼顾拐角半径和加工稳定性的电极丝直径。

思考题与习题

1. 简述数控电火花成形加工的基本原理。
2. 简述电火花成形加工机床的分类方法。
3. 电火花成形机床由哪几部分组成？电火花线切割加工机床由哪几部分组成？
4. 什么是电火花加工过程中的极性效应？加工时如何正确选择加工极性？
5. 电火花成形加工的主要工艺参数有哪些？
6. 电火花加工要具备什么条件？
7. 电火花加工型腔与其他型腔加工方法相比有何特点？
8. 何谓电规准？电规准一般怎样进行选择？
9. 在电火花加工中，根据型腔的结构和要求，可采用哪些加工方法？
10. 在电火花加工中怎样协调生产率和加工表面的表面粗糙度之间相互矛盾的关系？
11. 在用电火花加工方法进行凹模型孔加工时，怎样保证凸模和凹模的配合间隙？
12. 电火花线切割加工的主要特点是什么？
13. 简述数控电火花线切割机床的加工原理。
14. 3B 代码的一般格式中各项的含义是什么？
15. 数控电火花线切割加工的工艺指标有哪些？
16. 如何调整数控电火花线切割加工进给速度？
17. 数控电火花线切割加工时，安装工件应注意什么问题？
18. 冲孔凸模的断面尺寸如图 4.75 所示，相应凹模采用电火花加工。已知加工时的放电间隙（单面）$\delta = 0.03$mm，模具的冲裁间隙（双面）$2c_{\min} = 0.04$mm，试确定加工电极的横断面尺寸。

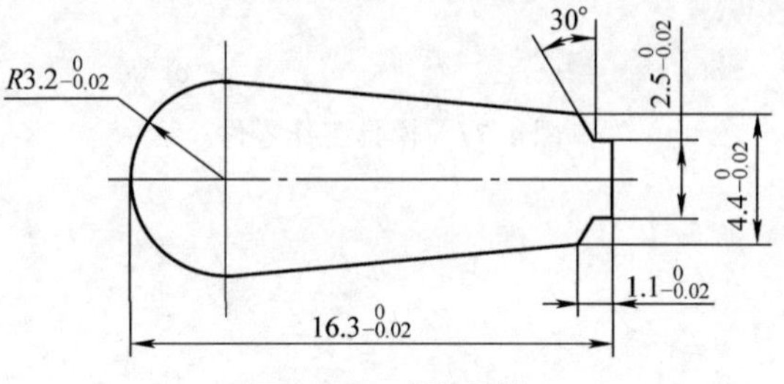

图 4.75　冲孔凸模

19. 落料凹模的型孔尺寸如图 4.76 所示，型孔采用电火花加工。已知加工时的放电间隙（单面）$\delta = 0.02$ mm，模具的冲裁间隙（双面）$2c_{\min} = 0.06$mm，试确定加工电极的横断面尺寸。

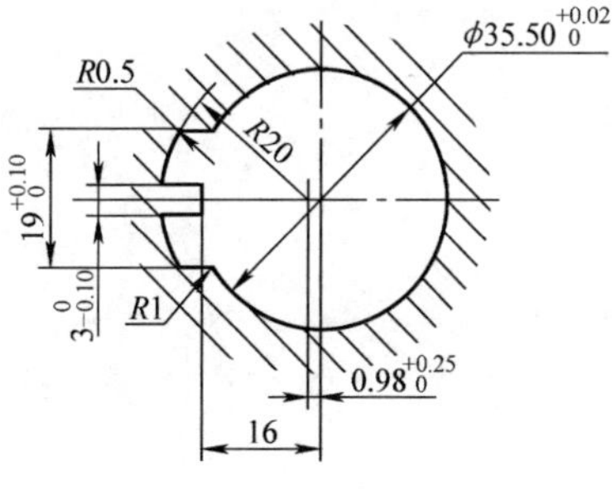

图 4.76　落料凹模

20. 设计一个有创意的适合于数控电火花线切割加工的零件或工艺品，用3B格式进行编程并加工出来。

21. 编制图4.77所示的模具工作零件的电火花线切割加工程序。

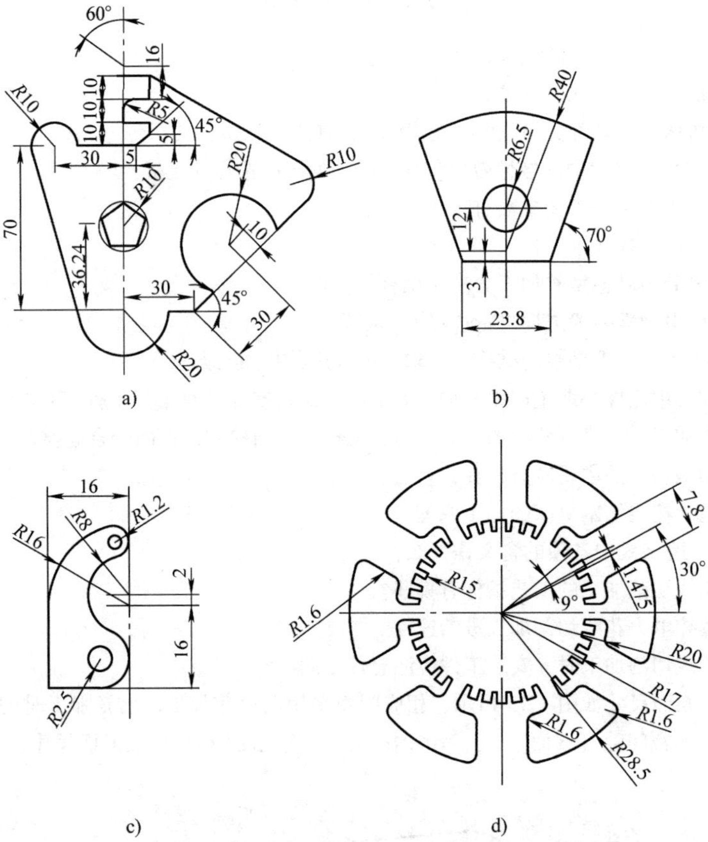

图4.77　模具工作零件

第 5 章 模具的研磨与抛光

模具的研磨与抛光是以降低零件表面粗糙度值、提高表面形状精度和增加表面光泽为主要目的，属于光整加工，可归为磨削工艺大类。研磨与抛光在成形理论上很相似，一般用于产品、零件的最终加工。

现代模具对成形表面的精度和表面粗糙度的要求越来越高，特别是高精度、高寿命的模具要求达到微米级的精度。采用一般的磨削工艺加工，表面不可避免地要留下磨痕、微裂纹等缺陷，这些缺陷对模具的精度影响很大。要消除这些缺陷，其成形表面可采用超精密磨削加工，但大多数异形和高精度表面都采用研磨与抛光加工。

对冲压模具来讲，模具经研磨与抛光后，降低了模具的表面粗糙度值，减小了材料的流动阻力，有利于材料的流动，极大地提高了成形零件的表面质量，这对于汽车外覆盖件尤为明显。经研磨刃口后的冲裁模具，可消除模具刃口的磨削伤痕，使冲裁件毛刺高度减小。

塑料模具型腔研磨、抛光后，极大地提高了型腔表面质量及成形性能，满足了塑件成型质量的要求，使塑件易于脱模。浇注系统经研磨、抛光后，可降低注射时塑料的流动阻力。另外，研磨与抛光可提高模具结合面精度，防止树脂渗漏，防止出现黏粘等。

电火花成形的模具表面会有一层薄薄的变质层，变质层上许多缺陷需要用研磨与抛光去除。另外，研磨与抛光还可改善模具表面的力学性能，减小应力集中，增加型面的抗疲劳强度。

5.1 模具的研磨

5.1.1 研磨的基本原理与分类

研磨是一种微量加工的工艺方法。研磨借助于研具与研磨剂（一种游离的磨料），在工件的被加工表面和研具之间产生相对运动，并施以一定的压力，从而从工件上去除微小的表面凸起层，以获得很低的表面粗糙度值及很高的尺寸精度、几何形状精度等。在模具制造中，特别是在对产品外观质量要求较高的精密压铸模、塑料模、汽车覆盖件模具生产中应用广泛。

1. 研磨的基本原理

（1）物理作用　研磨时，研具的研磨面上均匀地涂有研磨剂，若研具材料的硬度低于工件，当研具和工件在压力作用下作相对运动时，研磨剂中具有尖锐棱角和高硬度的微粒，有些会被压嵌入研具表面，产生切削作用（塑性变形），有些则在研具和工件表面间滚动或滑动，产生滑擦（弹性变形）。这些微粒如同无数的切削刃，对工件表面产生微量的切削作用，并均匀地从工件表面切去一层极薄的金属。图5.1所示为研磨加工模型，研磨时，钝化了的磨粒在研磨压力的作用下，通过挤压被加工表面的峰点，使被加工表面产生微挤压塑性变形，从而使工件逐渐得到高的尺寸精度和低的表面粗糙度值。

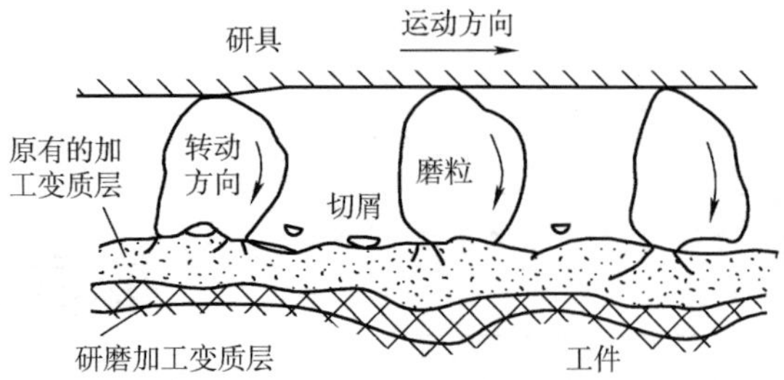

图5.1　研磨加工模型

（2）化学作用　当采用氧化铬、硬脂酸等研磨剂时，在研磨过程中，研磨剂和工件的被加工表面产生化学作用，生成一层极薄的氧化膜，氧化膜很容易被磨掉。研磨的过程就是氧化膜的不断生成和擦除的过程，如此多次循环反复，使被加工表面的粗糙度值降低。

2. 研磨的应用特点

（1）表面粗糙度值低　研磨属于微量进给磨削，背吃刀量小，有利于降低工件表面粗糙度值，表面粗糙度可达 $Ra0.01\mu m$。

（2）尺寸精度高　研磨采用极细的微粉磨料，机床、研具和工件处于弹性浮动工作状态，在低速、低压作用下，逐次磨去被加工表面的凸峰点，加工精度可达 $0.1 \sim 0.01\mu m$。

（3）形状精度高　研磨时，工件基本处于自由状态，受力均匀，运动平稳，且运动精度不影响形状精度。加工圆柱体的圆柱度公差可达 $0.1\mu m$。

（4）改善工件表面力学性能　研磨的切削热量小，工件变形小，变质层薄，表面不会出现微裂纹；同时还能降低表面摩擦因数，提高耐磨和耐蚀性。研磨零件表层存在残余压应力，这种应力有利于提高工件表面的疲劳强度。

（5）对研具的要求不高　研磨所用的研具和设备一般比较简单，不要求具有极高的精度；但研具材料硬度一般比工件硬度低，研磨中会受到磨损，应注意及时修整与更换。

3. 研磨的分类

（1）按研磨工艺的自动化程度分类

1）手动研磨：工件、研具的相对运动均用手动操作。加工质量依赖于操作者的技术水平，劳动强度大，工作效率低。适用于各类金属、非金属工件的各种表面。模具成形零件上的局部窄缝、狭槽、深孔、不通孔和死角等部位，仍然以手工研磨为主。

2）半机械研磨：工件和研具之一采用简单的机械运动，另一件采用手工操作。其加工质量与操作者技能有关。主要用于工件内、外圆柱面，平面及圆锥面的研磨。

3）机械研磨：工件、研具的运动均采用机械运动。加工质量靠机械设备保证，工作效率比较高。只适用于研磨表面形状不太复杂的零件。

（2）按研磨剂的使用条件分类

1）湿研磨：研磨过程中将研磨剂涂抹于研具表面，磨料在研具和工件间自由地滚动或滑动，形成对工件表面的切削作用。其加工效率较高，但加工表面的几何形状和尺寸精度及光泽度不如干研磨。多用于粗研和半精研平面与内外圆柱面。

2）干研磨：在研磨之前，先将磨粒均匀地压嵌入研具工作表面一定深度，称为嵌砂。研磨过程中，研具与工件保持一定的压力，并按一定的轨迹做相对运动，实现微切削作用，从而获得很高的尺寸精度和较低的表面粗糙度值。干研磨时，一般不加或仅涂微量的润滑研磨剂。干研磨一般用于精研平面，生产效率较低。

3）半干研磨：采用糊状研磨膏，类似湿研磨。研磨时，根据工件加工精度和表面粗糙度的要求，适时地涂敷研磨膏。半干研磨适用于各类工件的粗、精研磨。

5.1.2 研磨工艺

1. 研磨工艺参数

（1）研磨压力　研磨压力是研磨时零件表面单位面积上所承受的压力。在研磨过程中，随着工件表面粗糙度值的不断降低，研具与工件表面接触面积不断增大，而研磨压力则逐渐减小。研磨时，应使研具与工件的接触压力保持适当。若研磨压力过大，会加快研具的磨损，使研磨表面粗糙度值增高；反之，若研磨压力过小，会使切削能力降低，影响研磨效率。

研磨压力的范围一般在0.01～0.5MPa。手工研磨时的研磨压力约为0.01～0.2MPa；精研时的研磨压力约为0.01～0.05MPa；机械研磨时，压力一般为0.01～0.3MPa。当研磨压力在0.04～0.2MPa范围内时，对降低工件表面粗糙度值收效显著。

（2）研磨速度　研磨速度是影响研磨质量和效率的重要因素之一。在一定范围内，研磨速度与研磨效率成正比。但研磨速度过高时，会产生较大的热量，甚至会烧伤工件表面，加剧研具磨损，从而影响加工精度。一般粗研磨时，宜用较高的压力和较低的速度；精研磨时，宜用较低的压力和较高的速度，这样可提高生产效率和表面的加工质量。

选择研磨速度时，应考虑加工精度、工件材料、硬度、研磨面积及加工方式等多方面因素。一般研磨速度应在10～150m/min范围内选择；精研速度应在30m/min以下。

（3）研磨余量的确定　零件在研磨前的预加工质量与研磨余量，将直接影响到研磨加工的精度与质量。由于研磨加工只能研磨掉很薄的表面层，因此，零件在研磨前的预加工，需有足够的尺寸精度、几何形状精度和表面粗糙度。对表面积大或形状复杂且精度要求高的工件，研磨余量应取较大值。预加工的质量高，研磨量取较小值。研磨余量还应结合工件的材质、尺寸精度、工艺条件及研磨效率等来确定。研磨余量应尽量小，一般手工研磨不大于10μm，机械研磨也应小于15μm。

（4）研磨效率　研磨效率以每分钟去除表面层的厚度来表示。工件表面的硬度越高，研磨效率越低。一般淬火钢为1μm/min；合金钢为0.3μm/min；超硬材料为0.1μm/min。通常在研磨的初期阶段，工件几何形状误差的消除和表面粗糙度的改善较快，而后期则逐渐减慢，效率下降。这与所用磨料的粒度有关，磨粒粗，切削能力强，研磨效率高，但所得研磨表面质量低；磨粒细，切削能力弱，研磨效率低，但所得研磨表面质量高。因此，为提高研磨效率，选用磨料粒度时，应从粗到细，分级研磨，循序渐进地达到所要求的表面粗糙度。

2. 研具

研具是研磨剂的载体，游离的磨粒嵌入研具工作表面发挥切削作用。磨粒磨钝后，由于磨粒自身部分碎裂或结合剂断裂，磨粒从研具上局部或完全脱落，而研具工作面上的磨料不断出现新的切削刃口，或不断露出新的磨粒，使研具在一定时间内能保持要求的切削性能。同时研具又是研磨成形的工具，自身具有较高的几何形状精度，并将其按一定的方式传递到工件上。

（1）研具的材料

1）灰铸铁：晶粒细小，具有良好的润滑性；硬度适中，磨耗低；研磨效果好；价廉易得，应用广泛。

2）球墨铸铁：比一般铸铁容易嵌存磨料，可使磨粒嵌入牢固、均匀，同时能增加研具的耐用度，可获得高质量的研磨效果。

3）软钢：韧性较好，强度较高；常用于制作小型研具，如研磨小孔、窄槽等。

4）各种非铁金属及合金：如铜、黄铜、青铜、锡、铝、铅锡金等，材质较软，表面容易嵌入磨粒，适宜作软钢类工件的研具。

5）非金属材料：如木、竹、皮革、毛毡、纤维板、塑料、玻璃等。除玻璃以外，其他材料质地较软，磨粒易于嵌入，可获得良好的研磨效果。

（2）研具种类

1）研磨平板：用于研磨平面，有带槽和无槽两种类型。带槽的用于粗研，无槽的用于精研。模具零件上的小平面，常用自制的小平板进行研磨，如图5.2所示。

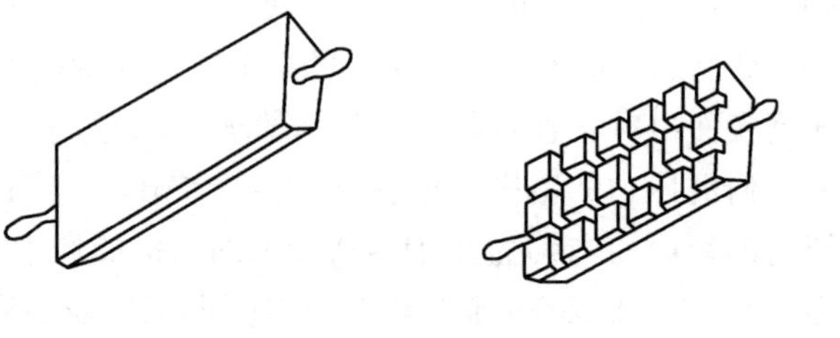

a)　　b)

图5.2　研磨平板

a）无槽的用于精研　b）有槽的用于粗研

2）研磨环：主要研磨外圆柱表面，如图5.3所示。研磨环的内径比工件的外径大0.025～0.05mm，当研磨环内径磨大时，可通过外径调节螺钉使调节圈的内径缩小。

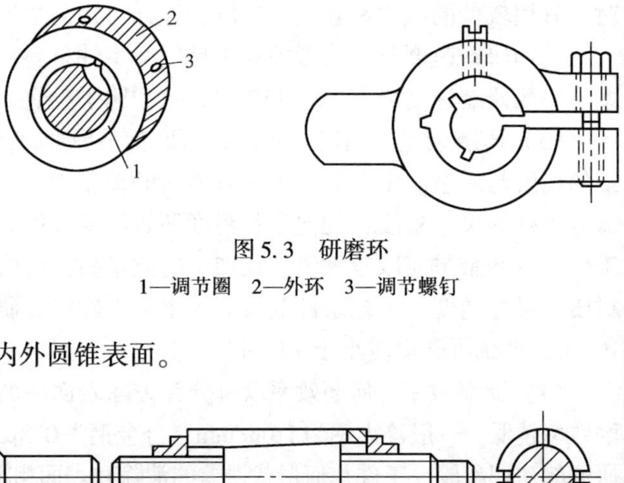

图5.3　研磨环

1—调节圈　2—外环　3—调节螺钉

3）研磨棒：主要用于圆柱孔的研磨，分固定式和可调式两种，如图5.4所示。固定式研磨棒制造容易，但磨损后无法补偿。研磨棒分有槽和无槽两种结构，有槽的用于粗研，无槽的用于精研。当研磨环的内孔和研磨棒的外圆做成圆锥形时，可用于研磨内外圆锥表面。

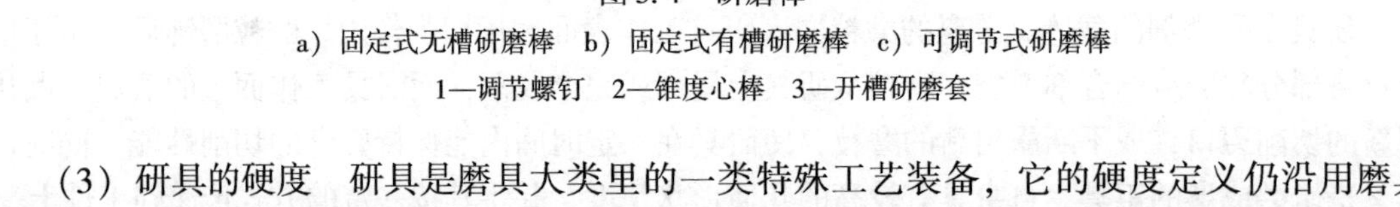

a)　　b)　　c)

图5.4　研磨棒

a）固定式无槽研磨棒　b）固定式有槽研磨棒　c）可调节式研磨棒

1—调节螺钉　2—锥度心棒　3—开槽研磨套

（3）研具的硬度　研具是磨具大类里的一类特殊工艺装备，它的硬度定义仍沿用磨具硬度的定义。磨具硬度是指磨粒在外力作用下从磨具表面脱落的难易程度，反映结合剂把持磨粒的强度。磨具硬度主要取决于结合剂的加入量和磨具的密度。磨粒容易脱落的表示磨具硬度低；反之，表示硬度高。研具硬度的等级一般分为超软、软、中软、中、中硬、硬和超硬7级。从这些等级中还可再细分出若干小级。测定磨具硬度的方法，较常用的有手锥法、机械锥法、洛氏硬度计测定法和喷砂硬度计测定法。在研磨切削加工中，若被研工件的材质硬度高，一般选用硬度较低的磨具；反之，则选用硬度较高的磨具。

3. 常用的研磨剂

研磨剂是由磨料、研磨液及辅料按一定比例配制而成的混合物。常用的研磨剂有液体和固体两大类。液体研磨剂由研磨粉、硬脂酸、煤油、汽油、工业用甘油等配制而成；固体研磨剂是指研磨膏，由磨料和无腐蚀性载体，如硬脂酸、肥皂片、凡士林等配制而成。

磨料一般应根据加工面所要求的表面粗糙度来选择。从研磨加工的效率和质量来说，要求磨料的颗粒要均匀。粗研磨时，为了提高生产率，用较粗的粒度，如W28～W40；精研磨时，用较细的粒度，如W5～W27；精细研磨时，用更细的粒度，如W1～W3.5。

（1）磨料　磨料的种类很多，表5.1为常用的磨料种类及其应用范围。

表5.1　常用的磨料种类及其应用范围

系　列	磨料名称	颜　色	应用范围
氧化铝系	棕刚玉	棕褐色	粗、精研钢、铸铁及青铜
	白刚玉	白色	粗研淬火钢、高速钢及非铁金属
	铬钢玉	紫红色	研磨表面粗糙度要求较低的表面、各种钢件
	单晶刚玉	透明、无色	研磨不锈钢等强度高、韧性大的工件
碳化物系	黑色碳化硅	黑色半透明	研磨铸铁、黄铜、铝等材料
	绿色碳化硅	绿色半透明	研磨硬质合金、硬铬、玻璃、陶瓷、石材等材料
超硬磨料系	金刚石	灰色至黄白色	研磨硬质合金、人造宝石、玻璃、陶瓷、半导体材料等高硬度难加工材料
	立方氮化硼	琥珀色	研磨硬度高的淬火钢、高钒高钼高速钢、镍基合金钢等
软磨料系	氧化铬	深红色	精细研磨或抛光钢、淬火钢、铸铁、光学玻璃及单晶硅等，氧化铈的研磨抛光效率是氧化铁的1.5～2倍
	氧化铁	铁红色	
	氧化铈	土黄色	

（2）研磨液　研磨液主要起润滑和冷却作用，要求具有一定的黏度和稀释能力；表面张力要低；化学稳定性要好，且对被研磨工件没有化学腐蚀作用；能与磨粒很好地混合，易沉淀研磨脱落的粉尘和颗粒物；对操作者无害，易于清洗等。常用的研磨液有煤油、机油、工业用甘油、动物油等。

此外，研磨剂中还会用到一些在研磨时起到润滑、吸附等作用的混合脂辅助材料。

4. 研磨机

研磨机是用涂上或嵌入磨料的研具对工件表面进行研磨的机床。它主要用于研磨工件中的高精度平面、内外圆柱面、圆锥面、球面、螺纹面和其他型面等。研磨机的主要类型有圆盘式研磨机、转轴式研磨机和各种专用研磨机。

（1）圆盘式研磨机　圆盘式研磨机有单盘和双盘两种，以双盘研磨机应用最为普遍。在双盘研磨机上，多个工件同时放入位于上、下研磨盘之间的保持架内，保持架和工件由偏心或行星机构带动作平面平行运动。下研磨盘旋转，与之平行的上研磨盘可以不旋转，或与下研磨盘反向旋转，并可上下移动以压紧工件（压力可调节）；此外，上研磨盘还可随摇臂绕立柱转动一角度，以便装卸工件；双盘研磨机主要用于加工两平行面、一个平面（需增加压紧工件的附件）、外圆柱面和球面（采用带V形槽的研磨盘）等；加工外圆柱面时，因工件既要滑动又要滚动，须合理选择保持架孔槽形式和排列角度。单盘研磨机只有一个下研磨盘，用于研磨工件的下平面，可使形状和尺寸各异的工件同盘加工，研磨精度较高。

（2）转轴式研磨机　由正、反向旋转的主轴带动工件或研具（可调式研磨环或研磨棒）旋转，结构比较简单，用于研磨内、外圆柱面。

（3）专用研磨机　根据被研磨工件的不同，可分为中心孔研磨机、钢球研磨机和齿轮研磨机等。此外，还有一种采用类似无心磨磨削原理的无心研磨机，用于研磨圆柱形工件。

5.2　模具的抛光

抛光是利用柔性抛光工具、微细磨料颗粒或其他抛光介质对工件表面进行的修饰加工，以去除前工序留下的加工痕迹，如刀痕、磨纹、麻点、毛刺等。抛光不能提高工件的尺寸精度或几何形状精度，而是以得到光滑表面或镜面光泽为目的。有时也用以消除光泽（消光处理）。抛光与研磨的机理是相同的，人们习惯上把使用硬质研具的加工称为研磨，而使用软质研具的加工称为抛光。按照不同的抛光要求，抛光可分为普通抛光和精密抛光。

5.2.1　抛光工具

抛光除可采用研磨工具外，还有适用于快速降低表面粗糙度值的专用抛光工具。

1. 辅助抛光工具

（1）电动直杆旋转式　手持电动直杆旋转式抛光工具如图5.5所示，安装有研磨抛光工具的夹头高速旋转实现研磨抛光。夹头上可以配置直径为2～12mm的特形金刚石砂轮，用于研磨抛光不同曲率的凹弧面，还可配置$R4 \sim R12$mm的塑胶研磨抛光套或毛毡抛光轮，用于研磨抛光复杂形状的型腔或型孔。

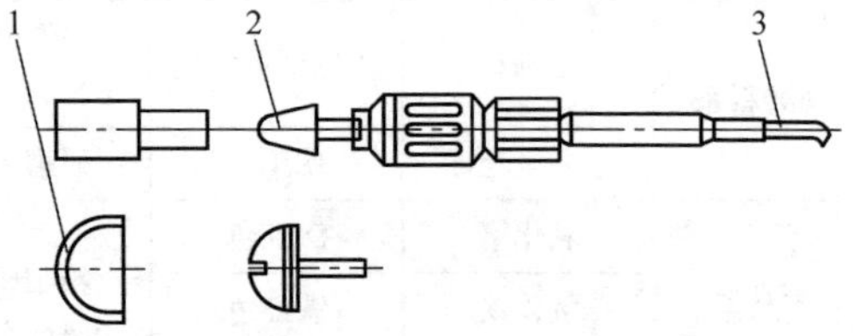

图5.5　手持电动直杆旋转式抛光工具

1—抛光套　2—砂轮　3—软轴

（2）电动弯头旋转式　手持电动弯头旋转式研磨抛光工具如图5.6所示，它可以伸入型腔，对有角度的拐槽、弯角部位进行研磨抛光加工。

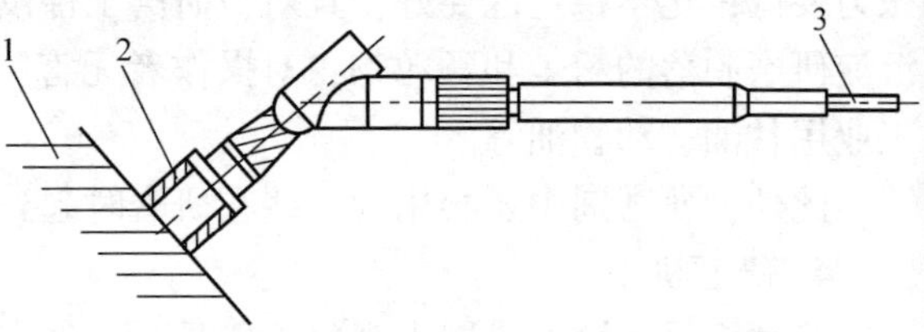

图5.6　手持电动弯头旋转式抛光工具

1—工件　2—研抛环　3—软轴

辅助研磨抛光工具可以提高研磨抛光效率，减轻劳动强度，但是研磨抛光质量仍取决于操作者的技术水平。

2. 磨石

磨石是用磨料和结合剂等压制烧结而成的条状固结磨具。磨石在使用时通常要加油润滑，因而得名。磨石一般用于手工修磨零件，也可装夹在机床上进行珩磨和超精加工。磨石有人造磨石和天然磨石两类。人造磨石由于所用磨料不同，有两种结构类型，如图5.7所示。

1）用刚玉或碳化硅磨料与结合剂制成的无基体的磨石，按其横断面形状可分为正方形、长方形、三角形、楔形、圆形和半圆形等，如图5.7a所示。

2）用金刚石或立方氮化硼磨料与结合剂制成的有基体的磨石，有长方形、三角形和弧形等，如图5.7b所示。

天然磨石是选用质地细腻又具有研磨和抛光能力的天然石英岩加工而成的，适用于手工精密修磨。

图5.7　磨石的分类

a）无基体磨石　b）有基体磨石

3. 砂纸

砂纸是由氧化铝或碳化硅等磨料与纸粘结而成的，主要用于粗抛光。按颗粒的大小，常用的砂纸有400#、600#、800#、1000#等型号。

4. 研磨抛光膏

研磨抛光膏是由磨料和研磨液组成的，分为硬磨料和软磨料两类。硬磨料研磨抛光膏中的磨料有氧化铝、碳化硅、碳化硼和金刚石等，常用粒度为240#磨粒，W40微粉等；软磨料研磨抛光膏中含有油质活性物质，使用时可用煤油或汽油稀释，主要用于精抛光。

5. 抛研液

抛研液是用于超精加工的研磨材料，由W0.5～W5粒度的氧化铬和乳化液混合而成。多用于外观要求极高的产品模具的抛光，如光学镜片模具等。

5.2.2　抛光工艺

1. 工艺顺序

首先了解被抛光零件的材料和热处理硬度，以及前道工序的加工方法和表面粗糙度等情况，检查被抛光表面有无划伤和压痕，明确工件最终的表面粗糙度要求，并以此为依据，分析确定具体的抛光工序，准备抛光用具及抛光剂等。

（1）粗抛　经铣削、电火花成形、磨削等加工后的表面经过清洗后，可以选择将工件在转速为35000～40000r/min的旋转表面抛光机或超声波研磨机上进行抛光。常用的方法是先利用ϕ3mm、粒度为400#的轮子去除白色电火花层或表面加工痕迹，然后用磨石加煤油作为润滑剂或冷却剂手工研磨，再用由粗到细的砂纸逐级进行抛光。对于精磨削的表面，可直接用砂纸进行粗抛光，然后再逐级提高砂纸的号数，直至达到模具表面粗糙度的要求。一般砂纸号数的使用顺序为180#→240#→320#→400#→600#→800#→1000#，也可选择从400#开始。

（2）半精抛　半精抛主要使用砂纸和煤油。砂纸的号数依次为：400#→600#→800#→1000#→1200#→1500#。一般1500#砂纸只适用于淬硬的模具钢（52HRC以上），而不适用于预硬钢，否则可能会导致预硬钢件表面烧伤。

（3）精抛　精抛主要使用研磨膏。用抛光布轮混合研磨粉或研磨膏进行研磨时，通常的研磨顺序是1800#→3000#→8000#。1800#研磨膏和抛光布轮可用来去除1200#和1500#砂纸留下的发状磨痕。接着用粘毡和钻石研磨膏进行抛光时，顺序为14000#→60000#→100000#。精度要求在1μm以上（包括1μm）的抛光工艺，在模具加工车间中的一个清洁的抛光室内即可完成。若要进行更加精密的抛光，则必须有一个绝对洁净的空间。灰尘、烟雾、头皮屑等都有可能报废经数小时工作所得到的高精密抛光表面。

2. 工艺措施

（1）工具材质的选择　用砂纸抛光需要选用软的木棒或竹棒。在抛光圆弧面或球面时，使用软木棒可更好地配合圆弧面和球面的弧度；而较硬的木条适用于平整表面的抛光。修整木条的末端使其能与钢件表面形状保持吻合，以避免木条（或竹条）的锐角接触钢件表面而造成较深的划痕。

（2）抛光方向的选择和抛光面的清理　当换用不同型号的砂纸抛光时，抛光方向应与上一次的抛光方向变换30°～45°，使前一种型号砂纸抛光后留下的条纹阴影可分辨出来。对于塑料模具，最终的抛光纹路应与塑件的脱模方向一致。

在换不同型号砂纸之前，必须用脱脂棉蘸取酒精之类的清洁液对抛光表面进行仔细的擦拭，不允许有上一工序的抛光膏进入下一工序（尤其在精抛阶段）。从砂纸抛光换成钻石研磨膏抛光时，清洁过程更为重要。在抛光继续进行之前，所有颗粒和煤油都必须被完全清洁干净。

（3）抛光中可能产生的缺陷及解决办法　在研磨抛光过程中，不仅工作表面要求洁净，工作者的双手也必须仔细清洁。每次抛光时间不应过长，时间越短，效果越好。如果抛光过程进行得过长，将会造成“过抛光”（产生“橘皮”和“点蚀”现象），表面反而更粗糙。为获得高质量的抛光效果，容易发热的抛光方法和工具都应避免使用，如抛光中产生的热量过多和抛光用力过大都会造成“橘皮”，而材料中的杂质如果在抛光过程中从金属组织中脱离出来，会形成“点蚀”等。

解决上述缺陷的办法有：提高被抛光工件的表面硬度；采用软质的抛光工具或工件采用优质的合金钢材；在抛光时施加合适的压力，并用最短的时间完成抛光。

抛光过程停止后，必须保证工件表面洁净，仔细去除所有研磨剂和润滑剂，同时应在表面喷淋一层模具防锈涂层。

3. 影响模具抛光质量的因素

由于一般抛光操作主要还是靠人工完成，所以操作者的抛光技术是影响抛光质量的主要因素。除此之外，还与模具材料、抛光前的表面状况、热处理工艺等有关。

（1）不同的工件表面硬度对抛光工艺的影响　硬度增高使抛光研磨的难度增大，但抛光后的表面粗糙度值降低。由于工件硬度增大，要达到较低表面粗糙度值所需的抛光时间相应增长。同时硬度增高，抛光过度的可能性相应减少。

（2）工件表面状况对抛光工艺的影响　钢材在机械切削加工的过程中，表层会因热量、内应力或其他因素而使工件表面状况不佳而电火花加工后表面会形成硬化薄层。因此，抛光前最好增加一道粗磨工序，彻底清除工件表面状况不佳的表面层，为抛光加工提供一个良好的基础。

5.2.3　其他研磨抛光方法

1. 电化学抛光

化学抛光是把材料在化学介质中使表面微观凸出的部分、微观凹坑部分优先溶解，从而得到平滑的表面。这种方法的主要优点是不需要复杂的设备，可以抛光形状复杂的工件，而且可以同时抛光很多工件，生产效率高。电化学抛光的核心问题是抛光液的配制和环境保护。图5.8所示为整体电化学抛光示意图。

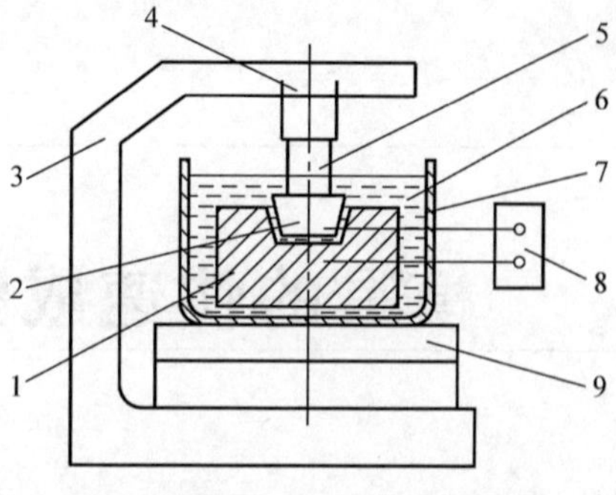

图5.8　整体电化学抛光示意图

1—工件　2—工具　3—床身　4—伺服机构　5—进给主轴　6—电解液　7—电解槽　8—电源　9—纵横工作台

电化学抛光过程分为两步：

第一步：宏观平整。溶解产物向电解液中扩散，材料表面粗糙度值下降，*Ra* 大于1μm。

第二步：微光平整。阳极极化，表面光亮度提高，*Ra* 小于1μm。

2. 超声抛光

将工件放入磨料悬浮液中，并将其一起置于超声波场中，依靠超声波的振荡作用，使磨料在工件表面磨削抛光。超声抛光宏观力小，不会引起工件变形，但工装制作和安装较困难。超声波加工可以与化学或电解方法结合使用。在溶液腐蚀、电解的基础上，再施加超声波振动搅拌溶液，使工件表面溶解产物易于脱离，并使表面附近的腐蚀或电解质均匀；超声波在液体中的空化作用还能够抑制腐蚀过程，利于表面光亮化。图5.9所示为超声抛光原理示意图。

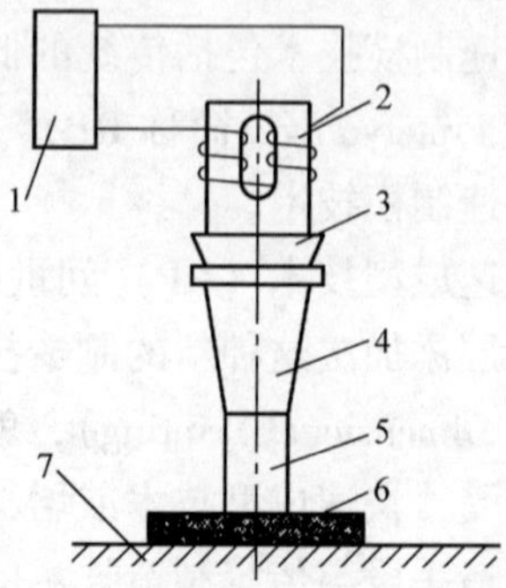

图5.9　超声抛光原理示意图

1—超声发生器　2—超声换能器　3、4—变幅杆　5—工具　6—磨料悬浮液　7—工件

3. 磁研磨抛光

磁研磨抛光是利用磁性磨料在磁场作用下形成磨料刷，对工件进行磨削加工。这种方法加工效率高，质量好，加工条件容易控制，工作条件好。若采用合适的磨料，表面粗糙度可以达到 *Ra*0.1μm。

4. 流体抛光

流体抛光是依靠高速流动的液体及其携带的磨粒冲刷工件表面以达到抛光的目的。常用的流体抛光方法有：磨料喷射加工、液体喷射加工、流体动力研磨等。流体动力研磨由液压系统驱动，使携带磨粒的液体介质高速往复流过工件表面。介质主要采用在较低压力下流过性好的特殊化合物（聚合物状物质）与磨料混合制成，磨料可采用碳化硅粉末。

思考题与习题

1. 简述模具研磨与抛光的目的。
2. 简述研磨与抛光的基本原理及分类。
3. 简述如何选择研磨工具和确定研磨余量。
4. 确定是否选用抛光工艺的依据是什么？
5. 抛光方向如何选择？抛光中可能产生的缺陷是什么？简述缺陷产生的主要原因及防止措施。
6. 研磨抛光能否提高工件的尺寸精度和几何形状精度？

第6章

模具的快速成型及快速制模技术

随着生产技术的进步以及新材料和先进设备的出现，使得市场竞争日趋激烈。各生产厂家为缩短产品的研发、生产周期，降低生产成本和风险，使得快速成型及快速制模技术在生产中逐步得到应用。

快速制模技术包括传统的低熔点合金模制造技术、电铸模具制造技术和以快速成型技术（Rapid Prototyping，简称 RP）为基础的快速制模技术。本章重点介绍以快速成型技术为基础的快速制模技术。

快速成型技术（RP）问世以来，已显示出相当大的市场前景，发展非常迅速。人们对材料逐层添加法这种新的制造技术已逐步适应。目前工业上广泛使用的三维打印也称作 3DP（Three Dimensional Printing），就是使用了快速成型的某一类或几类技术，由于其概念更易为人们接受，快速成型技术或增材制造技术都被统称为三维打印成型技术。制造业利用这种现代化制造手段与传统制造技术的接轨工作也进展顺利。有效地结合数控加工、铸造、金属冷喷涂、硅胶模等制造技术，使快速成型技术成为现代模型、模具和零件制造的强有力手段。在航空、航天、汽车、摩托车、家电、医疗器械等领域得到了广泛应用。

6.1 快速成型制造技术的基本原理与特点

6.1.1 快速成型制造技术的基本原理

1. 快速成型制造技术的概念

快速成型制造技术（Rapid Prototyping & Manufacturing，简称 RPM），在 20 世纪 80 年代中期由欧美、日本等工业发达国家提出，旨在解决常规机械加工或手工加工无法解决的问题。快速成型制造技术是多学科、多技术的交叉产物，融合了机械工程、材料科学、计算机技术、数控、光学技术等前沿技术。全世界大约有数百家专门研究机构进行这方面的研究。快速成型制造技术可实现低成本、高生产率及短周期的生产特点；从设计和工艺的角度出发，可以设计形状复杂的零件，而无需受时间、成本、可制造性方面的限制，如图 6.1 所示。

根据材料的分离形式快速成型制造技术可分为两类：

（1）材料去除成型　材料去除成型是将多余的材料（工艺余料）从基体上分离出去，从而得到想要加工的模型形状，它是当前的主要加工方式，也是应用最为广泛的加工方法。

（2）材料堆积成型　材料堆积成型是将材料通过合理的工艺方法堆积出想要加工的模型。该模型的堆积过程是在计算机的控制下完成的，因此在理论上可以成型任意形状的模型。

图6.2所示为快速成型制造技术所涉及的主要工艺和设计内容。

2. 快速成型技术的基本原理

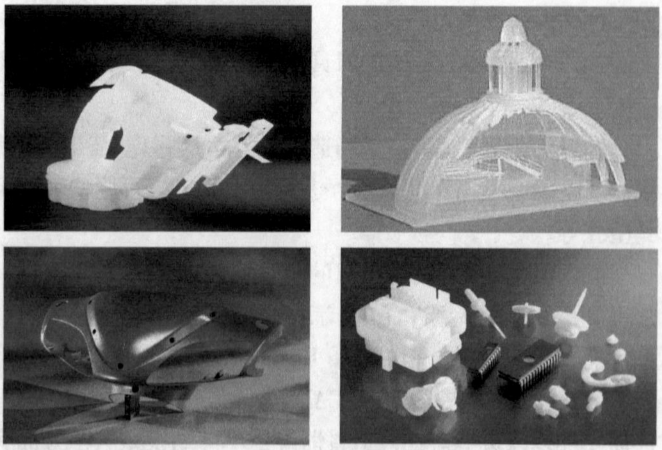

图6.1　快速成型技术制造的产品

快速成型技术（RP）是基于离散/堆积的分层成型制造思想，通过离散获得堆积的约束、顺序和方式，使材料叠加堆积而形成三维实体模型。快速成型技术（RPT）将CAD、CAM、CNC、伺服反馈技术、光电子技术、新材料等技术集于一体，依据CAD系统构建的三维模型，进行分层切片处理，得到各层切面的轮廓。得到的轮廓再作为原始加工数据，激光束按照相应的轮廓切割一层层的粉末材料（或固化的一层层液态树脂或纸料）。也可以是喷头按照轮廓喷射一层层的粘结剂或热熔材料（如塑料），从而形成各个切面，并逐步累加得到三维模型的产品。它将复杂的三维加工简化成若干二维平面加工的组合。相对于传统的加工方式，省去了许多工序，缩短了生产周期，降低了加工成本。图6.3所示是快速成型原理图。

- 快速成型技术
  - 输入
    - 模型的原件 → 采集数据电云 → 产品逆向工程
    - CAD模型（曲面、实体）→ IGES、STL、CLI等模型文件
    - （以上）薄片／层资料
  - 材料
    - 按形态分类：薄片、颗粒、线、粉末、液体
    - 按材质分类：纸、树脂、尼龙、塑料　陶瓷
  - 应用
    - 设计
    - 工程与分析
    - 加工与制造
    - （以上）应用行业：航空、航天、汽车、医疗、消费产品
  - 方法
    - 光硬化
      - 单激光光束
      - 双激光光束
      - 光罩曝光
    - 剪切与粘接
    - 熔接与固合
    - 黏着

图6.2　快速成型技术的主要内容

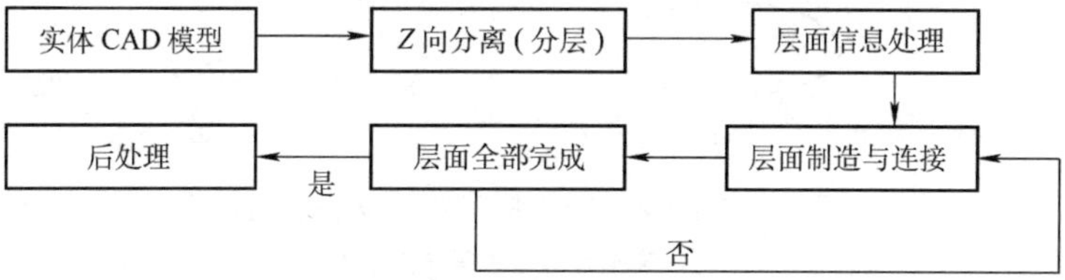

图6.3　快速成型原理图

3. 快速成型技术的基本特点

快速成型技术系统将CAD、CAM等加工方式集于一体，其应用特点如下：

1）用于新产品开发：通过RP技术，设计人员可以在较短的时间内得到所设计产品的实物模型、评估该产品的可行性。

2）产品的加工不使用刀具：采用数控技术控制多层叠料得到产品，因而材料得到了最大化应用。

3）应用快速制造技术制造模具：可通过电铸、电弧喷涂技术将塑料件制成金属模具；可把快速成型的原型当作消失模，进行精密铸造；可用快速成型技术制造石墨电极，用该电极加工模具型腔等。

4）不需要前期制作专门的工装：该加工方式对于批量、小量、单件产品均可用相同的方式加工。特别适用于新产品的试制，对控制成本、减小风险有着重要作用。

5）在逆向工程（Reverse Engineering）中有着广泛的应用：应用激光扫描、自动断层扫描等技术，将得到的数据构建成CAD模型，然后再用于RP加工，可以将现有的产品复制，或按照生产需要加以改进等。在人造骨骼等手术计划模型医学方面有着广泛的用途。

6.1.2 快速成型加工的特点

与传统的加工方式相比，快速成型在加工周期和成本方面都有着无可比拟的优势，它突破了毛坯→切削加工→成品的传统加工模式，不用刀具加工零件，基本上无废料。图6.4所示为传统加工方式和快速成型制造的工艺流程的对比，快速成型工艺具有以下优点：

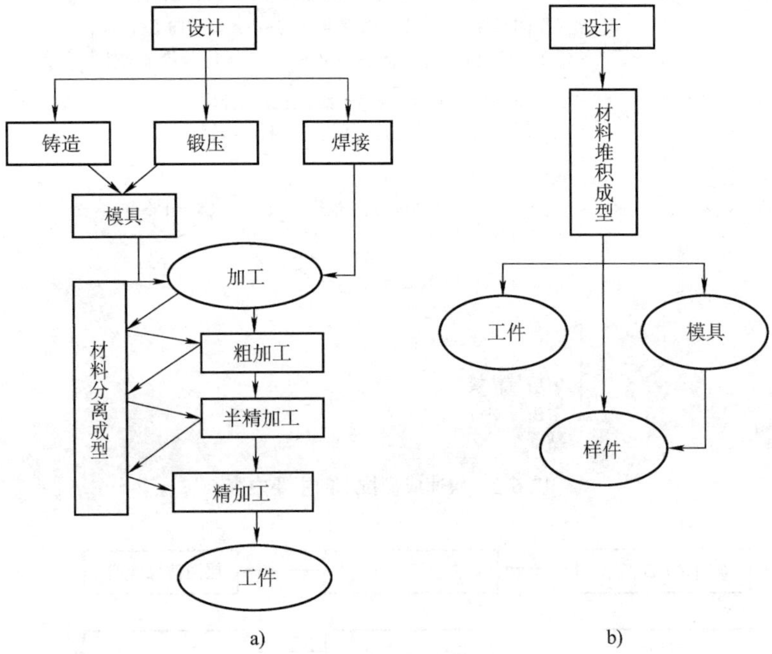

图6.4 传统加工与快速成型的工艺流程对比

a）传统加工 b）快速成型加工

1）可迅速制造出自由曲面和更为复杂的零件，不用担心常规加工不能加工的区域。

2）由于快速成型工艺为非接触加工，因此，不需要专门的刀具、夹具等工装，也不用担心常规加工时的机床振动。

3）可实现无人值守的完全自动化。

4）加工效率高，能快速制作出产品的实体模型和模具。

6.1.3　快速成型常用软件介绍

由于快速成型要求在加工前，计算机上要有三维的数字化模型，以供切片处理。因此对于快速成型的CAD系统，都要求有较强的三维处理能力。三维模型的处理能力主要体现在两个方面：三维实体造型（Solid Modeling）功能和表面造型（Surface Modeling）功能。表面造型功能对构造复杂的自由曲面有着重要的作用。快速成型行业中常用的软件有：Pro/Engineer（PTC）、Autocad（Autodesk）、Unigraphics（SIEMENS）、CATIA（Dassault）等。

1. 三维模型的表达方法

随着计算机辅助设计（CAD）技术的发展，出现了许多三维模型的表达方法，其中常见的有以下几种：

（1）构造型立体几何表达法（Constructive Solid Geometry，简称CSG）　构造型立体几何表达法用布尔（Boole）运算法则（并、交、减），将一些简单的三维几何基元（如立方体、圆柱体、环、锥体）予以组合，变化成复杂的三维模型实体。

（2）边界表达法（Boundary Representation，简称B-rep）　边界表达法根据顶点、边和面构成的表面来精确地描述三维模型实体。此方法的优点是：能快速地绘制立体或线框模型；缺点是：它的数据是以表格形式出现的，空间占用量大，修改设计不如CSG法简单。

（3）参量表达法（Parametric Representation）　对于自由曲面，难以用传统的几何基元来进行描述，可用参量表达法来描述。这种方法借助于参量化样条、贝塞尔曲线和B样条来描述自由曲面，其中较理想的一种是非均匀有理B样条（NURBS）法，它能表达复杂的自由曲面，允许局部修改曲率，能准确地描述几何基元。

为了综合以上方法的优点，现代CAD系统常采用CSG、B-rep和参量表达法的组合表达法。

（4）单元表达法（Cell Representation）　单元表达法起源于分析（如有限元分析）软件，在这些软件中，要求将表面离散成单元。典型的单元有三角形、四边形或多边形。在快速成型技术中，采用的三角形近似（将三维模型转化成STL格式文件）就是一种单元表达法在三维表面的应用形式。

2. 快速成型技术中常用的文件格式

（1）IGES/IGS（International Graphics Exchange Standard）　它是最早的一种标准，大部分CAD软件供应商所采用的国际标准数据转换格式。但是，在IGES的发展过程中，出现了不同的分支，而且各个供应商对IGES标准的理解不同，出现了多个CAD系统的IGES文件标准。

（2）STEP（Standard for The Exchange of Product）　这是一种近年来逐步国际化的标准，现在已被绝大多数软件供应商所采用。

（3）STL（Stereolithography Interface Specification）　它是目前快速成型中最常见的一种文件格式，也被大多数CAD供应商所采用。如同CAE软件中的网格划分，STL是将CAD模型离散成若干小三角形的平面组合。该方法对几何体的描述依赖于三角形的划分，通常，对于细部特征需要较密的三角形，因而对于微小的细部特征可能描述不到或不清楚。现代快速成型制造中，越来越多的专家学者试图用其他文件甚至专用软件来描述

CAD 的实物模型，以便于模型前处理：如模型拓扑优化、模型转换、模型的分割/合并及模型的切片处理等。

6.2　快速成型加工的方法

6.2.1　光固化立体成型（SLA——Stereo Lithography Apparatus）

光固化立体成型工艺方法也称为液态光敏树脂选择性固化，是一种最早出现的快速成型技术（RPT），它的工艺原理如图 6.5 所示。液槽中盛满液态光敏树脂 3，它在激光束的照射下快速固化。成型开始时，可升降工作台 6 使其处于液面下一个很厚的地方；聚焦后的紫外激光束在计算机的控制下按截面轮廓进行扫描，使扫描区域的液态树脂固化，形成该层面的固化层，从而得到该截面轮廓的薄片；然后工作台下降一层的高度，其上覆盖另一层液态树脂，再进行第二层的扫描固化，与此同时，新固化的一层牢固地粘接在前一层上，如此重复，直到整个产品完成。一般截面层厚度在 0.076 ~ 0.038mm 之间。工件从料槽中取走后还需进行后固化，在工作台和工件取下后，将多余的树脂用溶剂清洗，工件放入专门的后固化装置，经过一段时间的曝光处理后，工件才能完全固化。而后固化时间的长短视材料、工件的大小和形状的复杂程度而定。最后进行相应的打光、电镀、喷涂、着色等工艺措施。

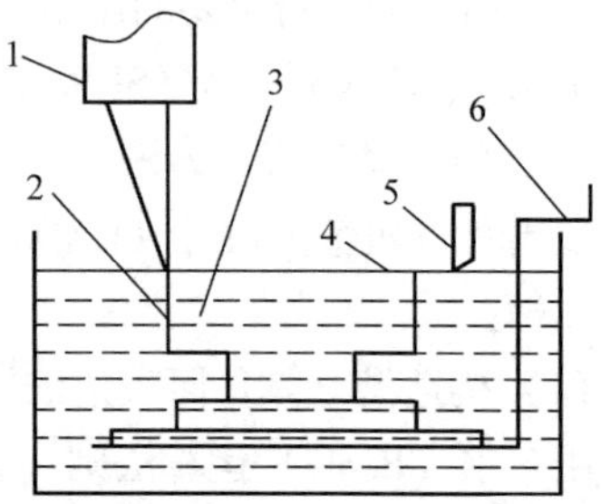

图 6.5　光固化立体成型工艺原理
1—激光发生器　2—成型零件　3—光敏树脂
4—液体面　5—刮平器　6—可升降工作台

光固化立体成型也是最早投入商业应用的快速成型技术，相对于其他成形方式，光固化主体成形加工技术较成熟，能制造精度较高的工件，一般情况下加工精度可控制在 0.1mm 的范围内。

光固化立体成型方法适合成型小件，能直接得到塑料产品，表面质量较好，并且由于紫外激光波长短（如 He-Cd 激光器，$\lambda = 325$nm），可以得到很小的聚焦光斑，从而得到较高的尺寸精度。

其缺点是：

1）需要设计支撑结构，才能确保在成型过程中制件的每一个结构部分都能可靠定位。

2）成型中有物相变化，翘曲变形较大，也可以通过支撑结构加以改善。

3）原材料有污染，可能使操作者皮肤过敏。

6.2.2　叠层实体制造（LOM——Laminated Object Manufacturing）

叠层实体制造也称薄形材料选择性切割，是近几年才发展起来的一种快速成型技术。叠层实体制造法工艺过程原理如图 6.6 所示。展开装置首先将涂有热熔胶的箔材带（如涂覆纸、涂覆陶瓷箔、金属箔、塑料箔）8，经热压辊 6 加热后，一段段送至工作台上方。激光切割系统根据三维模型提取的每一个横截面的轮廓，在计算机的控制下，用 CO_2 激光束对工作台上的箔材沿轮廓线切割出所制制件的内外轮廓，制件轮廓以外的区域被切割成小方块，成为废料。在该层切割完成后，工作台下降相当于一个纸厚的高度，然后将新的一层纸平铺在刚成形的表面上，通过热压装置将其与已切割的型面粘接在一起，激光束再一次进行新的轮廓切割，以此逐步得到各层截面；并粘接在一起，形成三维产品。该工艺材料的厚度一般在0.07~0.15mm之间。由于激光束只需扫描面轮廓，成型速度较快。制件完成后用聚氨酯喷涂即可。

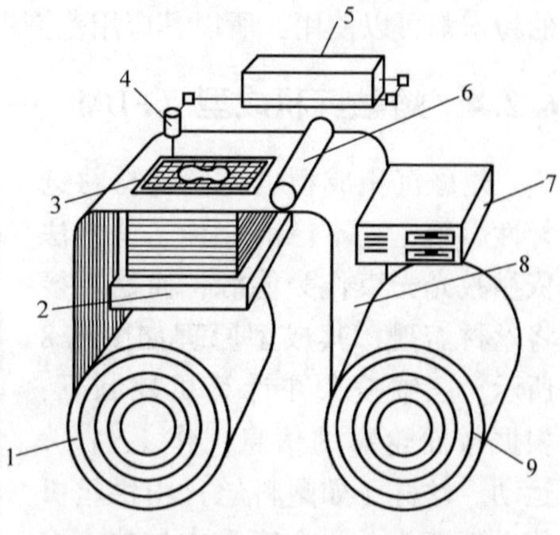

图6.6 叠层实体制造法工艺过程原理图
1—收纸辊 2—升降工作台 3—加工平面
4—定位装置（切割头） 5—激光器 6—热压辊
7—计算机 8—箔材带 9—展开辊

扫描器件可采用直线单元，适合于大件的加工；也可采用振镜扫描方式，这种方法适合成形大、中型零件，翘曲变形小，成型时间较短，但尺寸精度不高，材料浪费大，且清除废料较困难。目前，该方法选用的原材料种类较少，尽管可选用若干种类的材料，如涂覆纸、涂覆陶瓷箔、金属箔、塑料箔以及其他合成材料，但目前常用的只有纸，其他材料还在研制开发中。

6.2.3 选择性激光烧结（SLS——Selected Laser Sintering）

选择性激光烧结采用CO_2激光器对粉末材料（如蜡粉、PS粉、ABS粉、尼龙粉、金属粉、覆膜陶瓷粉）进行选择性烧结，是一种将离散点一层一层堆积成三维实体的工艺方法，其结构原理如图6.7所示。

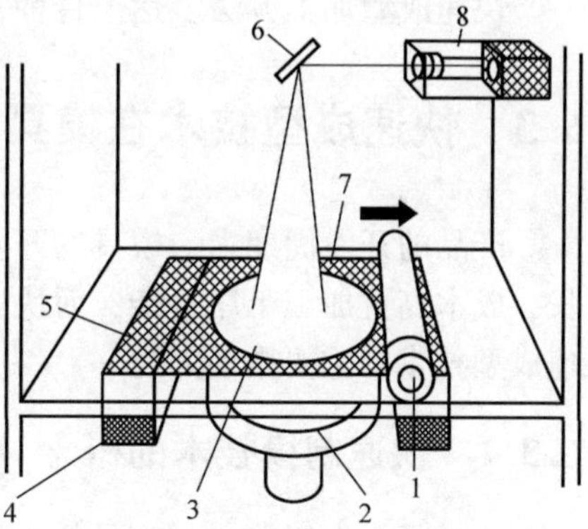

图6.7 选择性激光烧结原理图
1—沉积粉末滚子 2—活塞 3—烧结零件
4—供粉盒 5—粉末沉积层 6—扫描镜
7—周边粉末支撑着零件 8—激光器

选择性激光烧结成型时，先将充有氮气的工作室升温，并保持在粉末的熔点之下。成型时，送料筒上升，铺粉滚筒移动，先在工作台上均匀地铺上一层很薄的粉末材料0.1~0.2mm；激光束在计算机的控制下，按照CAD模型离散后的截面轮廓的信息，对制件的实体部分所在区域的粉末进行烧结，使粉末熔化形成一层固化轮廓；一层烧结完成后，工作台下降一个层厚，再进行后一层的铺粉烧结，如此循环，最终形成三维产品；最后经过5~10h的冷却，可取出工件。没有烧结的粉末对正在烧结的工件可起支撑作用，取出工件后未烧结的粉末可重复利用。

这种成型方法适用于成型中、小型零件，能直接制造蜡模或塑料、陶瓷和金属产品。制件的翘曲变形比SLA工艺小。这种工艺要对实心部分进行填充式扫描烧结，因此成型时间较长。零件表面粗糙度的高低受到粉末颗粒和激光束大小的限制。零件的表面一般是多孔的，后处理比较复杂。

该方法可烧结覆膜陶瓷粉和覆膜金属粉，得到成型件后，将制件置于加热炉中，烧掉其中的粘结剂，并在孔隙中渗入填充物（如铜）。它的最大特点在于使用材料广泛，几乎所有的粉末都可以使用，所以其应用范围也很广泛。

6.2.4　熔融沉积成型（FDM——Fused Deposition Modeling）

熔融沉积成型也称丝状材料选择性熔覆，它不像前几种工艺方法依靠激光光束作为能源，而是直接将丝材熔融，其成型原理如图6.8所示。三维喷头在计算机控制下，根据截面轮廓的信息，作x、y、z运动。丝材（如塑料丝）由供丝机构送至喷头，并在喷头中加热、熔化到略高于其熔点的温度，达到半流动状态，然后被选择性的涂覆在工作台上，快速冷却后形成一层截面；一层完成后，工作台下降一层厚，再进行后一层的涂覆，如此循环，形成三维产品。层厚一般在0.025～0.762mm之间。

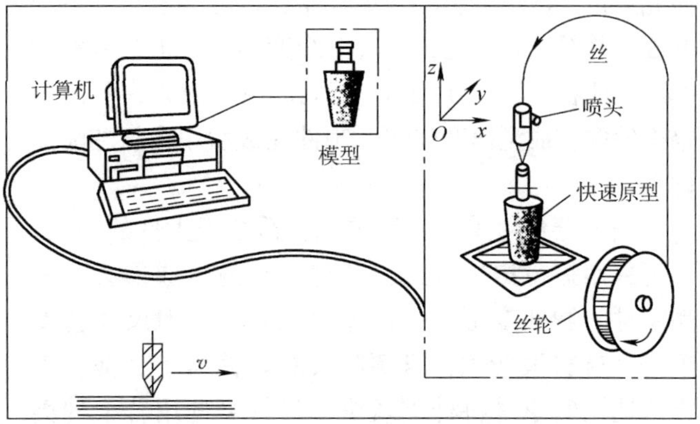

图6.8　熔融沉积成型原理图

这种成型方法成型速度较慢，适合成型小塑料件，特别是瓶状和中空零件。该方法工艺简单，费用较低，制件的翘曲变形小，但需要设计支撑结构，成型精度较低，难以构建结构复杂的零件。为提高成型速度，可采用多个热喷头同时进行涂覆，以提高成型效率。

快速成型加工方法多达上百种，实际生产中，以上几种工艺方法最为常用。

6.3　快速成型技术在模具制造中的应用

产品的开发周期中，模具的开发周期占了很大比重。由于传统的模具制造过程时间消耗长、成本高且加工工序复杂，而快速制模技术正是在这种背景下出现的，并且已逐渐成为快速成型技术的重要推动力之一。

6.3.1　快速制模技术的概念

在模具开发以前，对产品的生产投放始终要考虑其成型工艺的可行性，也就是产品能不能做得出来。在对工艺可行性并不明朗的情况下，商家一般不会投入巨资进行产品开发，因为模具的报废不只是模具成本、加工成本的损失，更为重要的是在这个过程中耽误了对市场节奏的把握，会相当被动。采用快速成型技术，加工时间可控制在几天之内，成本也会降低很多。快速成型技术在模具制造中的应用称为快速模具制造技术，简称快速制模技术。快速成型及快速模具制造技术不仅适用于小批量生产的模具，而且可以应用于各种复杂程度的模具制造。同传统的模具制造工艺方法相比，它的制造时间为传统工艺的1/10～1/3，而成本大概只有传统工艺的1/5～1/3。

6.3.2　快速制模技术的分类及应用

快速制模技术可以分为直接制模和间接制模，主要应用于塑料模和金属铸造模的制造。

图6.9所示为快速制模技术的实现方法。

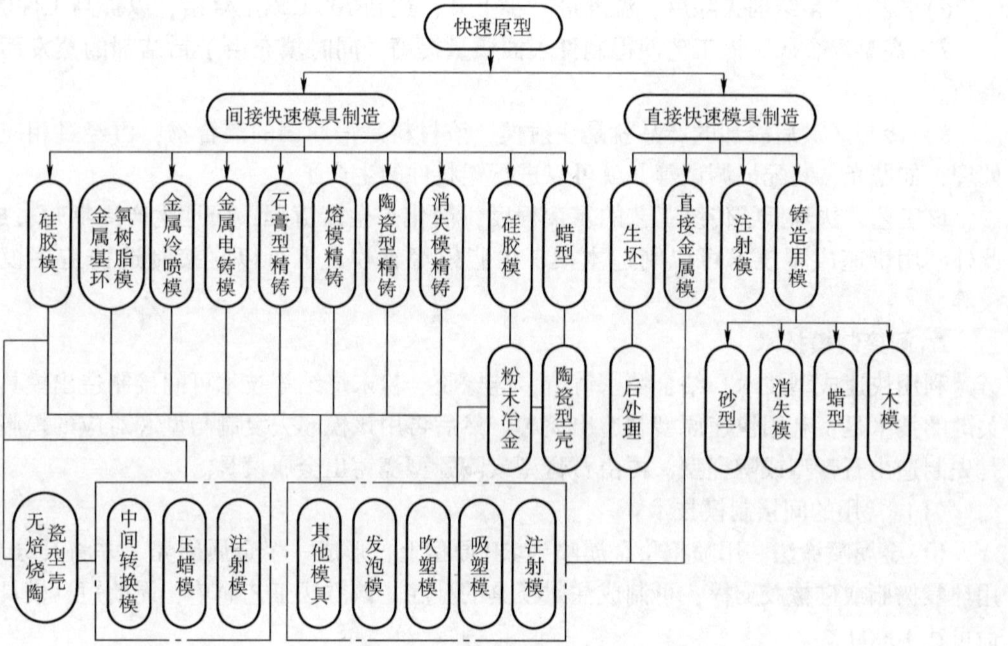

图6.9　快速制模技术

1. 直接快速制模技术

（1）直接快速制模技术的工艺方法

1）利用SLA、SLS、LOM等技术直接将CAD模型加工成有一定力学性能要求的非金属原型（产品），并作为软模使用。该工艺方法也称作软模技术，多用于小批量的塑料零件的生产，如产品试制、产品概念设计、测试等。

2）通过快速成型技术将含有粘结剂的金属粉、金属悬浮液、带有金属离子的塑料丝成型为半成品，再经过粘结剂的去除、渗金属等后续工艺制造模具。该类模具可用于中等产量的塑料零件和蜡模生产。

3）直接以快速成型技术生产金属模具。该工艺方法通常采用金属粉末激光烧结成型技术，加工成本较高，目前主要用于带冷却水道的型芯或型腔产品加工。

直接快速制模技术的工艺方法现在已为许多公司、科研机构所采用。它的成形工艺比较简单，一般的激光烧结快速成型设备就可以满足，运行成本较低，便于推广。

（2）直接快速制造金属模具的工艺流程

1）准备模具的三维CAD数据模型。

2）激光快速成型。先在粉末颗粒外面包覆粘结剂，制成覆膜金属；然后再利用快速成型机激光加热，让覆膜金属熔化，使得金属颗粒之间相互粘接，完成第一个层面的加工。

3）逐层铺粉。逐层烧结，最后制造出三维实体的实物。

4）去粉。用毛刷轻轻去除多余的粉末（粉末可以重复使用），此时金属颗粒只是粘接在一起，零件的强度可能还不够。

5）去粘结剂。在快速成型机内成型后，接着就是脱脂（去粘结剂）的后处理。温度大概在500℃左右。

6）烧结。粘结剂去除后，温度进一步上升，达到700℃以上烧结，以提高工件的强度。

7）高温渗金属。该工艺使得制件表面质量提高，同时填充由于粘结剂的蒸发而留下的空隙。

8）冷却。最后冷却的产品就是注射模，该材料是钢和铜的混合物，再经过相应的工序处理，如抛光、装配、调试等，就可以进行塑料件的生产了。

该工艺方法降低了传统工艺的复杂程度，简化了生产流程，而且生产周期短，成本低。此外利用快速成型技术可以制造木模、树脂模等软模，也可以直接制造铸造用模，如熔模等。

2. 间接制模技术

利用快速成型技术，结合精密铸造、硅橡胶、粉末烧结等技术可间接制造出模具。其最关键的技术是：利用快速原型制造出模芯，然后再用该模芯去复制与型芯对应的模膛。一般是先制造出石膏型或陶瓷型，再由石膏型或陶瓷型浇铸出金属模具。

（1）常用的间接制模技术

1）金属喷涂法。用喷枪将金属喷到RP原型上，形成一个金属硬壳，并将其分离下来，用环氧树脂或硅橡胶支撑，可制成注射模具的型腔。该方法工艺简单，周期短，模具使用寿命可达10000次。

2）硅橡胶模法。以原型为样件，将液体硅胶按照快速成型母模的分型线依次浇铸，等到固化好后，再去掉母模，形成硅橡胶模。硅橡胶模可作为试制和小批量生产用注射模，其寿命为10～80件。

3）熔模精铸（失蜡铸造）。熔模精铸的优势就是可利用模型制造复杂的零件，快速成型技术的优势是能迅速制造出模型，二者的结合就可制造出无需机械加工的复杂零件。其制造过程是在快速原型的表面涂覆陶瓷耐火材料，焙烧时，烧掉原型而剩下陶瓷型壳。向型壳中浇注金属液，冷却后即可得金属件。使用该方法制造的制件表面光洁。如批量较大，可由RPM原型制得硅橡胶模，再用硅橡胶模翻制多个消失模，该方法用于精密铸造。

4）陶瓷型或石膏型精铸型腔。用快速成型系统制造母模，并浇注硅橡胶、环氧树脂或聚氨酯等软材料，构成软模；移去母模，在软模中浇注陶瓷或石膏，得到陶瓷或石膏模；再在陶瓷或石膏模中浇注钢液，得到所需要的型腔。型腔经表面抛光后，加入相关的浇注系统或冷却系统等，即成为可批量生产用的注射模。

该方法得到的铸型有良好的复印性、较好的表面粗糙度以及较高的尺寸精度，特别适合于零件小批量的生产、复杂形状零件的整体成型等制造。

（2）用间接制模技术制造环氧树脂模具　环氧树脂模具与普通模具相比，区别只是在型腔部位采用环氧树脂。其模具的制造工艺流程如下：

1）根据实体构建三维实体数字化模型、模框。

2）模型的表面处理（打磨）。

3）选择设计分型面，保证制件能顺利脱模。

4）分型面与原型面涂抹脱模剂。

5）刷胶衣树脂。

6）浇注凸、凹模。

7）固化，取出原型后修模。

采用环氧树脂模具与传统的注射模具相比，成本只有几分之一，生产周期很短，可满足中、小批量的生产。

6.4 电铸模具

6.4.1 电铸工艺的原理

电铸的原理和电镀的原理相同，是在母模表面上，通过电镀的原理获得适当厚度的金属层，该金属层从母模上分离出来，从而形成所需的型面。图6.10所示为电铸成型原理图，其工艺方法有电铸镍、电铸铜、电铸铁，这几种工艺方法的比较如下：

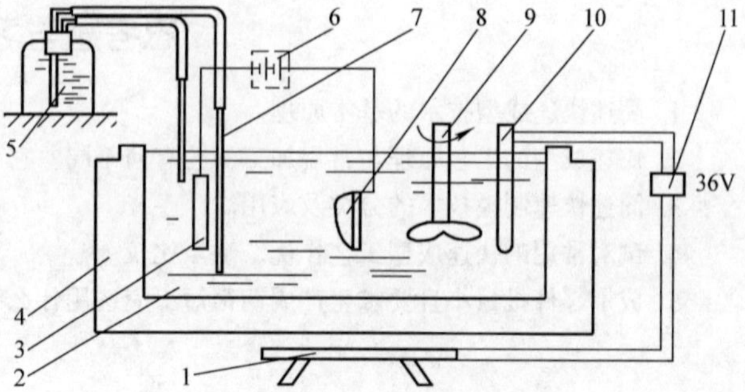

图6.10　电铸成型原理

1—加热器　2—电铸液　3—阳极　4—电铸槽
5—蒸馏水瓶　6—直流电源　7—玻璃管　8—母模
9—搅拌器　10—温度计　11—温度控制器

1）电铸镍。优点：表面质量好，制件的机械强度和硬度较高；缺点：制造周期长，成本高。

2）电铸铜。优点：导电性好，操作方便，成本低；缺点：机械强度和耐磨性差，不耐酸，易氧化。

3）电镀铁。优点：成本低；缺点：易腐蚀，质地松软。

6.4.2 电铸成型的工艺特点

电铸成型工艺在型腔模的制造中已得到广泛应用，它有如下工艺特点：

1）由于与电镀的原理相同，因此，该工艺的金属沉积速度较慢，制造周期也相应较长。

2）电铸层较薄，而且易产生不均匀现象，因而变形会比较显著。

3）电铸件与母模的误差很小，表面粗糙度相当。

4）可以将难以用常规加工方法加工的内腔转化为电铸母模的外形加工，降低了加工难度。

5）由电铸获得的型腔一般可满足使用要求，不需要再修整。

6）可用制品来制母模，也可用电铸方法复制已有的模具型腔，降低了加工的复杂程度，减少了工序，提高了效率。

6.4.3 电铸成型的工艺流程

1）构建产品的数字化三维模型。

2）设计制造母模：母模是为了得到电铸型腔而专门制造的模型，它的外形与型腔的外形相反，电铸结束后，取出或破坏母模，即可得到电铸型腔。

3）加工前处理：包括镀脱模层、防水处理、镀导电层、绝缘包扎处理等工艺内容。

4）电铸（电沉积）：通过电铸镍、电铸铜或电铸铁实现。

5）背衬加固：由于电铸层较薄，一般需要加固。常用的工艺方法有：喷涂金属、无机粘接、浇注环氧树脂等。

6）脱模：一般对于取件方便的模型用非破坏性脱模方法，如螺钉联接、台阶连接带出；对于难以取件的情况，可用破坏性脱模方式，可以用各种物理、化学方法将母模与电铸件分开。

7）后续加工：如开设流道、浇口等。

思考题与习题

1. 简述快速成型技术的基本原理。
2. 快速成型的工艺原理与常规加工工艺有何不同？它具有什么特点？
3. 简述快速制模技术的分类及应用。
4. 试对常用的快速成型工艺作优、缺点比较。
5. 成形零件批量小且要求生产周期很短，应选用什么制模技术？

第 7 章

模具制造中的测量技术

7.1 模具零件加工的技术要求和测量技术

对于冲压模、塑料模、锻模以及金属压铸模，由于它们在结构上存在较大的差异，而且各类模具的使用功能和装配状态也不相同，精度要求自然也不相同，所以在各类模具的技术标准中都有针对性地制定了相应的模具零件的技术要求及模具的装配要求。有关技术要求的标准参见相应的模具标准。

对模具的检验可划分为成形零件的检验及模架的检验，也可以按工作型面尺寸检测和非工作型面尺寸检测来划分。在有些企业中，也按模具零件的精度分类进行质量管理，它的划分依据视零件尺寸对模具成形产品的质量影响大小而定。

模具制造中的测量技术，除采用一般几何量测量工具和测量仪测量各种长度、高度、深度、形状位置、表面粗糙度、角度、螺纹等，还包括使用计算机扫描等先进测量技术检测复杂曲面形状。在测量方法上，除对模具零件直接测量外，还广泛采用间接测量方法。

测量和检测在计量上是有严格区别的，在模具检验的过程中，无法直接测出实物的数据往往会借助于测量手段实现。一般可以简单地认为：检测是在已知理论数据的情况下，将其与实物的测量进行数据比较，以判断数据超差与否、工件是否合格；而测量则是在对被测量物体的尺寸、几何公差等并不知道的情况下，对物体进行实测而得到数据，这个过程本身并不判断工件合格与否。

7.1.1 模具检验常用的样板

1. 样板的分类

1）按照用途分类：有下料样板、加工样板、装配划线样板和装配角度样板等。在模具制造中，用得最多的是加工样板。

2）按照空间形状分类：有平面样板、立体样板（样箱）。中小型冲压模、塑料模、压铸模一般都使用平面样板，但在汽车覆盖件冲压模具中会用到立体样板，也称为样箱。

3）按制作样板的材料分类：有木材、薄铁板、油毡和纸板等样板。一般模具制造中使用的样板都是薄铁板。对这种钢板的要求是淬火变形小、耐磨。而在汽车覆盖件模具中会用到树脂、木材等作为样板，木质样板是按照展开的构件实际形状用木板条（或夹板）钉制而成。

常用的加工样板大都是根据模具零件的一些特殊截面，由钳工或线切割等工艺方法将薄钢板做成相应的截面形状，再经淬火和研磨而成。

轮廓样板，按零件内部轮廓尺寸制造，允许有负的偏差。断面轮廓特殊部位形状样板，一般按最大极限尺寸制造，作为特殊形状的验规。

2. 样板的应用

1）用塞尺或透光目测法检查样板与型腔表面的间隙，用于检验精度要求不高（公差值 > ±0.05mm）的锻模模膛形状。

2）对于大、中型弯曲模的凸、凹模工作表面的曲线和折线，几何形状和尺寸精度要求较高时，需要用样板及样件控制。

3）加工一些回转体的模具零件（如车削），其形状和尺寸可由样板检验。检验时用样板的基面靠零件基面来检查成形表面正确与否，这种方法相当于把样板作为一条母线，判断回转体是否合格。

4）轮廓样板常常用于机械加工前在复杂型面（压铸模、塑料模）上的划线，也可用于钳工装配修调模具镶块的检验。

7.1.2　模具检验常用的三维样型

1. 样型和样架

用于制造大型曲面零件的大型覆盖件冲压模具的工作部分，大多由三维曲面构成，表面粗糙度及精度（特别是汽车外覆盖件的形状精度）等级要求较高，加工时，需采用样型和样架等专用检验工具配合加工。样型实际上是一种检验的模型。

（1）主模型　主模型是一些复杂三维曲面冲压件设计、加工、检验的原始依据。它可用于检验像生产汽车覆盖件的模具、夹具以及检验断面形状的样板、立体样箱，或直接检验冲压样件等。

主模型的结构为（优质木材或塑料制作成的）覆盖件内表面形状，它以一定的基准面装配在特制的主架上，构成主模型。在主模型上画有 x、y、z 三方向的坐标线，表示覆盖件在制品上的位置（汽车覆盖件则表示其在汽车坐标系中的位置），塑料主模型与木质主模型相比，塑料主模型在长期保存和使用期间变形小，保管简单，但制造过程较复杂。

一个大型汽车覆盖件零件，若要完成其加工，平均需要四套模具（拉深、修边、翻边、冲孔），而这些模具的形状都要符合同一主模型，所以，主模型用于工艺模型、样板的翻制及最后检验。主模型与样板的派生关系如图7.1所示。

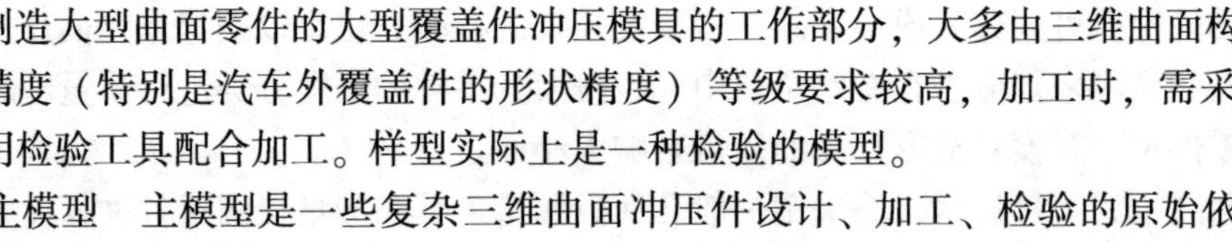

0mm面，制件本身的轮廓线；1mm面、3mm面指离制件1mm、3mm检测均匀度的平面。

图7.1　典型汽车覆盖件主模型与样板的关系

（2）工艺主模型　在覆盖件的主模型上补充了翻边展开线（修边线）以外的形状（工艺补充部分），同时按冲模设计的冲压方向改装基准面，即为工艺主模型。工艺主模型的工艺补充部分画有冲模中心线。工艺主模型是覆盖件冲模制造中所用的各种模型和样板的母模，同时还可作凸模和压边圈仿形加工的靠模。

（3）投影样板和断面样板　投影样板是根据所测零件有关轮廓投影到平面上的形状和尺寸制造的，用于凸模（型芯）外轮廓和凹模（型腔）内轮廓加工时的划线、检验及修磨。

（4）立体样板　立体样板主要用于控制覆盖件修边模的曲面形状和尺寸。

2. 检具

检具一般是塑料材质，在汽车、拖拉机等领域广泛应用。它是利用主模型（或数字化的游离模型）加工出来的，用于检测制件的制造公差、装配状态等工艺内容。检具可分为：单件检具、分总成检具、总成检具，单件检具检测单个制件的加工状态，分总成检具及总成检具检测各个制件之间的装配状态。

7.2　模具零件检验用的常规量具

一般来讲，模具属于单件生产，但它涉及的零部件繁多，装配复杂，从生产实际和测量成本来讲，应尽量采用常规测量工具。

7.2.1　尺寸精度的常规测量工具

1. 游标量具

游标量具是最为常用的长度测量工具，它综合了卡钳和钢直尺的功能。测量时，量值的整数部分从本尺上读出，小数部分从游标尺上读出。量值的小数部分是利用光标原理（主尺上的刻线间距和游标尺上的线距之差）读出的。游标量具分为游标卡尺（见图7.2）、深度游标卡尺和高度游标卡尺。

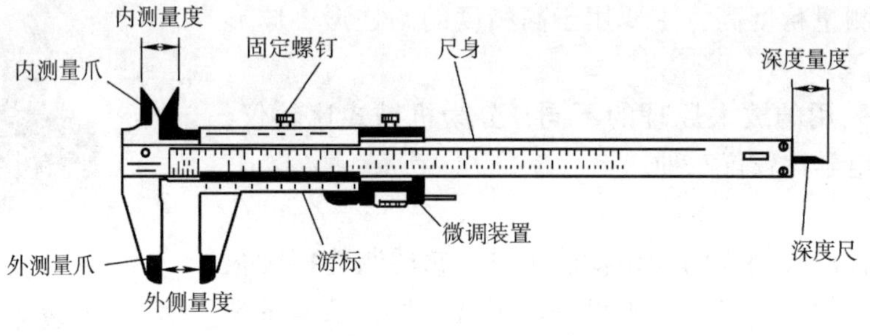

图7.2　游标卡尺

2. 千分尺

千分尺分为机械式千分尺和数显千分尺（电子千分尺）两类。

1）机械式千分尺是利用精密螺杆副原理测长的通用长度测量工具。精密螺杆在螺母中每转动一圈，即沿轴线移动一个螺距，因此可用螺杆转动的角度来表示移动的距离。测量时，转动的整圈数由固定套管上的刻度读出，小数部分由微分筒圆周上的50个等分刻度读出。精密螺杆的螺距常采用0.5mm，转动微分筒上的一个刻度，相当于精密螺杆移动0.01mm，这就是千分尺的分度值。采用高精度螺杆并利用游标或其他细分读数机构时，可以制成分度值为0.001mm的千分尺。

2）数显千分尺也称为电子千分尺，它的原理和机械式千分尺相同，只是在测量系统中应用了光栅测长技术和集成电路等，测量结果用数字显示出来。

千分尺的品种很多，如图7.3所示。改变千分尺测量面形状及尺架等部件就可以制成不同用途的千分尺，例如，有用于测量内径、螺纹中径、齿轮公法线或深度等各种形式的千分尺。图7.4所示为外径千分尺的结构。

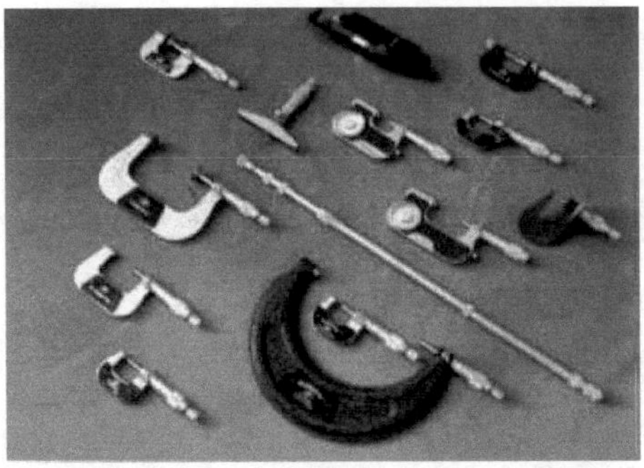

图7.3　各种千分尺

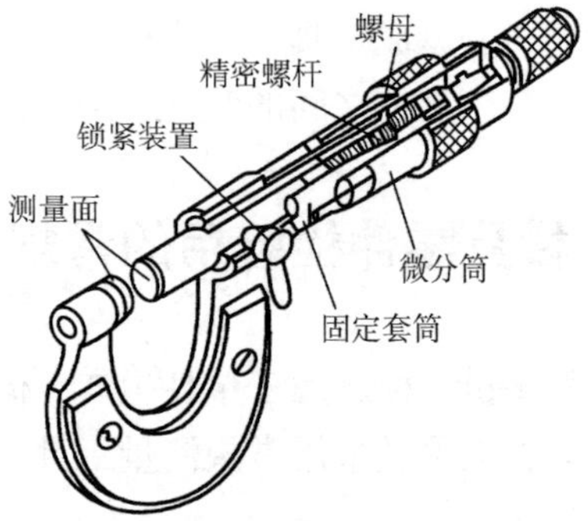

图7.4　外径千分尺的结构图

以上两种工具的测量方法都是直接测量。

3. 测微仪（比较仪）

测微仪是利用相对法进行测量的，图7.5所示为机械式测微仪（比较仪）。测量时，先用量块研合组成与被测基本尺寸相等的量块组，再用此量块组使测微仪指针对零，然后换上被测工件，此时测微仪指针指示的即为被测尺寸的偏差值。测微仪的测量精度高，主要用于高精度的圆柱形、球形等零件的测量。

测微仪按采用的放大原理的不同，分为机械式比较仪、光学比较仪和电学比较仪三种。

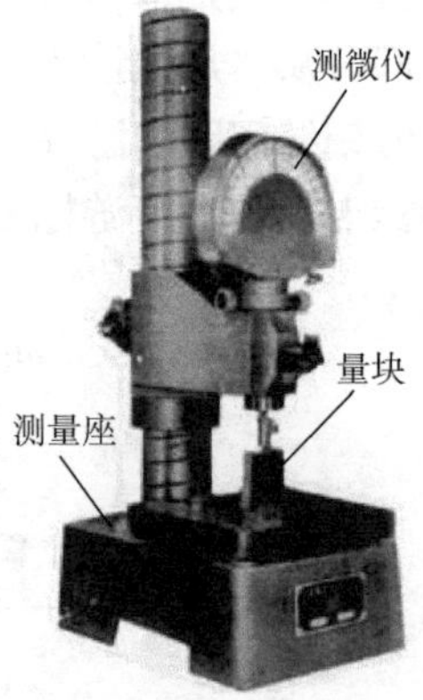

图7.5　机械式测微仪（比较仪）的外形图

4. 量规

量规是一种没有刻度的专用检验工具，它的制造精度很高，量规的测量值是确定的，不可调。也就是说，某一量规只能测零件某一尺寸特征。用量规检验零件时，可判断零件是否在规定的检验极限范围内，而不能测出零件的尺寸、形状和位置误差的具体数值。

测量孔径、轴径的量规称为光滑极限量规。检验孔径的量规称为塞规；检验轴径的量规称为卡规或环规，如图7.6所示。测量高度、深度及长度尺寸的量规分别称为高度量规、深度量规和长度量规，统称为直线尺寸量规。直线尺寸量规只控制被检工件的极限尺寸，通常用于检验精度较低的一般尺寸或粗加工尺寸。测量时采用目测比较、接触感觉及缝隙透光等方法判断被测零件尺寸是否合格。

量规的一端按被检验零件的最小实体尺寸制造称为止规，标记为 Z0；量规的另一端按被检验零件的最大尺寸制造称为通规，标记为 T0。

5. 塞尺

塞尺是由一组具有不同厚度级差的不锈钢薄钢片组成的。塞尺用于测量间隙尺寸。在检验被测尺寸是否合格时，可以用通止法判断，也可由检验者根据塞尺与被测表面配合的松紧程度来判断。一般塞尺钢片最薄的为 0.02mm，最厚的为 3mm。图 7.7 所示为塞尺的示意图。

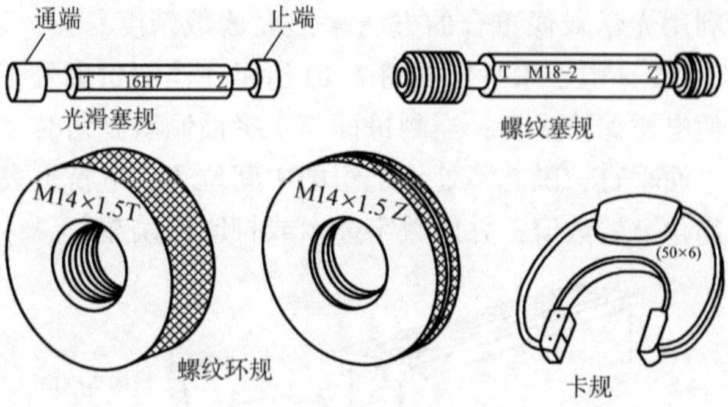

图 7.6　各种极限量规

6. 量块

在一些精密模具的制造过程中，测量设备往往不能到达标称的精度要求，这时需要用专用检定测量设备进行测量，量块就是经常用到的检定设备。它的两平行平面间具有精确尺寸，横截面为矩形或方形。两平行平面称为测量面，测量面表面粗糙度值很小（$Ra \leqslant 0.016\mu m$），因此具有良好的研合性。一量块与另一量块的测量面相互推合后，彼此间能紧密粘合。利用这种特性可把不同尺寸的量块组合在一起使用。例如，一套 91 块的成套量块能组成 2～100mm 尺寸范围内、单位为 mm 的任何尺寸（见图 7.8）。量块用轴承钢制造，最薄的一般为 0.5mm。

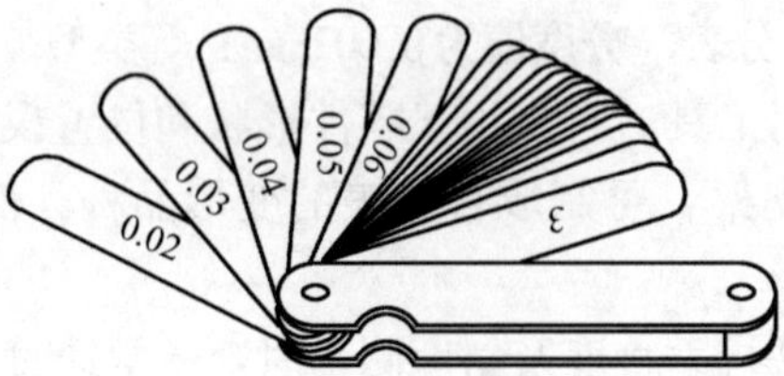

图 7.7　塞尺

图 7.8　成套量块

7.2.2　几何误差的测量工具

测量几何误差的常用仪器有水平仪、平板、测量指示表及万能表架等，也可用工具显微镜、三坐标测量机、投影仪等测量仪器。

1. 水平仪

水平仪是利用重力现象测量微小角度。除了用于测量机床或其他设备导轨的直线度和工件平面的平面度外，也常用在安装机床或其他设备时检验其水平和垂直位置的正确与否。水平仪主要分为水平泡式水平仪和电子水平仪两类。

1）水平泡式水平仪又分为钳工水平仪、框式水平仪、合像水平仪等，如图 7.9 所示。水平泡是一个内壁磨成一定曲率半径的玻璃管，管内装有粘滞系数较小的酒精、乙醚等液体，但留有一个气泡。它随玻璃管倾斜而移动，从玻璃管上的刻度可以读出倾斜的角度。钳工水平仪的底面是测量面，它仅能测量被测面相对于水平面的角度偏差。框式水平仪有两个相互垂直的测量面，因此可以在水平和垂直两个位置上测量。合像水平仪是利用光学双像重合的方法来提高读数精度。

2）电子水平仪如图7.10所示，当测量面处于水平位置时，磁芯处于绕组的中间位置，使电桥保持平衡；当测量面与水平面倾斜 θ 角时，悬有磁芯的细丝由于重力作用仍保持与水平面垂直，磁芯不处于绕组的中间位置，电桥失去平衡而输出电感量，由指示电表指示出倾斜角 θ 的数值，并以数字显示或打印出误差值。

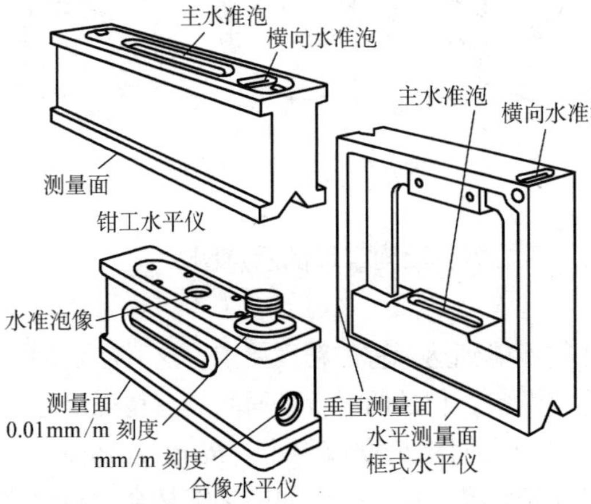

图7.9 水平泡式水平仪

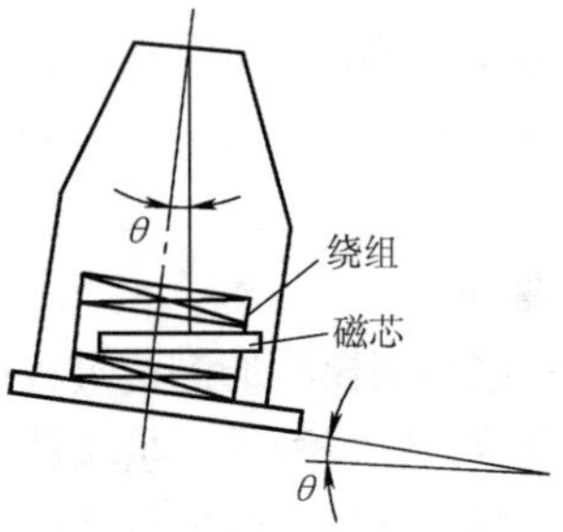

图7.10 电感式电子水平仪工作原理

2. 指示表

常用的指示表有钟表式百分表（分度值为0.01mm）、钟表式千分表（分度值为0.001～0.005mm）、杠杆百分表（分度值为0.01mm）和杠杆千分表（分度值为0.002mm）等类型。

指示表是利用精密齿条齿轮机构制成的表式通用工具。它常用于零件形状和位置误差以及小位移的长度测量。改变测头形状并配以相应的支架，可制成百分表的变形品种，例如，厚度百分表、深度百分表和内径百分表等。

使用打表测量，通常以平板表面模拟基准。在进行垂直度及斜度测量时，还常通过方箱或导柱将基准面进行转换，使被测面（线）转至与测量基准平行，用测平行度方法测量。测量时，应在整个测量面上打表，取打表读数的最大表动量为定向误差值。

7.2.3 角度和锥度的测量用具

在角度和锥度的测量中，属于直接测量的测量工具有角度样板、锥度量块、万能量角器、测角仪、光学分度头、投影仪等。用于间接测量的测量工具有正弦尺、钢球、圆柱、平板以及千分尺、指示表和万能工具显微镜等。

（1）角度样板　角度样板常用于检验螺纹车刀、成形刀具及零件上斜面或倒角等，如图7.11所示。角度样板用于检验外锥体，是根据被测角度的两个极限尺寸制成的，因此有通端和止端之分。检验工件角度时，若工件在通端样板中，光隙从角顶到角底逐渐增大；若工件在止端样板中，光隙从角顶到角底逐渐减小，此时表明角度在规定的两极限尺寸之间，被测角度合格。

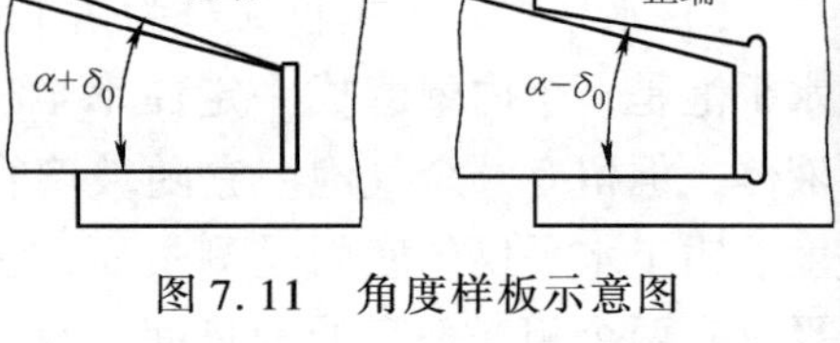

图7.11 角度样板示意图

（2）锥度量块　能在两个具有研合性的平面间形成准确角度的量规。利用角度量块附件可以把不同角度的量块组成需要的角度，常用于检定角度样板和万能角度尺等，也可用于直接测量精密模具零件的角度。图 7.12 所示为两种角度量块。

（3）正弦尺　正弦尺是锥度测量的常用量具，如图 7.13 所示。利用正弦定义测量角度和锥度等的量规也称正弦规，它主要由一钢制长方体和固定在其两端的两个相同直径的钢圆柱体组成。两圆柱的轴心线距离 L 一般为 100mm 或 200mm。按 $\sin\alpha = H/L$ 计算被测角度的公称角度，其中，H 为量块组尺寸。根据测微仪在两端的示值之差可求得被测角度的误差。正弦规常用于测量小于 45°的角度。

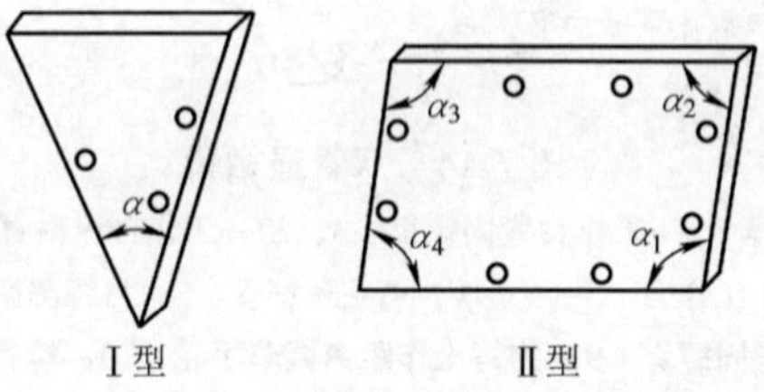

图 7.12　角度量块

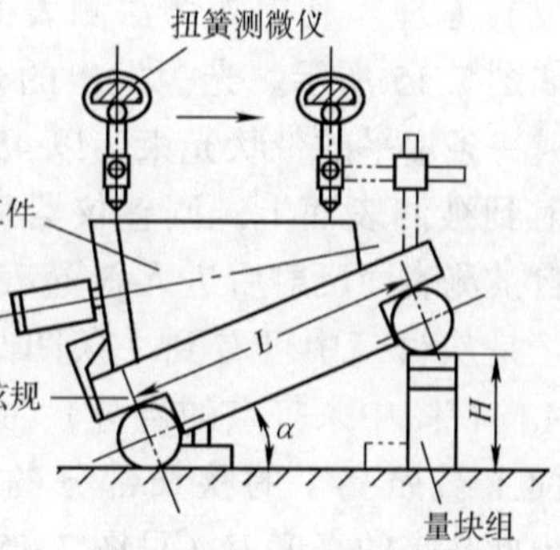

图 7.13　利用正弦尺测量圆锥量规

7.2.4　表面粗糙度测量工具

为了提高模具加工的成形质量和成形极限，需要对加工后的模具零件工作表面质量严格控制，特别是产品成形面，要求 Ra 值应达到 0.2 ~ 0.8μm，而对于非成形面，如压边面、流道、安装面等也有较高的表面粗糙度要求。表面粗糙度的常用测量工具有以下几种。

1. 表面粗糙度样块

表面粗糙度样块是用比较法检查零件表面粗糙度的一种测量工具，在生产中应用广泛。机械加工后，车、铣、刨、镗工件的表面粗糙度可达 Ra0.8 ~ 6.3μm；经磨削后的表面粗糙度为 Ra0.1 ~ 0.8μm；研磨后工件的表面粗糙度可达 Ra0.012 ~ 0.1μm。表面粗糙度样块一般用于粗糙度值较大的工件表面的近似评定。

用表面粗糙度样块确定零件表面粗糙度，是将被测零件表面与表面粗糙度样块进行比较，从而做出判断。应用时需注意：

1）表面粗糙度样块的加工纹理方向及材质应尽可能与被测零件相同，否则易发生错误的判断。

2）比较法多为目测，常用于评定粗糙度值较大或中等时，也可借助于放大镜（用于 Ra 为 0.4 ~ 1.6μm 的测量）、显微镜或专用的粗糙度比较显微镜进行比较（Ra 为 0.4μm 以下）。

用表面粗糙度样板比较法测量简便易行，是实际生产中的主要测量手段。其缺点是精度较差，只能作定性分析比较，评定可靠性受检验人员经验影响。

2. 双管显微镜（光切显微镜）（见图7.14）

双管显微镜是根据光切法原理测量表面粗糙度的仪器，一般按 Rz（也可按 R_{max}）评定，评定 Rz 为 50～1.6μm 级的表面粗糙度。测量范围决定于物镜的倍率。对于大型模具零件与内表面的粗糙度，可采用印模法复制被测表面模型，再用双管显微镜进行测量。

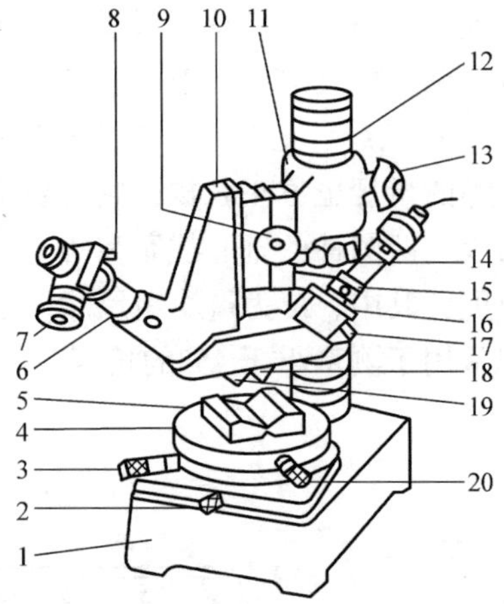

图7.14 双管显微镜

1—底座 2—工作台紧固螺钉 3、20—工作台纵横百分尺 4—工作台 5—V形块 6—观察管 7—目镜测微计 8—紧固螺钉 9—物镜工作距离调节手轮 10—镜管支架 11—支臂 12—立柱 13—支臂锁紧手柄 14—支臂升、降螺母 15—照明管 16—物镜焦距调节环 17—光线投射位置调节螺钉 18、19—可换物镜

（1）原理 利用光切法测表面粗糙度的原理如图7.15所示。光源发出的光，通过狭缝形成一条扁平的带状光束，以45°左右的角度投射到被测表面上，调整仪器可使此投射光束自被测表面反射后进入斜置45°的观察光管，于是从目镜中可看到一条凹凸不平的亮带（A 向视图中未打点的部分），此亮带即工件表面上被照亮了的狭长部分的放大轮廓。测量出此亮带的高度 H（见图7.15c）即可求出被测表面上的实际不平度高度 h。

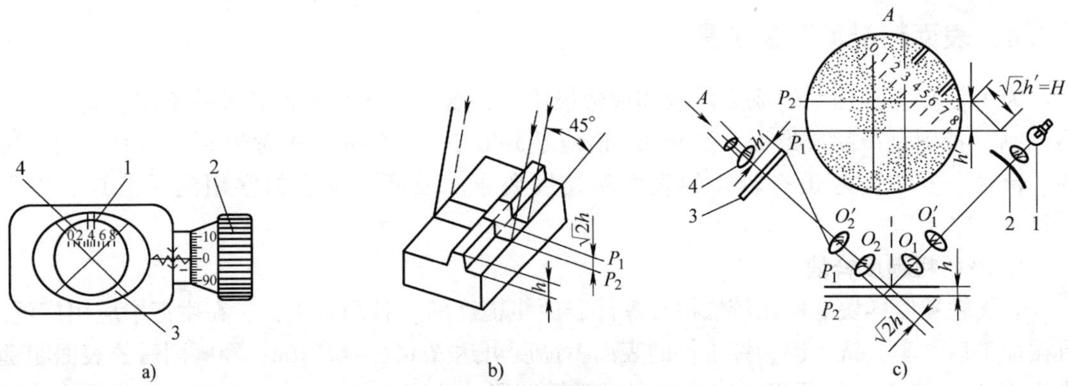

图7.15 光切原理图

a）目镜千分尺 b）光切图 c）光路图

1—双标线 2—刻度筒 3—可动分划板 4—固定分划板

（2）使用方法及步骤（见图7.14）

1）选取一对合适的物镜分别安装在两镜管的下端（对双管固定成一整体的仪器，则将物镜板插装在镜管体壳的下方）。

2）接通光源。

3）把被测件放在工作台上，若被测件没有位于物镜的正下方，则调整工作台，转动支臂11进行对准。

4）调整手轮9，使显微镜缓慢下降，直至在被测表面上能看到扁平的绿色光带为止。光带方向要与表面的加工痕迹垂直。

5）调整调节环 16 和调节螺钉 17，使在目镜视场中央出现最窄最清晰的亮带。

6）测量。转动目镜测微器，使目镜中十字线的水平线平行于光带轮廓的中线（估计方向），然后转动目镜测微器上的刻度套筒，使十字线的水平线分别在亮带最清晰的一边（另一边欠清晰）的基本长度 l 范围内，找 5 个最高峰点和 5 个最低谷点并与之相切。读数时要注意视场内毫米刻度的变化情况。

7）计算

$$Rz = \frac{1}{2N}\left(\frac{\sum_{1}^{5} h_{峰} - \sum_{1}^{5} h_{谷}}{5}\right) \tag{7.1}$$

式中　Rz——微观不平度十点高度均值；

$h_{峰}$——被测表面不平度峰值；

$h_{谷}$——被测表面不平度谷值；

N——物镜放大倍率。

3. 电动轮廓仪

电动轮廓仪（又称表面粗糙度检查仪或侧面仪）是利用针描法来测量表面粗糙度的。图 7.16 所示为其工作原理图。电动轮廓仪是将特殊的触针的针尖沿被测表面以等速度缓慢地滑行，工件表面的微观不平度使针尖上下移动，其移动量通过传感器等装置，将信号加以放大、计算处理或记录下来。轮廓仪按其传感器的工作原理分为电感式及压电式，电感式轮廓仪测量精度高，带有记录装置；压电式轮廓仪结构简单、紧凑，测量精度较低，一般做成直读式而不带记录装置。

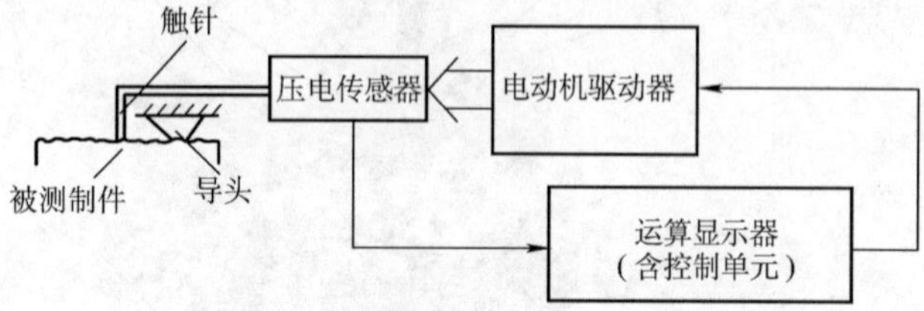

图 7.16　电动轮廓仪工作原理图

图 7.17 所示为电动轮廓仪实物图，其一般由传感器、驱动器、指示表、记录器、工作台等主要部件组成。传感器端部装有金刚石触针，触针尖端曲率半径很小。测量时，将触针搭在工件上，与被测表面垂直接触，驱动箱以一定的速度拖动传感器。由于被测表面轮廓峰谷起伏，触针在被测表面滑行时将产生移动，这种机械的上下移动引起传感器内电量的变化，经电子装置将这一微弱电量的变化放大，并记录得到截面放大图；或者把信号通过适当的环节进行滤波和积分计算，由电表直接读出 Ra 值。

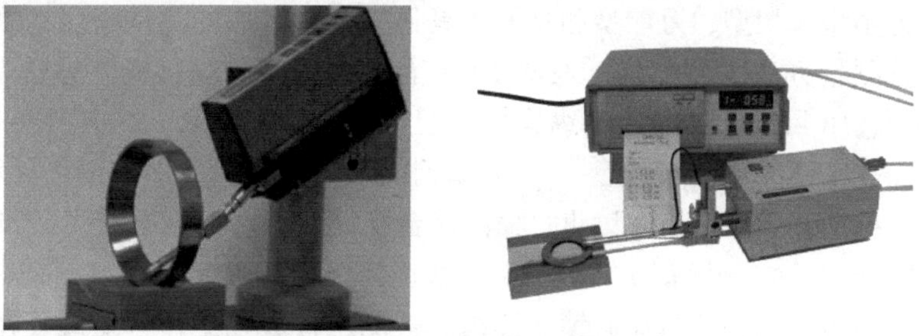
图 7.17　电动轮廓仪的实物

该仪器还配有各种附件，以适应平面、内外圆柱面、圆锥面、球面、曲面以及小孔、沟槽等形状的工件表面粗糙度的测量。电动轮廓仪测量迅速方便，测量精度较高。

7.3　万能工具显微镜

万能工具显微镜是长度计量最常见的光学仪器之一，可用于测量零件长度、角度、分度及几何误差。测量可按直角坐标，也可按极坐标进行。可用于测量柱体、立方体零件、螺纹、齿轮、锥体及曲线样板等；也可用于测量切削刀具等。万能工具显微镜是制造业中不可缺少的计量仪器。

7.3.1　万能工具显微镜的结构及测量原理

万能工具显微镜的结构如图7.18所示。

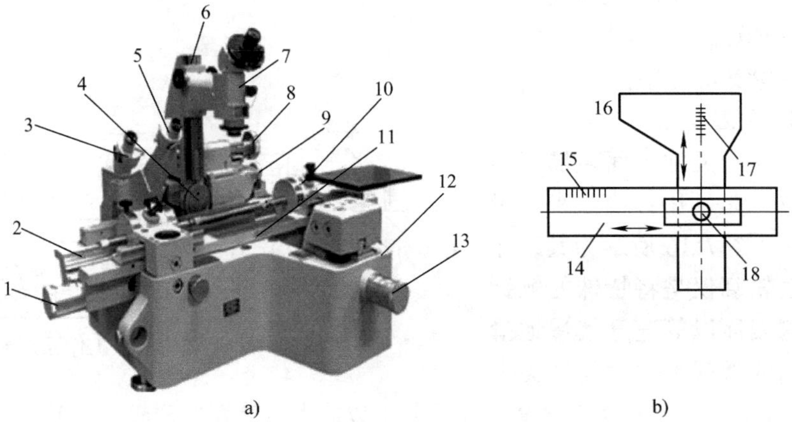

图7.18　万能工具显微镜

a）万能工具显微镜实物　b）局部放大图

1—纵向微动手轮　2、14—纵向滑台

3—纵向读数显微镜　4—光圈调节环　5—横向读数显微镜　6—立柱

7、18—主显微镜　8—立柱倾斜调节柄　9、16—横向滑台　10—顶尖座

11—工作台　12—底座　13—横向微动手轮　15、17—刻度尺

万能工具显微镜配有多种附件，利用这些附件可以扩大其使用范围。最常用的附件有：螺纹目镜、双像目镜、灵敏杠杆、测量刀、光学分度台、光学分度头及调焦棒等。

按万能工具显微镜工作台的大小和可移动的距离、测量精度的高低以及测量范围的宽窄，一般可分为小型、大型、万能型和重型工具显微镜。它们的测量精度和测量范围不同，但其基本结构、测量方法大致相同。底座12上有互相垂直的纵、横向导轨。纵向滑台2、14及横向滑台9、16可彼此独立地沿纵、横向粗动、微动和锁紧。纵向滑台2上装有纵向玻璃刻线尺和安放工件的玻璃工作台11，玻璃刻线尺的移动量，即被测工件移动量，可由固定在底座上的纵向读数显微镜3读出。横向滑台9、16上装有横向刻线尺和立柱6，立柱的悬臂上装有瞄准用的主显微镜7、18。主显微镜在横向的移动可通过横向刻度尺15、17及固定在底座上的另一横向读数显微镜5读出。被测工件放在工作台上或装在两顶尖之间，由玻璃工作台下面射出一平行光束照明。主显微镜可沿立柱升降以调整焦距，可由此显微镜看到被测工件的轮廓影像。根据测量螺纹或特殊工件的需要，可使工件倾斜一定的角度，使主显微镜的轴线与被测截面相垂直，便于精确观测，其倾斜角度可以从刻度筒上读出。

主显微镜用于瞄准工件，其上部可装目镜头及投影器。目镜头的种类包括：测量角度、螺纹及坐标的测角目镜；测螺纹和测圆弧的轮廓目镜；测孔间距或对称图形间距的双像目镜等。投影器可将工件影像投影在影屏上，用相对法测量，或利用工作台的移动、转动及读数显微镜测工件的尺寸。

万能工具显微镜的纵向导轨中部工作滑台可分为平工作台及圆工作台。平工作台上有玻璃台板和T形槽，可用螺钉和压板夹紧工件；圆工作台用于分度测量或极坐标测量。

（1）万能工具显微镜的瞄准机构　工具显微镜的瞄准机构用于测量时瞄准工件。各种万能工具显微镜的瞄准机构常用的是显微目镜，万能工具显微镜还可采用光学接触器。

万能工具显微镜的目镜由玻璃分划板、中央目镜、角度读数目镜、反射镜和手轮组成。从中央目镜中可观察到分划板上的米字刻线和被测工件的轮廓影像；从角度读数目镜中可观察到分划板上360°的度值刻线和固定游标的分划板0′~60′的分值刻线。转动手轮，可使米字线和度值刻线的分划板转动，其转过的角度可在角度目镜中读出。万能工具显微镜的光学系统如图7.19所示。

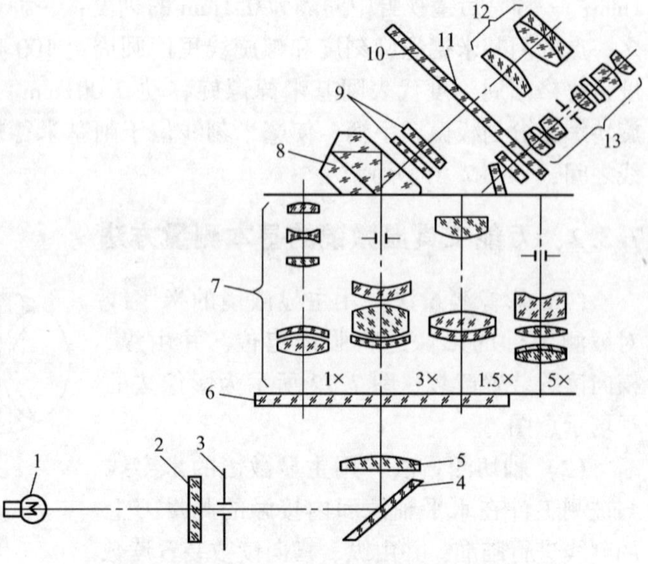

图7.19　万能工具显微镜的光学系统

1—光源　2—滤色片　3—可变光阑　4—反射镜　5—聚光镜　6—工作台玻璃板　7—物镜组　8—正像棱镜　9—保护玻璃　10—刻度盘　11—米字线分划板　12—目镜组　13—测角读数显微镜

万能工具显微镜还配备有以接触方式瞄准工件的光学接触器。光学接触器可固定在主显微镜的3倍物镜上，接触器的触头与工件接触，照明光源照亮固定的、带有双刻线的分划板，双刻线影像经触头上方的反射镜、主显微镜的物镜放大并成像在米字线分划板上，原理如图7.20所示。当测头的位置改变时，从目镜中可读出双刻线像的位移。光学接触器用于测量孔径、槽宽以及端面长度、直线度、平行度等。光学接触器的测量范围为5~200mm，可测孔的最大深度（孔径大于5mm时）约为15mm。

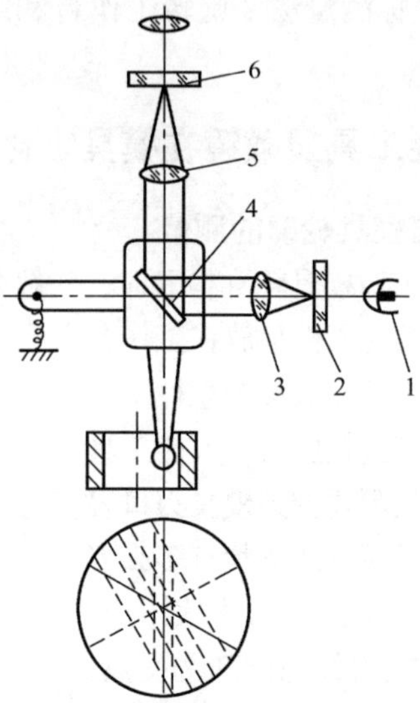

图7.20　接触瞄准系统原理图

1—光源　2—带双刻线分划板　3—透镜　4—反转镜　5—放大物镜　6—主显微镜米字线分划板

（2）万能工具显微镜纵、横向读数装置　在万能工具显微镜上，工作台纵、横向移动距离的读数装置常采用类似千分尺的测微螺旋机构，分度值为0.01mm或0.005mm。万能工具显微镜则一般采用阿基米德螺旋显微镜，分度值为1μm。目前，各种类型的万能工具显微镜的读数装置广泛采用微电脑数显仪。

阿基米德螺旋显微镜的读数方法：在显微镜读数镜头中可看到三种刻度，一种是毫米玻璃刻线尺上的刻度，其间距代表1mm；一种是目镜视野中间隔为0.1mm的刻度；一种是有十圈多一点的阿基米德螺旋刻度和螺旋线里面圆周上100格圆周刻度，每格圆周刻度代表阿基米德螺旋移动0.001mm。读数时，旋转螺旋分划板微调手柄，使毫米刻线位于阿基米德螺旋双刻线之间，如图7.21所示。

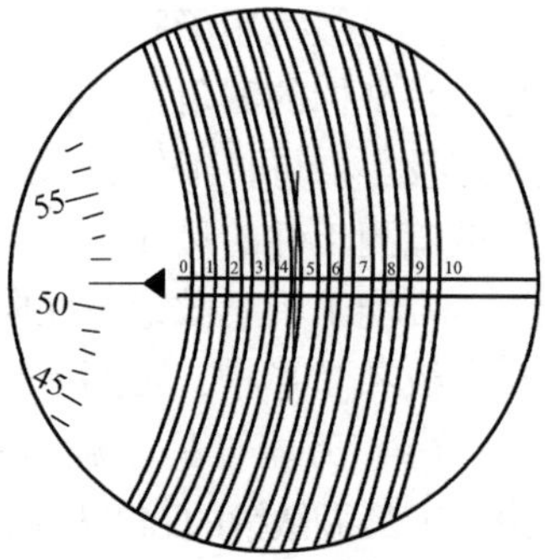

图7.21 阿基米德螺旋线显微镜的读数

7.3.2 万能工具显微镜的基本测量方法

（1）影像测量法 用主显微镜的米字线对被测工件的影像进行瞄准定位，并由纵、横向读数装置读数。图7.22所示为影像法的视场示意图。

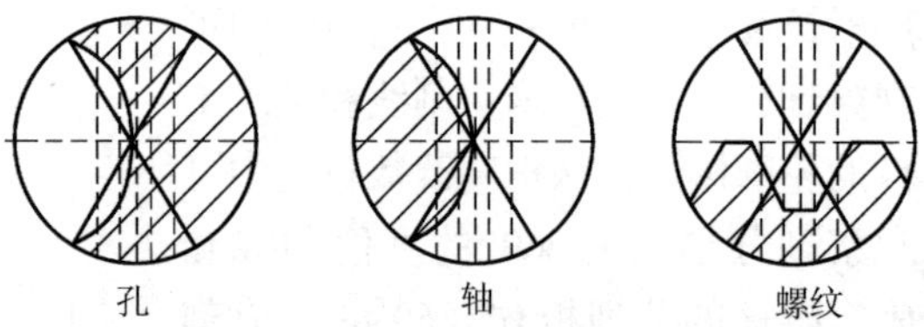

图7.22 影像法的视场示意图

（2）轴切测量法 用主显微镜的米字线与被测工件在水平轴截面内接触的测量刀上的刻线进行瞄准，并由纵、横向读数装置读数。

（3）光学接触法 用光学接触器的球形触头与被测工件相接触，用主显微镜的米字刻线与触头位置有关的双刻线套合，并由纵、横向读数装置读数。

（4）直角坐标测量法 按纵、横两垂直方向测量被测工件的坐标值。

（5）极坐标测量法 旋转工作台和纵、横向的读数装置，读出被测工件的极角和向量半径。

7.3.3 万能工具显微镜在模具零件检验中的应用

1. 样板与模具轮廓的测量

测量样板或对模具轮廓检验时，一般采用直角坐标测量法、极坐标测量法或光学接触测量法。测量时，被测零件平放在工作台台面上，万能工具显微镜的立柱不需要倾斜。测量模具轮廓时，万能工具显微镜的目镜焦距要调到模具刃口表面。不论样板或模具的形状有多么复杂，其轮廓总是由圆弧与直线组成，测量时只要找出直线与圆弧的交点，其轮廓尺寸就不难检测。

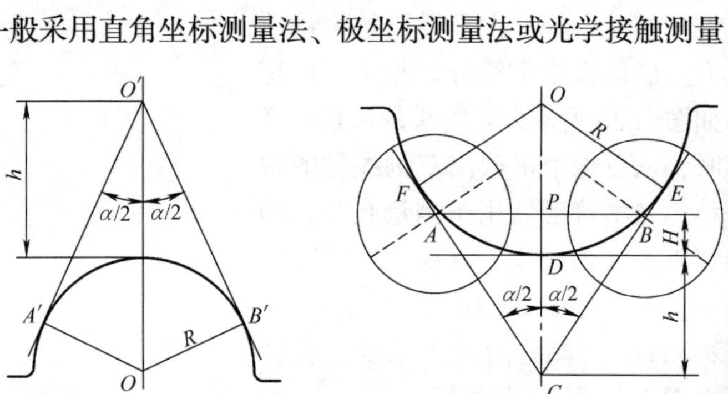

图7.23 圆弧的检测方法

图7.23a所示为圆弧检测方法。测量前，先调整测角目镜，使

米字线的水平线与圆弧顶点相切，记下横向读数；然后移动纵、横向滑台，用目镜米字线的60°或120°交角线与圆弧两边同时相切，并记下横向读数，得出两次读数之差为 h，便可由式（7.2）计算出圆弧半径 R

$$R=\frac{\sin\frac{\alpha}{2}}{1-\sin\frac{\alpha}{2}}h=K_1h \tag{7.2}$$

式中　α——目镜米字线交角，其值为60°或120°；

K_1——计算系数，当 $\alpha=60°$ 时，$K_1=1$；当 $\alpha=120°$ 时，$K_1=6.463$；

h——测量读数差值。

当被测圆弧较大，视场中只能看到其中一部分时，可采用图7.23b所示方法测量。测量时，使目镜米字线的水平线与圆弧顶点相切于 D 点，将横向滑台移动一个距离 H（最好取整数），使水平线与圆弧相割；转动侧角目镜变换一个角度 $\alpha/2$，微动纵向滑台，使米字线的中垂线与圆弧相切于 E 点，记下纵向读数；然后反向移动纵向滑台，反向旋转测角目镜变换 α 角度，并使米字线中央垂线相切圆弧于 F 点，再次记下纵向读数，两次纵向读数差为 $\overline{AB}$，则可由式（7.3）计算出圆弧半径 R。

$$R=K_2\overline{AB}-K_1H \tag{7.3}$$

式中　K_1、K_2——计算系数，K_1 取值同前；当 $\alpha=60°$ 时，$K_2=0.866$；当 $\alpha=120°$ 时，$K_2=1.8971$。

2. 锥角的测量

用万能工具显微镜测量锥角，一般可以利用仪器附件，如分度台、分度头、测角目镜等进行直接测量。图7.24所示的锥角测量为间接测量方法，图7.24a所示为在万能工具显微镜上测量外锥角的方法：将被测工件安装在仪器两顶尖之间，用测量刀测出相距 L 的两端直径 D 与 d，则工件圆锥角为

$$\alpha=2\arctan\frac{D-d}{2L} \tag{7.4}$$

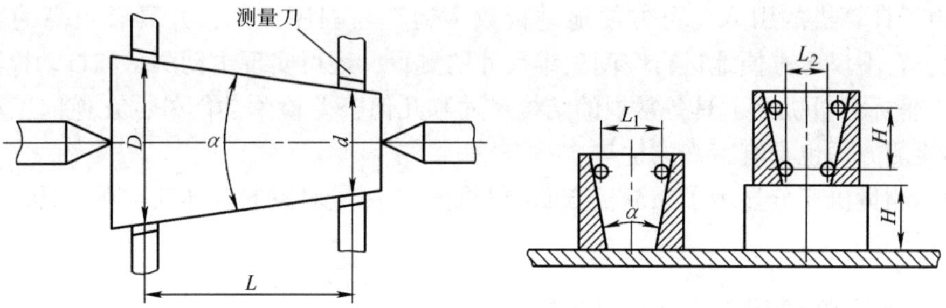

图7.24　万能工具显微镜测量锥角

精确度要求较高的内锥体测量（见图7.24b），可在万能工具显微镜上用光学灵敏杠杆测量。测量时，工件安置在仪器的玻璃工作台上，用光学灵敏杠杆先在接近内锥体大端处测量，得到读数 L_1，然后在工件下垫上尺寸为 H 的量块组或已知尺寸的标准件，在接近内锥体小端处进行第二次测量，得到读数 L_2，则被测内锥体的锥角为

$$\alpha=2\arctan\frac{L_1-L_2}{2H} \tag{7.5}$$

3. 多孔凹模位置度误差的测量

图7.25所示为多孔凹模位置度误差的测量，图7.25a所示为一多孔凹模的设计图，图上各孔有位置度的要求。采用工具显微镜测量该多孔凹模时，可用直角坐标测量法，如图7.25b所示。

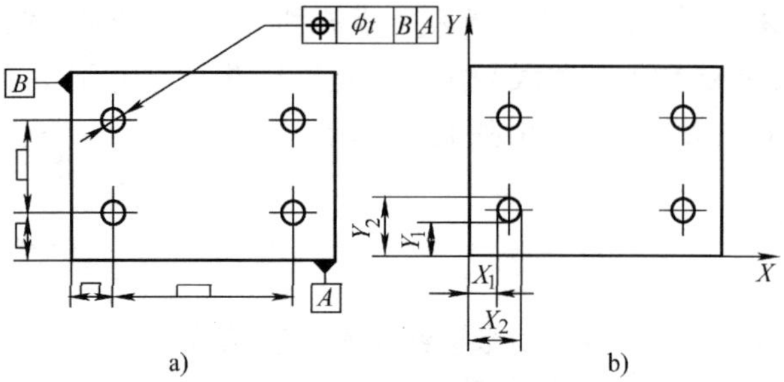

图7.25　多孔凹模位置度误差的测量

首先按基准 A、B 面找正凹模，使其与工具显微镜的纵、横坐标方向一致；然后测出 X_1、X_2 和 Y_1、Y_2，则孔的圆心坐标 x、y 分别为

$$x=\frac{X_1+X_2}{2},\quad y=\frac{Y_1+Y_2}{2} \tag{7.6}$$

将 x、y 与设计给定的尺寸比较，得到偏差值 f_x 和 f_y，则该孔的位置度误差值 f 为

$$f=2\sqrt{f_x^2+f_y^2} \tag{7.7}$$

其他各孔的位置度误差的测量方法与上述方法相同，可逐孔进行测量和计算。

7.4　三坐标测量机

三坐标测量机是一种以精密机械为基础，综合应用电子技术、计算机技术、光栅与激光干涉技术等先进技术的检测仪器，其精度高于一般的数控机床，被广泛应用在模具、汽车、航空、航天、机械制造等行业，可对工件的几何尺寸和形位公差进行精确检测。在工业发达国家，三坐标测量机的应用已经非常普及，大约每七台数控机床要配备一台三坐标测量机。三坐标测量机的主要功能有：

1）可实现空间坐标点的测量，可方便地测量各种零件的三维轮廓尺寸、位置精度等。测量精确可靠，适应性强。

2）由于计算机的引入，可方便地进行数字运算与程序控制，并具有很高的智能化程度。因此，它不仅可方便地进行空间三维尺寸的测量，还可实现主动测量和自动检测。

3）三坐标测量机除了具备常规的结构尺寸和几何公差检测功能外，在逆向工程技术和曲面坐标检测方面也具有特殊的优势。

三坐标测量机充分显示了在测量方面的万能性、测量对象的多样性，在模具制造业中应用非常广泛。

7.4.1　三坐标测量机的分类及构成

1. 三坐标测量机分类

1）按其工作方式可分为：点位测量方式和连续扫描测量方式。点位测量方式是由测量机采集零件表面上一系列有意义的空间点，通过数学处理，求出这些点所组成的特定几何元素的形状和位置。连续扫描测量方式是对曲线、曲面轮廓进行连续测量，多为大、中型测量机。

2）按其结构分类可分为：桥式测量机、龙门式测量机、水平臂（单臂或悬臂）、坐标镗床式测量机和便携式测量机。

3）按测量方式可分为：接触式、非接触式。一般来讲，接触式由于需要与工件产生适合大小的反作用力才能有反馈，因此这种测量需要考虑制件过软或过薄在接触测量过程中产生变形的问题。非接触式目前广泛使用的是光学测量，如激光、白光、蓝光等。相对接触式测量，它的效率高，但精度不如接触式测量高。

4）按其测量精度可分为：精密型（计量型）和生产型。精密型一般放在具有恒温条件的计量室，用于精密测量，分辨能力为0.5~2μm；生产型、一般放在生产车间，用于生产过程检测，分辨能力为5μm或10μm。

2. 三坐标测量机的构成

三坐标测量机的结构形式有：悬臂式、桥式、龙门式、立柱式、坐标镗床式，它们都是由三个正交的直线运动轴构成的，这三个坐标轴的相互配置位置对测量机的精度以及对被测工件的适应性影响较大，其结构形式如图7.26所示。

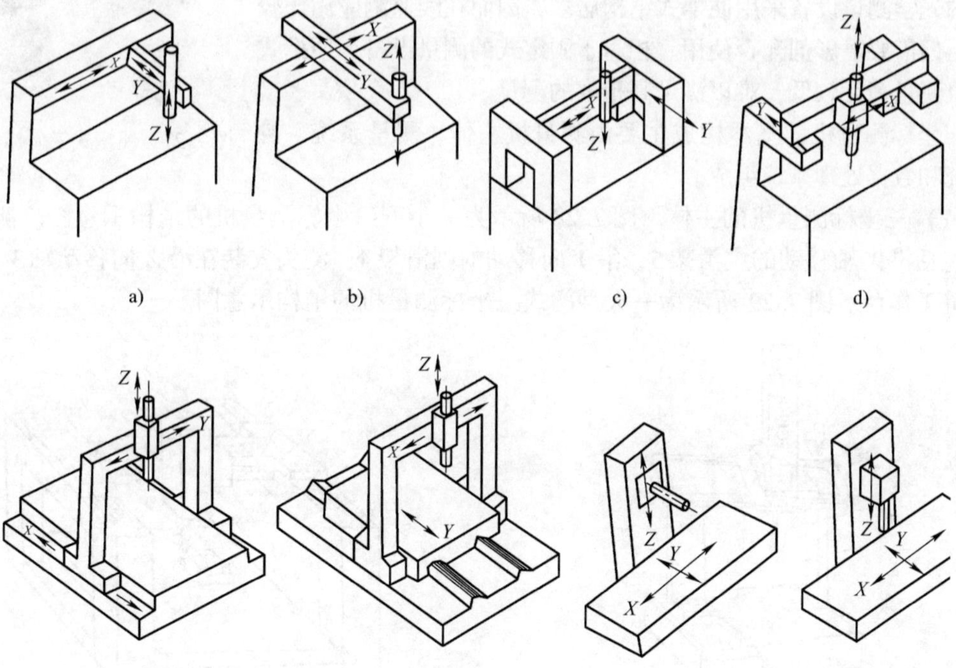

图7.26 三坐标测量机的结构形式

a)、b）悬臂式 c)、d）桥式 e)、f）龙门式 g）立柱式 h）坐标镗床式

1）悬臂式结构：结构简单，具有很好的敞开性，但当滑架在悬臂上作Y向运动时，会使悬臂的变形发生变化，故测量精度不高，一般用于测量精度要求不太高的小型测量机。

2）桥式结构：桥式结构是目前应用最广泛的一种结构形式，其结构简单，敞开性好；工件安装在固定工作台上，承载能力强，用于中等精度的测量。固定桥式结构桥框固定不动，其主要部件的运动稳定性好，运动误差小，适用于高精度测量，但移动工作台的负载能力较小。桥式结构主要用于高精度的中、小机型。

3）龙门式结构：它与桥式结构的主要区别是它的移动部分只有横梁，移动部分质量小，整体结构刚性好，三个坐标测量范围较大时也可保证测量精度，适用于大机型。

4）立柱式结构：单柱移动式结构也称为仪器台式结构，它是在工具显微镜的结构基础上发展起来的。其优点是操作方便、测量精度高，但结构复杂，测量范围小，适用于高精度的小型数控机型。

5）坐标镗床式结构（单柱固定式结构）：它是在坐标镗床的基础上发展起来的。其结构牢靠、敞开性较好，但工件的重量对工作台运动有影响，二维平动工作台行程不可能太大，仅用于测量精度中等的中、小型测量机。

6）便携式测量机　便携式测量机实际上就是上述结构的其中一种，由于其良好的便携性能对柔性生产或流水线生产具有重要意义，也越来越受到重视。接触式结构更多采用单臂结构，但由于其臂是由若干个关节臂构成，因而能解决传统上难以测得的死角区，典型的如FARO公司生产的三坐标测量臂，如图7.27所示。非接触式的光学测量设备采用便携式结构居多，因而在线监测应用比较广泛，但需要显影剂配合使用。相对于固定式的测量设备，便携式测量机测量精度较低，难以满足高精度的测量。

图7.27　便携式三坐标测量臂

三坐标测量机的基本构成主要由测量机主体、测量系统、控制系统和数据处理系统组成。

（1）三坐标测量机的主体　图7.28所示为一小型三坐标测量机的结构示意图。测量机主体包括沿X轴移动的主滑架5，沿Y向移动的副滑架4，测头安装在沿Z向移动轴3上，1是测量工作台。图7.29所示为一大型门式三坐标测量机的结构示意图。

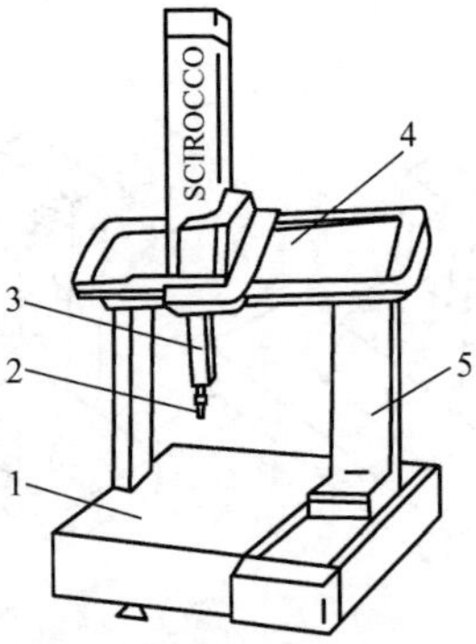

图7.28　小型三坐标测量机的结构示意图

1—工作台　2—测头　3—Z轴　4—副滑架　5—主滑架

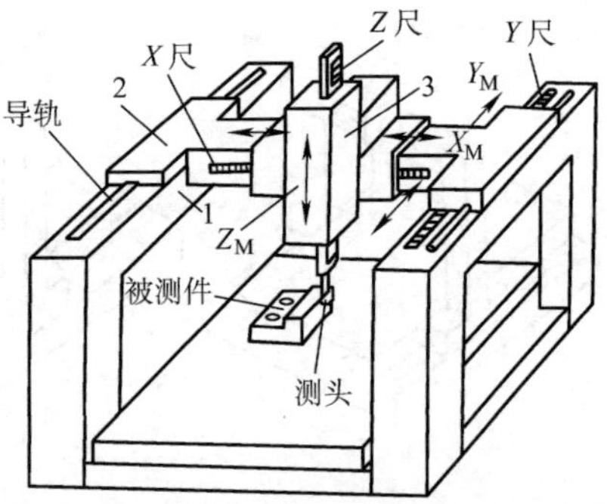

图7.29　大型门式三坐标测量机结构示意图

1—导轨　2—横梁　3—C-Z/W轴

1）导轨：导轨是三坐标测量机的导向装置，直接影响测量机的精度，因而要求其具有较高的直线度。在三坐标测量机上使用的导轨有滑动导轨、滚动导轨和气浮导轨，但常用的为滑动导轨和气浮导轨，滚动导轨应用较少，因为滚动导轨的耐磨性较差，刚度也较滑动导轨低。目前多数三坐标测量机已采用空气静压导轨（又称为气浮导轨、气垫导轨），它具有许多优点，如制造简单、精度高、摩擦力极小、工作平稳等。

2）工作台：大多厂家已采用花岗岩、大理石等来制造工作台，这是因为花岗岩变形小、稳定性好、耐磨损、不生锈，且价格低廉、易于加工。有些测量机还装有可升降（Z轴）、可旋转（W轴）的工作台，以扩大Z轴的测量范围和测量功能。

（2）三坐标测量机的测量系统　三坐标测量机的测量系统包括测头和标尺系统。

1）标尺系统：标尺系统是用来度量各轴的坐标数值。目前三坐标测量机上使用的标尺大多是光栅尺，有些测量机使用了同步感应器。为了达到更高的精度，有的测量机甚至使用了激光干涉仪。

2）测头：测头是三坐标测量机用来拾取信号的，因而测头的性能直接影响测量精度和测量效率，没有先进的测头就无法充分发挥测量机的功能。测头按测量方法可分接触式和非接触式两类。在接触式测量头中又分机械接触式测头和电气接触式测头。此外，生产型测量机还配有专用测头式切削工具，如专用铣削头和气动钻头等。

机械接触式测头为具有各种形状（如锥形、球形）的刚性测头、带千分表的测头以及划针式工具。机械接触式测头主要用于手动测量，由于手动测量的测量力不易控制，测量力的变化会降低瞄准精度，因此，只适用于一般精度的测量。

电气接触式测头的触端与被测件接触后可作偏移，传感器输出模拟位移量信号。这种测头既可以用于瞄准（过零发信），也可以用于测微（测量给定坐标值的偏差）。电气接触式测头主要分为电触式开关测头和三向测微电感测头，其中电触式开关测头应用较广泛。

非接触式测头主要由光学系统构成，如投影屏式显微镜、电视扫描头等。它适用于软、薄、脆的工件测量。

为了提高测量效率以及探测各种零件的不同部位，常需为测头配置一些附件，如测端、探针、连接器、测头回转附件等，图7.30是常见的测量接触头。

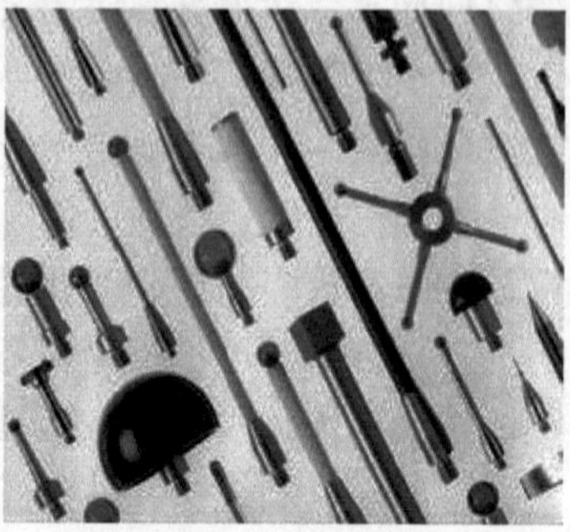

图7.30 测量接触头

（3）三坐标测量机的控制系统和数据处理系统

1）控制系统。控制系统是三坐标测量机的关键组成部分之一，其主要功能有：读取空间坐标值，控制测量瞄准系统对测头信号进行实时响应与处理，控制机械系统实现测量所必需的运动，实时监控坐标测量机的状态以保障整个系统的安全性与可靠性等。

三坐标测量机的控制系统分为手动型、机动型和CNC型。早期的坐标测量机以手动型和机动型为主，其测量是由操作者直接手动或通过操纵杆完成各个点的采样，然后在计算机中进行数据处理。随着计算机技术、数控技术的发展，CNC型控制系统变得日益普及。它是通过程序来控制坐标测量机自动进给和进行数据采样，同时在计算机中完成数据处理。图7.31所示为系统控制原理图。

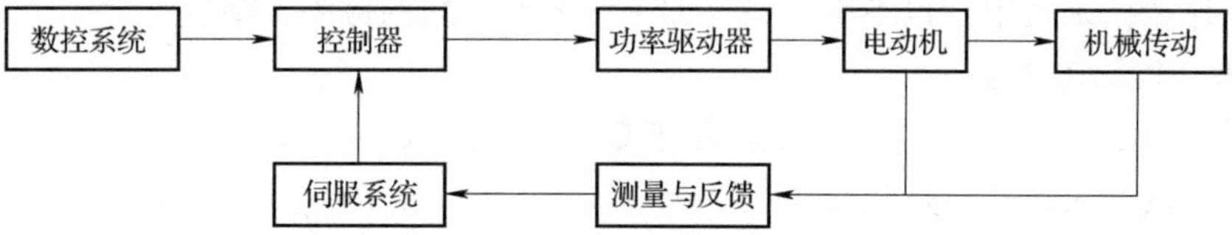

图7.31 系统控制原理图

2）数据处理系统。数据处理系统包括计算机、专用的软件系统、专用程序或程序包。计算机是三坐标测量机的控制中心，用于控制全部测量操作、数据处理和输入/输出。

在用于检测时，通过该系统，操作者可以手动编制检测程序（对话式窗口编程）、自动编制程序（通过引入 CAD 模型自动生成检测程序）、自学习编程（机器记下所有指令代码，在多批次重复检测时，不需再编程）、脱机编程（在该系统外部编制好程序通过公共接口引入）。

在进行检测时，可以根据定义对检测的尺寸、几何误差进行处理，有的还可以对结果加以判断和调整。在用于测量时，该系统可以进行大量的数据处理并通过内部的几何元素定义生成相应的几何体，然后通过公共接口传出该系统以作他用。

7.4.2　三坐标测量机的测量应用

目前机械制造业、汽车工业、电子工业、航空航天工业和国防工业等都广泛使用三坐标测量机，三坐标测量机已成为现代工业检测和质量控制不可缺少的测量设备。

1. 可用于加工的轻型三坐标测量机

三坐标测量机除用于零件的测量外，还可用于如划线、打样冲眼、钻孔、微量铣削及末道工序精加工等轻型加工，在模具制造中可用于模具的装配。

图 7.32 所示为立柱式三坐标划线机，它是三坐标测量机的一种，主要用于金属加工中的精密划线和外形轮廓的检测，特别适用于大型工件制造、模具制造、汽车和造船制造业及铸件加工等。它属于生产适用型三坐标机，可承担检测环境较恶劣的划线和计量测试技术工作。因此，在模具制造中，特别是大型覆盖件冷冲模具制造中，得到广泛应用。

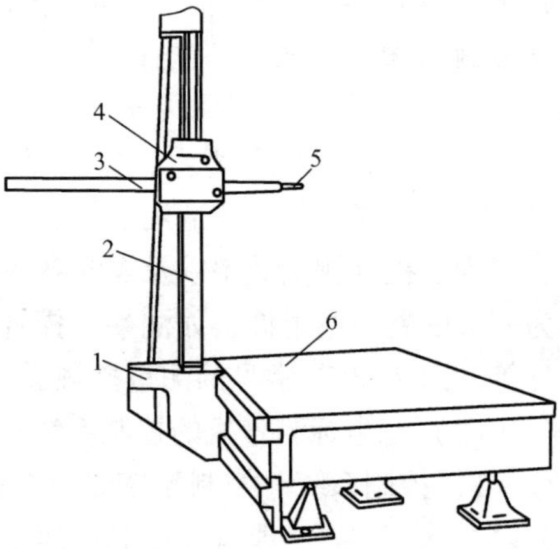

图 7.32　立柱式三坐标划线机
1—基座　2—立柱　3—水平臂
4—支承箱　5—测头　6—工作台

立柱式三坐标划线机，由机械主体部分和数字显微处理系统组成。其机械主体部分主要包括基座 1、立柱 2、水平臂 3、支承箱 4、测头 5 及一侧带导槽的工作台 6 等。

基座 1 可在工作台导槽中移动或定位锁紧，水平臂可在支承箱中作水平移动。在划线或检测时，工件一次定位即能完成三个面的划线或检测，效率高，相对精度高。数字微处理系统由光栅编码器、无滑滞滚动的角度-长度转换装置和微电脑数显电气等组成。仪器的测程范围大，可作相对或绝对坐标数据显示、米英制转换和数据打印。该类检测设备由于精度较低，一般不作数据采集用，也不用于最终加工工序或产品的检测、测量。

2. 多种几何量的测量

测量前必须建立坐标系，并根据被测件的形状特点选择测头、并进行测头的定义和校验，对被测件的安装位置进行找正。

（1）坐标系的概念

1）机床坐标系：也称为绝对坐标系。机床坐标系是测量机出厂时设定的，它的原点一般是在 X、Y、Z 标尺的初始端。一般在测量机初始启动时，都要“回零”，也就是初始化回原点。如果不能正常回零，表明测量机软件或硬件上存在某种错误。一般在较低端的测量机（如较一般的划线机）上会用到机床坐标系，它需要操作者将工件正确摆放，使其某一轴线与机床坐标系的相应轴线平行，建立相对坐标系后，再进行测量。

2）工件坐标系：测量时一般都使用工件坐标系，该坐标系是操作者在工件检测前生成的坐标系。对于某些大型测量机，在需要承载能力较大的情况下，床身和工作台分开安装，即工作台的变形、破坏不会影响到测量机本身的精度，此时必须用到工件坐标系。

工件测量坐标系设定后，即可调用测量指令进行测量。

（2）角度的校验和触头的定义　在触头更换后，系统启动，这时需要把触头的定义输入到指定的地方。由于一般系统采用的是自动补偿接触检测及测量，也就是说实际上检测、测量的是接触头的球心，得到的结果是系统自动增加了一个接触头的半径。

触头或加长杆更换后或在初次进行零件检测、测量时，必须要对侧头的各个摆角进行校验，否则会在不同的角度测量（检测）同一点值时出现偏差，这个偏差与加长杆、探针长度、接触头的大小都有关系。一般情况下，大部分测量机厂家都是用标准球（也叫基准球）进行校验。

（3）工件找正　零件的找正是指在测量机上用数学方法为工件的测量建立新的坐标基准。测量时，工件任意地放在工作台上，其基准线或基准面与测量机的坐标轴（*X*、*Y*、*Z* 轴的移动方向）不需要精确找正。为了消除这种基准不重合对测量精度的影响，需用计算机对其进行坐标转换，根据新基准计算、校正测量结果。

零件找正的主要步骤有：① 确定初始参考坐标系；② 运行找正程序；③ 选定第一坐标轴；④ 调用相应子程序进行测量并存储结果；⑤ 选定第二坐标轴；⑥ 调用相应子程序进行测量并存储结果。对于三维找正中的第三轴，系统自动根据右手坐标准则确定。

（4）触头选用　被测工件的材质、形状及测量部位都是在测量前选择触头应考虑的因素。如图7.33所示，图7.33a是柱形接触头，一般用于测量零件的轮廓边界；图7.33b是盘形接触头，一般用于测量宽的沟槽及有闭角的区域；图7.33c是球形接触头，它在生产实际中使用最多，孔、面、壁的检测、测量都可以使用它。

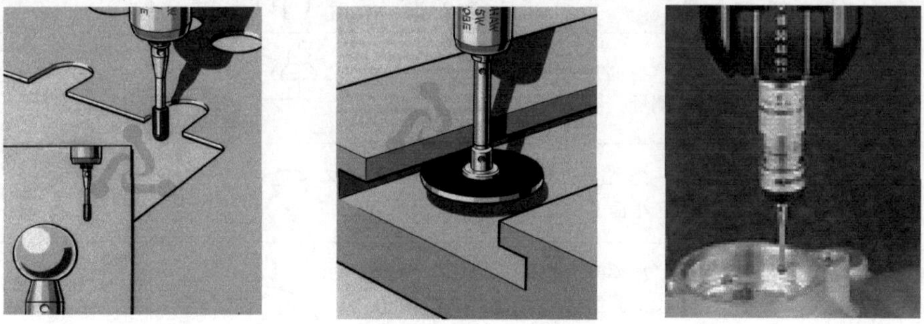

a）　　b）　　c）

图7.33　测量不同的形状选用的触头

a）柱形接触头　b）盘形接触头　c）球形接触头

（5）触头运动方向　在测量时，触头运动方向的选择必须要在理论上保证测量数据的可靠性及准确度。如图7.34a所示，在测量一简单的型面时，从 *P* 进给方向和从 *Q* 进给方向测量的结果是不同的，这是由于系统对球头半径补偿所致。当系统判断出运动方向为 *P* 向进给时，球头半径补偿在 *P* 向；同理，如判断为 *Q* 向进给时，补偿方向在 *Q* 向，二者的差值由此产生。图7.34b所示为合理的不同进给方向。

表7.1为三坐标测量机在测工件的形状、位置、中心和尺寸等方面的应用示例。

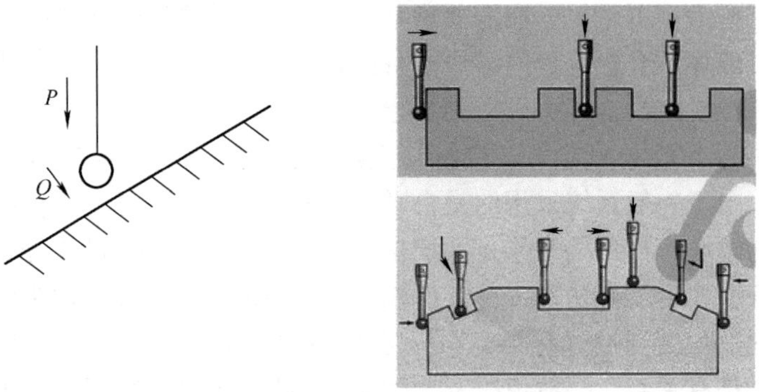

a)　　　b)

图 7.34　测量进给方向示意图

表 7.1　三坐标测量机的应用示例

序　　号	测 量 分 类	测 量 项 目	测量形状及位置	被测件名称
1	直线坐标测量	孔中心距测量	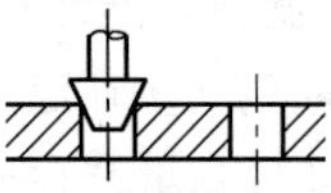	孔系部件
2	平面坐标测量	和 z 轴平行面的内外尺寸测量	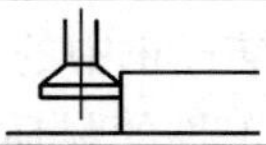	数控铣床的部件
		测头不能接触的部位表面形状、间隙测量	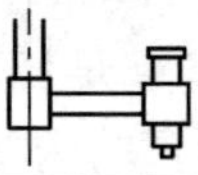	精密部件
3	高度关系测量	高度方向尺寸测量		用球面立铣刀加工的具有三个坐标尺寸的被加工件
		与高度相关的平行度测量	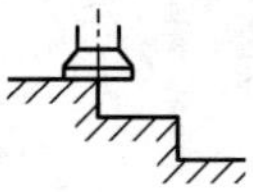	
4	曲面轮廓测量	把高度分成小间隔的一个平面上的轮廓形状测量	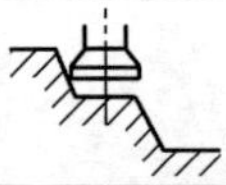	电火花机床用电极
5	三坐标测量	用球测头接触作不连续点的测量以决定空间形状	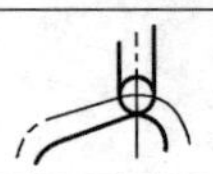	电火花机床用电极
6	角度关系测量	安装圆工作台测量与角度相关的尺寸	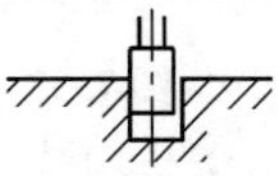	间隙、凸轮沟槽

思考题与习题

1. 测量和检测在计量上是如何区别的？
2. 什么是样板？样板常用于检测模具的哪些方面？
3. 尺寸精度的常规测量工具有哪些？举例说明塞尺在模具测量中的应用。
4. 测量几何误差的常用仪器有哪些？

5. 试简述万能工具显微镜在模具零件检验中的应用。
6. 三坐标测量机的主要功能是什么？简述三坐标测量机的构成及分类。
7. 三坐标测量机的测量系统包括什么？简述测头的分类及原理。
8. 简述三坐标测量机在模具制造及测量中的应用。

第 8 章

模具装配工艺

模具装配是模具制造过程的最后阶段，装配质量的好坏将影响模具的精度、寿命及各部分的功能。要制造出一副合格的模具，除了要保证零件的加工精度外，还必须做好装配工作。模具装配阶段的工作量比较大，它影响模具的生产制造周期和生产成本。

8.1 概述

8.1.1 模具装配的内容和特点

根据模具装配图样和技术要求，将模具的零部件按照一定工艺顺序进行配合、定位、连接与紧固，使之成为符合制品生产要求的模具，称为模具装配，其装配过程称为模具装配工艺过程。

模具装配图样及验收技术条件是模具装配的依据。构成模具的标准件、通用件及成型零件等应符合技术要求是模具装配的基础。但并不是有了合格的零件，就一定能装配出符合设计要求的模具，合理的装配工艺及装配经验也是很重要的。

模具装配过程是按照模具技术要求和各零件间的相互关系，将合格的零件按一定的顺序连接固定为组件、部件，直至装配成合格的模具。其过程可以分为组件装配和总装配等。

模具装配的内容有：选择装配基准、组件装配、调整、修配、总装、研磨抛光、检验和试模、修模等。在装配时，零件或相邻装配单元的配合和连接必须按照装配工艺确定的装配基准进行定位与固定，以保证它们之间的配合精度和位置精度，从而保证模具零件间精密均匀的配合、模具开合运动及其他辅助机构（如卸料、抽芯、送料等）运动的精确性。以保证成形制件的精度和质量，保证模具的使用性能和寿命。通过模具装配和试模也将考核制件的成形工艺、模具设计方案和模具制造工艺编制等工作的正确性与合理性。

模具装配工艺规程是指导模具装配的技术文件，是制订模具生产计划和进行生产技术准备的依据。模具装配工艺规程是根据模具的种类及复杂程度、各企业的生产组织形式及习惯做法等制定的，视具体情况可简可繁。模具装配工艺规程包括：模具零件和组件的装配顺序、装配基准的确定，装配工艺方法和技术要求，装配工序的划分以及关键工序的详细说明，必备的二级工具和设备，检验方法和验收条件等。

模具装配属于单件装配生产类型，其特点是工艺灵活性大，大都采用集中装配的组织形式。模具装配的全过程，都是由一个工人或一组工人在固定的地点来完成。模具装配手工操作比重大，要求工人有较高的技术水平和多方面的工艺知识。

8.1.2　模具装配精度的要求

模具的装配精度是确定模具零件加工精度的依据，一般由设计人员根据产品零件的技术要求、生产批量等因素确定。模具的装配精度可以分为模架的装配精度、主要工作零件以及其他零件的装配精度。模具装配精度包括以下几个方面的内容：

1）相关零件的位置精度：例如定位销孔与型孔的位置精度；上、下模之间，动、定模之间的位置精度；凸模、凹模，型腔、型孔与型芯之间的位置精度等。

2）相关零件的运动精度：包括直线运动精度、圆周运动精度及传动精度。例如导柱和导套之间的配合状态，顶块和卸料装置的运动是否灵活可靠，送料装置的送料精度。

3）相关零件的配合精度：相互配合零件的间隙或过盈量是否符合技术要求。

4）相关零件的接触精度：例如模具分型面的接触状态如何，间隙大小是否符合技术要求，弯曲模、拉深模的上下成形面的吻合一致性等。

模具装配精度的具体技术要求可参考相应的模具技术标准。

8.1.3　模具装配的工艺方法及工艺过程

模具装配的工艺方法有互换装配法和非互换装配法。由于模具生产属于单件生产，又具有成套性和装配精度高的特点，所以，目前模具装配以非互换法为主。随着模具技术和设备的现代化，模具零件制造精度将逐渐满足互换法的要求，互换法的应用将会越来越广泛。

在学习模具装配方法之前，首先了解一下装配尺寸链的概念。

1. 装配尺寸链

任何产品都是由若干零、部件组装而成的。为了保证产品质量，必须在保证各个零部件质量的同时，保证这些零、部件之间的尺寸精度、位置精度及装配技术要求。无论是产品设计、装配工艺的制定，还是解决装配质量问题等，都要应用装配尺寸链的原理。

在产品的装配关系中，由相关零件的尺寸（表面或轴线间的距离）或相互位置关系（同轴度、平行度、垂直度等）所组成的尺寸链，叫作装配尺寸链。其具有封闭性特征，即组成尺寸链的有关尺寸按一定顺序首尾相连，构成封闭图形，没有开口，如图 8.1 所示。组成装配尺寸链的每一个尺寸称为装配尺寸链环，图 8.1 中共有 5 个尺寸链环，尺寸链环可分为封闭环和组成环两大类。

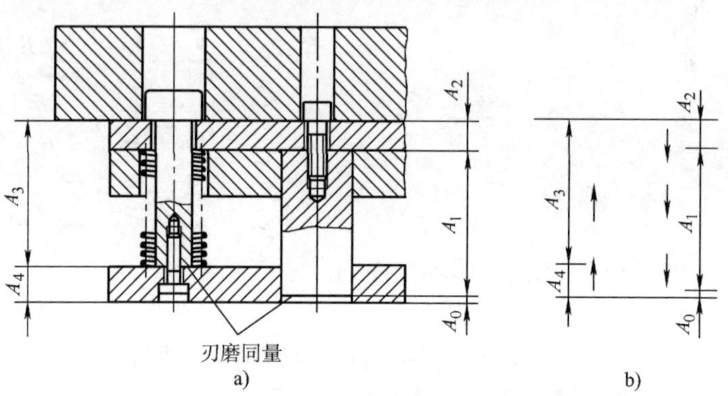

图 8.1　装配尺寸链

a）装配简图　b）装配尺寸链图

装配尺寸链的封闭环就是装配后的精度要求和技术要求。这种要求是通过将零件、部件等装配好后，最后形成和保证的，是一个结果尺寸或位置关系。在装配关系中，对装配精度要求产生直接影响的那些零件、部件的尺寸和位置关系，是装配尺寸链的组成环，组成环分为增环和减环。

(1) 封闭环的确定　在装配过程中，间接得到的尺寸称为封闭环，它往往是装配精度要求或是技术条件要求的尺寸，用 A_0 表示。在尺寸链的建立中，首先要正确地确定封闭环，否则整个尺寸链的解也就错了。

(2) 组成环的查找　在装配尺寸链中，直接得到的尺寸称为组成环，用 A_i 表示，如图8.1中的 A_1、A_2、A_3、A_4。由于尺寸链是由一个封闭环和若干个组成环所组成的封闭图形，故尺寸链中，组成环的尺寸变化必然引起封闭环的尺寸变化。当某个组成环尺寸增大（其他组成环尺寸不变），封闭环尺寸也随之增大时，则该组成环为增环，以 $\overrightarrow{A}_i$ 表示，如图8.1中的 A_3、A_4。当某个组成环尺寸增大（其他组成环不变），封闭环尺寸随之减小时，则该组成环称为减环，用 $\overleftarrow{A}_i$ 表示，如图8.1中的 A_1、A_2。

为了快速确定组成环的性质，可先在尺寸链图上沿平行于封闭环任意方向画一箭头，然后沿此箭头方向环绕尺寸链一周，平行于每一个组成环尺寸依次画出箭头，箭头指向与封闭环相反的组成环为增环，箭头指向与封闭环相同的为减环，如图8.1b所示。

2. 装配尺寸链计算的基本公式

计算装配尺寸链的目的是求出装配尺寸链中某些环的公称尺寸及其上、下偏差。生产中一般采用极值法，其基本公式如下

$$A_0 = \sum_{i=1}^{m} \overrightarrow{A}_i - \sum_{i=m+1}^{n-1} \overleftarrow{A}_i \tag{8.1}$$

$$A_{0\max} = \sum_{i=1}^{m} \overrightarrow{A}_{i\max} - \sum_{i=m+1}^{n-1} \overleftarrow{A}_{i\min} \tag{8.2}$$

$$A_{0\min} = \sum_{i=1}^{m} \overrightarrow{A}_{i\min} - \sum_{i=m+1}^{n-1} \overleftarrow{A}_{i\max} \tag{8.3}$$

$$B_sA_0 = \sum_{i=1}^{m} B_s\overrightarrow{A}_i - \sum_{i=m+1}^{n-1} B_x\overleftarrow{A}_i \tag{8.4}$$

$$B_xA_0 = \sum_{i=1}^{m} B_x\overrightarrow{A}_i - \sum_{i=m+1}^{n-1} B_s\overleftarrow{A}_i \tag{8.5}$$

$$T_0 = \sum_{i=1}^{n-1} T_i \tag{8.6}$$

$$A_{0m} = \sum_{i=1}^{m} \overrightarrow{A}_{im} - \sum_{i=m+1}^{n-1} \overleftarrow{A}_{im} \tag{8.7}$$

式中　n——包括封闭环在内的尺寸链总环数；

m——增环的数目；

$n-1$——组成环（包括增环和减环）的数目。

上述公式中用到尺寸及偏差或公差符号见表8.1。

表8.1　工艺尺寸链的尺寸及偏差符号

环　名	符号名称						
	公称尺寸	最大尺寸	最小尺寸	上极限偏差	下极限偏差	公　差	平均尺寸
封闭环	A_0	$A_{0\max}$	$A_{0\min}$	B_sA_0	B_xA_0	T_0	A_{0m}
增环	$\overrightarrow{A}_i$	$\overrightarrow{A}_{i\max}$	$\overrightarrow{A}_{i\min}$	$B_s\overrightarrow{A}_i$	$B_x\overrightarrow{A}_i$	$\overrightarrow{T}_i$	$\overrightarrow{A}_{im}$
减环	$\overleftarrow{A}_i$	$\overleftarrow{A}_{i\max}$	$\overleftarrow{A}_{i\min}$	$B_s\overleftarrow{A}_i$	$B_x\overleftarrow{A}_i$	$\overleftarrow{T}_i$	$\overleftarrow{A}_{im}$

3. 非互换装配法

在单件小批生产中，当装配精度要求较高时，如果采用完全互换法，则会提高相关零件的精度要求，不利于降低成本。因此，在单件小批生产时，通常选择非互换性装配法。非互换性装配法主要有修配法和调整装配法。模具的装配常采用修配法。

（1）修配装配法　修配法是在某零件上预留修配量，装配时根据实际需要修整预修面，以达到装配要求。修配法的优点是能够获得很高的装配精度，而零件的制造精度可以放宽。缺点是装配中增加了修配工作量，工时多且不易预先确定，装配质量依赖工人的技术水平，生产效率低。

图 8.2 所示为一注射模具的浇口套组件。浇口套装入定模板后，要求上面高出定模板 0.02mm，以便定位圈将其压紧，浇口下表面则与定模板平齐。为了保证零件加工和装配的经济性，上表面高出定模板平面的 0.02mm 由加工精度保证，下表面则选择浇口套为修配零件，预留高出定模板平面的修配余量 h，将浇口套压入模板配合孔后，在平面磨床上将浇口套下表面和定模板平面一起磨平，使之达到装配要求。

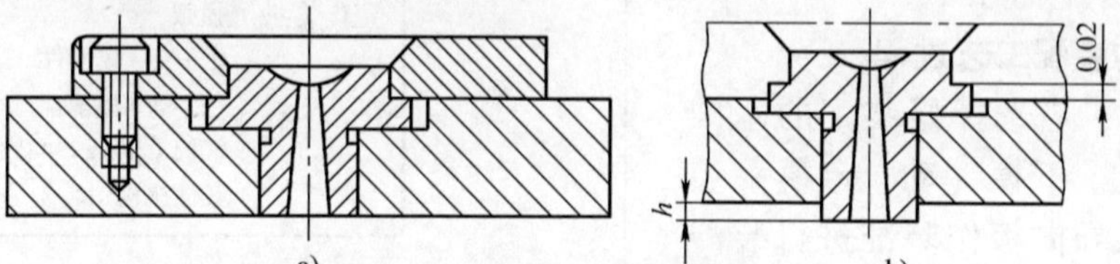

图 8.2　浇口套组件修配装配

a）装配图　b）修配图

采用修配法时，应注意以下几点：

1）应正确选择修配对象。即选择那些只与本装配精度有关而与其他装配精度无关的零件作为修配对象；然后再选择其中易于拆装且修配面不大的零件作为修配件。

2）应通过尺寸链计算。合理确定修配件的尺寸和公差，既要保证它有足够的修配量，又不要使修配量过大。

3）应考虑用机械加工方法来代替手工修配。如使用手持电动或气动修配工具进行修配。

（2）调整装配法　将各相关模具零件按经济加工精度制造，在装配时通过改变一个零件的位置或选定适当尺寸的调节件（如垫片、垫圈、套筒等）加入到尺寸链中进行补偿，以达到规定装配精度要求。

图 8.3 所示为塑料注射模滑块型芯水平位置的装配调整示意图。根据预装配时对间隙的测量结果，从一套不同厚度的调整垫片中选择一个适当厚度的调整垫片进行装配，从而达到所要求的型芯位置。

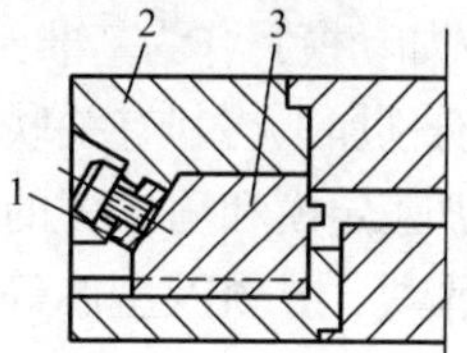

图 8.3　装配调整示意图

1—调整垫片　2—紧楔块

3—滑块型芯

修配调整法的优点：

1）在各组成环按经济加工精度制造的条件下，能获得较高的装配精度。

2）不需要做任何修配加工，还可以补偿因磨损和热变形对装配精度的影响。

修配调整法缺点：

1）需要增加尺寸链中零件的数量。

2）装配精度依赖于工人的技术水平。

4. 互换装配法

装配时，各个配合的模具零件不经选择、修配、调整，组装后就能达到预先规定的装配精度和技术要求的装配方法称互换装配法。它是利用控制零件的制造误差来保证装配精度的。其原则是各有关零件公差之和小于或等于允许的装配误差。用公式表示如下

$$\delta_{\Delta} \geqslant \sum_{i=1}^{n} \delta_i$$

式中　δ_{Δ}——装配允许的误差（公差）；

δ_i——各有关零件的制造公差。

在这种装配中，零件是可以完全互换的。互换法的优点是：

1）装配过程简单，生产率高。

2）对工人技术水平要求不高，便于流水作业和自动化装配。

3）容易实现专业化生产，降低成本。

4）备件供应方便。

但是，互换装配法将提高零件的加工精度（相对非互换装配法），同时要求要有较高的管理水平。

5. 模具的装配工艺过程

在总装前，应选择好装配的基准件，安排好上、下模（动、定模）装配顺序。如以导向板作基准进行装配时，则应通过导向板将凸模装入固定板，然后通过上模配装下模。在总装时，当模具零件装入上、下模板时，先装作为基准的零件，检查无误后打入销钉，并紧固螺钉。其他零件以基准件配装，但不要拧紧螺钉，待调整间隙试冲合格后再紧固螺钉。

型腔模往往先将要淬硬的主要零件（如动模）作为基准，全部加工完毕后再分别加工与其有关联的其他零件；然后加工定模和固定板的4个导柱孔、组合滑块、导轨及型芯等零件，配镗斜导柱孔，安装好顶杆和顶板；最后将动模板、垫板、垫块、固定板等总装起来。模具的装配工艺过程如图8.4所示。

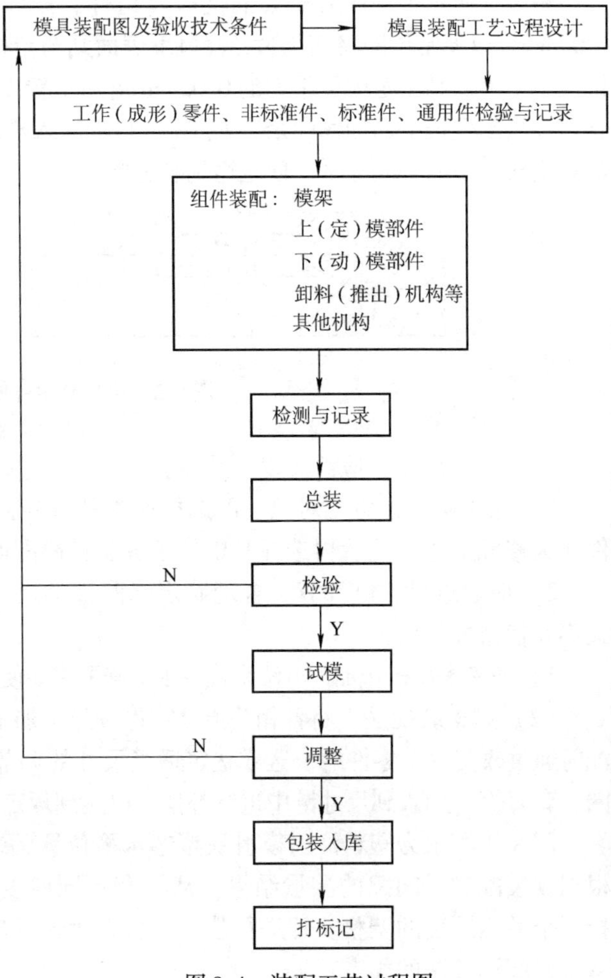

图8.4　装配工艺过程图

8.2　冲压模具的装配

8.2.1　冲压模具的装配工艺过程

冲压模具装配，是按照冲压模具的设计图样和装配工艺规程，把组成冲压模具的各个零件连接并固定，以组装成达到符合技术和生产要求的冲压模具，如图8.5所示。其装配的整

个过程称为冲压模具装配工艺过程，要完成模具的装配需做好以下几个环节的工作。

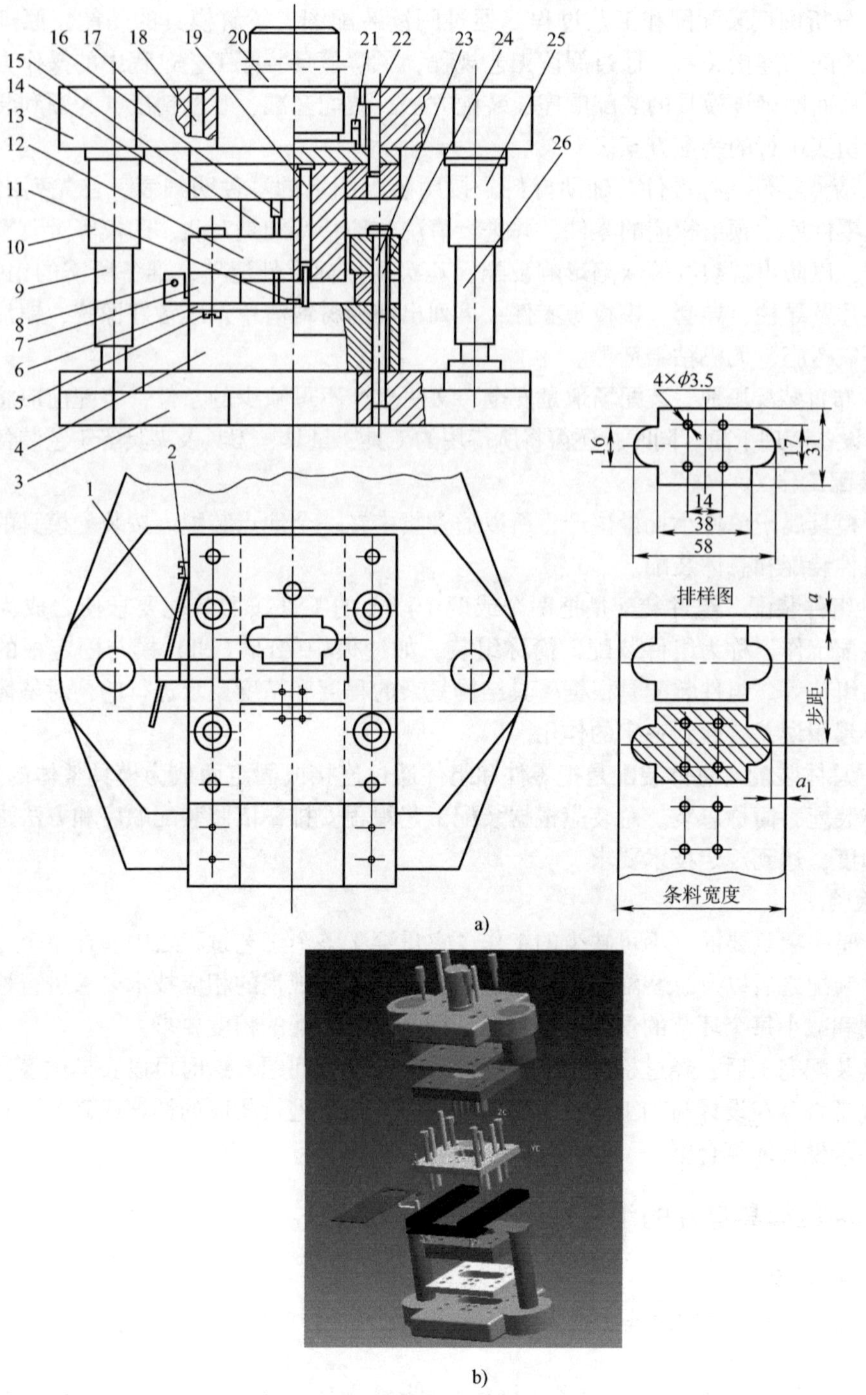

图8.5 冲孔落料级进模

a）装配图 b）装配爆炸图

1—簧片 2、5、24—螺钉 3—下模座 4—凹模 6—承料板 7—导料板 8—始用导料钉 9、26—导柱 10、25—导套 11—挡料钉 12—卸料板 13—上模座 14—凸模固定板 15—落料凸模 16—冲孔凸模 17—垫板 18、23—圆柱销 19—导正销 20—模柄 21—防转销 22—内六角螺钉

1. 准备工作

(1) 分析阅读装配图和工艺过程　通过阅读装配图，了解模具的功能、原理、结构特征及各零件间的连接关系；通过阅读工艺规程，了解模具装配工艺过程中的操作方法及验收等内容，从而明确该模具的装配顺序、装配方法、装配基准、装配精度，为顺利装配模具制订出一个切实可行的装配方案。

(2) 清点零件、标准件及辅助材料　按照装配图上的零件明细表，首先列出加工零件清单，从零件库中领出相应的零件，并进行清洗整理，特别是对凸、凹模等重要零件要进行仔细检查，以防出现裂纹等缺陷影响装配；其次列出标准件清单，准备所需的销钉、螺钉、弹簧、垫片及导柱、导套、模板等零件；再列出辅助材料清单，准备好橡胶、铜片、低熔点合金、环氧树脂、无机粘结剂等。

(3) 布置装配场地　装配场地是安全、文明生产不可缺少的条件，装配前应将画线平台和钻床等设备清理干净。同时，还需将所待用的工具、量具、刀具及夹具等工艺装备准备好。

2. 装配工作

由于模具属于单件小批量生产，所以通常集中在一个地点装配。按装配模具的结构内容可分为组件装配和总体装配。

(1) 组件装配　组件装配是把两个或两个以上的零件按照装配要求使之成为一个组件的局部装配工作，称为组件装配，简称组装，如冲模中的凸（凹）模与固定板的组装、顶料装置的组装等。组件装配是根据模具结构复杂的程度和精度要求进行的，对整体模具的装配、减小累积误差会起到一定的作用。

(2) 总体装配　总体装配是把零件和组件通过连接或固定而成为模具整体的装配工作，称为总体装配，简称总装。总装应根据装配工艺规程安排，依照装配顺序和方法进行，以保证装配精度，达到规定技术要求。

3. 检验

检验是一项重要的、不可缺少的工作，它贯穿于整个工艺过程之中。在单个零件加工之后、组件装配之后以及总装配完工之后，都要按照工艺规程的相应技术要求进行检验，其目的是控制和减小每个环节的误差，最终保证模具整体装配的精度要求。

模具装配完工后，经过检验、认定，在质量上没有问题，这时可以安排试模。通过试模可以发现是否存在设计与加工等技术上的问题，并随之进行相应的调整或修配，直到制件达到质量要求模具才算合格。

8.2.2 冲压模具零件的组件装配

1. 模柄的装配

模柄是中、小型冲压模具用来装夹模具与压力机滑块的连接件，它装配在上模座板中，常用的模柄装配方式有：

(1) 压入式模柄的装配　压入式模柄的装配如图 8.6 所示，它与上模座孔采用 H7/m6 过渡配合并加销钉（或螺钉）防止转动，装配完成后将端面在平面磨床上磨平。该模柄结构简单、安装方便、应用较广泛。

(2) 旋入式模柄的装配　旋入式模柄的装配如图 8.7 所示，它通过螺纹直接旋入上模座板并固定，用紧定螺钉防松，装卸方便，多用于一般冲模。

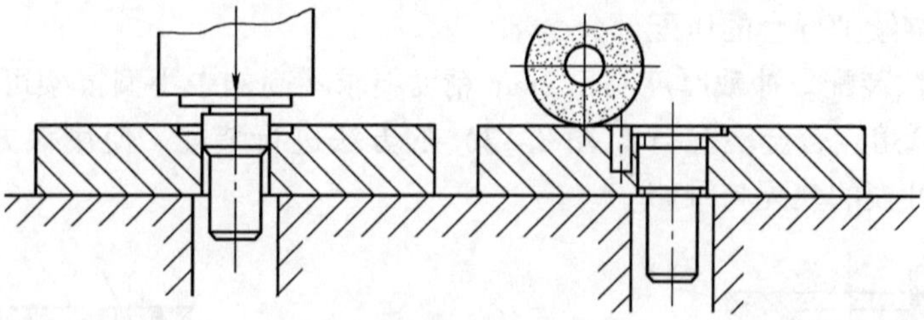

图 8.6　压入式模柄

（3）凸缘模柄的装配　凸缘模柄的装配如图 8.8 所示，用 3～4 个螺钉将其固定在上模座的窝孔内（其螺钉头不能外凸），它多用于较大的模具。

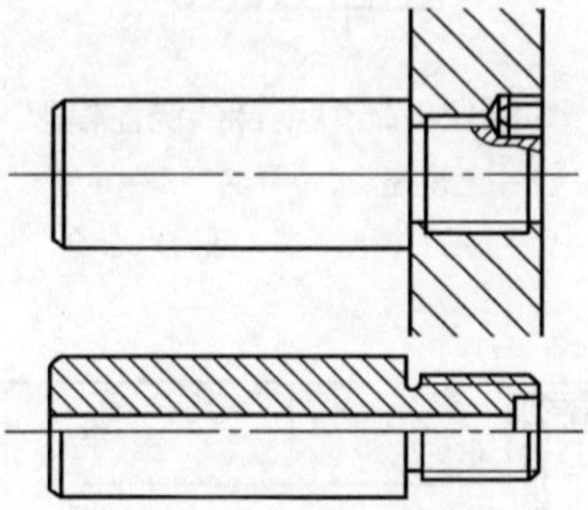

图 8.7　旋入式模柄

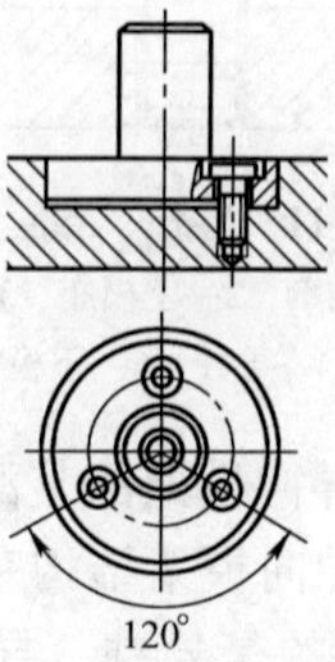

图 8.8　凸缘模柄的装配

以上三种模柄装入上模座后，必须保持模柄圆柱面与上模座上平面的垂直度误差不大于 0.05mm。

2. 导柱和导套的装配

（1）压入法装配

1）导柱的装配：如图 8.9 所示，导柱与下模座孔采用 H7/r6 过渡配合。压入时要注意校正导柱对模座底面的垂直度。注意控制压力，到底面时留出 1～2mm 的间隙。

2）导套的装配：如图 8.10 所示，导套与上模座孔采用 H7/r6 过渡配合。压入时以下模座和导柱来定位，用千分表检查导套压配部分的内外圆的同轴度，并使 Δ_{max} 值处于两导套中心连线的垂直位置上，以减小对中心距的影响。达到要求时，将导套部分压入上模座，然

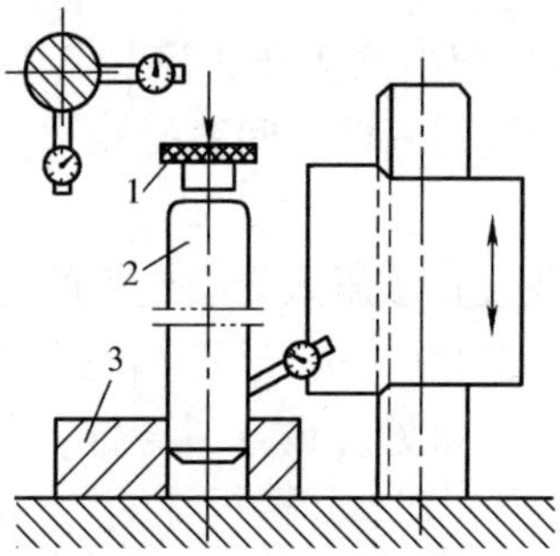

图 8.9　压入导柱

1—压块　2—导柱　3—下模座

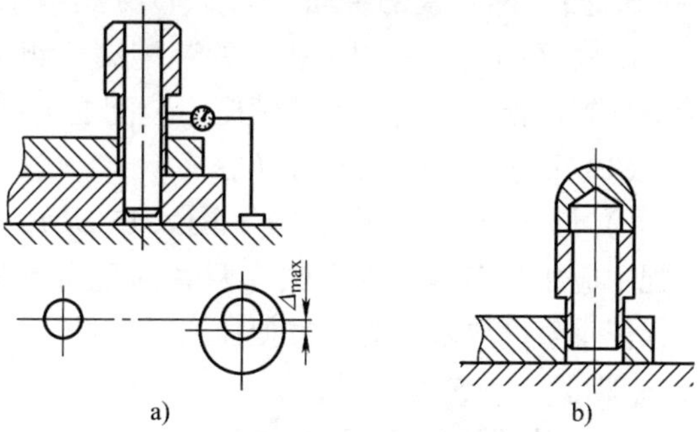

图 8.10　导套的装配

a）装导套　b）压入导套

后取走下模座，继续把导套的压配部分全部压入。

（2）其他方法装配　冲裁厚度小于2mm精度要求不高的中小型模架可采用粘结剂粘接（见图8.11）或低熔点合金浇注（见图8.12）的方法进行装配。使用该方法装配的模架，结构简单，便于冲模的装配与维修。

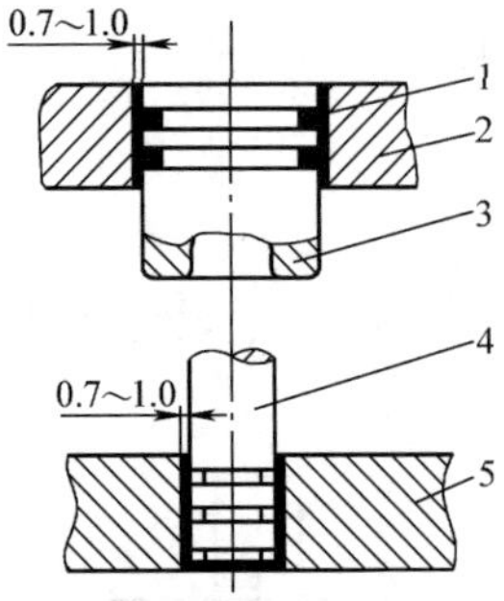

图8.11　导柱、导套粘接
1—粘结剂　2—上模座　3—导套
4—导柱　5—下模座

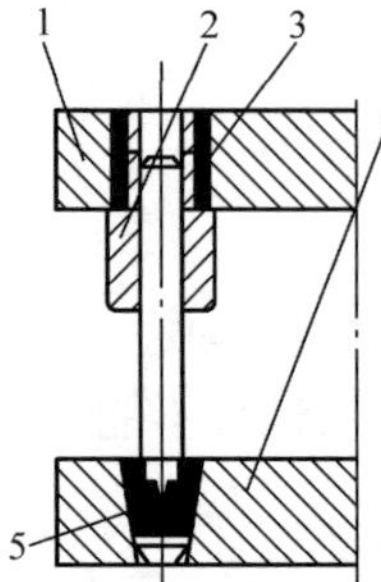

图8.12　低熔点合金浇注模架
1—上模座　2—导套　3—导柱
4—下模座　5—低熔点合金

（3）滚动导向模架的装配　滚动导向模架结构与滑动导向模架结构基本相同（见图8.13），所不同的是导柱、导套之间设有滚珠，导柱、导套与滚珠为过盈配合（过盈量按导柱直径大小为0.005～0.02mm）。其装配工艺过程与滑动导向模架的装配方法基本相同。先将导柱压入下模座，并在导柱上套弹簧和钢球保持圈，再将导套装入上模座孔中，用压板（或压圈）螺钉固定，但螺钉不要完全拧紧。在上、下模合模，待导柱连同钢球保持圈一并插入导套内，再均匀地拧紧压板（或压圈）上的螺钉，将导套紧固。安装完毕后，按技术条件逐一进行检验。

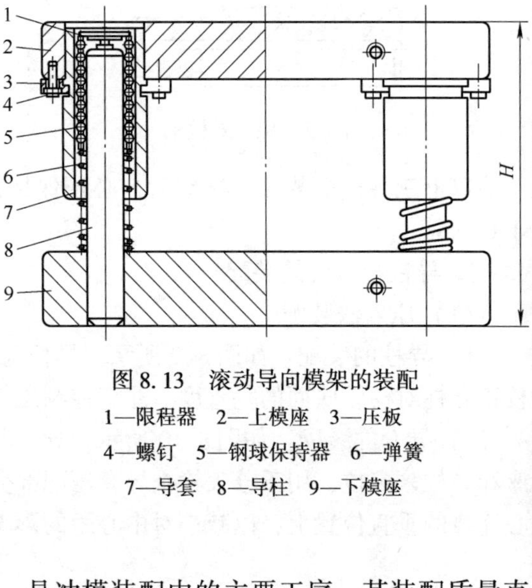

图8.13　滚动导向模架的装配
1—限程器　2—上模座　3—压板
4—螺钉　5—钢球保持器　6—弹簧
7—导套　8—导柱　9—下模座

3. 凸（凹）模的装配

凸模（凹模）在固定板上的装配属于组装，是冲模装配中的主要工序，其装配质量直接影响到冲模的使用寿命及精度。装配的关键在于凸、凹模的固定与间隙的控制。

（1）凸模、凹模的固定方法

1）压入固定：如图8.14和图8.15所示，该方法将凸模直接压入到固定板的孔中，这是装配中应用最多的一种方法，两者的配合常采用H7/n6或H7/m6。装配后需将端面磨平，以保证垂直度要求。为了方便压入，在凸模压入固定板孔入口处应设计引导锥，长度为3～5mm即可。

2）铆接固定：如图8.16所示，凸模尾端被锤和凿子铆接在固定板的孔中，常用于冲裁厚度小于2mm的冲模。该方法装配精度不高，凸模尾端可不经淬硬或淬硬度不高（低于30HRC）。凸模工作部分长度应为全长的1/3～1/2。

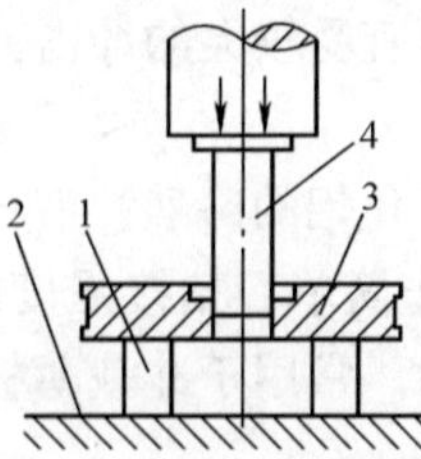

图8.14　凸模压入法

1—等高垫块　2—平台　3—固定板　4—凸模

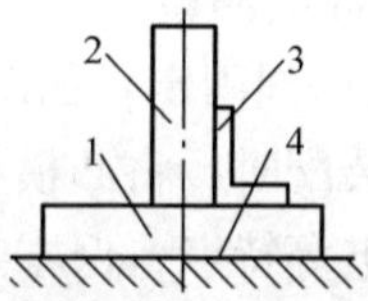

图8.15　压入时检查

1—固定板　2—凸模　3—角度尺　4—平台

3）螺钉紧固：如图8.17所示，将凸模直接用螺钉、销钉固定到模座或垫板上，要求牢固，不允许松动，该方法常用于大中型凸模的固定。

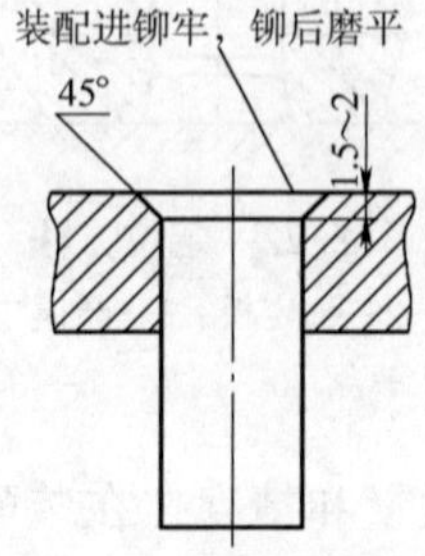

图8.16　铆接固定法

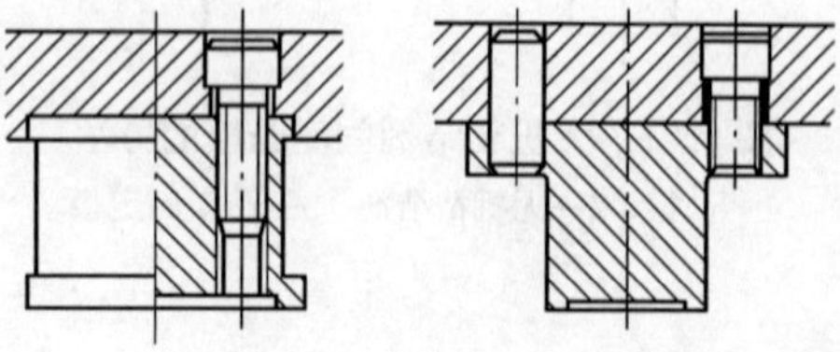

图8.17　螺钉紧固法

对于快换式冲小孔凸模、易损坏的凸模常采用侧压螺钉紧固，如图8.18所示。

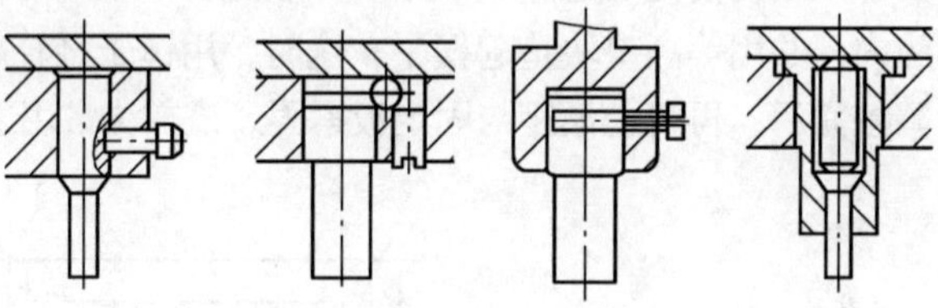

图8.18　侧压螺钉紧固形式

4）低熔点合金固定：如图8.19所示，将凸模尾端用低熔点合金浇注在固定板孔中，该方法操作简便，便于调整和维修，被浇注的型孔及零件加工精度要求较低。该方法常用于复杂异形模和对孔中心距要求高得多凸模的固定，减轻了模具装配中各凸、凹模的位置精度和间隙均匀性的调整工作。低熔点合金的配方参见有关设计手册。

5）环氧树脂粘结剂固定：如图8.20所示，将凸模尾端在固定板孔中，用环氧树脂固

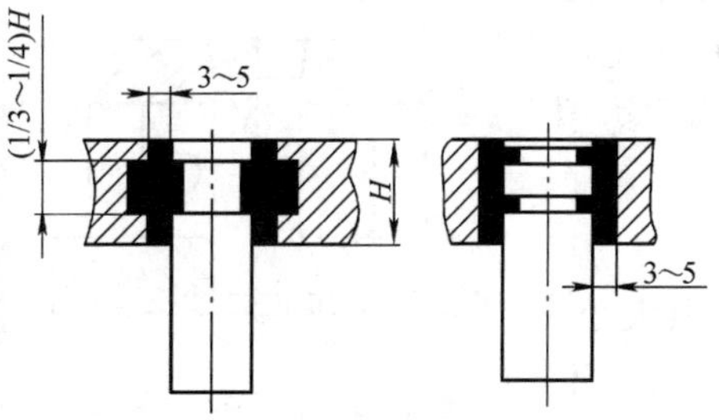

图8.19　低熔点合金固定形式

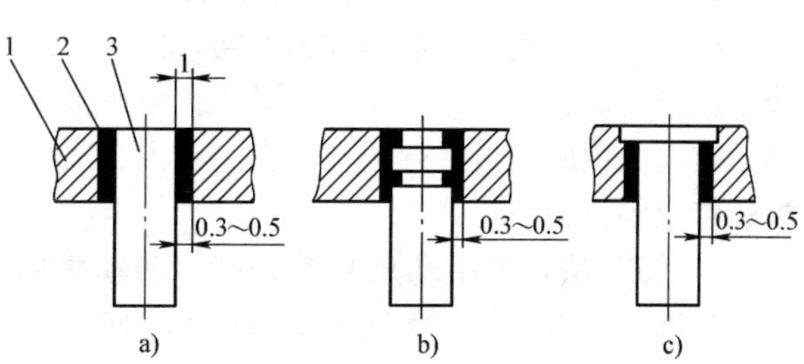

图8.20　环氧树脂固定凸模的形式

1—凸模固定板　2—环氧树脂　3—凸模

牢，该方法具有工艺简单、粘接强度高、不变形等特点，但不宜受较大的冲击，只适用于冲裁厚度小于2mm的冲模。

6）无机粘结剂固定：如图8.21所示，该粘结剂是由氢氧化铝的磷酸溶液与氧化铜粉末混合制成的。装配时，将凸模粘接在凸模固定板上，具有操作简单、粘接强度高、不变形、耐高温及不导电等特点，但本身有脆性，不宜受较大的冲击力。常用于冲裁薄板的冲模。无机粘结剂的配方参考有关手册。图8.22为粘接时的定位方法。

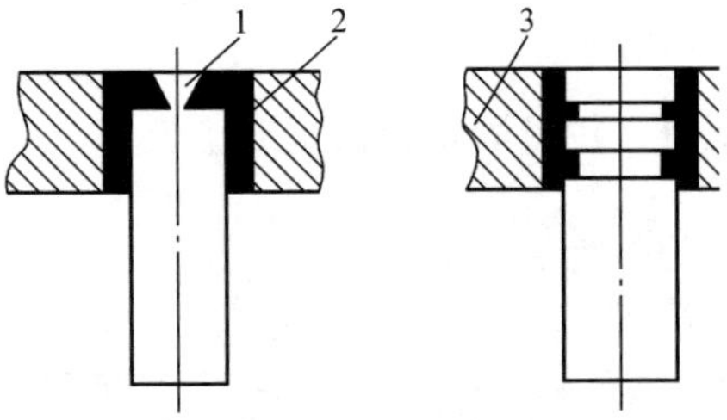

图8.21 无机粘结剂固定凸模的方法

1—凸模 2—无机粘结剂 3—凸模固定板

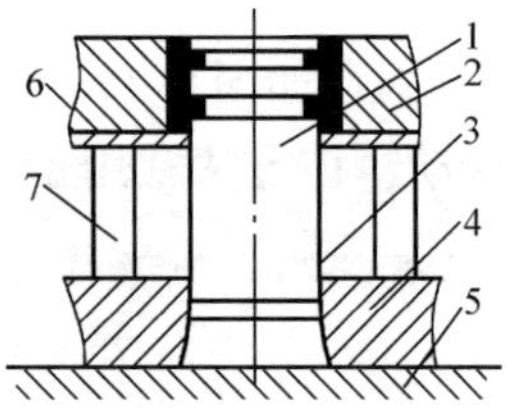

图8.22 定位方法

1—凸模 2—固定板 3—凸模 4—凹模 5—平台 6—挡板 7—等高块

（2）凸模、凹模间隙的控制 为了保证冲压模的装配质量和精度，在装配时必须控制其凸、凹模的正确位置，保证间隙均匀。常用的控制方法有：

1）垫片法：如图8.23所示，在凹模刃口周边适当部位放入金属垫片，其厚度等于单边间隙值。在装配时，按图样要求及结构情况确定安装顺序。一般先将下模用螺钉、销钉紧固，然后使凸模进入相应的凹模型腔内，并用等高垫块垫起摆平，这时，用锤子轻轻敲打固定板，使间隙均匀、垫片松紧度一致。调整完后，再将上模座与固定板紧固。该方法常用于间隙偏大的冲模。

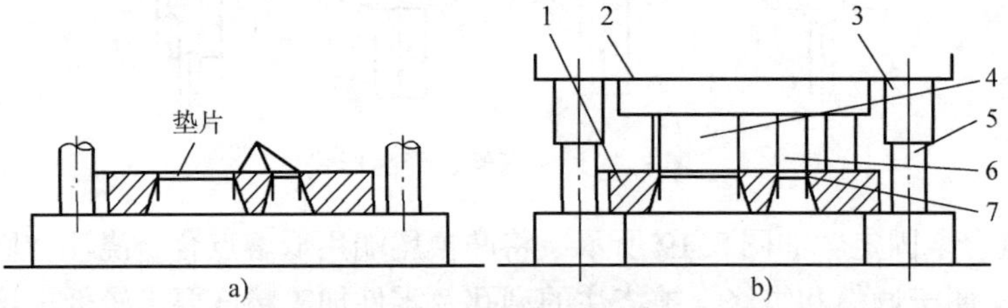

图8.23 用垫片控制凹模刃口处间隙

a）放垫片 b）合模效果调整

1—凹模 2—凸模固定板 3—导套 4、6—凸模 5—导柱 7—垫片

2）透光法：如图8.24所示，是凭眼睛观察从间隙中透过的光线的强弱来判断间隙的大小和均匀性。装配时，用手电筒或手灯照射凸、凹模，可在下模漏料孔中仔细观察，边看边用锤子敲击凸模固定板进行调整，直到认为合适时即可，再将上模螺钉及销钉紧固。

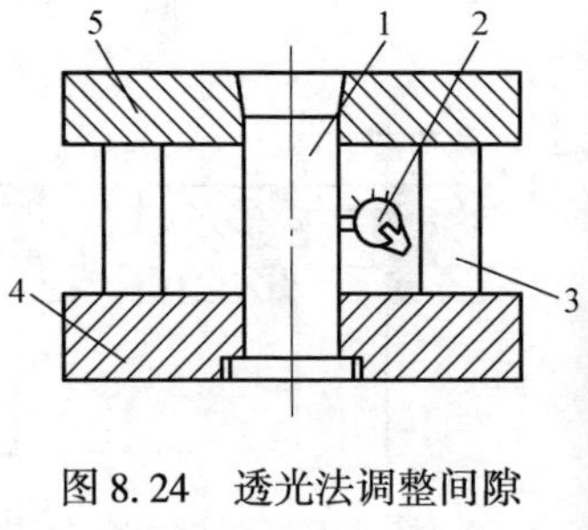

图8.24 透光法调整间隙

1—凸模 2—光源 3—垫块 4—固定板 5—凹模

3）测量法：利用塞尺片检查凸、凹模之间的间隙大小、均匀程度。在装配时，将凹模紧固在下模座上，上模安装后不紧固。合模后用塞尺在凸、凹模刃口周边检测，进行适当调整，直到间隙均匀再紧固上模，穿入销钉。

4）镀铜（锌）法：在凸模的工作段镀上一层厚度为单边间隙值的铜（或锌）来代替垫片。由于镀层可提高装配间隙的均匀性。装配后，镀层可在冲压时自然脱落，效果较好，但增加了电镀工序。

5）酸蚀法：在加工凸、凹模时将凸模的尺寸做成凹模型孔的尺寸，装配完后再将凸模工作段部分进行腐蚀，以保证间隙值的方法。间隙值的大小由酸蚀时间长度来控制。腐蚀后一定要用清水洗干净，操作时要注意安全。

6）定位器定位法：如图8.25所示，定位器定位法是在装配时用一个工艺定位器来保证凸模与凹模的间隙均匀，它不仅使间隙均匀而且起到稳定作用。该定位器是按凸、凹模配合间隙为零来配做的，一次装夹成形。所以，对位置精度要求高时，这是一种简单实用的方法。

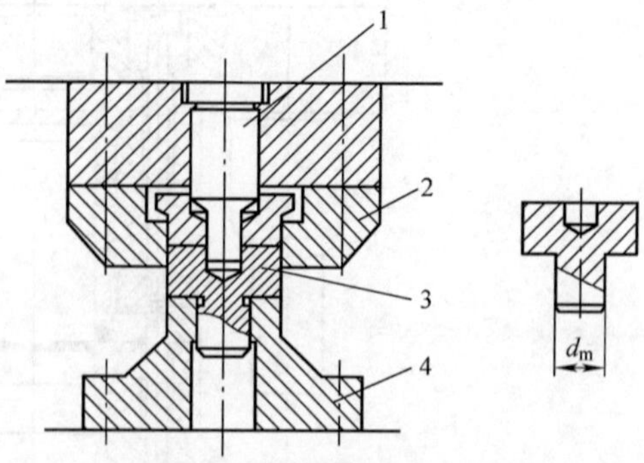

图8.25 定位器调整间隙

1—凸模 2—凹模 3—定位器 4—凸凹模

8.2.3 冲压模具装配案例

1. 单工序冲裁模的装配实例

图8.26所示为弹性卸料落料模，其装配过程可按如下步骤进行。

（1）装配前准备工作 分析阅读装配总图。

1）通过读图整理并领取所需要的标准模架、标准件。

2）通过读图熟悉各零件的装配关系，确定凹模在模架上的装配位置，尽量保证压力中心位置在冲压中心。

3）考虑装配时如何保证凸模与凹模间隙的均匀程度。

4）按明细表清点装配零件，并对凸、凹模等主要零件进行直观检查，保证装配质量，然后领取其他辅助物料、标准件。

5）清理装配工作台面、各类工具及工艺装备等。

（2）装配凸模、固定板为一个组件

1）把凸模压入到固定板中，并铆接。

2）铆接之后把凸模末端的大平面磨平，保证接触面的平面度及表面粗糙度的要求。

（3）装配凹模与下模座

1）确定凹模对下模座的位置。

2）凹模与下模座配钻、铰定位销孔，完工之后装入定位销。

3）在凹模与下模板配钻出螺纹底孔，凹模扩孔成螺钉过孔，下模板攻螺纹，完工之后旋入螺钉并紧固。

4）以下模座的底平面定位，平磨凹模刃口，保证刃口面的装配要求。

（4）装配上模座

1）在凹模刃口周边放上适当厚度的金属片，控制单边的间隙。

2）把凸模组件的凸模刃口平放入凹模型腔中3～4mm，用等高块垫平。

3）检查凸、凹模之间的间隙情况，保证均匀即可。

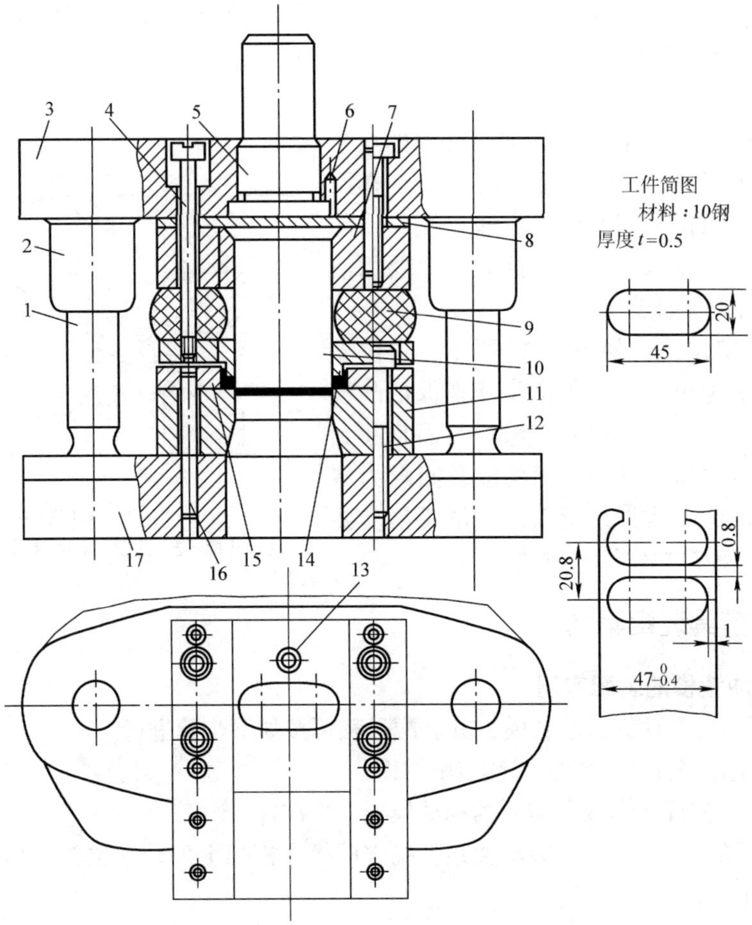

图8.26　弹性卸料落料模

1—导柱　2—导套　3—上模座　4—弹压螺钉　5—模柄　6—防转销　7—凸模固定板　8—垫板　9—橡胶　10—凸模　11—凹模　12—螺钉　13—挡料钉　14—卸料板　15—导料板　16—销钉　17—下模座

4）把上模座的导套对正下模座的导柱轻轻合上，平放在垫板上。

5）观察没有问题后，将整个模座压紧在工作台面上。

6）配钻、铰上模座板与固定板的定位圆销孔，完工之后装入定位销。

7）配钻、攻固定板上的螺纹孔及上模板上的沉头过孔，完工之后旋入螺钉并紧固。

8）以上模座板的上平面定位，平磨凸模的刃口，达到装配要求。

（5）装配卸料装置

1）把卸料板套入凸模上并压紧、配钻，攻卸料板上的螺纹孔和扩上模板上的沉头过孔。

2）以卸料板为样板做出橡胶块上的型孔和卸料螺钉过孔。

3）通过螺栓把橡胶块、卸料板联接到上模座上。

（6）装配其他零件

1）将导料板与凹模配合，加工销孔和螺纹过孔。

2）把挡料销轻压入凹模孔中。

（7）检验、试冲

2. 复合冲裁模的加工与装配

（1）复合冲裁模的装配方法　复合冲裁模的装配有配作装配法和直接装配法两种。配作装配法是在零件加工时，只需对与装配有关的必要部位进行高精度的加工，而孔位精度则由钳工进行配作保证，以保证复合模中各零件装配后的正确关系。这种方法目前应用较广，但对钳工的技能要求较高。直接装配法要求复合模中各零件的加工全部按图样要求进行，装配时只要把零件连接在一起即可，这种方法要求配备先进的高精度的加工设备及测量装置才能保证复合模的质量。

（2）复合冲裁模的装配过程及步骤

1）熟悉复合冲裁模的装配图。模具装配图是进行模具装配工作的主要依据。通过对模具装配图的分析研究，可以了解复合模的结构特点、主要技术要求、零件的连接方法和配合性质，以便确定合理的装配基准、装配顺序和装配方法。

2）做好装配前的准备工作。根据复合模的大小、结构和装配方法，确定工作场地，准备好装配时需要用的工具、量具、夹具、材料及辅助设备；根据模具装配图及零件明细表清点和清洗零件，并检查主要零件的尺寸精度、形位精度和表面粗糙度。

（3）复合冲裁模的加工与装配实例　图 8.27 所示为落料、冲孔的倒装导柱式复合模。

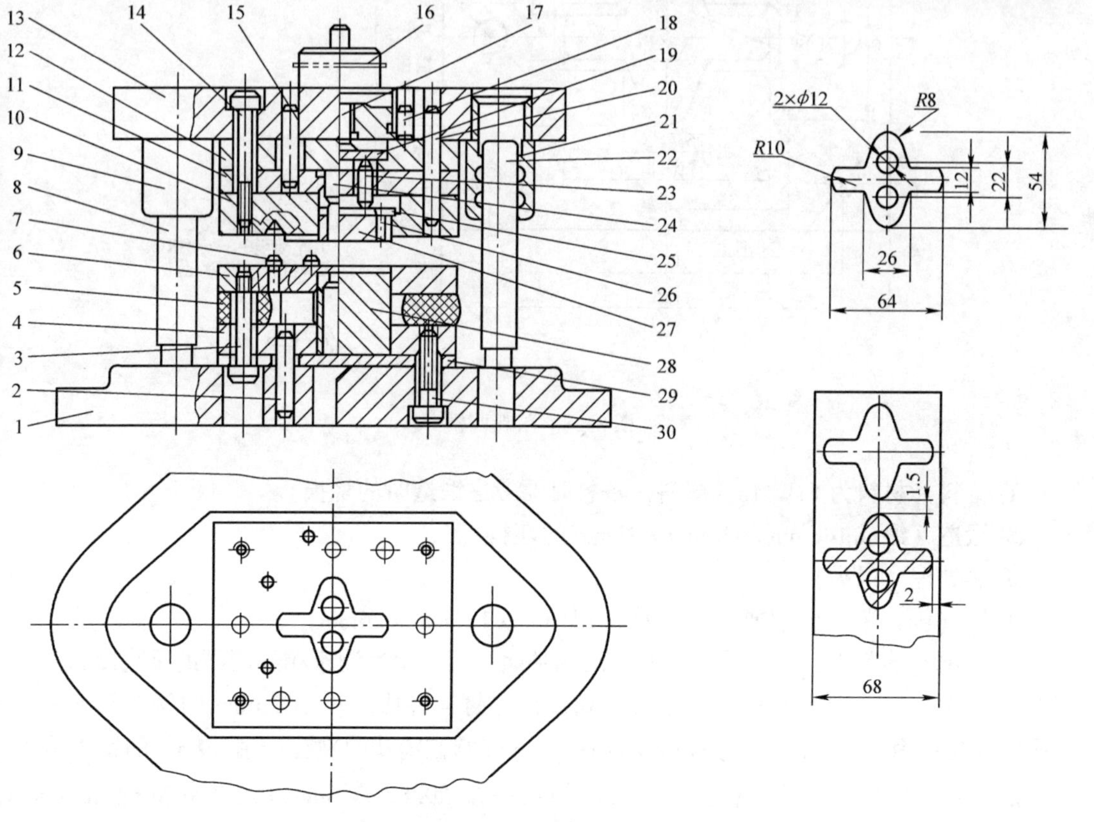

图 8.27　落料、冲孔倒装导柱式复合模

1—下模座　2、15、20—圆柱销　3—卸料螺钉　4—下固定板　5—橡胶　6—弹压卸料板　7—挡料销　8—导柱　9—导套　10—落料凹模　11—上固定板　12—上垫板　13—上模座　14、30—螺钉　16—模柄　17—推杆　18—防转圆柱销　19—推板　21—导套　22—导柱　23—推销　24—冲孔凸模　25—推块挂板　26—沉头螺钉　27—推块　28—凸凹模　29—下垫板

装配应达到的主要精度指标是凸、凹模与落料凹模和两个冲孔凸模的冲裁间隙为0.14mm（双边），且要求间隙均匀。

1）复合冲裁模主要工作零件的加工。该模具工作零件采用配作法加工，冲孔以凸模为基准件，落料以凹模为基准件，凸凹模刃口尺寸以凸模和凹模的实际刃口尺寸配作。圆形小凸模以常规的车削、磨削加工为主，落料凹模和凸凹模工作型面以电火花线切割加工为主。图8.28所示为该模具的落料凹模，其加工工艺过程如下：

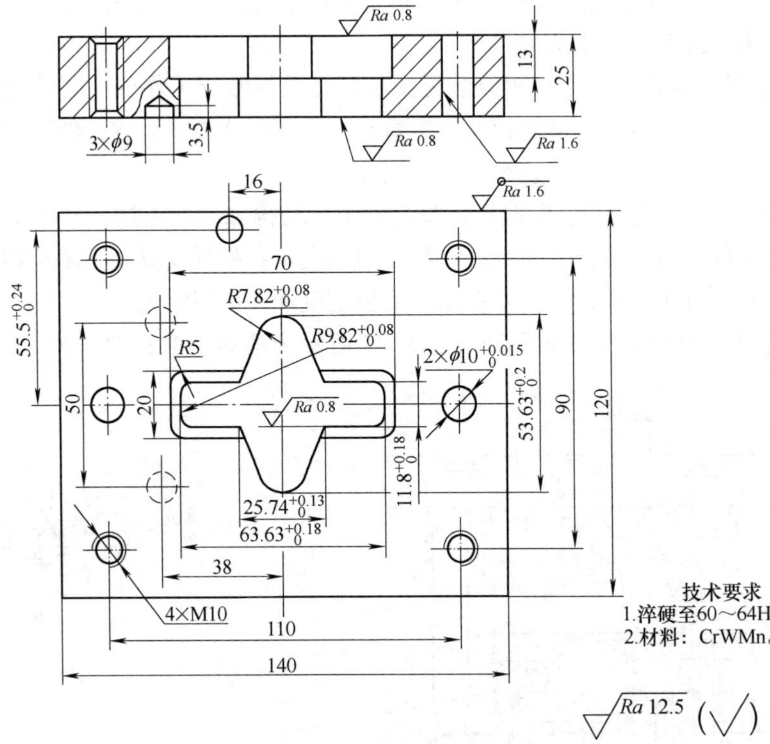

图8.28 落料凹模

① 备料（材料为CrWMn，棒料，备料时要考虑锻造时的烧损）。

② 锻造（锻成146mm×126mm×31mm的坯料）。

③ 热处理（退火）。

④ 铣（刨）削（铣削或刨削六面成141mm×121mm×26mm）。

⑤ 磨削（磨削上、下两端面及相邻两侧基面，用直角尺测量相邻两面的垂直度）。

⑥ 钳工加工（用平板和划线盘按图划线，并打样冲眼，用$\phi8.5$mm的钻头钻4×M10的螺纹底孔；用$\phi9.7$mm的钻头钻$2\times\phi10^{+0.015}_{0}$mm圆柱销孔的预孔；用$\phi9$mm的钻头钻$3\times\phi9$mm×35mm的挡料销让位孔；用$\phi3$mm的钻头在$R9.82^{+0.08}_{0}$mm中心处钻穿丝孔$\phi3$mm；正、反面孔口倒角；攻螺纹4×M10；铰孔$2\times\phi10^{+0.015}_{0}$mm）。

⑦ 铣削（用平口钳装夹工件；用$\phi10$mm的立铣刀铣削20mm×70mm的型孔至尺寸，保证深度为13.2mm）。

⑧ 热处理（工件淬硬至60～64HRC）。

⑨ 平磨（磨上、下两端面及相邻两侧基面，用直角尺测量相邻两面的垂直度；退磁）。

⑩ 线切割（按图编制线切割程序，切割凹模型孔形状，留单面研磨余量 0.005mm）。

⑪ 钳工加工（研光线切割面）。

⑫ 检验。

2）复合冲裁模的装配。该模具选择凸、凹模为装配基准件，先装下模部分，后装上模部分。装配方法如下：

① 复检模具零件。按零件图要求，并结合复合模装配的具体工艺要求，检验已制作完成的全部模具零件（模具装配时需配作完成的加工内容不在检验项目之中）。

② 组装凸凹模组件。用压入法将凸凹模 28 压入下固定板 4 中，在压入过程中应随时利用直角尺检查垂直度。压入后磨凸凹模下面与下固定板齐平，再磨平凸凹模上面。

③ 弹压卸料板补充加工（需配作 4 × M6 的螺纹孔）。将弹压卸料板 6 套在凸凹模组件上，垫入等高垫块，并用平行夹板把凸凹模和弹压卸料板夹紧。用 ϕ9mm 的钻头通过下固定板的螺钉过孔（ϕ9mm）在弹压卸料板上钻出锥窝，做记号后分开；再用 ϕ5.1mm 的钻头按锥窝钻出弹压卸料板 M6 的螺纹底孔；最后将弹压卸料板的正反面孔口倒角，用 M6 的丝锥攻螺纹后备用。

④ 下模座的补充加工。下模座上有一个处于中心位置的漏料孔；4 个 M10 紧固螺钉的沉孔过孔，过孔孔径为 ϕ11mm，4 个沉孔孔径为 ϕ16mm，深为 15mm；卸料螺钉头的过孔孔径为 ϕ14mm。在下模座上进行钻孔加工时，必须从下固定板上引钻。

以下模座两导柱孔为基准，根据下固定板外形在下模座上划出下固定板外形的轮廓线，保证凸凹模工作时的压力中心在下模座的中心，按线找正下固定板。用平行夹板夹紧下固定板和下模座。

用 ϕ8.5mm 钻头通过下固定板螺纹孔在下模座钻出锥窝，再用 ϕ9mm 钻头通过下固定板的卸料螺钉过孔（ϕ9mm）在下模座钻出锥窝。

拆开下固定板和下模座，在下模座上用 ϕ14mm 的钻头按锥窝钻 4 个卸料螺钉的过孔。用 ϕ11mm 的钻头按锥窝钻 4 个紧固螺钉的过孔，反面用 ϕ16mm 的钻头钻 4 × ϕ16mm × 15mm 的沉孔，用 ϕ16mm 的钻头钻锪孔，保证 ϕ16mm × 20mm 的尺寸。

将凸凹模组件放在下模座上找正位置，用 4 个 M10 的紧固螺钉联接下固定板和下模座。用 ϕ10mm 的钻头通过下固定板圆柱销孔在下模座钻出锥窝，再用 ϕ9.8mm 的钻头按锥窝钻出 $\phi10^{+0.015}_{0}$mm 圆柱销孔的底孔，然后用 ϕ10mm 的铰刀铰孔。在下模座上用划针划出凸凹模漏料孔轮廓线，做好记号后拆开。

按划线加工下模座上的漏料孔，将下模座上的孔正反面倒角。

⑤ 装配下模部分。将凸凹模组件、下垫板和下模座找正位置，在销孔中用铜棒打入 ϕ10mm 的圆柱销，然后用 4 个 M10 的紧固螺钉把它们紧固（卸料板暂时不装）。

⑥ 组装冲孔凸模组件。先将第一个圆凸模压入上固定板（若有大凸模，则要先装大凸模；若凸模大小基本一致，则可任选一个凸模），用直角尺测量相邻两基面的垂直度，使第一个凸模和固定板平面垂直；再将第二个圆凸模压入固定板。压入第二个圆凸模后，必须以凸凹模上的冲孔凹模型孔为基准，用透光法检查间隙。若间隙不均匀，则要调整第二个装入的凸模，使其间隙均匀。装完凸模后，磨平凸模的上下两端面。

⑦ 上固定板的补充加工。上固定板 11 上有 4 个螺钉过孔、4 个圆柱销孔以及 4 个推销

过孔需配作。

装配时，以上固定板的两个凸模安装孔为基准，按上垫板中的推板过孔形状在上固定板上划出推板的轮廓线。将上固定板和上垫板按线找正，并用平行夹板将两板夹紧。

用 ϕ11mm 的钻头通过上垫板的 6 个螺钉孔及圆柱销过孔（其中，2 个为 ϕ10mm 的圆柱销过孔，另 4 个为 M10 的紧固螺钉的过孔）在上固定板上钻出锥窝；用 ϕ10mm 的钻头通过上垫板的两个圆柱销孔（$\phi10^{+0.015}_{0}$mm）在上固定板上钻出锥窝；用 ϕ8mm 的钻头通过上垫板的四个推销过孔（4×ϕ8mm）在上固定板上钻出锥窝。注意做好记号后再拆开平行夹板。

在上固定板上用 ϕ11mm 的钻头按锥窝钻 4 个螺钉过孔；用 ϕ9.8mm 的钻头按锥窝钻 4 个圆柱销孔（4×$\phi10^{+0.015}_{0}$mm）的底孔；用 ϕ8mm 的钻头按锥窝钻 4 个推销过孔；最后将上固定板正、反面孔端面倒角后备用。

⑧ 上模座的补充加工。上模座上有 4 个 M10 的紧固螺钉过孔（4×ϕ11mm），沉孔为 4×ϕ16mm×18mm，必须与凹模的相应孔配作。将落料凹模套在凸凹模上，并垫好等高垫块，使凹模进入凸凹模 5mm 左右。将推块挂板和推块用螺钉组装后装入落料凹模型孔中。将冲孔凸模组件装入，使冲孔凸模穿过推块进入凸凹模，以导柱、导套导向，合上上模座（此时不装入上垫板）。用平行夹板夹紧上模部分。

用 ϕ8.5mm 的钻头通过落料凹模的 4×M10 螺孔在上模座上钻出锥窝。注意做好记号后再拆开。用 ϕ11mm 的钻头在上模座上钻出 4×M10 的螺钉过孔。用 ϕ16mm 的钻头在上模座的顶面将 ϕ11mm 的孔扩到 ϕ16mm×15mm。用 ϕ16mm 的锪孔钻钻孔深至 18mm。

将上模座正、反面孔端面倒角后备用。

⑨ 组装模柄组件。将上模座的顶面向下放在等高垫块上，将模柄压入上模座，压入时必须随时检查其垂直度。装好后磨平模柄的下端面。用 ϕ5.9mm 的钻头钻防转圆柱销底孔；用 ϕ6mm 的铰刀铰防转圆柱销孔，然后装入防转圆柱销 18。

⑩ 组装上固定板、上垫板与上模座（凹模暂不装）。上固定板 11、上垫板 12 与上模座 13 之间的定位圆柱销的直径为 ϕ10mm，需要配作。将上固定板 11 中的冲孔凸模 24 按记号方向插入凸凹模 28 的凹模型孔中，并垫上等高垫块，使凸模进入凹模孔口 5mm 左右。用垫片法调整冲孔凸模 24 和凸凹模 28 之间的间隙。将上垫板 12 按记号方向放置在上固定板 11 之上，找正各孔位置后，将推板放入上垫板的型孔中。将推杆 17 插入模柄 16 的孔内后，合上上模座，并用平行夹板将三块板（上固定板 11、上垫板 12 与上模座 13）夹紧。撬动上模切纸检查。

用撬杠撬开上模。用 ϕ9.8mm 的钻头通过上固定板 11 上的 ϕ10mm 的圆柱销预孔在上模座上钻圆柱销底孔，再用 ϕ10mm 的铰刀铰孔。选配并装入上固定板 11 和上模座 13 之间的圆柱销 15。

⑪ 组装上模部分。将落料凹模 10 套在凸凹模 28 上，垫好等高垫块，使落料凹模进入凸凹模 5mm 左右。将推块挂板和推块的组件装入落料凹模的型孔之中。以导柱、导套导向，将上固定板、上垫板与上模座组件放在落料凹模上。卸下平行夹板，使上固定板与凹模面贴合，用紧固螺钉 14 把上模部分联接起来，螺钉不要旋紧。用铜棒轻击落料凹模，用垫片法调整好落料凹模与凸凹模之间的间隙，旋紧紧固螺钉 14。撬动上模切纸检查。

用撬杠撬开上模，用 ϕ10mm 的钻头通过落料凹模销孔（$\phi10^{+0.015}_{0}$mm）在上模座上钻出锥窝，再用 $\phi 9.8mm$ 的钻头在上模座上钻出底孔，然后用 $\phi 10mm$ 的铰刀铰孔。选配圆柱销 20 装入。

⑫ 装入其他模具零件。装入弹压卸料板及其他模具零件，合拢上、下模。

⑬ 装配完成后试模，送检入库。

3）复合模的试模与调整。复合模装配后，必须要进行试冲，以对制件的质量和模具的性能进行综合检测。对试冲中出现的各种问题应进行全面、认真的分析，找出其产生的原因，并对复合模进行适当的调整与修正，以获得合格的制件。因此，复合模的调试工作是复合模制造中不可缺少的重要环节。

复合模的调试工作是在模具安装在压力机上以后进行的。若有一般的冲裁件的质量问题、卸料板工作不正常等问题，可以采取相应的措施加以解决。

试模时，可能发生，倒装复合模冲裁后的制件推不下来，正装复合模冲裁后的制件顶不出来的现象，这是由于留在凹模中的制件的卡紧力大于推、顶件力的缘故。

以倒装复合模为例，遇到这种情况，应从以下几方面进行检查和调整：

① 检查模具的推杆是否弯曲或折断、是否由于淬火硬度过低而被镦粗，致使推杆起不到推件作用，这时要更换新的推杆。

② 检查压力机的打料横杆是否被卡住，或者检查制动螺钉位置是否上移，致使模具中的打杆碰不到打料横杆而推不下制件。如果发生上述情况，应重新调整打料横杆及制动螺钉的位置，使之正常工作，如图 8.29 所示。

③检查推件板 3 及推件块 6 是否发生变形或卡在某一位置，推杆 8 是否弯曲，如图 8.30 所示。若发现上述现象，应进行调整或更换新的零件。

④检查穿过推件块 6 的细小凸模 9（见图 8.30）是否被弯曲或折断，致使推件块卡在某一位置而无法将工件推下来。

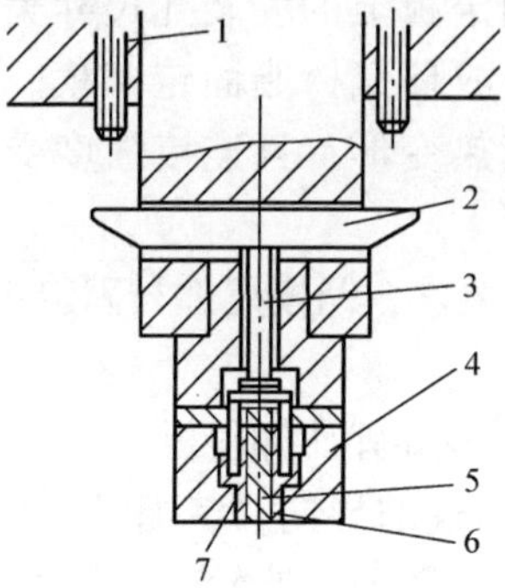

图 8.29　推件装置一

1—制动螺钉　2—打料横杆　3—推杆　4—凹模　5—凸模　6—工件　7—推件块

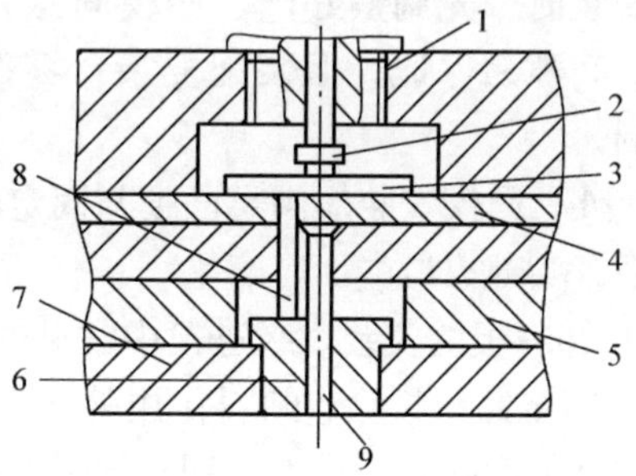

图 8.30　推件装置二

1—模柄　2—打杆　3—推件板　4—上垫板　5—空心垫板　6—推件块　7—凹模　8—推杆　9—凸模

⑤ 检查推杆 8 是否因淬火硬度不够而在试模时被镦粗卡在某一位置，或接触不到推件板 3，致使推件块起不到推件作用。这时，必须更换新的推杆。

⑥ 在使用弹簧推件时，若弹簧弹力不够或被卡紧，也会使制件推不出来。这时，必须更换新的弹簧或进行重新调整。

在试模时，影响推件或推出废料的因素很多，模具制造者应根据具体情况，采取相应的措施和办法进行调整和解决。

（4）级进冲裁模的装配

1）级进模的一般装配过程。级进模的装配就是将所有零件按设计要求组装在一起的过程。级进模装配的核心是凹模与凸模固定板及卸料板上的型孔尺寸和位置精度的协调，其关键是要同时保证多个凸、凹模的工作间隙和位置要求。

级进模一般都采用精密的模架导向。因此，在装配时常利用导向装置，以凹模作为装配基准件，先将凹模固定在下模座上，再以凹模为基准装配凸模，调整好模具间隙，将多个凸模装配在固定板上，同时将固定板与上模座相连接，然后完成其他零件的装配。装配镶拼凹模时，也是先组装凹模。

① 凹模的安装。根据外形或标记线，在下模座上找正凹模板的正确位置，利用螺钉过孔加工螺孔，调整好导料板的位置，保证与凹模进料中心线的平行度，用螺钉将导料板、凹模板紧固在下模座上，按凹模上的圆柱销孔位置钻、铰下模座上的圆柱销孔，打入圆柱销。若使用凹模固定板，则先将凹模装在固定板上，再将固定板与下模座连接起来。

② 凸模的安装。凸模的固定方式多种多样，对于级进模，其关键是将多个凸模安装在固定板的正确位置上，保证凸、凹模间隙及垂直度要求。多凸模安装常用的方法有以下几种：

a. 先准确地加工出凸模固定板上的安装孔。凸模与安装孔采用过渡配合，安装孔的位置与凹模必须协调一致。此法安装简便，但加工误差会影响凸、凹模间隙，且间隙的调整比较困难。一旦偏差过大，修补就很麻烦，通常采用的方法是将凸模固定板上的安装孔扩大，镶入镶块，重新进行安装孔的加工。

b. 采用低熔点合金或环氧树脂等固定凸模。凸模固定板上的安装孔尺寸大于凸模尺寸，安装时，先调整好凸、凹模间隙，再用低熔点合金或环氧树脂固定凸模。此法调整容易，间隙易保证，但装配复杂，零件需预热，易引起热变形，且连接强度受连接材料的限制。

此外，凸模安装应满足凸模与固定板基准面的垂直度要求，凸模尾部与固定板基准面一同磨平，头部刃口端面应磨平。

③ 卸料板的安装。级进模中常见的卸料板有固定卸料板和弹压卸料板。

a. 固定卸料板除起卸料作用外，有时也用于对细长凸模的导向。装配时，将固定卸料板套在已装配好的凸模上，调整卸料板型孔与凸模的间隙，使其合理均匀，然后将卸料板定位紧固在凹模上。

b. 弹压卸料板有卸料、压料的双重作用。装配时，将卸料板套在已装入固定板的凸模上，在凸模与卸料板之间垫入等高垫块，调整间隙后用平行夹板夹紧，然后利用卸料板上的螺孔引钻固定板上的螺钉过孔，在其后的固定板安装时，利用此孔再配钻上模板与垫板。

④ 凸模固定板的安装。将凸模固定板上的凸模插入凹模型孔中，并在凹模与固定板之间垫入等高垫块，调整凸、凹模间隙后放上模座，并将其与固定板夹紧。取下上模部分，利用固定板上的安装孔引钻上模座的紧固螺钉孔和卸料螺钉过孔；然后装上垫板，用螺钉联接

上模座、垫板与固定板，并使其位置可调。

⑤ 调整凸、凹模间隙。将装好的上、下模座合模，采用适当的间隙调整方法（如透光法、垫片法、试切法、测量法、电镀法、涂层法等）对所有凸、凹模间隙进行调整，使得多个凸、凹模间隙均满足要求后，拧紧紧固螺钉。

⑥ 切纸试冲。

⑦ 装定位销、用螺钉紧固。钻、铰上模座圆柱销孔，打入圆柱销。钻、铰固定卸料板的圆柱销孔，打入圆柱销。

⑧ 在凹模工作面上安装固定挡料销、临时挡料销、承料板等。

⑨ 试冲。装配完成后，检查模具的运动及刃口状况，并在与生产环境相同的条件下进行试冲，对冲件进行检测，如发现故障，应分析原因，提出相应的修模方案并进行修模。

2）级进模的装配实例。图 8.31 所示弹压卸料板级进模，采用配合加工法保证装配精度。选取凹模为装配基准件，先装下模部分，后装上模部分。

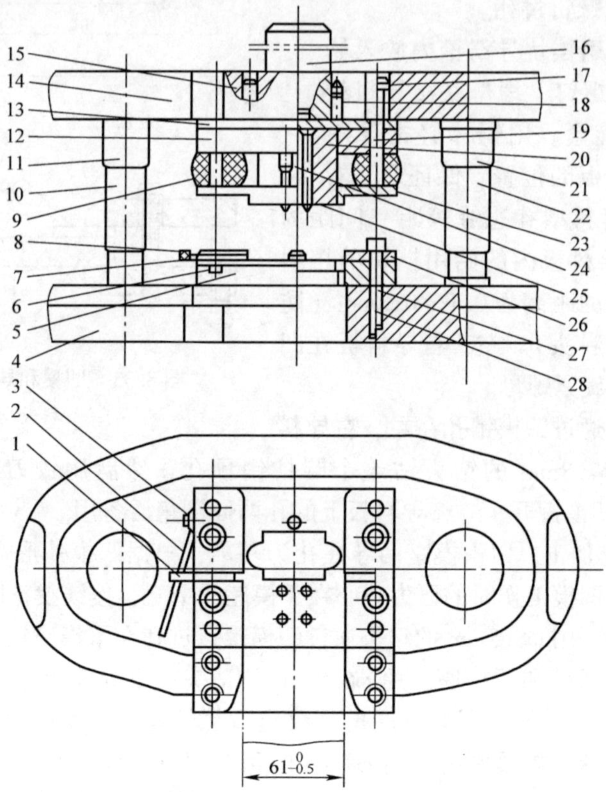

图 8.31　弹压卸料板级进模

1—始用挡块　2—弹簧钢丝　3、6—螺钉　4—下模座　5—凹模　7—承料板　8—挡料销　9—弹压橡皮　10、22—导柱　11、21—导套　12—凸模固定板　13—上垫板　14—上模座　15、28—圆柱销　16—模柄　17、27—内六角螺钉　18—防转销　19—卸料螺钉　20—落料凸模　23—卸料板　24—冲孔小凸模　25—导正销　26—导料板

① 复检模具零件。按零件图要求，并结合级进模装配的具体工艺要求，检验已制作完

成的全部模具零件（模具装配时需配作完成的加工内容不在检验项目之中）。

② 左、右导料板（见图8.32）的补充加工。以凹模型孔为基准，按装配图的位置要求划出导料板安装的基准线；将左、右导料板放在凹模面上，按线找正，注意左导料板的始用挡块导滑槽与凹模型孔在送料方向的相对位置。用平行夹板夹住凹模和左、右导料板如图8.33所示；用ϕ8.5mm的钻头通过凹模螺钉过孔（ϕ8.5mm）在左、右导料板上钻出锥窝。

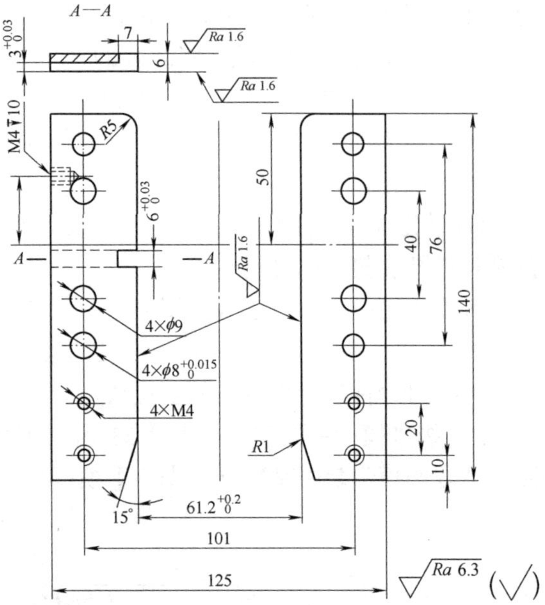

图8.32　左、右导料板图

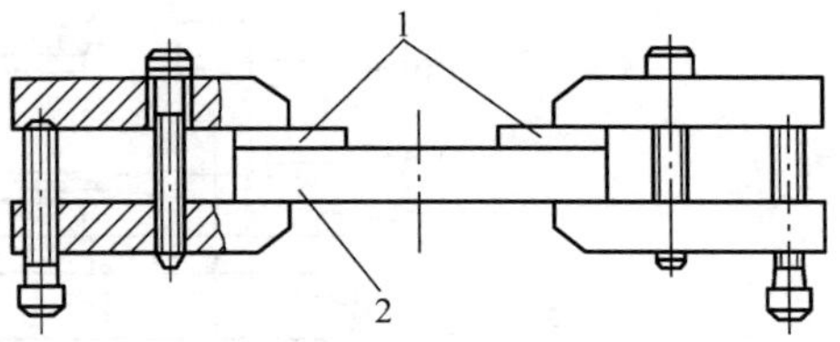

图8.33　凹模和导料板的夹紧方法
1—导料板　2—凹模

将导料板和凹模拆开，用ϕ9mm的钻头钻通导料板4×M8的螺钉过孔。

在左导料板的始用挡块导滑槽内放入始用挡块后，用M8的螺钉、螺母联接导料板和凹模，螺母不要旋紧。用铜棒轻击导料板，调整左、右导料板的位置，保证左、右导料板内侧边缘与落料型孔边缘等距（间距为61.2mm），并使左导料板内的始用挡块的挡料边缘与落料型孔边缘的距离为0.1～0.2mm（防止落料凸模单侧冲切料头）。左、右导料板在凹模面上定位完成后，旋紧螺母。

用ϕ8mm的钻头通过凹模销孔在左、右导料板钻出锥窝，并用ϕ7.8mm的钻头钻4个圆柱销预孔，然后用铰刀将圆柱销预孔铰至ϕ8mm。将导料板和凹模拆开，并将导料板上的孔两面倒角后备用。

③ 下模座的补充加工。以下模座两导柱孔为基准，根据凹模外形在下模座上划出凹模外形的轮廓线，保证凹模工作时的压力中心在下模座的中心，按线找正凹模位置，用平行夹板夹紧凹模和下模座，用ϕ8.5mm的钻头通过凹模螺钉过孔在下模座钻出锥窝。

做好记号后拆开凹模和下模座，用ϕ6.8mm的钻头在下模座上钻4×M8的螺纹底孔，将下模座上的孔正反面倒角，攻4×M8的螺纹至适当长度。用M8的螺钉联接凹模和下模座，按线找正凹模位置，旋紧螺钉。用ϕ8mm的钻头通过凹模销孔向下模座钻锥窝，并用ϕ7.8mm的钻头钻圆柱销预孔（4个），然后用铰刀将圆柱销预孔铰至$\phi8^{+0.016}_{0}$mm。按凹模漏料孔的位置，在下模座上用划针划出漏料孔轮廓线。按下模座上的漏料孔轮廓线钻削、铣削漏料孔，将下模座上需倒角的孔正反面倒角。

④ 左右导料板的组装。将凹模、始用挡块、导料板按装配图的位置找正，打入适当过盈量的圆柱销，再用螺钉紧固。在始用挡块的尾部小孔中穿入弹簧钢丝，并用小螺钉将弹簧钢丝一端固定在左导料板的侧面。

⑤ 装入下模部分的其他零件，如挡料销、承料板等。

⑥ 组装凸模组件。将落料凸模20和4个冲孔小凸模24分别压入凸模固定板12中。压

入时要用直角尺检测凸模和固定板的垂直度（特别是大凸模的垂直度）。每压入一个都要以凹模为基准，在凸模压入固定板后用透光法检测并修整与凹模的间隙至要求。磨平凸模尾端与凸模固定板齐平，翻面磨平凸模刃口。磨削刃口时应垫以等高垫块，套上卸料板，以防磨削刃口时小凸模折断。

⑦ 凸模固定板的补充加工。将已加工好螺钉和圆柱销过孔（ϕ9mm）的上垫板13放在凸模固定板12上，找正相互位置后用平行夹板夹紧，用ϕ9mm的钻头通过垫板在凸模固定板上钻出锥窝。将垫板和凸模固定板拆开后，用ϕ9mm的钻头在凸模固定板上钻出卸料螺钉过孔，再用ϕ6.8mm的钻头钻出M8的螺纹底孔，然后用ϕ7.8mm的钻头钻出圆柱销预孔，最后用铰刀将圆柱销底孔铰至ϕ8mm。

将凸模固定板上的孔两面倒角，在ϕ6.8mm的螺纹底孔上攻M8的螺纹后备用。

⑧ 弹压卸料板的补充加工。将凸模组件插入弹压卸料板23，用等高垫块使凸模固定板与弹压卸料板之间脱开一定的距离。用ϕ9mm的钻头通过凸模固定板上的卸料螺钉过孔在卸料板上钻出锥窝，再用ϕ5.1mm的钻头钻出4×M6的底孔，攻M6的螺纹后备用。

⑨ 上模座的补充加工。将凸模组件上的凸模插入下模已组装完毕的凹模型孔中，两边用等高垫块垫在凹模和凸模固定板之间，使凸模进入凹模5mm左右。以导柱、导套导向，将上模座放在凸模固定板上，并用平行夹板将上模座与凸模固定板夹紧，夹紧方法如图8.34所示。

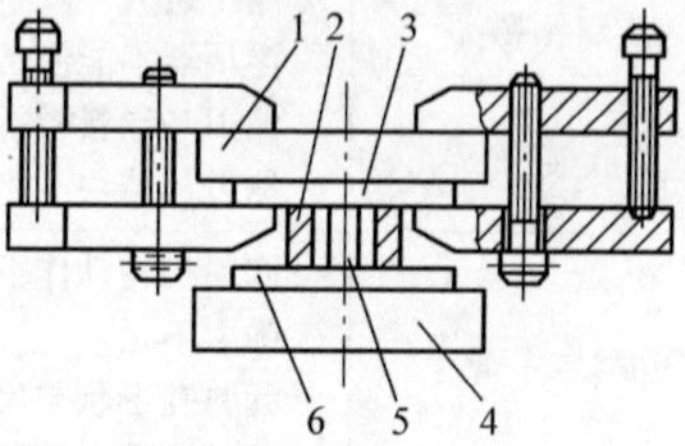

图8.34　上模座与凸模固定板的定位和夹紧
1—上模座　2—等高垫块　3—凸模固定板
4—下模座　5—凸模　6—凹模

用撬杠将上、下模分开，用ϕ9mm的钻头通过凸模固定板上的螺钉过孔（ϕ9mm）在上模座上钻出锥窝。在上模座与凸模固定板的相对位置做记号后分开，用ϕ9mm的钻头在上模座上钻4×ϕ9mm的紧固螺钉过孔及4×ϕ9mm的卸料螺钉过孔。在反面用ϕ14mm的钻头扩孔，再用锪孔钻锪孔，保证前者沉孔深为10mm左右，后者沉孔为ϕ14mm×16mm。

⑩ 组装模柄组件。将模柄压入上模座模柄孔内，在压入过程中应随时利用直角尺检查模柄与上模座的垂直度。压入后翻转，将模柄下端面与上模座的下端面一起磨平。用ϕ3.9mm的钻头配钻防转销孔至孔深12mm，再用以ϕ4mm的铰刀铰孔，用铜棒打入防转圆柱销。

⑪ 装配上模部分。将导正销25装入落料凸模20中，并将凸模组件上的凸模插入下模已组装完毕的凹模型孔中，两边用等高垫块垫在凹模和凸模固定板之间，使凸模进入凹模5mm左右。凸模与凹模的间隙中垫入垫片保证间隙均匀。

在凸模固定板上放好垫板及上模座组件，用M8的螺钉把三者固定起来，用撬杠撬起上模，用纸试冲，检查冲切的试样，合格后旋紧螺钉。

开模，取出上模，用ϕ8mm的钻头通过凸模固定板上的圆柱销孔在上模座上钻出锥窝，再用ϕ7.8mm的钻头钻出圆柱销底孔，然后用铰刀将圆柱销预孔铰至$\phi 8^{+0.016}_{0}$mm，用铜棒打入适当过盈的圆柱销。合拢上、下模，再用纸试冲检查。

装弹压卸料板。

⑫ 装配完成后试模，送检入库。

3）级进模试模时的故障及排除方法。模具装好后，在试冲时可能会出现一些故障，应逐个工位分析原因，找出调整办法进行调整，再试冲，直到获得合格的冲压件为止。级进模试模时常见的故障及调整方法见表8.2。

表8.2　级进模试模时常见的故障及调整方法

常见故障	产生原因	调整方法
冲件毛刺长	凸、凹模间隙过大 凸、凹模间隙不均匀	整修或更换凸模 调整间隙
冲件孔产生偏移	侧刃长度大于步距 侧刃长度小于步距 凹模型孔位置超差 导正销过小 挡料销位置不正	减小侧刃长度，加宽挡块 加长侧刃长度，减窄挡块 扩大型孔加镶件，重新加工 更换导正销 修正挡料销
送料不畅	导料板间距过小或有斜度 凸模与卸料板间隙过大 侧压过大 浮顶器不能使条料浮起 侧刃与导料板不平行 侧刃与挡块不密合	整修或重装导料板 减小间隙 减小侧压 调整浮顶器 重装导料板 修整侧刃、挡块
卸料不正常	卸料机构动作不正常 弹力不足 漏料孔形状与尺寸不合适 凹模型孔有倒锥	整修卸料板 更换弹性元件 修整漏料孔 修整凹模
刃口相咬	板类零件安装面不平行 凸模、导柱、模柄安装不垂直 导向不准确 卸料板孔位歪斜	修整有关零件，重装 重装凸模、导柱或模柄 更换导向装置 修整卸料板

8.3　塑料成型模具的装配

8.3.1　塑料成型模具的装配工艺过程

完成全部加工，经检验符合图样和有关技术要求的塑料模具成型件、结构件以及配购的标准件（标准模架等）、通用件等，按总装配图的技术要求和装配工艺顺序逐件进行配合、修整、安装和定位，经检验和调整合格后，加以连接和紧固，使之成为整体模具的过程称为塑料模具装配；装配好的模具，进行初次试模，经检验合格后可进行小批量试生产，以进一步检验模具质量的稳定性和可靠性；若试模中发现问题，或样品检验发现问题，则需进一步地调整和修配，直至完全符合要求、交付合格的商品模具为止的全过程称为塑料模具装配工艺过程。塑料模具装配时要注意以下几方面：

1）装配前，装配者应熟知模具结构、特点和各部件功能，充分了解产品及其技术要求；确定装配顺序、装配定位基准以及检验标准和方法。

2）所有成型件、结构件都应是经检验确认的合格品。检验中，如有个别零件的个别尺寸或部位不合格，必须经模具设计者或技术负责人确认，不影响模具使用性能和使用寿命，不影响装配，否则，有问题的零件不能进行装配。配购的标准件和通用件也必须是经过进厂入库检验合格的成品。同样，不合格的零件不能进行装配。

3）装配的所有零、部件，均应经过清洗、擦干。有配合要求的零部件，装配时涂以适量的润滑油。装配所需的所有工具，应清洁、无垢、无尘。

4）模具的组装、总装应在平整、洁净的平台上进行，尤其是精密部件的组装，更应在平台上进行。

5）过盈配合（H7/m6、H7/n6）和过渡配合（H7/k6）的零件装配，应在压力机上进行，一次装配到位。无压力机需进行手工装配时，不允许用铁锤直接敲击模具零件、（应垫以洁净的木方或木板），可使用木质或铜质的榔头。

8.3.2　塑料成型模具零、部件的组装

1. 导柱、导套的组装

导柱、导套在两板式直浇道模具中分别安装在动、定模型腔固定模板中。为保证导柱、导套的合模精度，导柱、导套安装孔加工时往往采用配镗工艺，以保证安装精度。图8.35所示为导柱、导套孔配镗示意图。

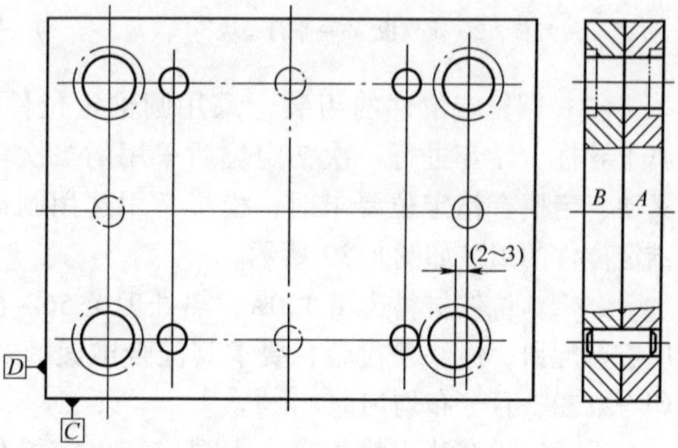

图8.35　导柱、导套孔配镗示意图

（1）导柱、导套孔配镗

1）*A*、*B* 板分别完成其六个平面的加工并达到所要求的位置精度后，以 *C*、*D* 面作为镗削加工的定位基准。镗孔前先加工工艺销钉定位孔（以 *C*、*D* 面作基准，配钻、铰后装入定位销）。180mm×180mm以内的小模具，用2个 ϕ8mm 销钉定位；600mm×600mm以内的中等模具，用4个 ϕ8mm 或 ϕ10mm 的销钉定位；600mm×600mm以上的大模具，则需要6~8个 ϕ2~ϕ16mm 的销钉定位。

2）以 *C*、*D* 面作基准，配镗 *A*、*B* 板中的导柱、导套孔。（先钻底孔再镗孔，镗后再扩台阶固定孔）。

3）为保证模具使用安全，4个孔中之一的中心应错开2~3mm。

4）镗好后清除毛刺、铁屑，擦净 *A*、*B* 板。

（2）导柱、导套的装配

1）选 *A*、*B* 任一板，利用心棒（见图8.36）在压力机上逐个将导套压入模板。心棒与模板的配合为H7/f7；导套与模板的配合为H7/m6。

2）图8.37所示为短导柱用压力机压入定模板的装配示意图。图8.38所示为长导柱压入固定板时，用导套进行定位，以保证其垂直度和同心度的精度要求。

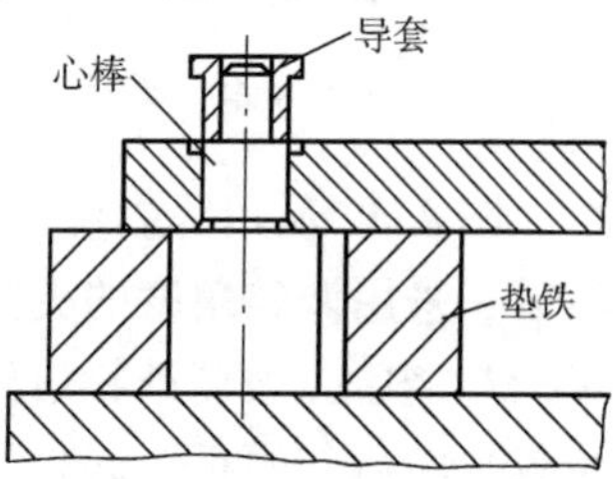

图8.36　利用心棒压入导套

装配时，先要校正垂直度，再压入位于对角线的两个导柱，并进行开模、合模，测试其配合性能是否良好。如发现卡、刮

等现象，应涂红粉观察，看清部位和情况，然后退出导柱，进行校正，然后再装入。在两个导柱配合状态良好的前提下，再装另外两个导柱。每装一次均应进行上述检查。

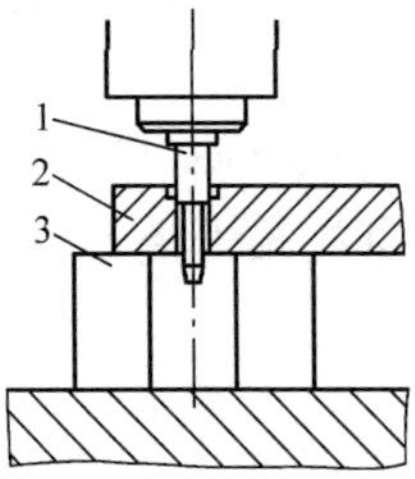

图 8.37　短导柱装配

1—导柱　2—定模板　3—平行垫块

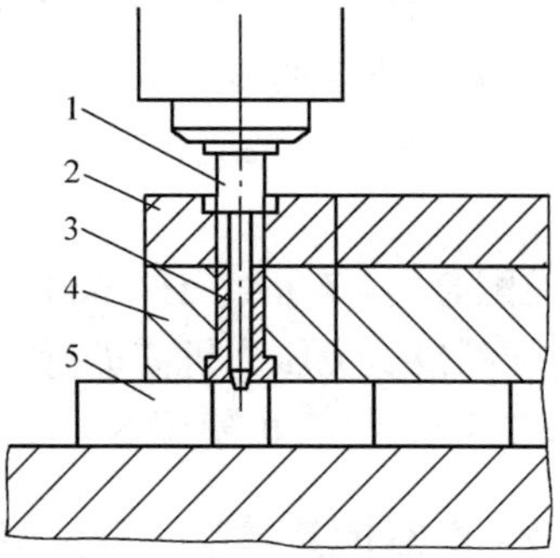

图 8.38　长导柱、导套导向装配

1—导柱　2—固定板　3—导套　4—定模板　5—平行垫块

（3）圆锥定位件的组装　采用圆锥定位件的锥面定位，属于导柱、导套进行一次初定位后采用的二次精定位。当模具动、定模有精定位要求时，模具常用选用圆锥定位件。圆锥定位件的组装如图 8.39 所示。

圆锥定位件材料选用 T10A，热处理至 56～60HRC。锥面应进行配研，涂红粉检验，要求其配合锥面的 85% 以上面积印有红粉，且分布均匀。

导柱、导套装入模板后，大端应高出模板 0.1～0.2mm，待成型件安装好后，在磨床上一同磨平，如图 8.40 所示。

（4）浇口套的组装　图 8.41a 所示为直浇口套（即大水口）的装配示意图，图 8.41b 为点浇口型腔结构（即细水口）。浇口套装入模板后高出 0.02mm，压入后，端面与模板一起磨平。

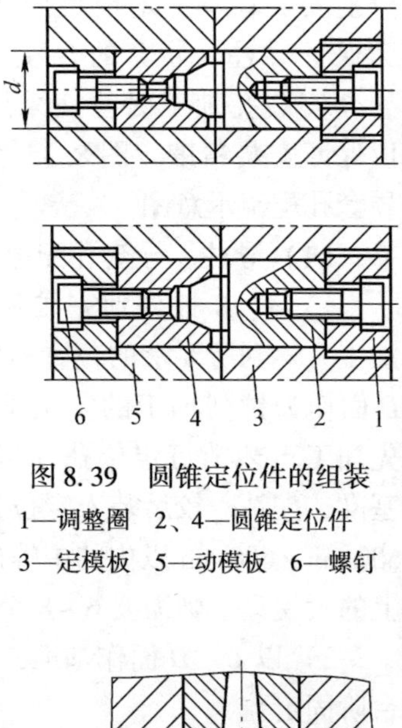

图 8.39　圆锥定位件的组装

1—调整圈　2、4—圆锥定位件　3—定模板　5—动模板　6—螺钉

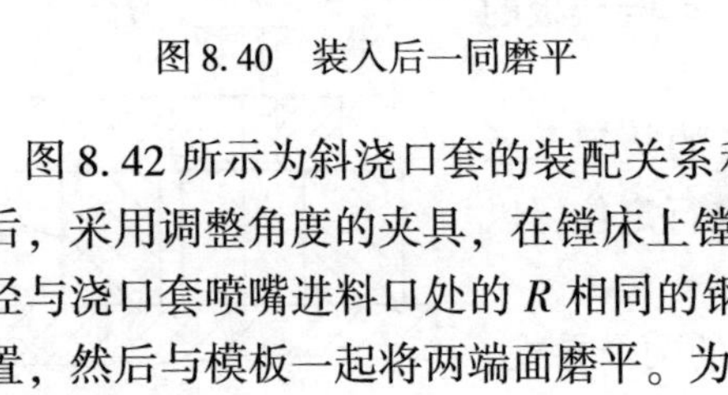

图 8.40　装入后一同磨平

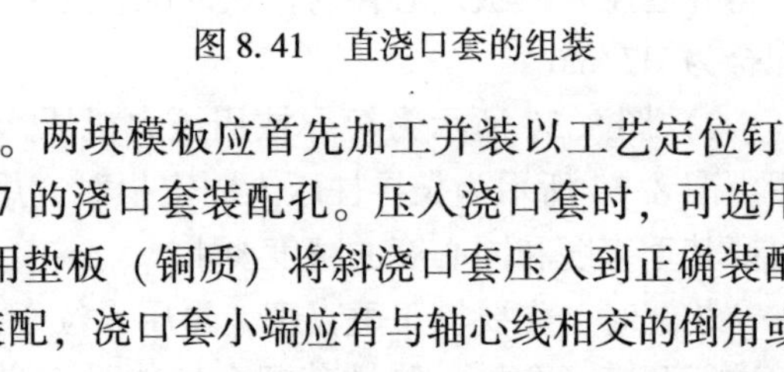

图 8.41　直浇口套的组装

图 8.42 所示为斜浇口套的装配关系和位置。两块模板应首先加工并装以工艺定位钉，然后，采用调整角度的夹具，在镗床上镗出 dH7 的浇口套装配孔。压入浇口套时，可选用半径与浇口套喷嘴进料口处的 R 相同的钢珠，用垫板（铜质）将斜浇口套压入到正确装配位置，然后与模板一起将两端面磨平。为便于装配，浇口套小端应有与轴心线相交的倒角或适宜的圆角。

(5) 热流道板的组装 图 8.43 所示为一模具的热流道板装配示意图，其装配顺序为：

1) 件 12 依次装入件 13 之后，将件 13 旋入件 5，旋紧防漏料（螺纹为细牙螺纹）。

2) 件 11 找正方向后装入件 5，用紧固螺钉顶紧。

3) 件 1 装入件 9（H7/f7 配合），将件 2、3、4 装入件 9 之后，使件 1 小端向上，而将件 5 与件 1 小端相配合的孔向下，对准件 1 小端套入并找正（找正方法：使件 5 与件 9 左右两端长度之差为零，即已找正、对中）。

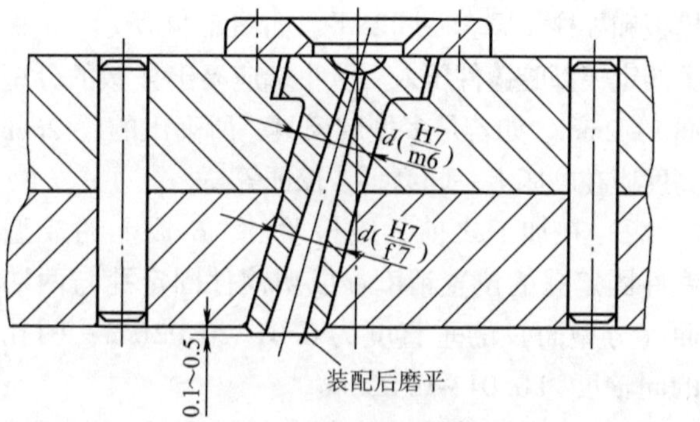

图 8.42 斜浇口套

4) 用中心销钉将件 17 装在件 5 上。

5) 测量各热喷嘴（件 13）端面处的高度 *H* 值，再测量各垫板（件 17）端面处的 *H* 值（*H* 见图 8.43），按最小值进行修磨，使其一致，再将件 8 的高度修磨成与之相同。

6) 将件 8 装在件 9 上。

7) 最后用件 15 装好件 16，插入电热管 6，并将电热管电源线接入绝缘性能良好的电源盒插座中，从而完成热流道板的装配。此时，应进行电热功率的测试和调整，使之符合设计要求。

热流道板中的分流道通孔和电热管安装孔（不通孔）属深孔加工，用深孔钻或枪钻在专用深孔机床上加工。分流道通孔由两端加工对接，须特别注意定位基准和定位精度（用块规定位，百分表校正），保证孔的同轴度。分流道加工后，应进行珩磨，以保证其表面质量的要求。

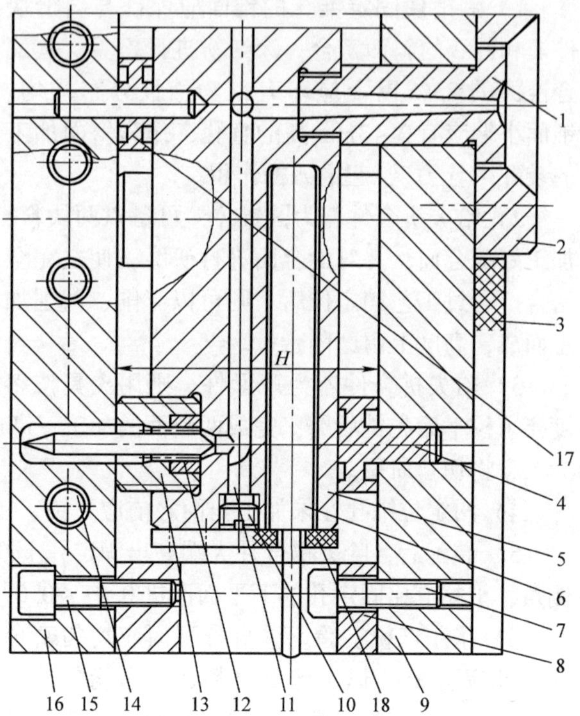

图 8.43 热流道板装配示意图

1—浇口套 2—定位圈 3—石棉隔热板 4—支承件
5—热流道板 6—电热管 7—固定螺钉 8—支承板
9—定模固定板 10—紧固螺钉 11—堵塞 12—分流梭芯
13—热喷嘴 14—冷却水道 15—螺钉
16—定模板 17—垫板 18—隔热板

(6) 成型镶件的组装

1) 成型镶件固定孔的加工。*A*、*B* 板用工艺定位销定位后，在配钻、配镗导柱、导套孔的同时，配镗 *A*、*B* 板上的成型镶件固定孔。除镗削加工之外，不论固定孔是圆形孔还是矩形孔，只要是通孔，均可采用线切割加工或铣削加工。成型镶件大端的台阶固定孔，可以用镗或铣加工而成。成型镶件在压力机上压入后，大端高出台阶孔0.1～0.2mm，与模板和导柱、导套一同磨平，如图8.44所示。A板上的定模型腔镶件压入后，小端应高出A板的分型面1～2mm。如若是多型腔模具，所高出的1～2mm高度应在磨床上一同磨平，保证等高。

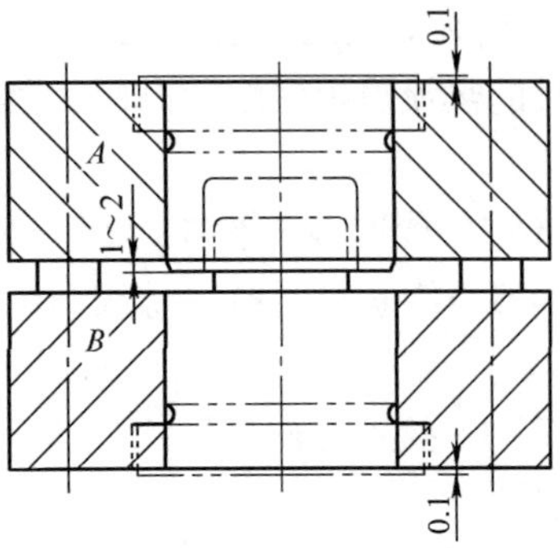

图8.44　成型镶件固定孔的加工

2）在加工之前，应检验A、B板上的成型镶件固定孔的位置精度：成型镶件固定孔与两端面（分型面）的垂直度为0.01～0.02mm；两孔的同轴度为0.01～0.02mm。

3）成型镶件孔若为复杂的异形孔，则通孔用线切割加工或数控铣加工；不通孔只能用数控铣粗加工、半精加工、坐标磨精加工。

（7）斜滑块（哈夫拼合件）的组装　斜滑块（哈夫拼合件）的组装，如图8.45所示。

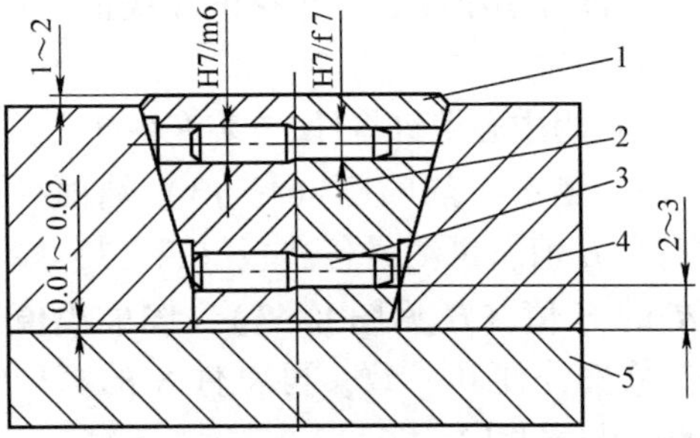

图8.45　斜滑块装配

1—右斜滑块　2—左斜滑块　3—定位销　4—动模板　5—支承板

1）斜滑块固定锥孔的锥面应保证与斜滑块件1和件2的斜面密合，涂红粉进行检验，其配合锥面的85%以上应印有红粉，且分布均匀。锥面小端应有2～3mm高的直孔，作为斜面加工的装配“让刀”，起退刀槽作用。

2）哈夫拼合件若为圆锥体，可备以两块料，加工好配合面，并对配合面进行研磨，使之完全密合。通过工艺销定位后，则可以车削、磨削加工而成，高度上留磨削余量。

3）哈夫拼合件若为矩形件，则用夹具按斜度要求校平后先铣后磨，完成两斜面的加工，高度留余量；然后用线切割从中间切开，一分为二，将切口研平。

4）两定位销孔在未加工斜面之前应先钻、后铰。

5）装配后，哈夫拼合件大端高出固定孔上端面（即分型面）1～2mm，哈夫块应有60°倒角，小端应比固定孔的下平面凹进0.01～0.02mm。

6）采用红粉检验。垂直分型面应均匀密合，两斜面或圆锥面与孔应有85%以上印有红粉且分布均匀。三瓣合斜滑块的加工、装配工艺和技术要求与哈夫拼合件完全相同。

（8）多件镶拼型腔的装配　多件镶拼型腔的装配，如图8.46所示。装配要点如下：

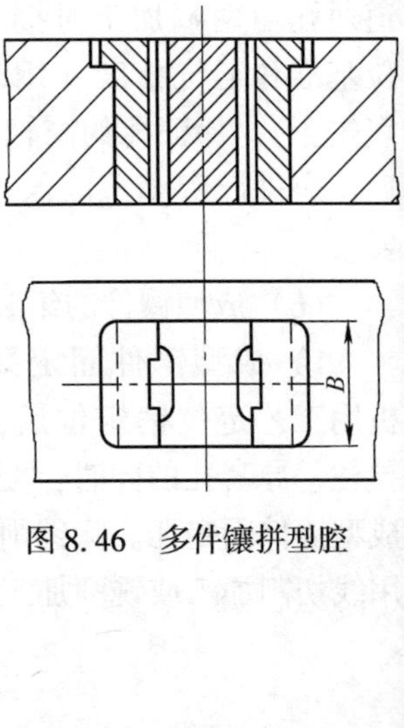

图8.46　多件镶拼型腔

1）图8.46中俯视图所示的四角处，装配孔圆角尺寸应比镶入的镶拼件的圆角小0.6～1.6mm。

2）装配尺寸公差为H7/m6或H7/n6。

3）宽度尺寸B、三镶件应同时磨，保证一致。

4）高度尺寸留余量，小端倒角，压入后两端与模板一同磨平。

5）压力机压入。

6）装配前检验固定孔的垂直度为 0.01～0.02mm。镶拼件上的成型面分开抛光，达到要求后再进行装配压入。

（9）型芯的组装　图 8.47 为型芯的组装示意图，图 8.47a 中，正方形或矩形型芯的固定孔四角，加工时应留有 0.3mm 的圆角，型芯固定部位的四角则应有 0.6～0.8mm 的圆角。型芯大端装配后磨平。装配压入时用液压机，固定模板一定要放置水平位置，打表校平后，才能进行装配。当压入 1/3 后，应校正垂直度，再压入 1/3，再校正一次垂直度，以保证其位置精度。图 8.47b 中，固定台阶孔小孔入口处倒角为 *C*1，以保证装配。

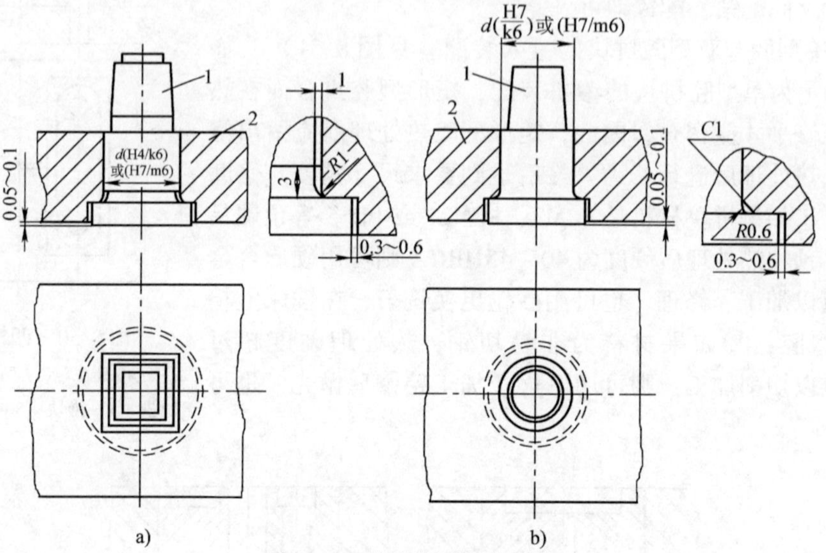

图 8.47　型芯的组装示意图

1—型芯　2—型芯固定板

如图 8.48 所示，型芯的装配配合面与成型面同为一个平面，加工简便，但不正确，因压入时，成型面通过装配孔后，将成型面表面破坏。正确的装配方法如图 8.49 所示，图 8.49a 的成型面有 30′～2° 的脱模斜度，其配合部位尺寸应与成型部位的大端相同或略大 0.1～0.3mm。如与大端尺寸相同，则装配孔下端入口处应有 1°的斜度、高度3～5mm，这样压入时，成型面不会被擦伤，可保证装配质量（六方型芯如有方向要求，则大端应加工定位销）。

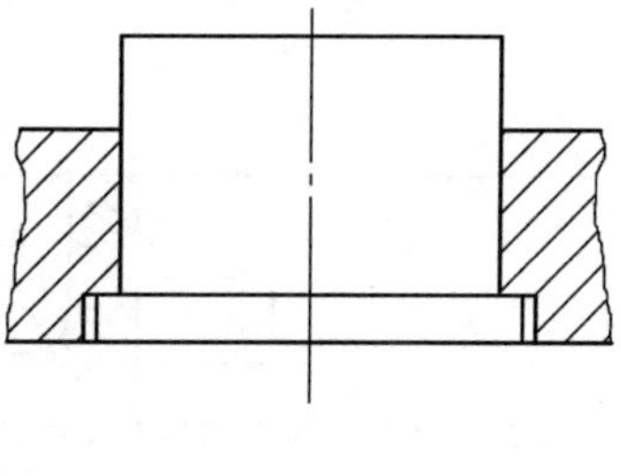

图 8.48　不正确的配合装配

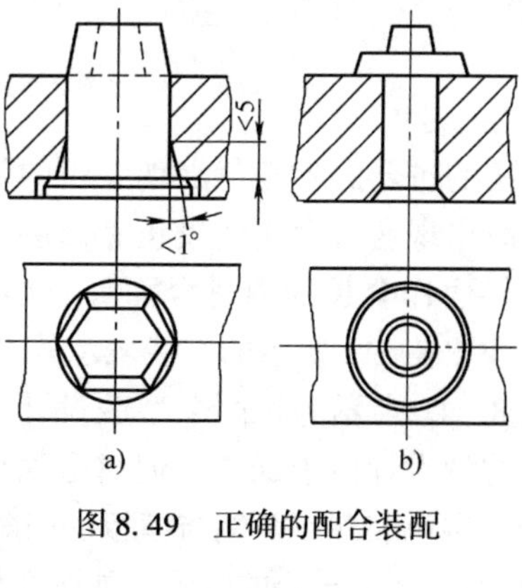

图 8.49　正确的配合装配

图8.49b中的型芯为铆装结构，其特点是：型芯只在大端进行局部热处理，小端保持退火状态，便于铆装。小端装配孔入口处应加工成倒角或圆角，便于进入。小端与孔的配合只能用H7/k6的过渡配合，不可选用H7/m6的过盈配合，否则在压入时，由于小端硬度较低会变形弯曲。小端装配时，用木质或铜质手锤轻轻敲入。成型面上端应垫木方或铜板。

（10）多件整体型腔凹模的装配　如图8.50所示，在成型通孔时，型芯2穿入定模镶块1孔中。在装配时，先以此孔作基准，插入工艺定位销钉，然后套上推块4作定位套，压入型腔凹模件3，而型芯固定板5上的型芯固定孔，以推块4的孔作导向进行反向配钻、配铰即可。

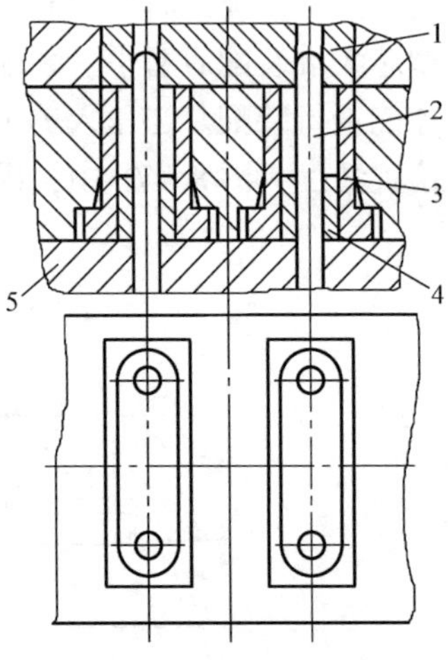

图8.50　凹模装配
1—定模镶块　2—型芯　3—型腔凹模　4—推块　5—型芯固定板

（11）单型腔与双型腔拼块的镶入装配（见图8.51）　如图8.51a所示为单型腔拼块的镶拼装配，矩形型腔拼合面在热处理后须经修平才能密合，因此，矩形型腔热处理前应留出修磨量，以便热处理后进行修磨，最后达到要求尺寸精度。修磨法有两种：①如果拼块材料是SCM3、SCM21或PDS5等预硬易切镜面钢，预硬热处理后硬度为40～45HRC，则可用硬质合金铣刀完全可以加工、修理，也可用砂轮更换铣刀，在铣床上精磨出所需型腔；②如果材料为非易切钢，热处理硬度超过50HRC，难以切削加工，则可用电火花加工精修后抛光，也可达到要求。

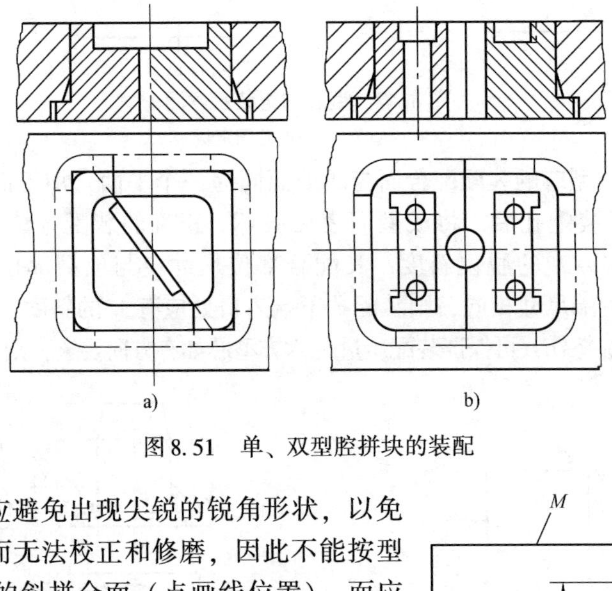

图8.51　单、双型腔拼块的装配

镶拼的拼合面应避免出现尖锐的锐角形状，以免热处理时出现变形而无法校正和修磨，因此不能按型腔内的斜面作全长的斜拼合面（点画线位置），而应当做成如图8.51a所示的实线表示的Y向拼合面。

图8.51b所示为将两个型腔设计在镶拼的两块镶件上，这种设计便于加工，但拼合面应精细加工，使其密合。拼块装配后两端与模板一同磨平。

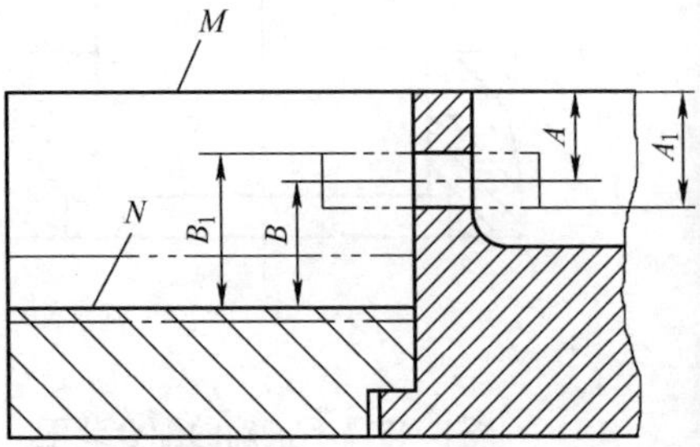

图8.52　抽芯滑块装配

（12）侧抽芯滑块的装配　如图8.52所示，型腔镶件按 H7/k6 配合装入模板（圆形镶件则应装定位止转销）后，两端与模板一同磨平。装入测量用销钉，经测量得 A_1 和 B_1 的具体尺寸，计算得出 A、B 之值 $A+B+\Delta$（修磨量）=侧滑块高，侧滑块上的侧型芯中心的装配位置即是尺寸 A、B。同理可量出滑块宽度以及型芯在宽度方向的具体位置尺寸。滑块型芯与型腔镶件孔的配制，见表 8.3。

表 8.3　滑块型芯与型腔镶块孔的配制

结构形式	结构简图	加工示意图	说　明
圆形的滑块型芯穿过型腔镶块	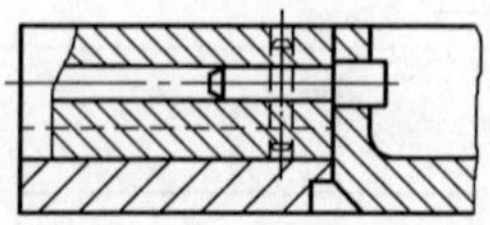	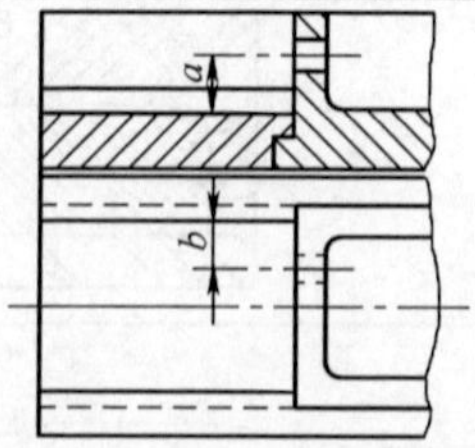 a) 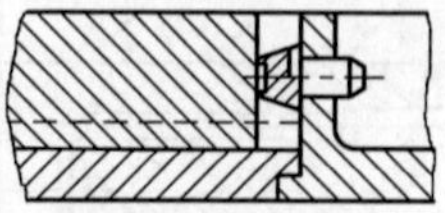 b)	方法一（见图 a）： 1. 测量出 a 与 b 的尺寸 2. 在滑块的相应位置，按测量的实际尺寸，镗型芯安装孔。如孔尺寸较大，可先用镗刀镗 $\phi6 \sim \phi10$mm 的孔，然后在车床上校正孔后车制 方法二（见图 b）： 利用二类工具压印，在滑块上压出中心孔与一个圆形印，用车床加工型芯孔时可校正此圆
非圆形滑块型芯，穿过型腔镶块	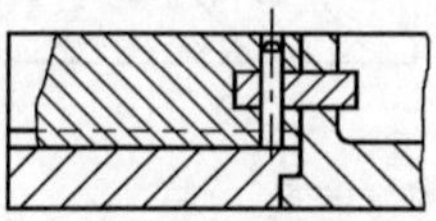	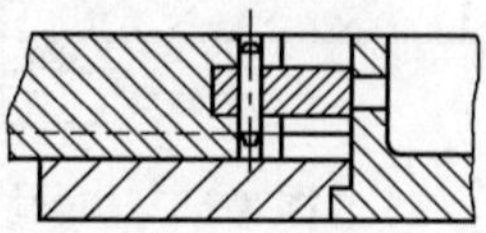	型腔镶块的型孔周围加修正余量。滑块与滑块槽正确配合以后，以滑块型芯对动模镶块的型孔进行压印，逐渐将型孔进行修正
滑块局部伸入型腔镶块	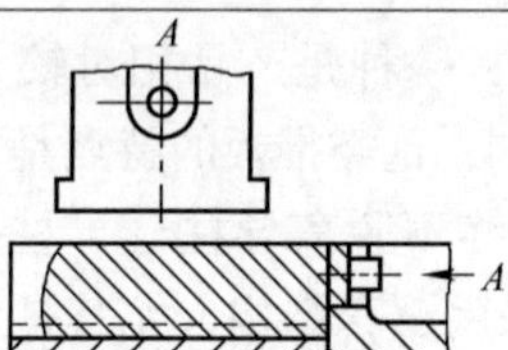	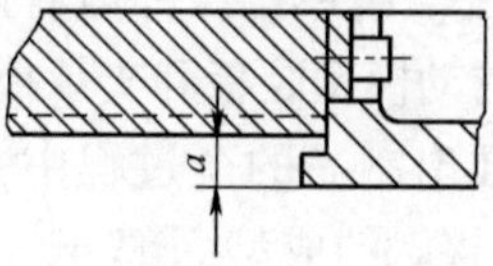	先将滑块和型芯镶块的镶合部分修正到正确的配合，然后测量得出滑块槽在动模板上的位置尺寸，按此尺寸加工滑块槽

（13）楔紧块的装配和修磨　楔紧块的装配方法见表 8.4；楔紧块斜面的修磨量如图 8.53 所示，修磨后涂红粉检验，要求 80% 的斜面印有红粉，且分布均匀。

表 8.4　楔紧块的装配方法

楔紧块形式	简　　图	装 配 方 法
螺钉、销钉固定式	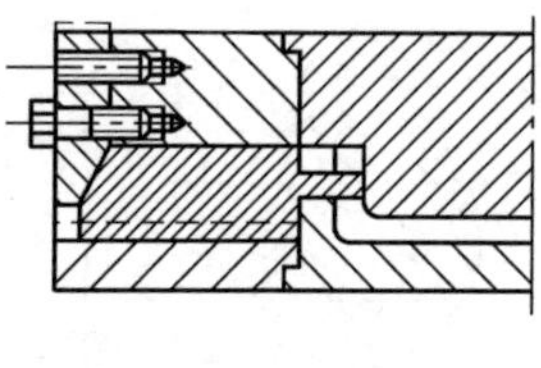	1. 用螺钉紧固楔紧块 2. 修磨滑块斜面，使与楔紧块斜面密合 3. 通过楔紧块，对定模板复钻、铰销钉孔，然后装入销钉 4. 将楔紧块后端面与定模板一起磨平
镶入式	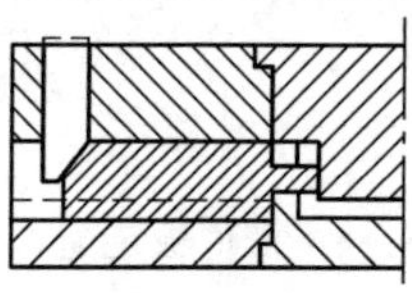	1. 钳工修配定模板上的楔紧块固定孔，并装入楔紧块 2. 修磨滑块斜面 3. 楔紧块后端面与定模板一起磨平

（续）

楔紧块形式	简　　图	装 配 方 法
整体式	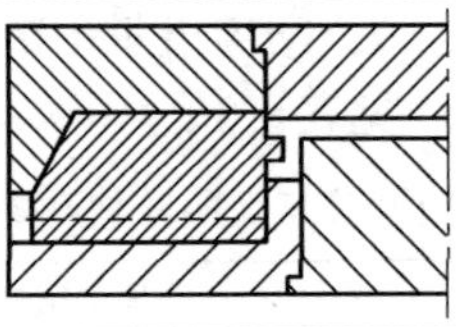	1. 修磨滑块斜面（带镶片式的可先装好镶片，然后修磨滑块斜面） 2. 修磨滑块，使滑块与定模板之间具有0.2mm间隙。两侧均有滑块时，可分别予以修正
整体镶片式	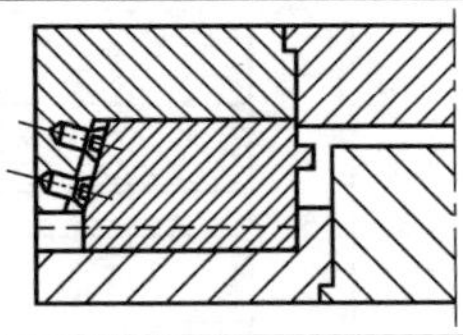	

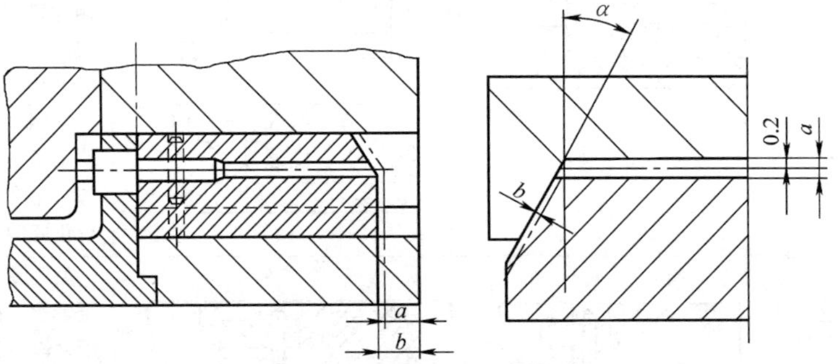

图8.53　楔紧块斜面的修磨量

（14）脱模推板的装配。脱模推板一般有两种，一种是产品相对较大的大推板或是多型腔的整体大推板，其大小与动模型腔板和支承板相同；这类推板的特点是：推出制品时，其定位方式系四导柱定位，在推出制品的全过程中，始终不脱离导柱（导柱孔与 *A*、*B* 板一起配镗）；因板件较大，与制品接触的成型面部分，多采用镶套结构，尤其是多型腔模具。镶套用H7/m6或H7/n6与推板配合装紧，大镶套多用螺钉固定。另一种是产品较小，多用于小模具、单型腔的镶入式锥面配合的推件板，如图8.54所示；镶入式推板与模板的斜面配合应使底面贴紧，上端面高出0.03～0.06mm，斜面稍有0.01～0.02mm的间隙无妨；推板上的型芯孔

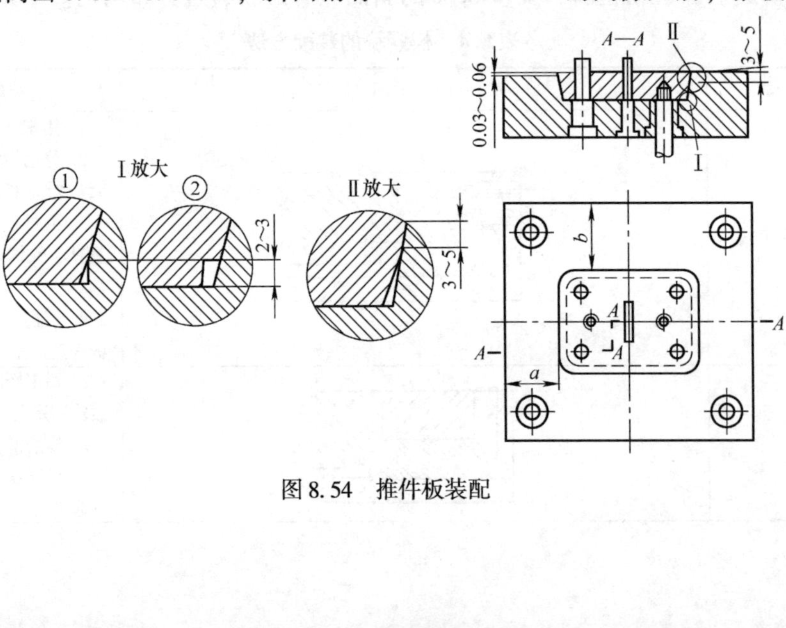

图8.54　推件板装配

按型芯固定板上的型芯位置配作，应保证其对于定位基准底面的垂直度在0.01～0.02mm之内，同轴度也同样要求控制在0.01～0.02mm之内；推板底面的推杆固定螺孔，按B板上的推杆孔配钻、配铰，保证其同轴度和垂直度。

（15）推出机构的装配

1）推出机构导柱、导套的装配（见图8.55）：将件7、件8在件6上划线取中后，配钻、铰工艺销钉2的固定孔（根据模具的大小，工艺销钉定位可取4个或6个），并装定位销。再根据图样要求，划线、配钻、配铰导柱孔（从件6向件7、件8钻镗之后，在件7、件8上扩孔至导套9，达到装配尺寸要求，将导套压入件7）。

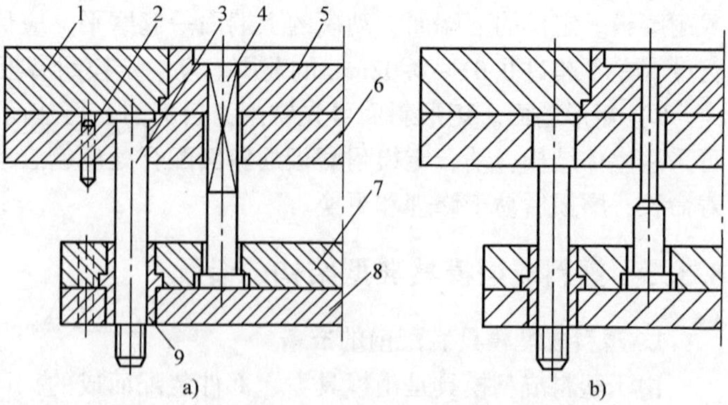

图8.55　推板的导向

1—型腔固定板　2—销钉　3—导柱　4—推杆　5—型腔镶件　6—支承板　7—推杆固定板　8—推板　9—导套

2）推杆的安装（见图8.56）：图8.56a中，件1与件6用销钉定位，定位后，通过件5在件6上钻出推杆孔。图8.56b中，件6、件7用销钉2定位后（图8.55中件2），换钻头（比件5顶杆孔的钻头大0.6～1mm），对件6上的推杆孔扩孔，同时一并钻出件7上的推杆通孔，卸下件7，翻面扩推杆大端的固定台阶孔，从而完成推杆固定板、支承板、定模板型腔镶件上推杆孔和推杆过孔的加工。件1在下，件6、件7依次叠放（件7装导套，套入导柱上），插入推杆、复位杆（复位杆的加工、安装与推杆相同）再装上件8（见图8.55）。件7、件8用螺钉紧固。

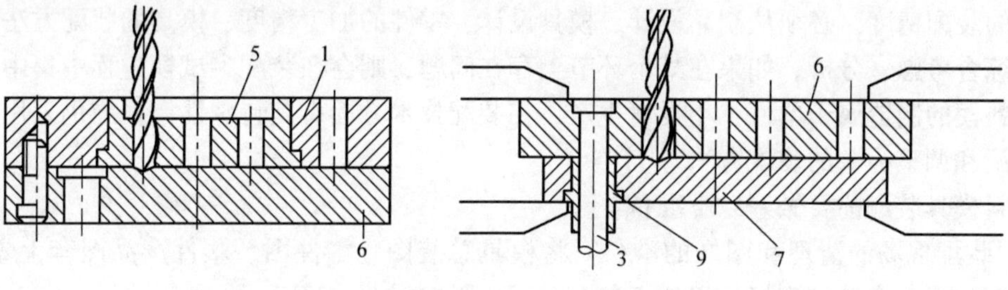

图8.56　推杆的安装

（16）耐磨板斜面精定位的装配（见图8.57）

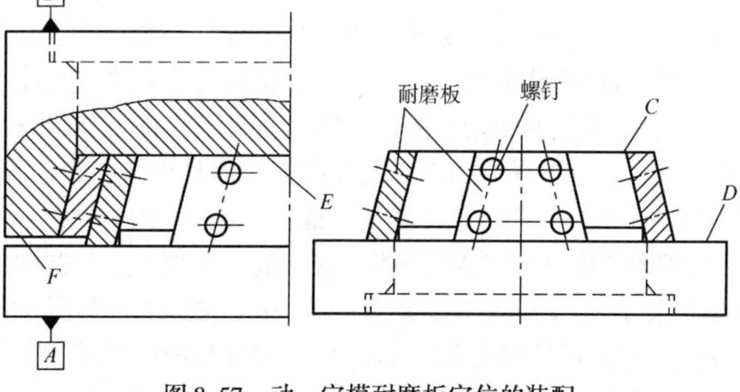

图8.57　动、定模耐磨板定位的装配

1）圆锥形锥面。圆锥形锥面内、外圆均可采用车削加工后再用锥度砂轮精磨，然后镶入耐磨板。定模的下端面、动模的上端面一起磨平。应保证 *A*、*B*、*C*、*D*、*E* 五面的相互平行度误差不超过0.01～0.02mm的范围。动、定模耐磨板的斜面配合处应密合。

2）矩形斜面。矩形斜面可先铣削，后磨削，再装耐磨板。镶拼结构易于加工。小模具可采用整体结构，动、定模耐磨板的斜面配合处应密合。此结构优点是定位精度高、耐磨、寿命长，磨损后易于修理和更换。

8.3.3　塑料成型模具典型结构的装配

1. 塑料成型模具装配前的准备

由于塑料成型模具是由模具零、部件装配而成的，所以模具的装配精度取决于有关零、部件的加工精度和装配、调整时采用的方法。模具零件的加工精度是保证模具装配精度的基础，所以在设计和加工模具零件时，必须严格控制模具零件的形状、相关尺寸公差、相互位置的误差、相关零件的累积误差，使其在装配后应仍能满足装配精度的要求；另一方面，对一些装配精度要求较高的塑料模具，往往在现有的设备条件下难以达到精度要求，此时，可根据经济加工精度来确定零件的制造公差，以便于加工。但在装配时，必须采取正确合理的装配、调整方法来确保模具的装配精度。

对装配模具的人员而言，不能简单地认为装配就是将模具零件组装成为一副完整的模具，重要的是要能根据塑件的要求和模具的装配关系，对在模具装配过程中出现的一系列问题（如设计基准与装配基准的重合性、动定模的重合性、零件的加工误差、零件装配后产生的累积误差、装配尺寸链等）能独立地进行分析、判断、计算与调整。由此可见，要保证模具的装配精度，必须从制品设计、模具设计、零件的加工精度、模具的装配方法等整个过程来综合考虑、分析。如果在某个环节上存在问题，则会在装配、试模过程中集中反映出来。塑料模的制造属于单件、小批量生产，在装配技术方面有其特殊性，目前仍采用以模具钳工修配和调整为主的装配方法。

塑料模具装配前要做好以下准备：

1）装配现场的清理和图样的准备。将模具总装图、零件图、塑件产品图套上塑料袋，整齐有序地摆放在装配现场，以便于装配过程中随时对照、确认。

2）工量具的准备。模具装配之前，需考虑装配过程中可能会使用到的工量具，在实施装配工作之前应一一准备妥当，并按规定摆放整齐，避免在装配时因缺少某一种工量具而影响装配工作效率。

3）理解模具的总装图、零件图以及产品图。在进行模具装配前，应根据塑料模具动、定模和内、外抽芯机构等组件的装配特点，充分理解模具的总装图、零件图及产品图，了解模具零件的装配关系、各个零件的使用目的以及零件是否已具备了装配条件等。

4）模具零件的对照确认。根据产品图、装配图把握模具构造，确认各主要零件的形状、尺寸；确认各模具零件的重要形状位置精度和尺寸精度；与产品图对照，确认客户的要求。

5）选择正确、合理的装配方法和装配基准。装配前，必须考虑装配中模板座和成型件的设计基准与装配基准的重合性；动、定模板的基准统一性；模具单个零件的加工误差和各零件装配后产生的累积误差（包括形位精度和尺寸精度）；模具装配尺寸链和零件之间的配合状况以及装配间隙等一系列装配和调整的问题。在装配时，应选择一个正确、合理的装配方法，千万不可盲目地拿起零件就进行装配。塑料模通常采用两种装配基准，一种是以导柱、导套等导向件作为装配基准；另一种是以型芯、型腔或镶件等主要成型零件作为装配基准。

6）装配时做好装配记录。记录装配原始数据；记录零件是否缺少，零件形状、尺寸公差等是否超差，零件装配后的装配基准误差数据、累积误差数据和实际装配修正数据等，以便于和相关部门联络，也有利于试模后做进一步的装配、修正、调整和总结。

2. 塑料模装配实例

图 8.58 所示为壳体热塑性塑料注射模。模具的型芯用螺钉紧固在动模固定板上，并用销钉定位；脱模采用推杆、推件板脱模机构。其装配要求是：模具上下平面的平行度偏差不大于 0.05mm；模具闭合后，分型面处均匀密合；推件时，推杆 20、21 和推件板 18 必须保持同步；上、下模型芯合模后必须紧密接触。模具的装配顺序如下：

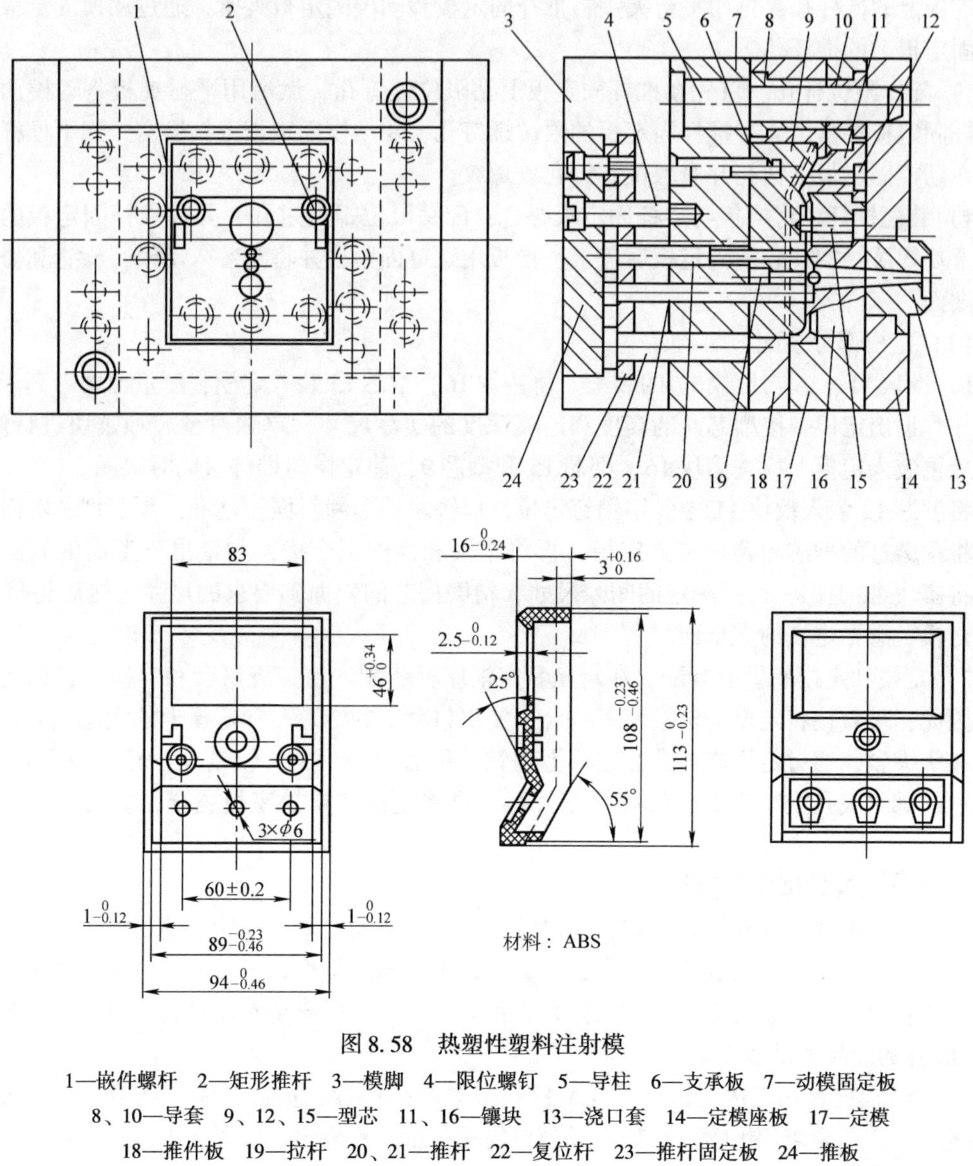

图 8.58　热塑性塑料注射模

1—嵌件螺杆　2—矩形推杆　3—模脚　4—限位螺钉　5—导柱　6—支承板　7—动模固定板　8、10—导套　9、12、15—型芯　11、16—镶块　13—浇口套　14—定模座板　17—定模　18—推件板　19—拉杆　20、21—推杆　22—复位杆　23—推杆固定板　24—推板

(1) 技术准备 按图样要求检验各零件尺寸，按模具装配要求提出标准件准备清单。

(2) 动模部分装配

1) 装配型芯。装配前，首先修光推件板18的型孔，并与型芯作配合检查，要求滑动灵活，然后将导柱5穿入推件板的导套8的孔内，将动模固定板7和推件板18合拢。在型芯上的螺孔口处涂红丹粉后，放入推件板孔内，在动模固定板上复印出螺孔的位置，取下推件板和型芯，在动模固定板上加工螺钉过孔。如果型芯不淬火，也可先在动模固定板钻螺钉过孔，并利用螺钉过孔在型芯上配钻螺纹底孔，然后在型芯上攻螺纹。

把销钉套压入型芯并装好拉料杆后，将动模固定板、推件板和型芯重新装合在一起，调整好型芯位置，再用螺钉紧固，在固定板背面划线，钻、铰定位销孔，打入定位销。

2) 配作推杆孔。通过型芯上的推杆孔，在动模固定板上钻锥窝；卸下型芯，按锥窝钻出固定板上的推杆孔；再用平行夹头将推杆固定板和动模固定板夹紧，通过动模固定板配钻推杆固定板上的推杆孔。

3) 配作限位杆孔。首先在推杆固定板上钻限位螺钉孔，然后用平行夹板将动模固定板与推杆固定板夹紧，通过推杆固定板的限位螺钉孔，在动模固定板上钻锥窝，卸下推杆固定板，在动模固定板上钻孔并对限位螺钉孔攻螺纹。

4) 装配推杆。将推板与推杆固定板叠合，配钻限位螺钉过孔，并在推杆固定板的螺纹底孔上攻螺纹，推杆装入固定板后盖上，推板用螺钉固紧，并将其装入动模，检查和修磨推杆顶端面。

(3) 定模部分装配

1) 镶块11、16与定模17的装配。将镶块16、型芯15装入定模，测量出两者高于型面的尺寸。退出定模，按型芯9的高度和定模深度的实际尺寸，单独对型芯和镶块进行修磨，修磨后再装入定模，检查镶块16、型芯15和型芯9，使定模与推件板同时接触。

将型芯12装入镶块11中，用销钉定位，以镶块外形和斜面作基准，预磨型芯斜面。

将预磨过的型芯和镶块装入定模，再将定模和推件板合拢，测量出分型面的间隙尺寸后，将镶块11退出，根据测定的间隙尺寸，精磨型芯的斜面到要求的尺寸，然后将镶块11装入定模，磨平定模的支承面。

2) 定模和定模座板的装配。在定模和定模座板装配之前，浇口套和定模座板已组装合格，因此，可直接将定模与定模座板叠合，使浇口套上的浇道孔和定模上的浇道孔对正，用平行夹头夹紧，通过定模座板孔在定模上预钻螺纹底孔并配钻、铰销孔，然后将两者拆开。在定模的螺纹底孔上攻螺纹。螺孔加工好后，再将定模和定模座板叠合，装入销钉并拧紧螺钉。

3. 塑料模具的试模和验收

根据产品的要求和合同的规定，经设计、制造、装配、调试和检验的模具还必须在相应的成型机上进行该产品的成型试生产，此成型试生产的过程称为试模。试模的目的是为了验证模具结构是否正确、可靠，使用性能是否良好、稳定，所成型制品是否合格；测试连续生产1000件的废品率是多少等。

(1) 试模前首先应选定相应的成型机 根据产品产量、重量，模具结构尺寸以及产品材料的成型工艺要求等因素，来确定成型机的注射量、锁模力、成型压力以及规格型号。

安装模具前，可按成型工艺过程的要求进行试运转，运转正常后进行预热。

(2) 模具的安装、机床的调整及试模　模具完成总装配，经检查确认合格后，可在选定的注射机上。(以确保操作者的安全和设备、模具的完好无损为原则) 进行安装、固定，并对机床进行调整，以确保试模工作的顺利进行。

1）模具安装前的检查。检查模具的合模高度以及最大外形尺寸是否符合所选定的机床的相应尺寸条件；检查吊装模具上的吊环螺钉和模具上的相应螺孔是否完好无损，孔的位置是否能保证吊装的平稳和安全可靠。有气动和液压结构的模具，检查其配件是否齐全、完好无损；阀门、行程开关、油嘴等控制元件的动作是否灵活可靠。检查定位环尺寸、浇口套主浇道入口孔等是否与机床的相关部位对正。检查动模固定板上推杆孔的尺寸位置是否与机床的推杆尺寸位置相符合，有无偏移。检查并核算模具的最大开模距离是否在机床模板的最大开模距离的范围内。检查模具导柱、导套的配合是否良好，有无卡、滞或松动现象。选择与机床模板上螺孔尺寸相同的螺钉，用以固定模具。

2）模具安装。模具经检查后，装上吊环螺钉，进行整体吊装。吊装时，由一名操作者指挥，要慢，要稳。操作者应在模具一侧，控制并防止模具离地后大幅度摆动。吊到机床上方，开始下落时，更要慢而稳，以防碰坏机床或模具。严禁模具吊在空中无人控制；严禁任何人站在模具下方。

模具与机床定位孔对准后，慢慢合拢机床与模具。同时，再次查看是否对正，此时，机床不加压，吊具不松吊；操作机床喷嘴，慢慢靠近、轻轻接触浇口套，查看是否对正；经检查无误，模具各部正常，可稍加压力之后，松开吊具并撤离机床。

3）模具的固定。用压板、螺钉将模具分别固定在机床的动、定模板上。螺钉、压板的固定位置和压紧处分配要合理。紧固时应在对角线位置同时拧紧，用力均匀，一步步增加拧紧力，严禁一处完全紧固，再紧另一处。

大型、特大型模具（注射量在1800cm^3以上设备上的生产模具）除增加压板螺钉的尺寸和数量以外，还应在模具的下方安装支承压板，协助承载模具的重量，以保证模具与机床的安全和生产的顺利进行。

有侧抽芯结构的模具应使抽芯方向呈水平方向。

4）机床的调试。慢速开模后，调整顶出杆的位置，应使推杆固定板与动模垫板间留有间隙（5mm左右），防止工作时损坏模具；计算好模板行程，固定行程滑块控制开关，调整好动模板行程距离。试验、校好顶出杆工作位置；调整合模装置限位开关；最后低压、慢速合模，观察各零件工作位置是否正确。

5）试模。模具安装好后，空模具开、合、顶出、复位、侧抽芯等，各部动作反复进行多次，开合时要慢、要稳。既要细心观察各部零件动作的状态、平衡程度、运动位置，还要仔细监听运动声音是否正常，有无杂音、干磨声、撞击声等，以便及早发现问题，消除隐患，确保安全。

检查、清除螺杆和料筒内的非试模用的残料和杂质。试模料开封使用后，余料一定要封严，避免杂质侵入，损坏机床或模具。

试模中清除浇口凝料、飞边等，只允许用竹、木、铜、铝器具，严禁用铁质工具。

试模初始的前几模，型腔要喷脱模剂，模具滑动配合部分要喷涂润滑油。初始前几模压力不宜过大，料不宜打满，应逐步调整增加。每注射一模都要仔细检查、观察，确认无异常现象后，再进行下一模。当工艺参数调整到最佳值、试模样品也达到最佳状态，应进行记录，检验样品，写出检验报告，并有明确结论。

（3）模具验收　模具验收的主要依据是合同要求的条款和双方的协议。验收可根据试模样品检验报告和结论、试模状态记录，也可根据国家验收技术条件进行。模具验收应填写验收单，双方负责人应在验收单上签字。验收合格的模具装箱交货，装箱应有装箱清单，写明装箱物品名称、数量、日期等。

思考题与习题

1. 大型冲压模具各模板上的孔及孔系采用何种方法能保证装配的位置精度？为什么要用该方法？
2. 配作加工及配钻、配铰加工有哪些要求？它们各适用于什么场合？
3. 成型零件的固定装配方法有哪些？各适用于什么场合？
4. 冷冲压模的模架装配时，主要有哪些技术要求？模架上导柱、导套的装配应按照怎样的步骤进行？
5. 冲裁模装配时，凸模与凹模间隙控制方法有哪些？
6. 如何选择冲模的装配基准？装配基准与装配顺序间存在怎样的关系？
7. 小型冷冲压模模板上的紧固螺钉和定位销钉的装配应遵循怎样的工艺路线？
8. 冲裁模试模时，发现毛刺较大、内孔与外形的相对位置不正确，是哪些原因所造成的？如何调整？
9. 弯曲模与拉深模有哪些装配特点？
10. 型芯有哪些装配要求？简述各种结构形式的型芯的装配方案。
11. 型腔装配时，可采用哪些工艺方法确保装配的位置精度要求？
12. 滑块抽芯机构装配主要包括哪些步骤及内容？
13. 推出机构装配过程中，有哪些部位需要进行补充加工及修磨？如何进行？
14. 塑料模试模时发现塑件溢边，是由哪些原因造成的？如何调整？

第 9 章

模具的热处理及表面强化技术

模具热处理及表面强化是模具制造中的关键工艺之一，它直接关系到模具的制造精度、力学性能、使用寿命以及制造成本，是保证模具质量和使用寿命的重要环节。实际生产使用表明，在模具的全部失效形式中，由于热处理不当所引起的失效居于首位。在模具设计制造过程中，若能正确地选用材料，合理地选择热处理及表面强化工艺，对充分发挥材料的潜在性能、减少能耗、降低成本、提高模具的质量和使用寿命都将起到重大的作用。当前，模具热处理技术发展较快的领域是真空热处理技术和模具的表面强化技术。

9.1 模具的热处理

9.1.1 模具钢的热处理

模具钢的热处理工艺是指模具钢在加热、冷却过程中，根据组织转变规律制定的具体热处理加热、保温和冷却的工艺参数。根据加热、冷却方式及获得组织和性能的不同，热处理工艺可分为常规热处理及表面热处理（表面淬火和化学热处理等）等。根据热处理在零件生产工艺流程中的位置和作用，热处理可分为预备热处理和最终热处理。

模具钢的常规热处理主要包括退火、正火、淬火和回火。由于真空热处理技术具有防止加热氧化、不脱碳、变形小及硬度均匀等特点，近年来得到广泛的推广和应用。

1. 退火工艺

退火一般是指将模具钢加热到临界温度以上，保温一定时间，然后使其缓冷至室温，以获得接近于平衡状态组织的热处理工艺。其组织为铁素体基体上分布着碳化物。目的是消除钢中的应力，降低模具材料的硬度，使材料成分均匀，改善其组织结构，为后续工序（机加工、冷加工成形、最终热处理等）做准备。

退火工艺根据加热温度不同可分为：

1）完全退火：将模具钢加热到临界温度 Ac_3 以上 20 ~ 30℃，保温足够的时间，使其组织完全奥氏体化，然后缓慢冷却，以获得接近平衡状态组织的热处理工艺。其目的是为了降低硬度、均匀组织、消除内应力和热加工缺陷、改善切削加工性能和冷塑性变形性能，为后续热处理或冷加工做准备。

2）不完全退火：将钢加热到 Ac_1 ~ Ac_3（亚共析钢）或 Ac_1 ~ Ac_{cm}（过共析钢）之间，保温一定时间后缓慢冷却，以获得接近于平衡组织的热处理工艺。不完全退火用于过共析钢和合金钢制作的模具。

3）等温退火：将钢加热到临界温度 Ac_3 以上，保温足够的时间，使其组织完全奥氏体化，然后在低于 Ac_1 温度以下的适当温度进行保温，使奥氏体在此温度下进行等温转变，完成组织转变后从炉中取出空冷。等温退火的特点是可以缩短退火时间，最适合用于合金工具钢、高合金工具钢模具，有利于获得更为均匀的组织。

4）球化退火：球化退火是使钢中的碳化物球化，以获得球状珠光体的一种热处理工艺，它实际上是不完全退火的一种。球化退火主要应用于共析钢、过共析钢和合金工具钢。其目的是为了降低硬度、改善切削加工性能，以及获得均匀的组织，改善热处理工艺性能，为以后的淬火做组织准备。图 9.1 为三种常用的球化退火工艺。

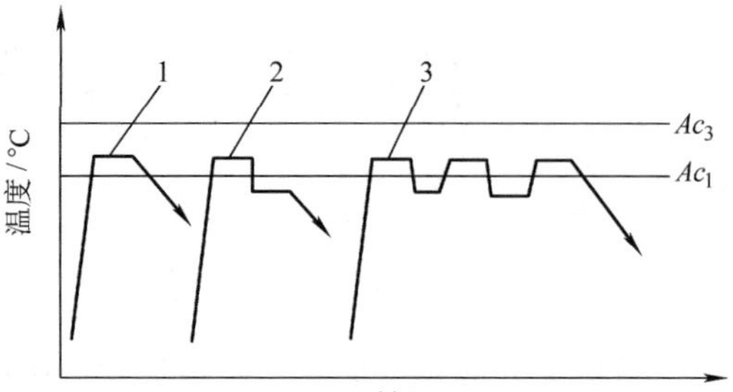

图 9.1　三种常用球化退火工艺

1—一次球化退火　2—等温球化退火　3—多次球化退火

2. 正火工艺

正火工艺是将钢加热到 Ac_3（对于亚共析钢）或 Ac_{cm}（对于过共析钢）以上适当的温度，保温一定时间，使之完全奥氏体化，然后在空气中冷却，以得到珠光体类型组织的热处理工艺。

正火与完全退火相比，两者的加热温度基本相同，但正火的冷却速度较快，转变温度较低。冷却方式通常是将工件从炉中取出，放在空气中自然冷却，对于大件也可采用鼓风或喷雾等方法冷却。正火工艺规范如图 9.2 所示。

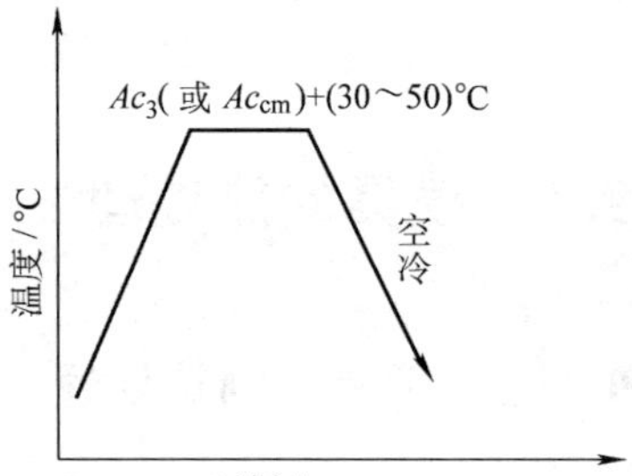

图 9.2　正火工艺

3. 淬火与回火

淬火和回火是模具钢或模具零件强化的主要手段。将钢加热到临界点 Ac_1 或 Ac_3 以上一定温度，保温一定时间，然后以大于临界冷却速度进行冷却，使过冷奥氏体转变为马氏体或下贝氏体组织的热处理工艺称为淬火。回火是淬火工艺的后续工序，是将淬火后的钢加热到 Ac_1 以下某一温度（根据回火后的组织和性能要求而定），充分保温后，以适当的冷却速度进行冷却的热处理工艺。淬火工艺的关键是要控制加热速度、淬火温度、保温时间以及冷却速度。

（1）淬火温度的确定　淬火加热温度的选择应以得到均匀细小的奥氏体晶粒为原则，以便淬火后获得细小的马氏体组织。淬火加热温度主要根据钢的临界点来确定，常用模具钢的相变点及淬火加热温度见表 9.1。另外，淬火温度还应考虑模具的形状尺寸、原始组织等因素。

表 9.1　常用模具钢的相变点及淬火加热温度

牌　号	Ac_1 或 Ac_3/℃	淬火温度/℃	牌　号	Ac_1 或 Ac_3/℃	淬火温度/℃
45	780	820 ~ 850	9SiCr	770	860 ~ 880
T8A ~ T12A	730	770 ~ 800	Cr12MoV	810	1000 ~ 1050
40Cr	780	830 ~ 860	3Cr2W8V	810	1050 ~ 1100
60Si2Mn	820	840 ~ 870	W6Mo5Cr4V2	810	1190 ~ 1230
GCr15	745	820 ~ 860	W18Cr4V	820	1260 ~ 1290

(2) 淬火加热时间的确定　淬火加热时间通常将工件升温和保温所需的时间计算在一起，而统称为加热时间。影响加热时间的因素很多，如加热介质、钢的成分、炉温、工件的形状及尺寸、装炉方式及装炉量等。淬火加热时间参见有关热处理手册。

(3) 淬火冷却介质　为了使钢获得马氏体组织，淬火时冷却速度必须大于临界冷却速度。但是冷却速度过大又会使工件内应力增加，产生变形或开裂。

工件淬火冷却时，要使其得到合理的淬火冷却速度，必须选择适当的淬火冷却介质。淬火冷却介质种类很多，常用的淬火冷却介质有：水、NaCl（质量分数为5%～10%）水溶液、NaOH（质量分数为10%～50%）水溶液以及各种矿物油等。模具淬火可以在水、油或空气中进行。

(4) 回火　回火是紧接淬火的一道热处理工艺，大多数淬火模具钢都要进行回火，其目的是稳定组织，减小或消除淬火应力，提高钢的塑性和韧性，获得强度、硬度和塑性、韧性的适当匹配，以满足不同模具的性能要求。决定模具回火后的组织和性能最重要的因素是回火温度。回火可分为低温回火、中温回火和高温回火。

1）低温回火：钢大部分是淬火高碳钢和淬火高合金钢，经低温回火后得到回火马氏体，具有很高的强度、硬度和耐磨性，同时显著降低了钢的淬火应力和脆性。冷冲压、冷镦、冷挤压模具，由于需要相当高的硬度和耐磨性，常采用低温回火。

2）中温回火：中温回火后模具的内应力基本消除，因而其具有较高的弹性极限、强度和硬度，良好的塑性和韧性。中温回火主要用于热锻模具。

3）高温回火：压铸模和橡皮模要求具有较高的强度和韧性，常采用高温回火。

4. 真空热处理

在热处理时，被处理模具零件表面发生氧化、脱碳和增碳等效应，都会给模具使用寿命带来严重的影响。为了防止氧化、脱碳和增碳，利用真空作为理想的加热介质，制成真空热处理炉。零件在真空炉中加热后，将中性气体通入炉内的冷却室，在炉内利用气体进行淬火的称为气冷真空处理炉，利用油进行淬火的称为油冷真空处理炉。

近年来，真空热处理技术在我国发展较为迅速，它特别适合用于模具的热处理。模具钢经过真空热处理后具有良好的表面状态，其表面不氧化、不脱碳，淬火变形小。与在大气环境下的淬火工艺相比，真空淬火后，模具表面硬度比较均匀，而且还略高一点。真空加热时，模具钢表面呈活性状态，不脱碳，不产生阻碍冷却的氧化膜。真空淬火后，钢的断裂韧度有所提高，模具寿命比常规工艺提高40%～400%，甚至更高。目前，模具真空淬火技术在我国已得到较广泛的应用。

(1) 真空热处理的特点

1）因为在真空中加热和冷却，氧的分压很低，零件表面氧化作用得到抑制，从而可得到光亮的处理表面。

2）在大气中熔炼的金属和合金，由于吸气而使韧性下降，强度降低，而在真空热处理时，可使吸收的气体释放，从而增加了强度和韧性，提高了模具的使用寿命。

3）真空热处理淬火变形小。如W6Mo5Cr4V2钢凸模真空热处理后，在氮气中冷却，变形实测结果表明，只要留0.08mm磨削余量即可。冷作模具钢制成的凹模，变形量为盐浴淬火变形量的1/3～1/5。

4）由于是在密封条件下进行热处理，因此其无公害，有利于保护环境。

5）真空中的传热只是发热体的辐射，没有对流、传导效应、因此零件背面部分有时受热不均匀。

（2）真空热处理设备　真空热处理技术的关键是采用合适的设备（真空退火炉、真空淬火炉、真空回火炉）。真空加热最早采用真空辐射加热，后来逐步发展为负压载气加热、低温阶段正压对流加热等。

1）真空退火炉。真空退火炉的真空度为$10^{-2} \sim 10^{-3}$Pa，温度的升降应能自动控制。热处理工艺与非真空炉退火工艺基本相同。

2）真空淬火炉。真空淬火分为油淬和气淬，油淬时，零件表面出现白亮层，其组织为大量的残余奥氏体，不能用560℃左右的一般回火工艺加以消除，需要更高的温度（700～800℃）才能消除；气淬的零件表面质量好，变形小，不需清洗，淬火炉结构也较简单。对于高合金或高速工具钢模具零件，应选用高压气淬炉。

3）真空回火炉。对于热处理后不再进行机械加工的模具工作面，淬火后尽可能采用真空回火，特别是真空淬火的工件（模具），以提高与表面质量相关的力学性能，如疲劳性能、表面光亮度、耐蚀性等。

（3）真空热处理工艺　表9.2为常用模具钢的真空热处理工艺。进行真空热处理时，要注意以下问题：

表9.2　一些常用模具钢的真空热处理工艺

牌　号	预　热		淬　火			回火温度/℃	硬度HRC
	温度/℃	真空度/Pa	温度/℃	真空度/Pa	冷却介质		
9SiCr	500～600	0.1	850～870	0.1	油（40℃以上）	170～185	61～63
CrWMn	500～600	0.1	820～840	0.1	油（40℃以上）	170～185	62～63
3Cr2W8V	一次480～520 二次800～850	0.1	1050～1100	0.1	油或高纯氮气	560～580 600～640	42～47 39～44
Cr12MoV	一次500～550 二次800～850	0.1	980～1050 1080～1120	0.1	油或高纯氮气	180～240 500～540	58～60 60～64
W6Mo5Cr4V2	一次500～600 二次800～850	0.1	1100～1150 1150～1250	0.1	油或高纯氮气	200～300 540～600	58～62 62～66
W18Cr4V	一次500～600 二次800～850	0.1	1000～1100 1240～1300	0.1	油或高纯氮气	180～220 540～600	58～62 62～66

1）清洗。通常采用真空脱脂的方法。

2）真空度。真空度是主要的工艺参数。在高温高真空下，模具钢中的合金元素容易蒸发，影响模具表面质量和性能。

3）加热温度。真空热处理的加热温度为1000～1100℃时，需要在大约800℃下进行预热。加热温度为1200℃时，简单、小型模具可在850℃进行一次预热；大型、复杂模具可采用两次预热：第一次在500～600℃，第二次在850℃左右。

4）保温时间。真空中的加热速度比盐浴处理的加热速度慢，主要是由于传热方式以辐射为主。一般加热时间是盐浴炉加热时间的6倍左右，是空气炉加热时间的2倍左右。另外，恒温时间也应长于盐浴炉加热。

5）冷却。真空冷却分油淬和气淬，油淬应使用特制的真空淬火油；气淬又分为负压气淬和高压气淬等。负压气淬由于负压气体冷却能力低，因此，只能对小件实施淬火；高压气淬则可对大件实施淬火。目前（5～6）$\times 10^5$Pa 的单室真空高压气冷技术在国际上已得到普遍应用。加热用的保护性气体和冷却所用的气体主要是氨气、氮气、氦气、氢气，其冷却能力从大到小的顺序依次是氢气、氦气、氮气和氨气，冷却能力之比为2.2：1.7：1：0.7。

氮气和氦气的混合气氛比单纯氦气的冷却能力高。60% 的氮气与 40% 的氦气的混合气氛相当于纯净氦气的冷却能力，这样不仅降低了价格，而且还达到了高的冷却能力。提高冷却能力的方法有冷却气体高压化、高速化、利用辐射冷却、优化工件放置方式等。

9.1.2 常用冷作模具钢热处理

1. 冷作模具的工作条件和对模具材料的性能要求

冷作加工是金属在室温下进行冲压、剪断或形变加工的制造工艺，如冷冲压、冷镦锻、冷挤压和冷轧加工等。由于各种冷作加工的工作条件不完全相同，因此对冷作模具材料的要求也不完全一致。如在冲压过程中，被冲压的材料变形抗力很大，模具的工作部分，特别是刃口承受着强烈的摩擦和挤压，所以对冲裁、剪切、拉深、压印等模具材料的要求主要是要具有高的硬度和耐磨性。同时模具在工作过程中还将受到冲击力的作用，因此要求模具材料也应具有足够的强度和适当的韧性。此外，为便于模具制造，对模具的锻造及热处理性能等也有一定的要求。

冷挤压时，模具整个工作表面承受着巨大的变形抗力和摩擦力，在 300℃左右，要求具有足够的强度和耐磨性，所以要求模具材料还应具有一定的热硬性和耐热疲劳性。

2. 碳素工具钢的热处理

要求不太高的小型、简单冷作模具可以采用碳素工具钢，应用较多的为 T8A 和 T10A。T10A 钢热处理后硬而耐磨，但淬火变形收缩明显；T8A 钢韧性较好，但耐磨性稍差。除了碳元素以外，碳素工具钢不含有其他合金元素，因此，其淬透性较差，常规淬火后硬化层仅有 1.5～3mm。

碳素工具钢淬火后得到马氏体组织，使模具具有高硬度和耐磨性。如果淬火温度过高，会使奥氏体组织晶粒粗大，并导致马氏体组织粗大，增加了淬火变形开裂的可能性，力学性能降低；但是，若淬火温度太低，奥氏体组织中不能溶入足够的碳，且碳浓度不能充分均匀，则同样会降低其力学性能。碳素工具钢热处理工艺规范见有关热处理手册。

3．低合金模具钢的热处理

冷作模具常用的低合金工具钢有：CrWMn、9Mn2V、9SiCr、GCr15 等。此类钢是在碳素工具钢的基础上，加入了适量的 Cr、W、Mo、V、Mn 等合金元素。合金元素总质量分数低于 5% 称为低合金工具钢。合金元素的加入提高了钢的淬透性以及过冷奥氏体的稳定性。因此，可以降低淬火冷却速度，减少热应力、组织应力以及淬火变形开裂的倾向。

（1）CrWMn 钢　CrWMn 钢的硬度、强度、韧性、淬透性及热处理变形倾向均优于碳素工具钢。钢中 W 形成的碳化物硬度很高，耐磨性好，W 还能细化晶粒。CrWMn 钢主要用作轻载荷冲裁模、拉深模、弯曲模、翻边模等。但其形成网状碳化物的倾向大，不宜制作大截面模具。

CrWMn 钢一般需要进行球化退火处理，球化退火工艺规范如图 9.3 所示。

CrWMn 钢的淬火温度一般为 820 ~ 840℃，油冷，直径为40 ~ 60mm 的工件油冷能够淬透。回火温度一般为 170 ~ 200℃，回火后硬度可以达到 60 ~ 62HRC。淬火及低温回火后含有较多碳化物，具有较高的硬度和耐磨性。但在 250 ~ 350℃ 回火时，有回火脆性，应予避免。

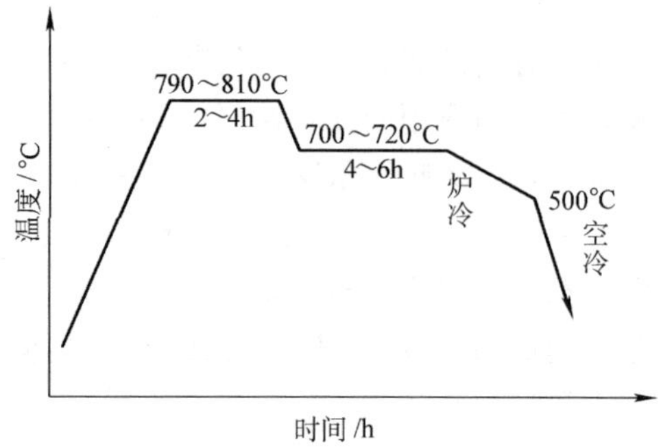

图 9.3　CrWMn 钢球化退火工艺规范

（2）9Mn2V 钢　9Mn2V 钢是不含有 Cr、Ni 等较贵重元素的经济性低合金模具钢。由于含有少量的 V，细化了钢的晶粒，减小了钢的过热敏感性。该钢冷加工性能和热处理工艺良好，变形开裂倾向小。但其淬透性、淬硬性、回火抗力、强度等性能不如 CrWMn 钢，适合用于尺寸较小的冷冲模、冷压模、雕刻模、落料模等。

主要热处理工艺如下：

1）等温退火工艺：等温温度在 750 ~ 780℃，保温 3 ~ 5h；等温温度在 670 ~ 700℃，保温 4 ~ 6h。

2）淬火工艺：淬火温度 780 ~ 820℃，油冷，硬度可达 61HRC 以上。

3）回火工艺：回火温度 150 ~ 200℃，空冷，硬度可达 59 ~ 62HRC；回火温度在 200 ~ 300℃ 时有回火脆性存在，应避免在此温度范围回火。

（3）9SiCr 钢　9SiCr 钢在我国有悠久的使用历史。钢中含有 Cr 和 Si，提高了钢在贝氏体转变区的稳定性，Si 还可细化碳化物，有利于提高耐磨性、回火稳定性和塑性变形能力，淬透性较好，适合进行分级淬火或等温淬火，有利于防止模具淬火变形开裂。该钢主要用作中、小型轻负荷冷作模具，如冷冲模、冷挤压模等。

其主要热处理工艺如下：

1）退火工艺：等温温度在 780 ~ 810℃，保温 2 ~ 4h；等温温度在 700 ~ 720℃，保温 4 ~ 6h（见图 9.4）。

2）淬火工艺：淬火温度 860 ~ 880℃，油冷，硬度可达 62 ~ 65HRC。

3）回火工艺；回火温度 180 ~ 200℃，空冷，硬度可达 60 ~ 62HRC。回火温度在 200 ~ 300℃ 有回火脆性存在，应避免在此温度范围回火。

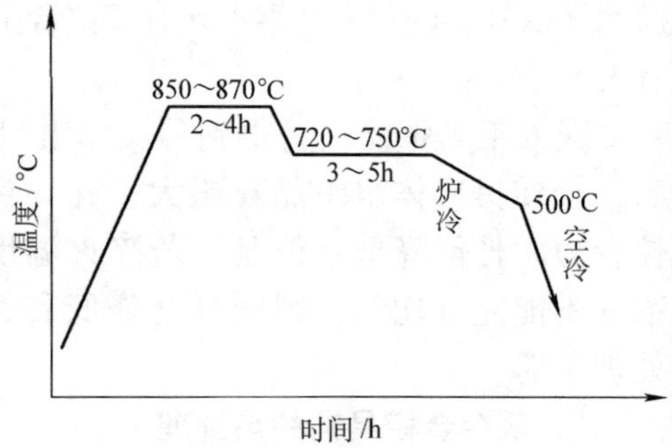

图 9.4　9SiCr 钢球化退火工艺规范

4. 高合金模具钢的热处理

高合金模具钢有含高铬和中铬工具钢、高速工具钢、基体钢等。此类钢含有较多的合金元素，具有淬透性好、耐磨性高及淬火变形小等特点，广泛用作承受负荷大、生产批量大、耐磨性要求高及形状复杂的模具。

（1）高碳高铬钢　此类钢的成分特点是高铬量、高碳量，在冷作模具钢中应用范围最广、数量最大。代表性钢号有 Cr12、Cr12MoV、Cr12Mo1V1（D2）、Cr12W 等。

该类钢锻后通常采用球化退火处理，退火后硬度为 207 ~ 255HBW。常用的淬火工艺为：

1）较低温度淬火。将 Cr12 钢加热到 960 ~ 980℃，油冷，淬火后硬度为 62HRC 以上。对 Cr12MoV 钢，淬火温度为 1020 ~ 1050℃，油冷，淬火后硬度为 62HRC 以上。采用此种方法可使钢获得高硬度、高耐磨性和高精度尺寸，适用于制作冷冲压模具。

2）较高温度淬火及多次高温回火。对 Cr12 钢，加热到 1050 ~ 1100℃，油冷，淬火后硬度为 42 ~ 50HRC。对 Cr12MoV 钢，淬火温度为 1100 ~ 1150℃，油冷，淬火后硬度为 42 ~ 50HRC。较高温度淬火加上多次高温回火，可以使钢获得高的热硬性和耐磨性，适用于制作高温下工作的模具。

（2）高速工具钢　铜或铝零件冷挤压时，模具受力不太剧烈，一般可以采用 Cr12 模具钢。但黑色金属冷挤压时，受力剧烈，工作条件十分恶劣，对模具提出了更高的要求，因此需要采用更高级的模具钢（如高速工具钢）来制造模具。

高速工具钢热处理后具有高的硬度和抗压强度、良好的耐磨性，能满足较为恶劣的冷挤压条件。常用的冷挤压高速工具钢有 W6Mo5Cr4V2 钢、W18Cr4V 钢、6W6Mo5Cr4V 钢等。

W18Cr4V 钢具有良好的热硬性，在 600℃时仍具有较高的硬度和较好的韧性，但其碳化物较粗大，强度和韧性随尺寸增大而下降。W6Mo5Cr4V2 钢具有良好的热硬性和韧性，淬火后表面硬度可以达到 64 ~ 66HRC，是一种含 Mo 低 W 的高速工具钢，其碳化物颗粒较为细小，分布较均匀，强度和韧性比 W18Cr4V 钢好。

大多数高速工具钢制作的冷挤压（包括冷镦）模具，淬火温度可以略低于高速工具钢刀具淬火温度，如 W18Cr4V 钢采用 1240 ~ 1250℃淬火温度，W6Mo5Cr4V2 钢采用 1180 ~ 1200℃淬火温度，然后在 560℃进行三次回火。对于一些细长或薄壁的模具，要求有很高的韧性，则可以进一步降低淬火温度，以提高其使用寿命。但低温淬火后，高速工具钢抗压强度降低，不能用于高负荷模具，也会使耐磨性降低。常用冷挤压高速工具钢经过淬火和不同温度回火热处理后的硬度和冲击韧度见表 9.3。

表 9.3　常用冷挤压高速工具钢经过淬火和不同温度回火热处理后的硬度和冲击韧度

牌　号	淬火温度/℃	硬度 HRC				无缺口冲击韧度/（×10J/cm²）			
		500℃回火	530℃回火	550℃回火	580℃回火	500℃回火	530℃回火	550℃回火	580℃回火
6W6Mo5Cr4V	1200	60.9	62.3	62.3	60.6	5.7	5.3	6.3	5.7
W18Cr4V	1260	64.4	64.4	63.8	63			3.4	3.6
W6Mo5Cr4V2	1220	63.5	64.8	65.3	62.8	2.0	2.7	3.2	3.5

9.1.3　热作模具钢热处理

1. 热作模具的工作条件和对模具材料的性能要求

热作模具主要用于热压力加工（包括锤模锻、热挤压、热镦锻、精密锻造、高速锻造等）和压力铸造模具。

热锻模，承受着较大的冲击载荷和工作压力，模具的型腔除产生剧烈的摩擦外，还经常与被加热到 1050 ~ 1200℃高温的毛坯接触，型腔表面温度一般在 400℃以上，有时能达到 600 ~ 700℃，随后又经水、油或压缩空气对锻模进行冷却，这样冷热反复交替使模具极易产生热疲劳裂纹。因此要求热锻模材料要具有较高的高温强度和热稳定性（即热硬性）、适当的冲击韧度和尽可能高的导热性、良好的耐磨性和耐热疲劳性，在工艺性能方面具有高的淬透性和良好的切削加工性能。

近年来被推广应用的热挤压、热镦锻、精密锻造、高速锻造等先进工艺，由于模具的工作条件比一般热锻模更为恶劣，因此对模具材料提出了更高的要求。这些模具在工作时需长时间与被变形加工的金属相接触，或承受较大的打击能量，模具型腔的受热程度往往比锤锻模高，承受的负荷也比锤锻模大，尤其是黑色金属的挤压和高速锻造，模具型腔表面温度通常在700℃以上，高速锻造时，型腔表面的加热速度为2000～4000℃/s，温度可达950℃左右，造成模具寿命显著下降。所以特别要求模具材料要有高的热稳定性和高温强度、良好的耐热疲劳性能及高的耐磨性。

2. 锤锻模具的热处理

常用作锤锻模的钢的品种有5CrNiMo，5CrMnMo，5CrMnSiMoV等。5CrNiMo钢具有高的淬透性、良好的综合力学性能，主要用作形状复杂、冲击负荷大的较大型锻模。5CrMnMo钢中不含有Ni，以Mn代替Ni不降低强度，但塑性和韧性降低，适于制造中型锻模。

5CrNiMo钢的淬火温度通常采用830～860℃。由于淬透性高，奥氏体稳定性大，冷却时可采用空冷、油冷、分级淬火或等温淬火。一般是淬火前先在空气中预冷至750～780℃，然后油冷到150～180℃左右出油，再行空冷。模具淬火后要立即回火，以防止变形与开裂。一般热锻模回火后的硬度无需太高，以保证所需的韧性。生产上对不同尺寸的热锻模有不同的硬度要求，因而回火温度也相应不同，如小型模的硬度要求44～47HRC，回火温度可选择在190～510℃；中型模的硬度要求38～42HRC，回火温度为520～540℃；大型模的硬度要求34～37HRC，回火温度为560～580℃。模具淬火后内应力较大，回火加热时应缓慢升温或预热（350～400℃）均匀后，升至所需的回火温度，保温时间不少于3h。

3. 热挤压及压铸等模具的热处理

热挤压及压铸等模具要求模具钢有较高的高温性能，如热强性、热疲劳、热熔损、回火抗力及热稳定性等。因此，此类钢含有较多的Cr、W、Si、Mo、V等元素，以保证拥有以上性能。我国标准中应用最多的具有代表性的钢牌号有3Cr2W8V、4Cr5MoSiV1、4Cr5MoSiV、4Cr3Mo3SiV、4Cr5W2VSi等。

3Cr2W8V钢虽然碳的质量分数只有0.3%～0.4%，但由于钨、铬含量高，组织上仍属于过共析钢。其工艺性能、热处理规范与Cr12MoV钢颇为类似。退火工艺为830～850℃保温3～4h，常用的淬火处理温度为1050～1150℃。除缓慢加热外，大件或复杂模具应在800～850℃预热均温，回火时也有二次硬化现象，回火选择550～620℃的高温回火。

3Cr2W8V钢广泛用作钢铁材料和非铁金属热挤压模以及Cu、Al合金的压铸模。这种钢的热稳定性高，使用温度达650℃，但钨系热作模具钢的导热性低，冷热疲劳性差。我国在20世纪80年代初引进国外通用的铬系热作模具钢H13（4Cr5MoSiV1），H13钢的合金含量比3Cr2W8V钢低，但淬透性、热强性、热疲劳性、韧性、塑性都比前者好，在使用温度不超过600℃时，代替3Cr2W8V钢，模具寿命有大幅度提高，因此H13钢迅速得到推广应用。

H13钢的热处理工艺为：退火温度800～840℃，保温3～6h，以30℃/h冷至500℃以下空冷，也可以采用球化退火工艺。淬火温度为1040～1080℃，油冷至500～550℃后出油空冷。回火温度为580～620℃，保温2～3h，回火2次。经上述工艺处理后的H13钢模具硬度为44～51HRC。

9.1.4　塑料模具钢热处理

塑料制品已在工业及日常生活中得到广泛应用。塑料模具已向精密化、大型化方向发展，对塑料模具钢的性能要求也越来越高。塑料模具钢的性能应根据塑料种类、制品用途、成型方法和生产批量大小而定。一般要求塑料模具钢有良好的综合性能，对其强度和韧性要求不如冷作模具钢和热作模具钢高，但对材料的加工工艺性能要求较高，如热处理工艺简便、变形小或者不变形、预硬状态的切削加工性能好、镜面抛光性能和图案蚀刻性能优良等。

塑料模具钢所要求的基本性能如下：

（1）综合力学性能　塑料成型模具在工作过程中要受到不同的温度、压力、侵蚀和磨损作用。因此，要求塑料模具钢应组织均匀，无网状及带状碳化物出现，热处理过程应具有较小的氧化、脱碳及畸变倾向，热处理以后应具有一定的强度。为保证足够的抗磨损性能，许多塑料模具钢经调质后，还应进行渗氮或镀铬等表面强化处理。

（2）切削加工性能　对于大型、复杂和精密的注射模具，通常预硬化到 28～35HRC 之后，再进行切削和磨削加工，达到所要求的尺寸和精度后再投入使用，从而可排除热处理变形、氧化和脱碳的缺陷。因此常用加入易切削元素 S、Ca 和稀土的办法以改善预硬的切削加工性能。

（3）镜面加工性　光盘和塑料透镜等塑料制品的表面粗糙度要求很高，主要由模具型腔的表面粗糙度来保证。一般模具型腔的表面粗糙度要比塑料制品的高一级。塑料模具钢的镜面加工性能与钢的纯度、组织、硬度和镜面加工技术有关。高的硬度、细小而均匀的显微组织、非金属夹杂少，均有利于提高镜面抛光性。镜面抛光性要求高的塑料模具钢常采用真空熔炼、真空除气。

（4）图案蚀刻性能　某些塑料制品表面要求呈现清晰而丰满的图案花纹，如皮革工业中大型皮纹压花版，要求模具钢有良好的图案光刻性能。图案光刻性能对材质的要求与镜面抛光性能相似，钢的纯度要高，组织要致密，硬度要高。

（5）耐蚀性能　含氯和氟的树脂以及在 ABS 树脂中添加抗燃剂时，在成型过程中将释放出有腐蚀性的气体，因此，这类塑料模具要选用耐蚀塑料模具钢，或镀铬，或采用镍磷非晶态涂层。

另外，还要求塑料模具钢有良好的预硬化性能、较高的冷压性能和补焊性能等。

根据化学成分和使用性能，塑料模具钢可以分为：渗碳型、预硬化型、耐蚀型、时效硬化型和冷挤压成形型等。它们的热处理分述如下。

1. 渗碳型塑料模具钢的热处理

受冲击大的塑料模具零件，要求表面硬而心部韧，通常采用渗碳工艺、碳氮共渗工艺等来达到此目的。

一般渗碳零件可采用结构钢类的合金渗碳钢，其热处理工艺与结构钢零件基本相同。对于表面质量要求很高的塑料模具成型零件，宜采用专用钢。热处理的关键是选择先进的渗碳设备，严格控制工艺过程，以保证渗碳层的组织和性能要求。

渗碳或碳氮共渗工艺规范可参考热处理行业工艺标准：JB/T 3999—2007《钢件的渗碳与碳氮共渗淬火回火》。

常用的渗碳型塑料模具钢有 20 钢、20Cr、12CrNi2、12CrNi3、12Cr2Ni4、20Cr2Ni4 等。

（1）12CrNi3钢　12CrNi3钢是传统的中淬透性合金渗碳钢，冷成形性能属中等。该钢含碳量较低，加入合金元素镍、铬，以提高钢的淬透性和渗碳层的强韧性，尤其是加入镍后，在产生固溶强化的同时，可明显提高钢的塑性。该钢的锻造性能良好，锻造加热温度为1200℃，始锻温度为1150℃，终锻温度高于850℃，锻后缓冷。

12CrNi3钢主要用于冷挤压成形复杂的浅型腔塑料模具，或用于切削加工成形的大、中型塑料模具。如果采用切削加工工艺制造塑料模具，为了改善其切削加工性能，模坯需经正火处理。如果采用冷挤压成形型腔，锻后必须进行软化退火工艺。

12CrNi3钢采用气体渗碳工艺时，加热温度为900～920℃，保温6～7h，可获得0.9～1.0mm的渗碳层，渗碳后预冷至800～850℃直接油冷或空冷淬火，淬火后表层硬度可达56～62HRC，心部硬度为250～380HBW。

（2）20Cr2Ni4钢　20Cr2Ni4钢为高强度合金渗碳钢，有良好的综合力学性能，其淬透性、强韧性均超过12CrNi3钢。该钢锻造性能良好，锻造加热温度为1200℃，始锻温度为1150℃，终锻温度高于850℃，锻后缓冷。

2. 预硬化型塑料模具钢的热处理

预硬化型塑料模具钢是指将热加工的模块，预先调质处理到一定硬度（一般分为10HRC、20HRC、30HRC、40HRC四个等级）供货的钢材，待模具成形后，不需再进行最终热处理就可直接使用，从而避免由于热处理而引起的模具变形和开裂，这种钢称为预硬化钢。预硬化钢最适宜制作形状复杂的大、中型精密塑料模具。常用的预硬型塑料模具钢有3Cr2Mo（P20）、3Cr2NiMo（P4410）、8Cr2MnWMoVS、4Cr5MoSiV1、P20SRE、5NiSCa等。

（1）3Cr2Mo钢　3Cr2Mo钢是最早列入标准的预硬化塑料模具钢，相当于美国P20钢，同类型的还有瑞典（ASSAB）的718、德国的40CrMnMo7、日本的HPM2钢等。3Cr2Mo钢是GB/T 1299—2000中唯一的塑料模具钢，主要用于聚甲醛、ABS塑料、醋酸丁酸纤维素、聚碳酸酯（PC）、聚酯（PEF）、聚乙烯（DPE）、聚丙烯（PP）、聚氯乙烯（PVC）等热塑性塑料的注射模具。

我国某厂推荐的3Cr2Mo钢的强韧化热处理工艺：淬火温度840～880℃，油冷；回火温度600～650℃，空冷，硬度28～33HRC。

美国标准（AISI，SAE）推荐的P20钢渗碳后的热处理工艺：淬火温度820～870℃，回火温度150～260℃，空冷，硬度58～64HRC（渗碳层表面硬度）。

（2）8Cr2MnWMoVS（8Cr2S）钢　为了改善预硬化钢的切削加工性，在保证原有性能的前提下添加一种或几种易切削合金元素，成为一种易切削型的预硬化钢。

8Cr2S钢是我国研制的硫系易切削预硬化高碳钢，它不仅可用来制作精密零件的冷冲压模具，而且经预硬化后还可以用来制作塑料成型模具。此钢具有高的强韧性、良好的切削加工性能和镜面抛光性能，具有良好的表面处理性能，可进行渗氮、渗硼、镀铬、镀镍等表面处理。

8Cr2S钢热处理到硬度为40～42HRC时，其切削加工性能相当于退火态的T10A钢（200HBW）的加工性能，综合力学性能好，可研磨抛光到*Ra*0.025μm，该钢还具有良好的光刻浸蚀性能。

8Cr2S钢的淬火加热温度为860～920℃，油冷淬火、空冷淬火或在240～280℃硝盐中等温淬火都可以。直径100mm的钢材空冷淬火可以淬透，淬火硬度为62～64HRC。回火温度可在550～620℃温度范围内选择，回火硬度为40～48HRC。因加有S，预硬硬度为40～

48HRC 的 8Cr2S 钢坯，其机械加工性能与调质到 30HRC 的碳素结构钢相近。

3. 时效硬化型塑料模具钢的热处理

对于复杂、精密、高寿命的塑料模具，模具材料在使用状态必须有高的综合力学性能，为此，必须采用最终热处理。但是，采用一般的最终热处理工艺，往往会导致模具的热处理变形，模具的精度很难达到要求。而时效硬化型塑料模具钢在固溶处理后变软（一般为 28～34HRC），可进行切削加工，待冷加工成形后进行时效处理，可获得很高的综合力学性能。时效热处理变形很小，而且该类钢一般具有焊接性能好、可以进行渗氮等优点。适合于制造复杂、精密、高寿命的塑料模具。

时效硬化型塑料模具钢有马氏体时效硬化钢和析出（沉淀）硬化钢两大类。

（1）马氏体时效硬化钢　马氏体时效硬化钢有屈服强度高、切削加工性能和焊接性能良好、热处理工艺简单等优点。典型的钢种是 18Ni 系列，屈服强度可高达 1400～3500MPa。使用这一类钢制造模具虽然价格昂贵，但由于使用寿命长，综合经济效益仍然很高。

（2）析出（沉淀）硬化钢　析出硬化型钢也是通过固溶处理和沉淀析出第二相而强化，硬度在 37～43HRC 左右，能满足某些塑料模具成型零件的要求。市场以 40HRC 级预硬化供应，具有满意的可加工性能。这一类钢的冶金质量高，一般都采用特殊冶炼，所以纯度、镜面研磨性、蚀雕加工性良好，使模具有良好的精度和精度保持性。且焊接性好，表面和心部的硬度均匀。

析出硬化型塑料模具钢的代表性钢号有 25CrNi3MoAl，属低碳中合金钢，相当于美国 P21 钢。析出硬化型钢制成的模具零件还可通过渗氮处理进一步提高耐磨性、抗咬合能力和模具使用寿命。

4. 耐腐蚀型塑料模具钢的热处理

生产对金属有腐蚀作用的塑料制品时，工作零件应采用耐蚀钢。常用钢种有 Cr13 钢和 95Cr18 钢等可强化的马氏体型不锈钢。表 9.4 为常用耐腐蚀塑料模具钢的热处理工艺规范。

表 9.4　耐腐蚀塑料模具钢的热处理工艺规范

序　号	钢　号	热 处 理	硬　度	备　注
1	Cr13 系列	980～1050℃油冷，650～700℃回火，油冷。可进行渗氮，以提高表面硬度和耐磨性，但耐蚀性会下降	229～341HBW	
2	95Cr18	850℃预热，1050～1100℃奥氏体化，油冷，－80℃冷处理，160～260℃回火 3h，130～140℃去应力退火 15～20h	58～62HRC	
3	S-STAR	第一次预热 500℃，第二次预热 800℃，奥氏体化温度 1020～1070℃，空冷、油冷或气冷均可，回火：①要求耐蚀性，200～400℃回火，按 60～90min/25mm；②要求高硬度，490～510℃回火，按 50～90min/25mm 精度保持要求高的模具零件需进行冷处理	以预硬化钢交货，31～34HRC；淬火回火态交货，≤229HBW	日本大同特殊钢公司

需要指出的是，用现有不锈钢标准的钢号制作高镜面要求的塑料模具钢成型零件，其表面质量的要求是难以满足的。因此开发了耐腐蚀镜面塑料模具钢。例如已进入中国市场的法国 CLC2316H 钢（同类型的德国 X36CrMo17），是预硬化型的抗腐蚀镜面塑料模具钢。

耐腐蚀塑料模具钢零件的热处理与一般不锈钢制品的热处理基本相同，其热处理工艺可以参考我国行业标准 JB/T 9197—2008《不锈钢和耐热钢热处理》。

9.2 模具的表面化学热处理

化学热处理能有效地提高模具表面的耐磨性、耐蚀性、抗咬合、抗氧化性等性能。几乎所有的化学热处理工艺均可用于模具钢的表面处理。化学热处理就是利用化学反应和物理冶金相结合的方法改变金属材料表面的化学成分和组织结构，从而使材料表面获得某种性能的工艺过程。

9.2.1 渗碳

渗碳是一种历史悠久、应用相当广泛的化学热处理方法。迄今为止，渗碳或碳氮共渗仍然属于应用广泛的表面强化方法，由于经济、可靠，今后仍将在热处理生产中占有主导地位。近年来，又发展了高频渗碳、离子渗碳及真空渗碳等方法，克服了传统渗碳法的不足，使表面活性增强，可以大大缩短渗碳时间。

渗碳技术主要用于低碳钢模具零部件的表面强化。中、高碳的低合金模具钢和高合金模具钢也可以进行渗碳或碳氮共渗。高碳低合金钢渗碳或碳氮共渗时，应尽可能选取较低的加热温度和较短的保温时间，以保证表层有较多的未溶碳化物核心。渗碳和碳氮共渗后，表层碳化物呈颗粒状，碳化物总体积也有明显增加，可以增加钢的耐磨性。

中、高碳高合金钢还可进行高温渗碳，因为在其高温奥氏体组织中仍能残留较多难溶的弥散的碳化物。对这类含大量强碳化物形成元素进行渗碳，使渗层沉淀出大量弥散合金碳化物的工艺称为 CD 渗碳法。3Cr2W8V 钢制造压铸模具时，先渗碳，再经 1140 ~ 1150℃淬火，550℃回火两次，表面硬度可达 58 ~ 61HRC，用于非铁金属及其合金的压铸模具，使用寿命可提高 1.8 ~ 3 倍。6Cr4W3Mo2VNb 等基体钢有高的强韧性，但其表面的耐磨性常显不足，对这类钢制作的模具进行渗碳或碳氮共渗，可显著提高其使用寿命。

渗碳是为解决钢件表面要求高硬度、高耐磨性而心部又要求有较高的韧性这一矛盾而发展起来的工艺方法。渗碳就是将低碳钢工件放在增碳的活性介质中加热、保温，使碳原子渗入钢件表面并向内部扩散，形成一定碳浓度梯度的渗层。渗碳并不是最终目的，为了获得高硬度、高耐磨的表面及强韧的心部，渗碳后必须进行淬火加低温回火的处理。

渗碳工艺的优点：

1）获得比高频感应淬火硬度高、更耐磨的表层以及韧性更好的心部，不受零件形状的限制。

2）与渗氮工艺相比，渗碳工艺具有渗层厚、可承受重负荷、工艺时间短的优越性。

但渗碳工艺存在着过程烦琐，渗碳后还要进行淬火加回火的处理；工件变形大；与高频感应淬火相比生产成本高；渗碳层的硬度和耐磨性不如渗氮层高等缺点。

渗碳工艺按渗碳介质可以分为气体渗碳、液体渗碳和固体渗碳。

1. 固体渗碳

固体渗碳是在固体渗碳剂中进行的渗碳过程。渗碳剂由两部分组成：固体碳和催渗剂。固体碳可以是木炭也可以是焦炭，碱金属或碱金属的碳酸盐可用作催渗剂。

固体渗碳是在充满渗碳剂的密封钢制箱中进行的，一般采用箱式电炉加热。固体渗碳的优点是：无需专用渗碳设备，渗碳工艺简单，特别适用于没有专用渗碳设备、批量小、变化多的生产条件；其缺点是：渗碳过程质量控制困难，渗碳加热效率低，能源浪费大。

典型的固体渗碳工艺规范如图9.5所示。

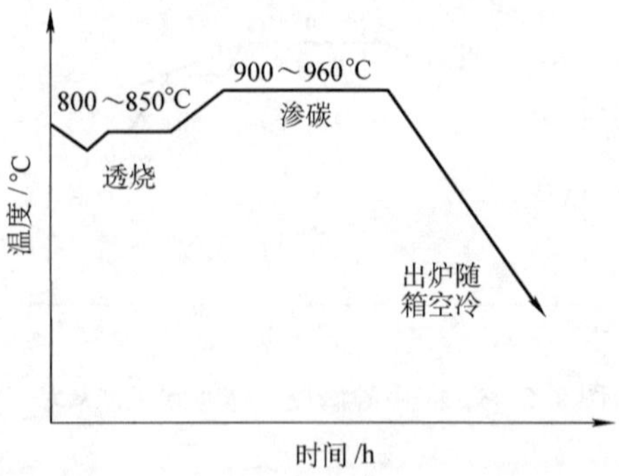

a)

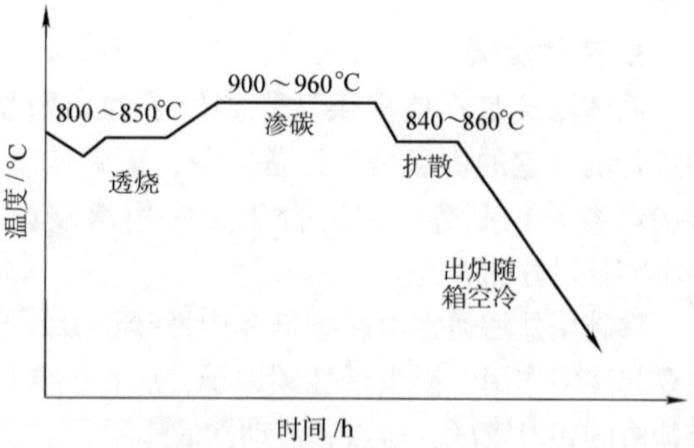

b)

图9.5　典型的固体渗碳工艺规范

a）一般渗碳工艺规范　b）分级渗碳工艺规范

工艺规范中，在800～850℃透烧的目的是，减小位于靠箱壁的工件与箱体中心部工件渗碳层的差别。透烧时间的长短取决于渗碳箱的大小。

渗碳保温时间取决于渗层的深度要求，在（930±10）℃温度范围内，一般渗碳速度为0.10～0.15mm/h。根据渗层深度即可大致估算出保温时间。

分级渗碳工艺规范中，当渗碳深度接近要求深度的下限值时，将炉温降低到840～860℃，保温一定时间进行扩散，使表面碳浓度降低，渗层加厚，这样可防止网状渗碳体的出现。对于本质细晶粒钢，可免去正火清除网状渗碳体的过程，渗碳后直接淬火。

2. 气体渗碳

虽然固体渗碳有很多优点，如可以用各种形式的加热炉，不需要任何控制气氛，对小批量和大工件比较经济，不需要特殊缓冷设备等；但它也有很多不利之处，如工作环境条件差，在要求较浅的渗碳层时不易控制渗碳层深度、碳含量及碳浓度的梯度，需要直接淬火时操作比较困难等。为了消除这些缺点，改善工作条件，提高效率，常需要采用气体渗碳法。

将气体渗碳剂通入或滴入高温的渗碳炉中，进行裂化分解，产生活性碳原子，然后渗入模具表面进行的渗碳就是气体渗碳。

常见的气体渗碳剂有两类：一类是碳氢化合物的有机液体，采用滴入法，将液体渗碳剂（如煤油、苯、甲苯、丙酮等）滴入高温的渗碳炉；另一类是气体，可直接通入渗碳炉中，有天然气、丙烷及吸热式可控气氛。由于气体成分常随地区、时间而有所不同，因此直接通入气体的工艺较难控制，产品质量多不稳定；而有机液体成分稳定，便于控制，但价格较贵。

气体渗碳的主要设备是渗碳炉。气体渗碳炉可以分为批装式和连续式两大类。批装式炉是把工件成批装入炉内，渗碳完毕后再成批出炉。连续式炉是把工件依次连续地从炉的一端送入炉中渗碳，而在渗碳完毕后从炉的另一端输出。气体渗碳工艺需要根据工件的钢种、形状、数量、渗碳层深度、渗碳层内碳的浓度及梯度等要求和现有设备条件来选择。影响渗碳层深度、浓度及梯度的主要因素除钢种外，主要是渗碳气体的碳势、渗碳温度和渗碳时间。决定渗碳速度的基本因素是碳在奥氏体中的扩散速度，这种扩散速度随温度的升高而迅速增加。因此，为了加速渗碳的进行，在不导致晶粒粗化的前提下，应采用尽可能高的渗碳温度，一般为900～950℃。但应注意的是，较高的温度容易产生网状碳化物、晶粒粗大，从而降低力学性能。

图 9.6 所示为煤油-甲醇滴控气体渗碳工艺规程。

3. 液体渗碳

液体渗碳是在能提供活性碳原子的熔融盐浴中进行的，它的优点是：设备简单，渗碳速度快，含碳量容易控制等。它适合于无专用渗碳设备、中小零件的小批量生产。

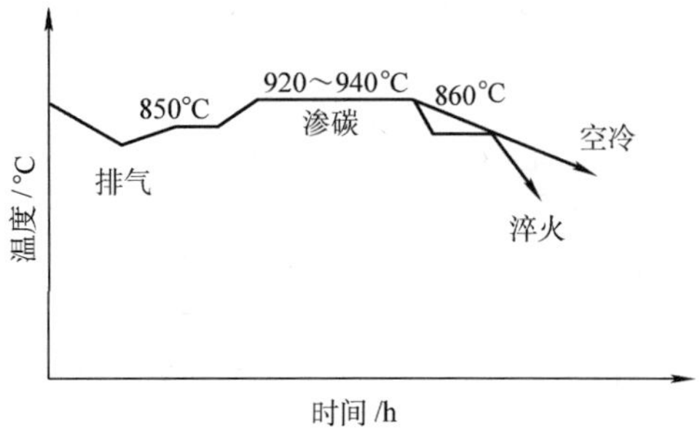

图 9.6　煤油-甲醇滴控气体渗碳工艺规程

渗碳用盐浴通常由渗碳剂和中性盐组成。前者主要起渗碳作用，提供活性碳原子，后者主要起调节盐浴的相对密度、熔点和流动性的作用。

在盐浴配方确定的前提下，渗碳工艺就是确定渗碳温度和时间。渗碳温度取决于工件的渗层厚度要求、零件是否易变形以及精度要求等。如果工件渗层要求不深、易变形或对变形要求严格，可选择较低的渗碳温度（850～900℃）；如果工件要求渗层厚、又不易变形，则应选择较高的渗碳温度（910～950℃）。

盐浴渗碳与盐浴加热热处理工艺相似，但在配制渗碳盐浴时应先将中性盐熔化，待要达到渗碳温度时，再将渗碳剂加入盐浴中。

9.2.2　渗氮

渗氮也称氮化，是在一定温度下（一般在 Ac_1 以下）将活性氮原子渗入模具表面的化学热处理工艺。渗氮后模具的变形小，具有比渗碳更高的硬度，可以增加其耐磨性、疲劳强度、抗胶合性、抗蚀性及抗高温软化性等。渗氮工艺有气体渗氮和离子渗氮。

渗氮工艺有以下特点：

1）氮化物层形成温度低，一般为 480～580℃，由于扩散速度慢，所以工艺时间长。

2）氮化处理温度低，变形很小

3）渗氮工件不需再进行热处理，便具有较高的表面硬度（≥850HV）。

1. 气体渗氮

气体渗氮在生产中应用已有 50 多年的历史，工艺比较成熟，通常采用的介质为氨气，在渗氮温度下（400～500℃），当氨与铁接触时就分解出氮原子固溶于铁中，也可以产生氮分子及氢分子，化学表达式如下：

$$2NH_3 \rightarrow 3H_2 + 2[N]$$

$$2NH_3 \rightarrow 3H_2 + N_2$$

气体渗氮可根据产品情况（零件的形状、大小）选用 RJJ 系列井式电炉、RJX 系列箱式电炉及钟罩式电炉。

（1）气体渗氮工艺参数　渗氮温度、渗氮时间和氨分解率是气体渗氮工艺的三个重要的工艺参数，它们对渗氮速度、渗层深度、渗层硬度、硬度梯度以及脆性都有极大影响。

渗氮温度的提高会促进氮原子的扩散，所以渗层深度会随温度的增加而加深，而渗层硬度会下降，这是因为产生高硬度的细小氮化物会随温度的升高而长大的缘故。在480～530℃渗氮时，渗层可获得很高的硬度。随时间的延长，渗层深度加深，但由于氮化物的集聚长大会使渗层硬度下降，温度高则更为明显。

氨分解率会影响钢件表面的吸氮能力，对渗层深度和硬度也有影响。当氨分解率低时（10%～40%），分解出的活性氮原子多被钢件表面吸收。当分解率超过70%时，由于气氛中大量的氢和氮的分子滞留在工件表面，阻碍了氮原子的吸收，因而使吸氮量下降。

（2）典型渗氮工艺

1）一段渗氮法：也称为单程渗氮法、等温渗氮法。渗氮温度为480～530℃。

2）二段渗氮法：二段渗氮法是将模具先在较低温度下（一般为490～530℃）渗氮一段时间，然后提高渗氮温度到535～550℃再渗氮一段时间。在渗氮的第一阶段，模具表面获得较高的氮浓度，并形成含有弥散度、高硬度氮化物的渗氮层；在第二阶段，氮原子在钢中的扩散将加速进行，以迅速获得一定厚度的渗氮层。二段渗氮法是目前生产中常采用的一种渗氮工艺，与一段渗氮法相比，其渗氮速度较快，渗层脆性较小，但硬度较低。

3）三段渗氮法：三段渗氮法是在二段渗氮法的基础上改进的，先将模具在490～520℃下渗氮，获得高渗氮浓度的表面，然后提高渗氮温度到550～600℃，加速渗氮速度，再将温度降低到520～540℃渗氮，提高渗氮层厚度。这种渗氮方法不仅可以缩短渗氮时间，而且可以保证渗氮层的高硬度。

一些模具钢的渗氮工艺规范见表9.5。

表9.5　一些模具钢的渗氮工艺规范

牌　号	渗氮工艺				渗氮层深度/mm	表面硬度HV
	阶段	温度/℃	时间/h	氨分解率（%）		
38CrMoAlA	Ⅰ	510	12	20～40	0.5～0.7	950～1000
	Ⅱ	540	42	50～60		
Cr12MoV	Ⅰ	480	18	14～27	≤0.2	720～860
	Ⅱ	530	25	36～60		
40Cr	Ⅰ	490	24	15～35	0.2～0.3	≥600
4Cr5MoSiV1	Ⅰ	540	12	30～60	0.15～0.2	760～800
3Cr2W8V	Ⅰ	480	18	14～27	0.2～0.4	500～550
	Ⅱ	530	22	30～60		

2. 离子渗氮

离子渗氮是辉光离子渗氮的简称，方法是将待处理的模具零件放在真空容器中，充以一定压力（如70Pa）的含氮气体（如氮或氮、氢混合气），然后以被处理模具作阴极，以真空容器的罩壁作阳极，在阴、阳极之间加上400～600V的直流电压，阴、阳极间便产生辉光放电，容器里的气体被电离，在空间产生大量的电子与离子。在电场的作用下，正离子冲向阴极，以很高速度轰击模具表面，将模具加热。高能正离子冲入模具表面，获得电子，变成氮原子被模具表面吸收，并向内扩散形成氮化层，离子渗氮可提高模具耐磨性和疲劳强度。

离子渗氮是利用了辉光放电这一物理现象并以此作为热源加热工件，因此它具有以下优点：

1）加速了渗氮过程，仅相当于气体渗氮周期的1/2～1/3。

2）离子渗氮的温度可比气体渗氮低，可在350～500℃下进行，工件变形小。

3）由于渗氮时气体稀薄，过程可控，使得渗层脆性小。

4）离子渗氮中有离子轰击而产生的阴极溅射现象，可以清除工件表面的钝化膜，不锈钢和耐热钢表面不经处理可直接渗氮。

5）局部防渗简单易行，只要采取机械屏蔽即可。

6）经济性好，热利用率高，省电，省氨。

离子渗氮存在的问题有：

1）工件温度的均匀性与测温的准确性尚待提高。

2）深层渗氮（>0.5mm）的生产周期与气体渗氮接近。

工作表面渗氮后能显著提高模具的力学性能。氮气虽然是一种能够作为保护性气体的惰性气体，但氮气离子化后却具有很大的活性，能够参与表面处理，形成高硬度和耐蚀的氮化物，如TiN、Ti_2N，Cr_2N，VN等。但在离子化前，必须进行去除加工应力的退火或回火处理。不同的材料渗氮效果也不同，对于必须渗氮、不能渗氮或两者均可的部位要明确尺寸精度要求。

目前，离子渗氮已广泛应用于热锻模、冷挤压模、压铸模、塑料模等几乎所有的模具上，很好地解决了硬度、韧性、热疲劳性和耐磨性等要求之间的矛盾。

3. 碳氮共渗

碳氮共渗是在渗碳和渗氮的基础上发展起来的一种化学热处理方法，它是将碳原子和氮原子同时渗入钢件表面的过程。由于早期的碳氮共渗是在含氰化物的盐浴中进行的，所以俗称“氰化”。碳氮共渗与渗碳相比，其热处理温度低，渗后可直接淬火，工艺简单，晶粒不易长大，变形开裂倾向小，能源消耗少，渗层的耐疲劳性、耐磨性和回火稳定性好。与渗氮相比，生产周期大大缩短，且适用于多种材料。

碳氮共渗兼有渗碳和渗氮的优点，主要优点表现在以下几方面：

（1）渗层性能好　碳氮共渗与渗碳相比，碳氮共渗层的硬度与渗碳层的硬度差不多，但其耐磨性、抗腐蚀性及疲劳强度都比渗碳层高。碳氮共渗层一般比渗氮层厚，并且在一定温度下不形成化合物白层，故其比渗氮层抗压强度高，而脆性较低。

（2）渗入速度快　在碳氮共渗的情况下，碳氮原子互相促进渗入过程，在相同温度下，碳氮共渗速度比渗碳和渗氮都快，仅是渗氮时间的1/4～1/3。

（3）模具变形小　碳氮共渗温度一般低于渗碳温度，且没有马氏体、奥氏体的组织转变，所以变形较小。

根据共渗介质的不同，碳氮共渗可以为气体碳氮共渗、液体碳氮共渗和固体碳氮共渗。

固体碳氮共渗与固体渗碳相似，所不同的是渗剂中加入了含氮物质。液体碳氮共渗是将模具等放入含有氰化物盐的盐浴中加热，虽然其时间短，效果好，但毒性大，应用较少。目前虽然采用无毒盐的液体碳氮共渗，其原料无毒，但反应产物仍然含有氰化物，容易造成环境污染，对人体有害，也不宜采用。生产中，应用最多是气体碳氮共渗。

气体碳氮共渗的共渗介质有三类：一是渗碳气加氨气，渗碳气可以用天然气、液化石油气、煤气等；二是液体渗碳剂加氨气，液体渗碳剂有煤油、苯等；三是含碳和氮的有机化合物液体，如三乙醇胺、尿素甲醇溶液加丙酮等。

图9.7所示为用45钢制造的切边模具的碳氮共渗工艺经处理后的渗层厚度为0.95～1mm，表面硬度为927HV。其与采用气体渗氮工艺制造的同种模具的寿命及工艺对比见表9.6。经过碳氮共渗后的45钢模具的寿命可与Cr12MoV钢制造的模具相媲美。

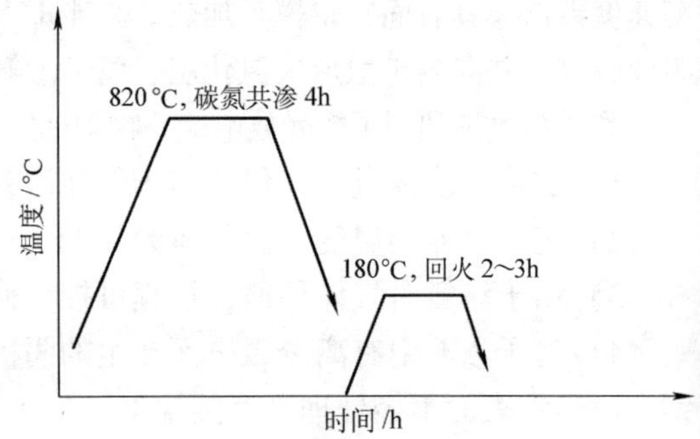

图9.7　45钢碳氮共渗工艺

表9.6　模具碳氮共渗工艺及性能比较

模具材料	热处理工艺	渗层深度/mm	表面硬度HV	平均寿命/h
Cr12MoV	1050℃淬火，560℃渗氮3h，180℃回火3h	0.10～0.12	1037	16000
45钢	800℃碳氮共渗4h，淬火，180℃回火2～3h	0.50～0.60	941	16500
	820℃碳氮共渗4h，淬火，180℃回火2～3h	0.65～0.70	927	16000
	850℃碳氮共渗4h，淬火，180℃回火2～3h	0.95～1.0	882	12000
	580℃碳氮共渗2h，900℃渗硼4h，180℃回火3h	0.09～0.10	1453	4400

4. 氮碳共渗

氮碳共渗工艺源于德国，是在液体渗氮基础上发展起来的。早期氮碳共渗是在含氮化物的盐浴中进行的，由于处理温度较低，一般为500～600℃，过程以渗氮为主，渗碳为辅，所以又称为“软氮化”。

氮碳共渗工艺的优点有：

1）氮碳共渗层有优良的性能，渗层硬度高，碳钢氮碳共渗处理后渗层硬度可达570～680HV，模具钢、高速工具钢、渗氮钢共渗后硬度可达850～1200HV；脆性低，有优良的耐磨性、耐疲劳性、抗胶合性、热稳定性和耐蚀性。

2）工艺温度低，且不需淬火，工件变形小。

3）处理时间短，经济性好。

4）设备简单，工艺易掌握。

存在的问题是：渗层浅，承受重载荷零件不宜采用。

氮碳共渗工艺也有气体、液体和固体氮碳共渗工艺。固体氮碳共渗工艺在生产中应用较少，使用最多的是气体氮碳共渗工艺，尤其是以尿素、甲酰胺、三乙醇胺为渗剂的气体氮碳共渗为多。目前国内外采用比较多的是低温气体氮碳共渗。

9.2.3　渗硼

渗硼是继渗碳、渗氮之后发展起来的一项重要、实用的化学热处理工艺技术，是提高钢件表面耐磨性的有效方法。将工件置于能产生活性硼的介质中，经过加热、保温，使硼原子渗入工件表面形成硼化物层的过程称为渗硼。金属零件渗硼后，表面形成的硼化物（FeB、Fe_2B、TiB_2、ZrB_2、VB_2、CrB_2）及碳化硼等硬度极高（1300～2000HV）的化合物，热稳定性好。其耐磨性、耐蚀性、耐热性均比渗碳工艺和渗氮工艺高，可广泛用于模具表面强化，尤其适合于有磨粒磨损条件下的模具。根据采用介质的不同，渗硼分为固体法、液体法和气体法。

1. 固体渗硼

固体渗硼主要是用粉末或粒状介质进行渗硼的化学热处理工艺。固体渗硼时将工件埋入含硼的介质中，或在工件表面涂以含硼膏剂，装箱密封，加热保温。固体渗硼主要以碳化硼和硼铁作为供硼剂。由于这些供硼剂比较贵，目前常采用硼砂来取代硼铁和碳化硼，其效果基本相同。加入一定量的活化剂可以加速渗硼速度和降低渗硼温度，缩短渗硼时间。活化剂的作用是产生气态化合物，提高渗剂的活性。另外加入一定量填充剂，它是渗剂的载体，可以防止溶剂烧结，保持渗剂的松散性和还原性气氛，以减少供硼剂和活化剂的用量。

常用的渗硼剂有：非晶质硼、碳化硼、硼铁合金、硼砂及硼酐。常用的活化剂有：氟硼酸盐、氟化物、碳酸盐、硼氢化钾、氯化铵。常用的填充剂有：碳化硅、碳及三氧化二铝。

粉末渗硼剂在处理工件时，易与工件表面黏结，影响工件的表面质量。同时处理完工件后，渗剂易结块，影响渗剂的重复使用。粒状渗硼剂的出现克服了粉末渗剂的不足，所处理的工件表面光洁，且渗剂松散，还可重复使用。膏剂渗硼是在粉末渗硼的基础上发展起来的，将粉末渗硼剂加上粘结剂制成膏剂，涂在需要渗硼的工件表面，然后加热扩散。

渗硼工艺主要是控制温度与保温时间，其中温度是影响渗硼层质量的主要因素。渗硼温度一般在850～1000℃之间选择。

渗硼保温时间一般为3～5h，最长不超过6h。实践表明，最佳渗硼层厚度为70～150μm。过长的渗硼保温时间不仅不能明显增加渗层深度，而且使基体晶粒长大，渗层脆性增加，渗层与基体的结合力减弱。

2. 液体渗硼

液体渗硼包括电解渗硼和盐浴渗硼。

（1）电解渗硼　电解渗硼是工件浸入到熔融状态的硼砂浴中，用石墨或不锈钢作阳极，以工件为阴极，以0.1～0.5A/cm²的直流电在熔融的硼砂浴中进行电解渗硼。在电解渗硼过程中，阳极上有氧气放出，在阴极上所电解出的钠将与工件表面附近的氧化硼发生置换反应，替换出其中的硼，使之沉积在工件表面，达到渗硼的目的。电解渗硼的效率高，可在较低温度下渗硼，渗硼剂便宜，渗层深度易于控制。

电解渗硼只适用于形状简单的零件。对于形状复杂的零件，由于各部分电流密度不同，会使渗硼层厚度不均匀。另外熔融硼砂对坩埚腐蚀严重，坩埚寿命较短。

（2）盐浴渗硼　盐浴渗硼是国内应用较多的一种渗硼法，渗硼剂的主要组成是以硼砂或碱金属的氯化物为主，加入碳化硅、硅钙、铝、硅铁、锰铁等还原剂。一般情况下，渗硼温度为850～950℃，时间为3～6h。实际生产时，应根据钢种及服役条件确定渗硼工艺规范。

在熔融硼砂中加入氯化钠、氯化钡或碳酸盐等助熔盐类，可使渗硼温度降至700～800℃。盐浴渗硼设备简单，操作方便，渗层组织容易控制，而且能处理形状较复杂的零件。但盐浴的活性差，工件清洗困难，坩埚寿命短，在大量生产中盐浴温度的均匀性、盐浴成分的均匀性难以保证。

3. 气体渗硼

气体渗硼法是将工件密封在渗硼罐内，加热至渗硼温度（可低至750℃，但渗层极薄；以在950℃为宜），并以氢气为载流和稀释气体将三氯化硼（BCl_3）渗硼剂通入罐内。在通入三氯化硼的渗硼剂之前应先通入氢气10～15min，以驱除渗硼罐内的空气。

9.2.4　多元共渗

模具的化学热处理不仅可以渗入碳、氮、硼等非金属元素，还可以渗入铬、铝、锌等金属元素。在钢的表面渗入金属元素后，使钢的表面形成渗入金属的合金，从而可提高抗氧化、抗腐蚀等性能。各种合金钢的化学成分中，含有多种元素，因而可以兼有多种性能。同样在化学热处理中，若向同一金属表面渗入多种元素，则在钢的表面可以具有多种优良的性能。将工件表层渗入多于一种元素的化学热处理工艺就称为多元共渗。

由于各种模具的工作条件差异很大，只能根据模具工作零件的工作条件，经过分析和试验，找出最适宜的表面强化方法。当渗入单一元素的化学热处理不能满足模具寿命的要求时，可考虑多元共渗的方法。实践证明，适当的多元共渗方法对提高模具性能具有显著的效果。

共渗层的相组织不仅与基体材料、处理工艺有关，而且还与渗入元素的浓度比例有关。

9.3　模具的其他表面处理技术

模具在工作中除了要求基体具有足够高的强度和韧性的合理配合外，其表面性能也是影响模具工作性能和使用寿命的重要因素。这些表面性能指耐磨损性能、耐腐蚀性能、摩擦因数和疲劳性能等。这些性能的改善，单纯依赖基体材料的改进和提高是非常有限的，也是不经济的，而通过表面处理技术，往往可以提高模具表面质量，延长模具寿命。

9.3.1　激光表面处理技术

激光表面处理技术是指用一定功率密度的激光束以一定的扫描速度照射到工件的工作面上，在很短时间内，使被处理表面由于吸收激光的能量而急剧升温，当激光束移开时，被处理表面由基材自身传导而迅速冷却，使之发生物理、化学变化，从而形成具有一定性能的表面层，提高材料表面的硬度、强度、耐磨性、耐蚀性和高温性能等。激光表面处理能显著地改善产品的质量，提高模具（或工件）的寿命，取得了良好的经济效益。

激光用于表面处理有其独特的优点，金属对激光的吸收系数高达10^5 ~ $10^6 cm^{-1}$，吸收过程发生在其表面0.01 ~ 0.1μm厚的薄层内。激光表面处理的深度取决于由表面向内部热扩散的距离，其值很小，且易于控制。激光光斑的功率密度大，可准确地引导至模具表面的不同部位，也可在一定区域扫描。对工件表面作局部处理，功率密度可准确控制，输入模具的能量小，模具的变形小，处理后表面可不再进行机械加工或只需少量机械加工。此外，激光没有化学污染，易于传输、切换和自动控制。

目前，国内激光热处理已经应用于生产实践。GCr15钢制冲孔模经激光强化处理后，其使用寿命提高了2倍；硅钢片模具经处理后，使用寿命提高了10倍。

激光表面处理工艺包括相变硬化、熔凝、涂覆、合金化、非晶化和微晶化、冲击强化等。

1. 激光相变硬化

激光相变硬化也称为激光淬火，它是以高能量的激光束，快速扫描工件，使工件表层迅速加热到奥氏体化温度，内部材料则保持冷态，随后通过热量往基体深部的传导，使加热的表层以很快的速度冷却，得到极细的马氏体组织（其硬度主要取决于基材奥氏体的含碳量和晶粒度），以达到自身淬火的目的。

激光相变硬化的主要目的是有选择性地在工件表面局部产生硬化带，以减低磨损以及通过在表面产生压应力来提高疲劳强度。

激光相变硬化的主要优点有：

1）工件表面硬度高，比常规淬火提高15% ~20%，可获得极细的硬化组织，耐磨性得到提高。

2）加热速度极快，工艺周期短，生产效率高，无需淬火冷却介质，工艺过程易于控制。

3）对于孔状及腔筒内壁等特殊部位，只要激光束能照射到的部位均可进行处理，如深孔壁、深沟底及侧面等部位。

4）可进行大型零件的局部表面及形状复杂零件的硬化处理。

5）淬硬层深度可以精确控制。

6）热处理变形小。

激光对金属的加热速度极快，奥氏体相变是在过热度大的高温区很短时间内完成的。同时，瞬时加热后的急冷使超细奥氏体晶粒来不及长大，残留奥氏体量增加，由于碳来不及扩散而使残留奥氏体中含碳量增加，随着奥氏体向马氏体的转变，得到高碳马氏体，从而提高硬度。

一般激光热处理的金属材料表面都经过机械加工，表面粗糙度值很小，其反射率为80%～90%，使大部分激光能量被反射掉。为了提高金属表面对激光的吸收率，在激光热处理前要对材料表面进行表面预处理（常称为黑化处理），即在需要激光处理的金属表面涂上一层对激光有较高吸收能力的涂料，以提高光束能量的利用效率。表面预处理的方法包括表面磷化法、表面拉毛法、表面氧化法、喷（刷）涂料法、镀膜法等多种方法，其中较为常用的是表面磷化法和喷（刷）涂料法。常用的涂料有石墨、炭黑、磷酸锰、磷酸锌、水玻璃等，也有直接使用碳素墨汁和无光漆作为预处理涂料的。

激光相变硬化工艺参数主要有三个，即激光器输出功率 P、光斑直径 d 及扫描速度 v。在确定工艺参数时，首先要分析被加工对象的材料特性、使用条件、产品质量要求等，从而决定淬硬层的深度、宽度、硬度，由此考虑选用宽带、窄带、多模、单模以及扫描形式等因素。

国内用于激光淬火的模具材料有CrWMn、Cr12MoV、Cr12、9SiCr、3Cr2W8V、T10A、W6Mo5Cr4V2、W18Cr4V等，这些钢经激光淬火后的组织性能较常规热处理普遍有所改善。

2. 激光熔凝处理

激光熔凝处理是利用比激光淬火更高能量密度（10^4～10^6W/cm^2）的激光束对金属表面进行扫描，使金属表层快速熔化，并造成熔化金属与基体之间有很大的温度梯度，激光移开后，熔化金属快速冷却，但并不改变表层的化学成分。由于表层金属的加热和冷却都异常迅速，故所得的组织非常细密。若通过外部介质使表层熔液冷却速度达到 10^6℃/s，则可抑制结晶过程的进行而凝固成非晶态，称为激光熔化-非晶态处理，又称激光上釉。

熔凝处理可以用来改善材料表面的耐磨性、疲劳强度和耐蚀性，某些模具钢在高速冷却结晶后，可以提高碳化物弥散度，改变合金元素及碳化物分布，因而表面硬度和热稳定性都有所提高，可有效延长模具寿命。如Cr12莱氏体钢和4Cr5MoSiV钢经激光加热，表面熔化，然后超高速冷却，形成很细的铸态组织，使合金元素和碳化物分布均匀，提高了表面硬度。

3. 激光涂覆

激光涂覆，是采用激光加热使材料表面层熔化，同时加入另外的材料成分一起熔化后迅速凝固，形成新的合金层，使材料表面涂覆一层具有特殊物理、化学或力学性能的材料。涂覆材料受到基体材料极小的稀释作用，基体保持其原有成分及性质不变，同时涂覆层晶粒细小、致密，从而使其具有良好的耐磨损和抗腐蚀能力。

激光涂覆通常有预置粉末法和喷射粉末法。预置粉末激光涂覆法是在激光处理前，将一定厚度的合金粉末层置于基体之上，这是制造单道扫描涂层的最简单方法。预置粉末法对工件的形状、位置的适应性较差，而且不适宜通过多道扫描得到较大面积的涂层。因为第一次扫描已将邻近区域的粉末熔化或部分熔化，紧接着在邻近位置作第二道扫描时，已不存在完整的粉末层。由于基体被粉末层所覆盖，激光首先加热粉末。粉末的热导率很低，在粉末层全部熔化以前，由粉末层向基体的热传导可以忽略。粉末层完全熔化以后，激光才通过熔化了的合金层加热基体。一旦基体表面熔化，二者实现冶金结合，这样，激光涂覆过程可以看作是由互相衔接的粉末熔化和基体加热两个步骤组成。

喷射粉末激光涂覆法是用惰性气体将粉末喷向激光和材料的作用区。在激光的作用下，涂层材料在基材上形成一个熔池，喷射来的粉末附在此熔池的表面并受热熔化。激光通过此熔池加热基体，直至其表层熔化，和熔融的合金层实现冶金结合。与预置粉末法相比，喷射粉末激光涂覆工艺较为方便、实用，可适应各种形状、位置表面的涂覆，既可用于单道扫描涂覆，也可通过互相衔接的多道扫描实现较大面积的涂覆。喷射粉末激光涂覆法还有利于提高激光能量的利用率。

另外，采用激光涂覆方法还可以将一些失效的模具重新涂覆，继续使用。

4. 激光合金化

激光合金化是在高能束激光（$10^4 \sim 10^6 W/cm^2$）作用下，将一种或多种合金元素与基体表面快速熔凝，从而使材料表层具有预定的高合金特性的技术，即利用激光改变金属及合金表面化学成分的技术。激光合金化与涂覆是同一种类型的工艺，它们的区别仅在于：合金化所形成的合金层的成分是介于施加合金与基体金属之间的某一中间成分，即施加合金受到较大或一定的稀释。而涂覆则是除较窄的结合层外，施加材料基本保持原有成分，很少受到稀释。这些区别可以由被施加材料、施加材料成分、施加形式及量和激光工艺参数的改变来达到。

激光合金化与熔凝及涂覆之间有共同的特征，即在激光的作用下形成熔池。在表面张力梯度作用下，熔池内金属有剧烈的流动。激光表面合金化的一个重要问题是较易产生裂纹。熔化合金带冷却固化时，其收缩受到基体的约束，在合金层中产生拉应力，拉应力是裂纹和疲劳破坏的根源。激光合金化的裂纹通常是枝晶完全凝固前拉应力造成的裂纹，或者是后一次扫描的拉应力叠加到前一次扫描带的残余应力上，使总的应力超过了材料的抗拉强度造成的。预热是减小裂纹倾向的有效方法，也可以采用合金化后的热处理来消除其残余应力。

9.3.2　电火花表面强化

电火花加工技术广泛应用于模具制造、复杂表面形状的零件加工和难切削材料的加工。电火花表面强化技术是利用电火花强化金属表面，较其他方法简单，效果好，因而在实际生产中得到广泛的应用。

电火花表面强化是采用脉冲放电技术，直接利用火花放电时释放的能量，将一种导电材料涂覆或扩渗到另一种材料的表面，形成合金化的表面强化层，从而达到改善被强化工件表面性能的目的。电火花表面强化的优点是设备简单、操作方便等。这项技术已在模具制造上获得应用，可强化压铸模、锻模等。用硬质合金强化冷冲压模、拉深模、玻璃模等均获得良好效果。利用该工艺可有效改善模具工作表面的物理、化学性能，提高工作面硬度，增强耐磨性，延长模具使用寿命，并可在保持基体金属原始性能的情况下修复表面破损。

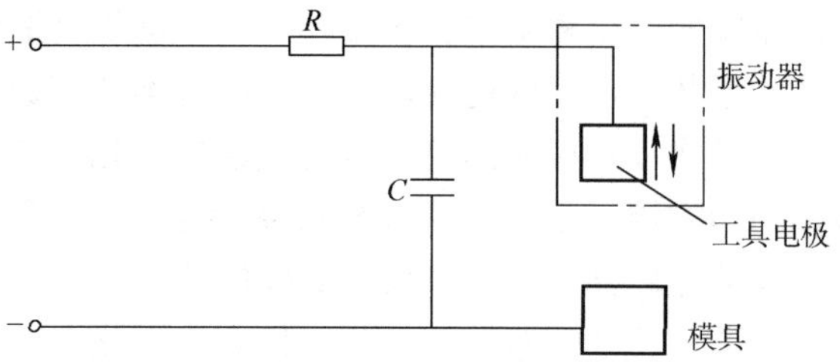

图9.8 电火花表面强化工艺的工作原理

电火花表面强化工艺的工作原理如图9.8所示。在工具电极与被强化金属零件之间接上直流（或交流）电源，在振动器作用下，工具电极与金属零件之间的放电间隙频繁发生变化。当工具电极与金属零件之间距离较大时，电源经过电阻 R 对电容进行充电，与此同时工具电极在振动器作用下逐渐靠近金属零件；当两者之间的距离达到某一间隙值时，间隙中的空气被击穿，产生电火花放电，使工具电极端部与金属零件表面局部微区产生熔化甚至汽化；当工具电极在振动器作用下继续靠近并与金属零件接触时，电火花放电停止，在接触处流过短路电流，使该处继续加热熔化，工具电极继续向下移动并对金属零件熔化微区施加一定压力，使工具电极材料与金属零件熔化部分压合渗透，各种元素急剧扩散并形成金属或新的化合物溶渗层；然后工具电极在振动器作用下离开金属零件。由于金属零件的热容大于工具电极，金属零件放电部位急剧冷却后即形成具有不同组织结构的强化层。按上述方法进行多次充放电，并相应移动工具电极位置，即可在金属零件表面形成具有要求性能的强化层。

但是，电火花强化也存在强化层薄、表面较粗糙、表层均匀性差等不足。因此，在电火花强化之后，为了得到所要求的精度，可进行适当的磨削加工。磨削后，在强化表面会残留微孔，将显著改善配合零件的润滑条件，从另一方面提高了耐磨性能。一般经电火花强化的模具，使用寿命可延长数倍，例如采用WC、TiC等硬质合金电极材料强化高速钢或合金工具钢，能形成显微硬度1100HV以上的耐磨、耐蚀和具有红硬性的强化层，使模具的使用寿命得到明显地提高；又如冲压硅钢片（厚0.35～0.4mm）的落料模，经电火花强化后使用寿命延长2～3倍，定子双槽冲模由5万次/刃磨提高到20万次/刃磨。

一些模具经电火花强化前后的工作寿命见表9.7。从表中可见，经电火花强化后，模具寿命提高了1～3倍。

表9.7 一些模具电火花强化前后的工作寿命

模具名称	模具材料	被加工工件材料	强化前平均加工数	强化后平均加工数
压缩机阀片复合冲模	T8A、T10A、Cr12MoV	30CrMnSiA	300	1000
套筒扳手热压模	3Cr2W8V	40Cr	3000	4000
双槽冲模	Cr12	0.5mm 硅钢片	5000	15000

利用电火花表面强化工艺还可实现模具刻字、打标记、处理折断丝锥或钻头、加工不通孔等功能。选用硬质合金、铜等导电材料作为工具电极，可方便地在非铁金属表面上刻字和打标记，标记美观、耐磨，尤其适用于不能用刻字机、打标机进行加工操作的模具零件及淬火零件。利用电火花强化装置附加的穿孔器还可在淬火工件上加工不通孔或处理折断在孔中的丝锥或钻头等。

9.3.3 气相沉积技术

气相沉积技术是在模具表面上制备硬质化合物涂层，由于其技术上的优越性及涂层的良好特性，使其成为各种模具、切削工具和精密机械零件等进行表面强化的主要技术，有着广阔的应用前景。

根据沉积的机理不同，气相沉积可分为化学气相沉积（CVD）、物理气相沉积（PVD）和等离子体化学气相沉积（PCVD）等。它们的共同特点是将具有特殊性能的稳定化合物 TiC、TiN、SiN、Cr_7C_3、Ti（C，N）、（Ti，Al）N、（Ti，Si）N 等直接沉积于金属工件表面，形成一层超硬覆盖膜，从而使工件具有高硬度、高耐磨性、高抗蚀性等一系列优异性能。

1. 化学气相沉积

（1）化学气相沉积的概念及特点　化学气相沉积（CVD）是指在一定的温度条件下，混合气体与基体表面相互作用，使混合气体中的某些成分分解，并在基体表面形成金属或化合物等的固态膜或涂层。

这里有两个关键因素，一是作为初始混合气体气相与基体固相界面的作用，也就是说各种初始气体之间在界面上的反应来产生沉积，或是通过气相的一个组分与基体表面之间的反应来产生沉积；二是沉积反应必须在一定的能量激活条件下进行。一般情况下产生气相沉积的化学反应必须有足够高的温度作为激活条件。在有些情况下，也可以采用等离子体或激光辅助作为激活条件，降低沉积反应的温度。总之，化学气相沉积就是利用气态物质在固体表面上进行化学反应，生成固态沉积物的过程。

CVD 法是将工件置于有氢气保护的炉内，加热到高温（800℃以上），向炉内通入反应气体，使之在炉内热解，化合成新的化合物沉积在工件表面。在模具的应用中，其覆膜厚度一般为 6～10μm。在 Cr12、W18Cr4V 等钢制的 20 多种冷冲模具上用 CVD 法沉积 TiC 层，寿命可提高 2.7 倍，沉积 TiN 层的模具寿命则可提高 1.2 倍。YG 类硬质合金模具上涂覆 TiC、Ti（CN）-TiN 涂层，寿命提高 10 多倍。但是，由于 CVD 处理的温度高，基体硬度下降，同时处理后还需进行淬火处理，会产生较大变形，因此，不适用于高精度模具。

CVD 法具有如下特点：可在大气或低于大气压下进行沉积金属、合金、陶瓷和化合物涂层，能在形状复杂的基体上或颗粒材料上沉积涂层；涂层的化学成分和结构较容易准确控制，也可制备具有成分梯度的涂层；涂层与基体的结合力高，设备简单操作方便。但它的处理温度一般为 900～1200℃，工件被加热到如此高的温度会产生以下问题：

1）工件易变形，心部组织恶化、性能下降。

2）有脱碳现象，晶粒长大。

3）处理后的母材必须进行淬火和回火。

4）不适用于低熔点的金属材料。

（2）化学气相沉积 TiN　化学气相沉积 TiN 的设备原理如图 9.9 所示。将经清洗、脱脂

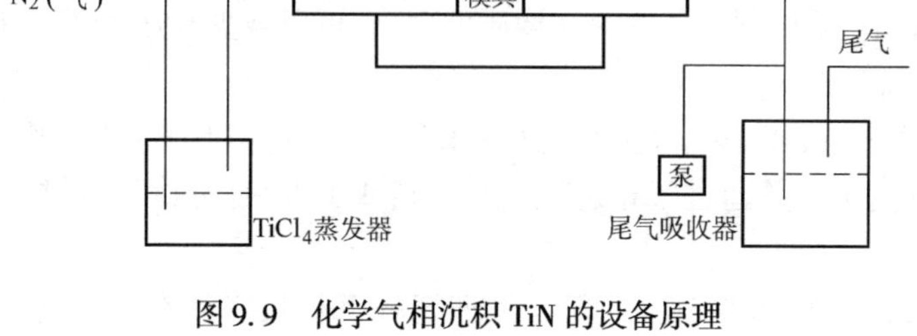

图 9.9　化学气相沉积 TiN 的设备原理

和氨气还原处理后的模具工件置于充满 H_2（体积分数为99.99%）的反应器中，加热到900~1100℃，通入 N_2（体积分数为99.99%）的同时，带入气态 $TiCl_4$（质量分数不低于99.0%）到反应器中，此时在工件表面上发生如下化学反应：

$$2TiCl_4（气）+N_2（气）+4H_2（气）\longrightarrow 2TiN（固）+8HCl（气）$$

固态TiN沉积在模具表面上形成TiN涂层，厚度可达3~10μm，副产品HCl气体则被吸收器排出。工艺参数的控制如下：

1）氮氢比对TiN的影响：一般情况下，氮氢体积比 $V_{N_2}/V_{H_2}<1/2$ 时，随着 N_2 的增加，TiN沉积速率增加，涂层显微硬度增加；当 $V_{N_2}/V_{H_2}\approx 1/2$ 时，沉积速率和硬度达到最大值；当 $V_{N_2}/V_{H_2}>1/2$ 时，沉积速率和硬度逐渐下降。当 $V_{N_2}/V_{H_2}\approx 1/2$ 时，所形成的TiN涂层均匀致密，晶粒细小，硬度最高，涂层成分接近于化学当量的TiN，而且与基体的结合牢固，因此 V_{N_2}/V_{H_2} 要控制在1/2左右。

2）温度对TiN的影响：随着温度的升高，TiN沉积速率呈指数关系增加，而硬度是逐渐增加，在975℃时达到最大值，然后又随温度的升高而下降。在975℃时所沉积的TiN接近于化学当量，其涂层细密，与基体粘接牢固。而温度升到1050℃时，其TiN涂层为明显的针状组织。

3）$TiCl_4$ 含量对TiN的影响：随着 $TiCl_4$ 质量分数的增加，TiN沉积速度增加，在 $TiCl_4$ 质量分数为1.12%时，沉积速度达到最大值，而后随着 $TiCl_4$ 质量分数的增加，TiN沉积速度下降。一般情况下，随着 $TiCl_4$ 质量分数的增加，TiN涂层的硬度逐步下降。

采用化学气相沉积技术时应注意以下问题：

1）要考虑模具锐角部分的凸起变形：由于涂层与基体的线胀系数不同，模具棱角处容易产生应力集中，基材会被挤出形成凸起。可以采取的解决方法是：将锐角处加工成圆弧状，或是估计凸起变形量的大小，预先加工成锥形。

2）CVD沉积温度高而带来的尺寸和形状变形：其变形程度取决于所选用的材料、形状、沉积温度、涂层厚度以及预先热处理等。在CVD处理过程中，尺寸变形小的材料是硬质合金及含Cr高的不锈钢系合金；冲压加工领域使用的模具材料主要限于合金工具钢、冷作模具钢（Cr12MoV）、硬质合金等。其中，快冷淬透钢、由于快冷时容易产生翘曲、扭曲等变形，所以不宜进行CVD处理；而高速钢是热处理膨胀较大的钢种，使用时必须充分估计其膨胀变形量。

3）模具形状和尺寸变化：圆形模具材料形状和尺寸变化可以不必过多考虑，而对于平板状模具，其尺寸变形随着材料的不同而不同。Cr12MoV钢的尺寸变形量很小，完全可以适用于精密模具，但其尺寸变形量还依赖于压延方向，因此，为了减少尺寸变形，必须注意材料的取向。模具越小，尺寸变形越小，而且不易产生变形。最佳模具尺寸因材料不同而有所差异。为了使材料组织均匀化，采用预先热处理（调质处理），可以减少CVD处理过程中的变形。

2. 物理气相沉积

物理气相沉积（PVD）技术是指在真空条件下，用物理的方法，将材料汽化成原子、分子或使其电离成离子，并通过气相过程，在材料或工件表面沉积一层具有某些特殊性能的薄膜技术。

（1）物理气相沉积技术的工艺过程　物理气相沉积技术所有方法的工艺过程均可以分为三步：第一步是成膜材料的汽化，即成膜材料的蒸发、升华、被溅射、分解，也就是成膜材料的源；第二步为成膜原子、分子或离子从源到基片的迁移过程，在这一过程中粒子间可能发生碰撞，产生离化、复合、反应、能量的变化和运动方向的改变等一系列复杂过程；第三步是成膜原子在基片表面的吸附、堆集、形核和长大成膜。

PVD 法的特点是沉积温度低于 600℃，它可在工具钢和模具钢的高温回火温度以下进行表面处理，故工件变形小，最适合尺寸形状精密的模具；可不改变传统的制造工艺，而仅在最终加工后进行一次处理。但处理温度一旦低于 360℃，涂层性能就恶化，所以不能用于低温回火材料。

PVD 法的主要问题是：涂层与基体间的结合强度较低，对于冷作模具，由于涂层发生早期剥离而出现无效果的情况；另外由于涂镀性能不好，难以适用于形状复杂的模具，必须对装置进行一些改进，如采用多个蒸发源或被处理零件绕蒸发源旋转等措施。

采用 PVD 工艺应注意以下问题：

1）蒸发物质难于沉积到形状复杂的凹槽、窄沟以及小孔处，绕镀性差，因此 PVD 不适合于有小孔、凹槽等复杂形状的模具。

2）若在基体表面上形成氧化、腐蚀等变质层，将得不到结合力良好的涂层，因此工件必须有洁净的表面。

3）沉积温度在 200℃左右形成的涂层非常脆弱，结合力很差而不耐用，因此为形成牢固的涂层，必须使沉积温度在 360℃以上。

4）在正常处理条件下，涂层结合力还与基体材料强度有关。如果在低压强滑动条件下工作，要求提高耐磨性、耐烧伤性和脱模性，基体硬度为 30HRC 已足够；而工作压强达 50MPa 的滑动压强，基体材料硬度需提高到 50HRC。

在模具表面沉积一层 TiN 薄膜后，使其具有高硬度和耐磨性、较小的摩擦因数、较好的抗粘着性和抗胶合性，模具寿命可明显提高。在冲孔模上进行 TiN 涂层处理，冲头的寿命可提高 5 倍；3Cr2W8V 钢模具经 PVD 处理后，寿命可提高 3～4 倍；Cr12MoV 精冲模经 PVD 处理获得 3～5μm 涂层，其寿命从 1 万～3 万次提高到 10 万次以上。

PVD 技术的主要方法有真空蒸镀、溅射镀膜和离子镀膜。目前，在模具的强化方面，阴极溅射法和离子镀膜法应用较多。

（2）真空蒸镀　真空蒸镀是在真空条件下，加热成膜材料，使其蒸发汽化成原子或分子，并沉积到工件表面形成薄膜的方法。真空蒸发镀膜技术，相对于后来发展起来的溅射镀膜、离子镀膜技术，其设备简单可靠，价格便宜，工艺容易掌握，可进行大规模生产。

蒸发源一般由被蒸发材料的载体、发热体或能量输入装置构成。根据能量输入方式可将蒸发源分为：电阻蒸发加热源、电子束蒸发源、高频感应加热蒸发源及辐射加热蒸发源等。

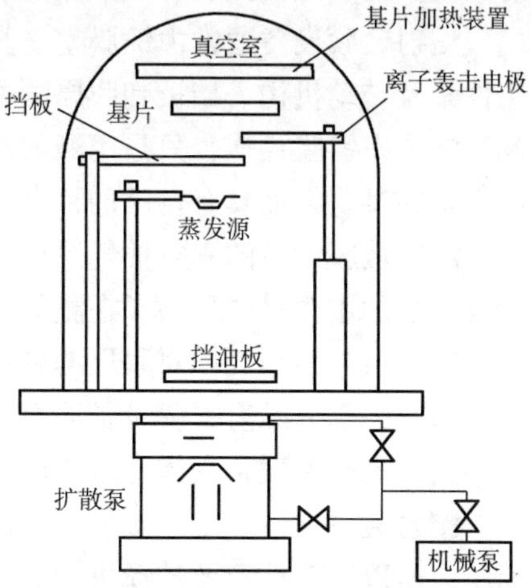

图 9.10　电阻蒸发加热源真空蒸镀设备示意图

电阻蒸发加热源真空蒸镀设备如图 9.10 所示，被沉积的材料置于装有加热系统的蒸发源坩埚中，被镀工件位于蒸发源前面。当真空度达到 0.13MPa 时，加热坩埚使材料蒸发，所产生的蒸发物质以凝聚形式沉积在物体上，形成一层薄膜。

一般来说，单位面积蒸发物质的质量符合 Langmuir 式，蒸发速度用下式表示

$$a_u = 5.85 \times 10^2 p_{sT}\ (M_D/T)^{1/2}$$

式中　p_{sT}——温度为 T（K）时的饱和蒸气压；

M_D——物质的摩尔质量。

实际蒸镀当中，a_u的值必须在 $10^{-2} \sim 10^{-5}$g/（cm^2·s）左右。

从晶体学角度观察，蒸发镀膜薄膜结构可以分为无定形结构、多晶结构和单晶结构。无定形结构原子排列近程有序，最小结构单元无规则排列在一起，其尺寸小于2μm，X射线衍射图呈弥散或严重弥散，无晶体材料特性；高熔点金属及其化合物材料薄膜，如硅、锗及其化合物膜在一定条件下形成无定形结构。多晶结构薄膜由无规则取向的微晶粒组成；一般工艺条件下形成的薄膜为多晶结构。单晶结构薄膜通常采用外延技术或在较高温度下在单晶衬底上形成，晶粒尺寸小，晶粒堆积密度高，结晶缺陷密度高，一般表现为膜硬度高，薄膜与衬底表面间的附着力好，化学性能稳定。

真空蒸镀基本工艺流程如图9.11所示。

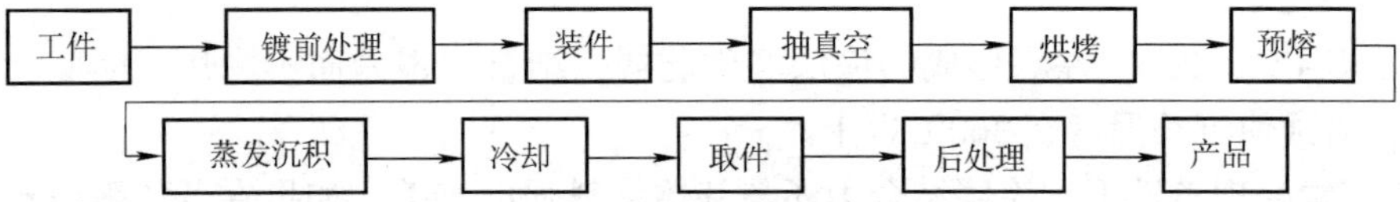

图9.11　真空蒸镀基本工艺流程

（3）溅射镀膜　溅射镀膜是在一定的真空条件下，采用辉光放电技术，将氩气电离产生氩离子，氩离子在电场力的作用下加速轰击阴极，使阴极材料被溅射下来沉积到工件表面形成膜层的方法。

溅射镀膜时，薄膜生长基本过程与蒸发镀膜相同。因溅射离子能最大，在轰击衬底和薄膜时增加了成核密度，原子表面迁移率及体扩散增大，薄膜性能得到改善。具体的溅射工艺有阴极溅射、磁控溅射、射频溅射、反应溅射等。

溅射镀膜设备通常由镀膜室、真空抽气系统和电控系统等组成。镀膜室内设有溅射靶、工件架及转动机构、挡板和膜厚测量装置等。溅射镀膜设备的结构及镀膜室内部装置的设置和真空蒸发镀膜相似，只是用溅射源代替了蒸发源。由于溅射源与蒸发源不同，因而溅射镀膜设备在某些方面具有自己的特点。

溅射镀膜设备的真空抽气系统一般采用机械泵和扩散泵高真空抽气系统，采用这种真空抽气系统的主要目的是为了在溅射镀前将真空室抽至高真空，将真空室吸附的气体尽可能排除干净，减少残余气体对膜层的影响。

另有一部分溅射镀膜设备的真空抽气系统采用机械泵和机械增压泵，这种真空抽气系统主要用于真空室残余气体对膜层质量影响不大而又要求有较高生产效率的设备中。

溅射镀膜设备，由于溅射靶可以在真空室的任意位置设置，如侧置或倒置，且其为大平面源，所以，工件架及转动机构的设置比较简单和灵活。溅射靶是溅射镀膜设备的核心，不同的溅射类型、不同的溅射靶结构，适用于不同的产品用途和要求。

溅射镀膜基本工艺流程如图9.12所示。

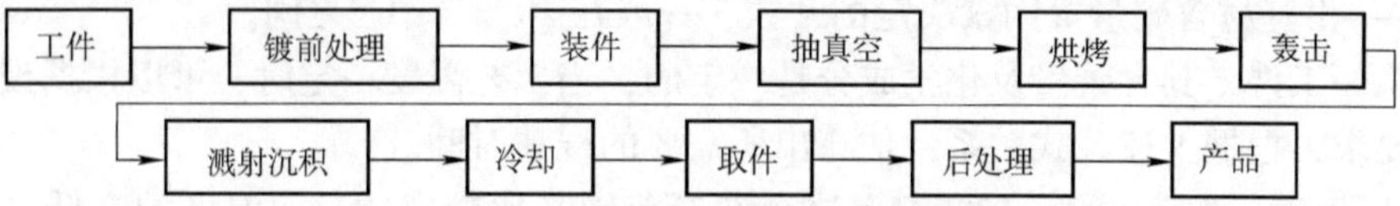

图 9.12　溅射镀膜基本工艺流程

9.3.4　TD 处理技术

TD 处理（Toyota Diffusion Coating Process）技术是由日本丰田中央研究所开发的，因此也称为丰田扩散法，是用熔盐浸镀法、电解法及粉末法进行表面强化处理技术的总称。过去有些文献将 TD 处理称为渗金属处理，而实际应用最为广泛的是用熔化浸镀法（或称熔盐浸渍法、盐浴沉积法）在模具表面形成 VC，NbC，$Cr_{23}C_6$-Cr_7C_3 等碳化物超硬层的方法。经 TD 法处理的模具表面形成 5～15μm 厚的 VC 等薄膜，可显著提高模具表面的硬度、耐磨性、抗粘着性和耐蚀性等，从而大大提高了模具的使用寿命。

一般来说，采用 TD 处理与采用 CVD、PVD 等方法进行的表面硬化处理效果相近似，但由于 TD 处理法具有设备简单、操作方便、成本低廉等优点，所以是一种很有发展前途的表面强化处理技术。TD 处理在国外应用已相当普遍，但在国内报道并不多见。

目前，TD 处理已在各类冲模、锻模、拉丝模等中得到了应用。但是，由于 TD 处理的温度高达 1000℃，所以材质受到限制，同时，因变形较大，不适合高精度模具，而且 VC 薄膜的耐热、耐氧化、耐烧结性都比氮化物差。

1. 设备及盐浴成分

TD 处理设备非常简单，即普通外热式坩埚盐浴炉。所用盐浴成分为质量分数是 70%～90% 的硼砂（$Na_2B_4O_7$），根据涂层的组织成分要求，再加入能形成不同碳化物的物质，如，涂覆 VC 时加入 Fe-V 合金粉末或 V_2O_3 粉末；涂覆 NbC 时，加入 Fe-Nb 合金粉末或 Nb_2O_5 粉末；涂覆 $Cr_{23}C_6$-Cr_7C_3 时，则加入 Fe-Cr 合金粉末或 Cr_2O_3 粉末。若盐浴成分中含有氧化物（粉末），则需添加 Al、Ca、Ti、Fe-Ti，Fe-Al 等物质以提高并保持盐浴活性，使活性金属原子得以在盐浴中被还原出来。

2. TD 处理工艺

将硼砂放入一个耐热钢制成的坩埚中加热熔化至 800～1200℃，然后加入组成盐浴的其他物质，如碳化物形成粉末，如钛、钡、铌、铬，再将工件浸入盐浴中保温 1～10h，加入元素就会扩散至工作表面并与钢中的碳起反应，形成由碳化物构成的表面涂层。浸渍时间长短取决于工艺温度及涂覆层厚度要求。

TD 涂层厚度主要取决于盐浴温度、浸渍时间以及基材的化学成分。TD 涂层厚度与盐浴温度、处理时间的关系可用以下公式表示

$$D^2 = Ate^{-Q/RT}$$

式中　D——涂层厚度（mm）；

t——浸渍时间（s）；

T——工艺温度（K）；

Q——碳化物层的扩散激活能（约为 167～209kJ/mol）；

R——气体常数（8.29J/mol）；

A——由基材含碳量等因素决定的常数，一般在$10^{-2}\sim10^{-5}$之间。

对于某一工件，其含碳量及化学成分是一定的，当工艺温度一定时，可以根据设计的涂覆层厚度要求，根据上述公式关系，估算出所需要的浸渍时间。

TD处理温度一般为800～1200℃，这个选择范围是比较宽的，而温度的高低又直接影响到涂覆层形成的速率，因此，工艺温度选择显得非常关键。TD处理温度应与基材的淬火温度相一致，因为TD处理后必须经淬火、回火处理，以获得必要的基体硬度。温度选择过高，则会在TD处理过程导致基体组织的粗化。如果这种粗化的组织直接进行淬火，不仅降低了基体的力学性能，还会增加变形开裂倾向。而当处理温度选择过低时，则在TD处理过程中不能完成奥氏体化，从而不能直接淬火。

3. TD涂层的质量控制

（1）基体材料　基体材料的选择应注意以下方面：

1）硬度。经TD处理的模具，其基体的作用是抵抗工作中的表面压力而支持涂层刚度的需要，因此，要选用在使用中不易发生变形的、有一定热处理制度的钢种。

在表面压力较低的使用条件下，基体的硬度几乎不成为损害寿命的原因，应以原使用过的钢种作为其基体材料。如果基体材料的性能高于模具寿命所需要的性能，则可把基体材料换成廉价而容易加工的钢材，以降低成本。

相反，在模具工作零件表面工作压力较高的情况下，应选择能获得高硬度的钢种作为基体材料。一般来说，选择原使用过的钢作为基体材料能满足使用要求。

2）韧性。模具的TD法处理和氮化处理一样，表面强化处理并不降低基体的韧性。由于表面碳化物层的存在而提高了耐磨性和抗热粘接性。对于在使用中易发生折断或崩坏的模具工作零件，应尽可能选择韧性较高的钢材作为基体材料，并选择能获得高韧性的热处理工艺。必要时，可采用韧性较高的热模具钢作为基体材料，进行碳化物涂覆，制作冷冲模具的工作零件。

3）淬透性。为减少TD处理引起形状、尺寸的变化，应当选择淬透性良好的模具钢作为基体材料。

（2）防止变形　由于TD法处理温度接近于钢的淬火温度，对于精度要求严格的工件，要特别注意防止变形。可以采取适当的措施将变形控制在最小值，可采取的措施有多种，与基体处理条件有关的措施有以下几点：

1）选取淬透性良好的钢种作为基体材料。

2）当处理过程中要求基体材料必须淬火硬化时，特别对于精密的工件，要预先进行淬火、回火。采用一般的淬火、回火工艺时，应当选用残余奥氏体较多的钢种。

3）采用低温处理、高温回火来调整残余奥氏体量，控制工件尺寸。选择淬火状态下含有大量残余奥氏体，而在较宽的回火范围内具有高硬度的钢。

采取了上述措施，模具以及工具类工件多半可以将变形控制在公差范围之内。

4. TD涂层的性能

TD处理获得碳化物层的硬度明显高于淬火、镀铬或渗氮的硬度。这是由于VC和TiC等碳化物的硬度很高的缘故，VC和TiC的硬度为2980～3800HV，NbC约为2400HV。VC，Cr-C、NbC即使在800℃还有800HV以上的硬度，经高温加热处理后，其室温硬度也不降低。而且VC，NbC，TiC的耐磨性也比氮化、渗硼、镀铬等其他表面处理层的耐磨性优越，而与硬质合金的耐磨性相同或更好。

VC、NbC 在 500℃大气中几乎不氧化，但若在 600℃保温 1h 则有数微米厚的碳化物完全被氧化。另外，Cr_7C_3 或 $Cr_{23}C_6$ 等以 Cr 为主体的碳化物涂层即使加热到 900℃也只有稍许氧化，显示出优越的抗氧化性。

涂覆 VC，NbC、Cr-C 的钢对于盐酸、硫酸、硝酸、磷酸、苛性钠有良好的耐蚀性。在有高耐蚀性的要求时，涂层中应绝对避免产生微孔、微裂纹等缺陷。

思考题与习题

1. 简述模具钢的热处理目的及热处理工艺的分类。
2. 什么是真空热处理？真空热处理的特点是什么？真空热处理技术的关键是什么？
3. 冷作模具、热作模具、塑料模具的工作条件和对模具材料的性能要求是什么？
4. 什么是化学热处理？化学热处理的目的是什么？简述化学热处理的基本过程组成。
5. 渗碳、渗氮工艺的目的是什么？氮碳共渗工艺的优点是什么？
6. 什么是激光表面处理？激光用于表面处理的优点是什么？
7. 什么是电火花表面强化？简述电火花表面强化工艺的工作原理。
8. 简述气相沉积技术的目的及分类。
9. 什么是化学气相沉积？化学气相沉积处理时应注意什么？
10. 什么是物理气相沉积？物理气相沉积处理时应注意什么？

附　　录

附录 A　国内外主要模具用材料对照表

序号	类别	中国 (GB)	日本 (JIS)	美国 (AISI)	德国 (DIN)	法国 (NF)	英国 (BS)	俄罗斯 (ГОСТ)
1	优质碳素结构钢	40	S40C	C1040	CK40	XC42	080M40	40
2		45	S45C	C1045	CK45	XC45	080M46	45
3		50	S50C	C1050	CK50	XC48	080M50	50
4		55	S55C	C1055	CK55	XC55	080M55	55
5	合金结构钢	38CrA	SCr435	5135	37Cr4	38C4	530A36	35X
6		40CrA	SCr440	5140	41Cr4	42C4	530M10	40X
7		35CrMo	SCrM435	4137 (P21)	34CrMo4	35CD4	708A37	35XM
8		42CrMo	SCM440	4140 (P20)	42CrMo4	42CD4	708M40	
9	弹簧钢	50CrVA	SUP10	6150	50CrV4	50CV4	735A50	50XГФA
10		62Si2MnA	SUP6	9260	65Si7		250A58	60C2
11		63Si2MnA	SUP7		66Si7	61C7	250A61	60C2Г
12	优质碳素工具钢	T8A	SK6	W1-7	C80W1	Y170		Y8A
13		T9A	SK5	W1-8	C80W1	Y180	BW1A	Y9A
14		T10A	SK4	W1-9		Y190	BW1A	Y10A
15		T11A	SK3	W1-10	C105W1	Y1105	BW1B	Y11A
16		T12A	SK2	W1-11 $\frac{1}{2}$		Y2102	BW1C	Y12A
17	低合金工具钢(冷作)	9Mn2V		02	90MnCrV8	90MV8	B02	9Г2X
18		9CrWMn	SK53	01	100MnCrW4	90MCW5	B01	9XBГ
19		CrWMn	SKS31		100WCr6	100WC13		XBГ
20		CrW	SKS2	07	105WCrV7	105WC13	B07	XB
21		Cr2 (GCr15)	SUJ2	03	105Cr6	Y100C6	BL3	ЩX15
22		GCr9 (轴承钢)	SUJ1	E51100	105Cr4	100C5	535A99	ЩX9
23		7CrSiMnMoV	SX105V		X3NiCoMoTi			
24		6CrNiMnSiMoV	G04	L6	1895			ДИ56
25		6Cr3VSi			75CrMoNiW6			
26	中合金工具钢(冷作)	Cr2Mn2SiWMoV	HPM31	A6				
27		Cr4W2MoV		A4				7XГ2BФM
28		Cr6WV	SKD12	A2	X100CrMoV51	Z100CDV5	BA2	9X5BФ
29	高合金工具钢	Cr12	SKD1	D3	X210CrX12	Z200C12	BD3	X12
30		Cr12W	SKD2	D6	X210CrW12			
31		Cr12MoV	SKD11	D2	X165CrMoV12	Z160CDV12	BD2	X12MФ

附录B　模具制造技术课程教学指南

课程名称：模具制造技术

课程英文名称：Die & mould Manufacturing Technology

参考学时：课内60学时/课外（建议60学时）

参考学分：4

先修课程：机械制图、机械设计、机械制造技术、工程材料、互换性与测量技术

相关课程：冲压工艺与模具设计、塑料成型工艺与模具设计

适用专业：模具设计与制造、机械制造与自动化、材料成形与控制工程等

教学参考书：教材所列的参考文献

一、本课程的性质、地位、任务

模具制造技术是一门具有极高实用价值和实践性很强的专业技术课，涉及传统机械制造技术、数控技术、特种加工技术、材料的热处理、表处理等技术的知识，并且是它们的综合应用。同时，模具的制造技术还涉及与之相关的模具设计、模具使用及管理的知识。

模具制造技术课程是为模具设计与制造专业开设的一门专业主干课，也可作为机械制造、机电专业的专业选修课。本课程首先介绍了有关模具制造工艺规程、典型模具成型零件的机械加工工艺方法；介绍了模具的数控加工；重点强调了模具零件的电火花加工；还介绍了模具的研磨与抛光、模具的快速成型加工、模具零件的测量、模具的装配与调试、模具的表面强化技术。

本课程的任务是使学生了解模具的制造过程及常用的模具制造工艺；重点让学生掌握常规的模具加工工艺方法和模具的特种加工，以及模具的装配。本课程实践性很强，因此，应强调理论联系实际，加强实验和实训等实践性环节的训练，从而培养学生的模具制造动手能力。

二、本课程的教学内容和基本要求

本课程大致分为以下四部分：①课堂教学；②课程实验（5个，建议10学时）；③科技活动；④另安排一个课程设计专周，有条件可安排模具制造实训。

本课程的考试与总评分由以下四部分构成：①笔试60分；②课堂讨论15分；③平时作业和专业社会实践专题报告（综述）10分；④实验15分。

学生学完本门课程后应达到下列基本要求：

1）了解模具制造工艺方法及其发展方向。

2）掌握模具制造工艺规程的基本概念及模具制造工艺路线的拟订。

3）掌握模具主要零件的机械加工工艺。

4）掌握模具主要成形零件的电火花成形加工。

5）了解模具的研磨与抛光。

6）了解模具的快速成型加工。

7）熟悉模具零件常用的测量方法。

8）熟悉模具主要零部件的装配与调试。

9）了解模具表面的强化技术。

本课程的教学内容及学时分配如下：

第1章：模具制造工艺规程。本章主要介绍了模具制造工艺规程编制的基本概念，模具零件图的工艺分析，零件的基准选择和安装，以及工艺路线的拟订。建议安排4学时。

第2章：模具零件的机械加工。本章详细讲述了模具主要零件的加工，要求学生掌握模具导向零件的加工、模板类零件的加工、凸模与凹模拼块型面的成形磨削加工等，按轴类、套类、板类及型面类零件分类介绍，目的是让学生熟悉并掌握各种特征面的加工方法。建议安排8学时。

第3章：模具数控加工。模具数控加工是现代模具加工的主要方法，该章也是模具制造技术课程中的主要内容。由于大部分院校《模具设计与制造专业》都将数控加工技术作为单独的一门课程，因此，该章仅针对没有开设数控加工技术课程的院校作为必讲的内容。把模具数控加工作为一章安排在这里，目的是使模具制造技术的内容完整，同时也为模具设计与制造专业的课程设置多一个选择。本章主要编写的内容有：模具数控加工的基础知识，数控机床加工的编程基础，数控铣床编程要点及示例，加工中心编程要点及示例，模具数控加工及数控工艺设计，模具的高速数控切削技术等。建议安排14学时。

第4章：模具零件电火花加工。电火花加工的特点，决定了这种加工方法在模具制造中具有很重要的地位，是模具制造中重要的加工方法，也是本门课程重要的内容之一，是必须掌握的内容。本章要求掌握电火花加工的基础知识，熟悉电火花成形加工和数控电火花线切割加工的工艺方法，能熟练掌握电火花成形加工的电极设计、电规准的选择以及线切割加工程序的编制等。建议安排10学时。

第5章：模具的研磨与抛光。模具的研磨与抛光是提高模具表面质量的重要工艺方法，属于模具的光整加工。建议安排2学时。

第6章：模具的快速成型及快速制模技术。本章可作为选学内容，快速成型及快速制模技术目前发展很快，特别是在模具制造中的应用。建议安排4学时。

第7章：模具制造中的测量技术。该章主要讲述了模具零件常用的测量工具及测量方法。重点介绍了工具显微镜和三坐标测量机的应用和测量方法。建议安排4学时。

第8章：模具装配工艺。模具的装配是本课程重点讲述的内容之一。主要介绍模具主要零部件的装配方法，特别是冲压模具和塑料成型模具的装配。建议安排8学时。

第9章：模具的热处理及表面强化技术。模具热处理及表面强化技术是提高模具使用寿命的主要手段，学习本章的目的是要掌握提高模具强度、硬度、耐磨性等力学性能的主要方法。特别是模具零件的表面处理工艺近年发展很快，熟悉这些工艺对提高模具的寿命非常关键。建议安排3学时。

完成以上章节教学后，应安排一定的社会实践，加强学生课外科技实践活动，培养学生的创新能力。实践结束后要求学生完成一篇关于模具制造技术的综述。

学时分配表

序　号	教学内容	学时数	实　验	小　计
0	绪论	1		1
1	模具制造工艺规程	4		4
2	模具零件的机械加工	6	2	8
3	模具数控加工①	(10)	(4)	(14)
4	模具零件电火花加工	6	4	10
5	模具的研磨与抛光	2		2

（续）

序　号	教学内容	学时数	实　验	小　计
6	模具的快速成型及快速制模技术	2	2	4
7	模具制造中的测量技术	3	1	4
8	模具装配工艺	8		8
9	模具的热处理及表面强化技术	3		3
	机动	2		2
	合计	37（47）	9（13）	46（60）

① 选学内容：模具设计与制造专业在专业教学计划中，没有开设数控加工技术课程时选学。

三、实践教学内容及学时安排

实验在本课程教学中占有重要的地位。本课程共开设5个实验，10学时。根据学生在实验时的表现、能力和实验报告的质量进行评分。实验的成绩应计入本门课期末考试成绩（占5%～10%）。

1. 实验安排

实验1：数控编程实验。

实验2：数控加工实验。

实验3：精密成形磨削实验。

实验4：电火花加工中电规准、平动量的调整及加工实验。

实验5：线切割编程、工件的装夹、输入程序、切割实验。

实验6：模具的快速成型及快速制模技术现场演示。

实验7：工具显微镜和三坐标测量机的操作。

2. 实验项目及学时分配

序　号	实验项目	学时数
1	用万能夹具装夹工件，进行成形磨削	2
2	数控编程实验①	(2)
3	数控加工实验①	(2)
4	用平动头加工型腔	2
5	线切割编程、装夹、输入程序，自动切割	2
6	模具的快速成型及快速制模技术现场演示	2
7	工具显微镜和三坐标测量机的操作	1
合计		9（13）

① 选做实验，选学了第3章模具数控加工技术内容的，应选这两个实验。

四、专用周（建议一周）内容

该专用周建议安排在冲压工艺与模具设计、塑料成型工艺与模具设计课程设计之后，结合所设计的模具的结构及主要成型零件完成模具制造工艺规程的设计。

五、对学生能力培养的要求

课内教学活动要求如上所述。

课外教学活动如下：

1）引导学生阅读教学参考书、查阅有关文献，深入学习、了解冲压技术的动态，思考未来，写出综述。

2）开放各实验室和实训室，鼓励学生提出新的设想，开展科技活动，撰写论文。

3）安排好各专用周内容和社会实践实习。

参 考 文 献

[1] 姚开彬，等．工模具制造工艺学［M］．西安：西安电子科技大学出版社，1997.
[2] 李云程．模具制造工艺学［M］．北京：机械工业出版社，1997.
[3] 黄毅宏，等．模具制造工艺［M］．北京：机械工业出版社，1998.
[4] 钱苗根，等．现代表面技术［M］．北京：机械工业出版社，1998.
[5] 高佩福．实用模具制造技术［M］．北京：中国轻工业出版社，1999.
[6]《模具制造手册》编写组．模具制造手册［M］．北京：机械工业出版社，1999.
[7] 模具实用技术丛书编委会．模具制造工艺装备及应用［M］．北京：机械工业出版社，1999.
[8] 金涤尘，宋放之．现代模具制造技术［M］．北京：机械工业出版社，2000.
[9] 许发樾．实用模具设计与制造手册［M］．北京：机械工业出版社，2000.
[10] 张学仁．数控电火花线切割加工技术［M］．哈尔滨：哈尔滨工业大学出版社，2000.
[11] 模具实用技术丛书编委会．模具材料及使用寿命［M］．北京：机械工业出版社，2000.
[12] 李宏胜．机床数控技术及应用［M］．北京：高等教育出版社，2001.
[13] 徐进，等．模具材料应用手册［M］．北京：机械工业出版社，2001.
[14] 模具实用技术丛书编委会．模具精饰加工及表面强化技术［M］．北京：机械工业出版社，2002.
[15] 李发致．模具先进制造技术［M］．北京：机械工业出版社，2003.
[16] 模具设计与制造技术教育丛书编委会．模具制造工艺与装备［M］．北京：机械工业出版社，2003.
[17] 王敏杰，宋满仓．模具制造技术［M］．北京：电子工业出版社，2003.
[18] 刘晋春，等．特种加工［M］．4 版．北京：机械工业出版社，2004.
[19] 邹继强，等．模具制造与管理［M］．北京：清华大学出版社，2004.
[20] 吴裕农，等．模具制造工艺学［M］．广州：华南理工大学出版社，2005.
[21] 邓明，等．现代模具制造技术［M］．北京：化学工业出版社，2005.
[22] 李华．机械制造技术［M］．2 版．北京：高等教育出版社，2005.
[23] 张木青，等．机械制造工程训练［M］．2 版．广州：华南理工大学出版社，2007.